美国绿色建筑理论与实践

Green Building Strategies and Practices in the USA

马　薇　张宏伟　编著

By Ma Wei，Zhang Hongwei

深度了解美国绿色建筑发展状况

A Green Building Practitioner’s Summary

绿色建筑健康发展的有益借鉴

A Reference for Green Building

中国建筑工业出版社

前　言

在城市的开发，建筑物的营建、使用和维修过程中，如何减少资源的使用，提高资源的利用率，减少废物、废气和废水的排放，充分利用可再生的资源，尽最大可能地循环、再利用各种建筑材料，提高建筑物使用者的舒适度和生活质量，减少对人类生存环境和自然生态环境的破坏，为人类的明天保留一个可生存和可持续的环境，是目前世界各国所面临的共同的挑战。各个国家由于各自的自然资源、社会、经济、文化等诸多因素的不同，解决上述问题的方法也不尽相同。通常，通过考察其他国家具体解决问题的做法，可以为自己提供有益的启示，从而找到适合于自己国情的具体解决方法。这就是人们常说的“他山之石，可以攻玉”。这也是本书作者准备这部书稿的初衷。通过对美国绿色建筑理论与实践的全面、深度的介绍，为国内建筑同行和所有关心我们的生存环境以及我们后代生存空间的广大人士提供最直接、相关的信息。为绿色建筑及其理念在中国健康和迅速地发展、减轻快速和大规模的城市化对人们生存环境造成的严重破坏提供多元的经验和具有实践意义的借鉴。

在资源问题上，中美两国有着很大的相似和不同之处。中国人口众多，人均资源数量较少。资源过度消耗和利用率低下，以及快速的城市化对环境造成的不可逆转的影响正威胁着中国经济发展的前景和未来的生存环境。而美国虽然人口较少，人均资源占有率相对较高，但能源的消耗数量惊人，特别是大规模消耗化石燃料的问题尤为突出。自 20 世纪 90 年代末，世界石油产量的减少而引起的油价飙升，使得过分依赖海外原油的美国经济体系和整个社会生活受到了根本性的影响。走可持续发展的道路被证明是解决上述资源问题的切实而有效的办法。

19 世纪的工业革命以及 20 世纪的现代工业的迅猛发展给自然环境和人类生存环境带来了毁灭性的破坏，加之 20 世纪 70 年代的能源危机，为美国的能源政策敲响了警钟，同时也为绿色建筑在美国的实践提供了发展的必然。此后的几十年间，美国政府迅速对能源政策进行调整，对化石燃料以外的其他能源的开发做出了巨大的努力。目前，美国的能源利用率得到显著提高，其人均原油消耗量已降到全世界排名中的第 22 位。其他的各个相关领域对资源的利用率也取得了斐然成绩。例如，钢的可回收率高达83.3%。建筑中使用的玻璃窗已基本被Low–e玻璃所替代，传统的玻璃窗在建材市场中已很难找到。

指标和规范是绿色建筑发展中一个重要的组成部分。美国的各种标准和规范，包括绿色建筑的标准和规范采用的是一种分散的、民主的方式，由非营利专业团体制定。通过业内公示、讨论并达成共识后，再由地方政府根据各自行政区的特点和需要调整后，最后以法律的形式颁布实施。因此，美国各地法规、标准、规范千差万别，甚至同一个州，相邻的行政区的各种法规都有差别。本书主要对应用较广、影响较大的标准和规范体系进行介绍。

本书所有参考文献均为英文文献。为了使读者零距离了解美国绿色建筑的发展，在每一个章的开始都提供该章主要内容的中英文简介，主要章节的标题都采用中英文对照。书中主要的专业术语均保留了英文原文，有利于读者自己咀嚼英文的原意。在本书的最后还附有中英文对照绿色建筑术语及常用语的缩略语表供读者查阅。

本书的组织以绿色建筑设计为主线，内容涵盖美国绿色建筑发展历史和现状、绿色建筑理论、设计方法、绿色建筑各个组成部分和实例分析。全书共分五章：第一章对为什么要走可持续发展之路进行了讨论；第二章全面介绍了绿色建筑在美国的发展过程；第三章从理论和设计方法上对绿色建筑进行讨论；第四章主要从绿色建筑设计的角度对绿色建筑的五大要素及其在美国的发展进行了详细的介绍；最后，第五章以美国建筑师学会的十大优秀绿色建筑项目为实例，对各种绿色建筑技术在实际项目中的应用进行了具体、深入的解析。

由于时间有限，加之绿色建筑在美国各地发展的巨大差异，疏漏和不足之处在所难免，恳请广大读者批评指正。

马薇　张宏伟

2011年8月于美国马里兰州

目　录

Contents

第一章
可持续性的设计和绿色建筑是21世纪建筑师、规划师的必由之路

建筑环境对自然环境、人类健康和社会经济有着巨大的影响。建筑是消耗自然资源最大的产业之一，它的温室气体的排放量对全球变暖造成了最直接的、重大的影响。建筑消耗了美国全部能源使用的39%，全部水消耗的12%，总电力消耗的68%，以及二氧化碳排放的38%[1]。采用可持续的设计和绿色建筑之策略，我们可以最大限度地提高环保和经济性能，从而全方位地提升我们的生活环境和生活质量，为后代提供适于居住的生存空间。本章共分五节，分别探讨了以可持续发展为主线的未来城市形式，全球变暖的主要诱因和危害，绿色建筑和可持续发展对减缓全球变暖趋势的贡献，城市和建筑必须走可持续发展和绿色建筑之路等问题，并就绿色建筑、可持续发展、可持续设计、低碳建筑和节能建筑等相关概念进行了准确定义。

Part I
Toward Sustainable Design and Green Building in the 21st Century

The built environment has a significant impact on the natural environment, human health, and the economy. Buildings are the largest source of both energy consumption and greenhouse gas emissions in America as well as around the world. Buildings represent 39% of U.S. primary energy comsuption, 12% of the total water consumption, 68% of total electricity consumption and are one of the heaviest consumers of natural resources and account for as much as 38 percent of all greenhouse emissions. By adopting sustainable design and green building strategies, we can maximize environmental, economic and social performance of the buildings and development, improve our living environment and overall quality of life and comfort, and most important, we can provide for our future generations with a livable earth . This chapter consists of five sections and provides discussion on issues such as what is the future sustainable city form, what are causes and impacts of global warming, how the sustainable develoment and green building contribute to the reduction of global warming, why the sustainable develoment and green building is the future. The chapter also defines the popular concepts such as green building, sustaiable development, sustainable design, low-carbon building, and energy-efficient building.

第一节
由“美国未来城市：设计和工程之挑战”所引起的思考

Reflection Caused by "The City of The Future: A Design and Engineering Challenge" Competition Sponsored by the History Channel

美国历史频道（History Channel）主办的系列报道“工程帝国”，主要以世界各国的古代文明为线索，描述了各种全能的统治者是如何强迫聪明、智慧的建筑师和工匠们为他们建造旷日持久的建筑遗产，以及这些巨大的建筑纪念碑是如何设计、建造并保留至今的。在连续报道了古罗马和古埃及的建筑功勋和建筑文明之后，他们的目光又转向了美国的历史和未来。在2006~2008年连续的3年时间里，以美国历史频道为主举办的“美国未来城市：设计和工程之挑战”（The City of the Future: A Design and Engineering Challenge）城市设计竞赛，在全美范围内征集竞赛方案。这是由美国历史频道、IBM电脑公司、英菲尼迪（Infiniti）、美国建筑师学会（AIA）和美国土木工程学会（ASCE）联合举办的竞赛。竞赛涉及美国六个大城市：纽约、芝加哥、洛杉矶、首都华盛顿、旧金山和亚特兰大。

这次竞赛号召具有远见和洞察力的建筑师们发挥其非凡的创造力，提交大胆而有具挑战性的设计作品，为100年以后未来城市的建筑、交通系统和商业中心的特点和奇迹发挥想象力。此次竞赛的目的是以古代文明的积淀为参考，去成就100年之后城市的建筑工程和设计的不同凡响之处：放眼未来为目标，以古代建筑遗产为标榜，来预言和描述我们未来的城市和建筑，希望看到的不只是三维的建筑空间、繁复的建筑语言，而是明天建筑和工程的奇迹，是一种永驻的、不随时代褪色的奇迹。

建筑师丹尼尔、李伯斯金（Daniel Libeskind）在介绍中说：“由于城市变得更加拥挤和密集，现代生活变得日益复杂，城市结构也呈现出了根本性的改变。21世纪将是城市的世纪，对于未来城市的探索不应该是可有可无，而是必不可少的。当代城市发展的弊端在于：缺少足够的公共空间和自然清新的空气，交通堵塞，贫富分化日益严重，对于众多居民而言，当代城市的模式是完全不适于居住的。解决未来城市方案的重点在于寻找可持续发展的意向。未来积极的城市发展之路应该是合理地使用有限资源，建立一个民主、多元、美丽和可持续发展的城市，恢复城市的真正形态，使之成为市民文化、市民精神生活和社会生活结合的真正纽带。”

此次竞赛让设计师们给自己提出了许多问题：“100年前的城市与现在截然不同，那100年以后究竟有什么不一样呢？”“到那时，我们还具备同样的城市基础设施吗？城市交通体系、安全体系又有什么根本性的改变？我们有什么新的城市商业和居住形态？”

历史频道的市场高级副总裁麦克·穆罕默德（Mike Mohamad）说：“就本着我们现在对过去的所知，我们希望能够建立起对未来100年城市的讨论。”

在所有递交的竞赛作品中，建筑师们没有探讨城市和建筑的美学，没有企图建立某种主义，也没有试图去解决某种社会问题。他们共同的方向是以我们未来的人类生存为主线，寻找一种更可靠、更持续的设计理念去发展未来的城市。这次竞赛的具体结果如下：

1. 纽约 New York City

“纽约——未来城市：设计和工程之挑战”的桂冠由纽约市建筑研究室（ARO，Architecture Research Office）摘取。ARO方案的出发点为全球气候变暖这一事实。气候变暖和极地冰盖的融化导致海平面上升。“根据一系列的气候变化的假设，到2050年，纽约大都市的海平面将上升18~60cm；到2080年，其海平面将上升24~108cm”[2]。也就是说2106年，曼哈顿比较较低洼的社区和街道将被淹没在汪洋大海之中（图 1-1）。这种似乎是势不可挡的灾难对于充满活力、繁忙拥挤的纽约街道来讲，意味着世界末日的到来。

1）方案概述

由于极地冰盖的融化，到 2106 年，纽约曼哈顿的海平面估计将升高 152~914mm。几乎升高 1m 的水位严重影响了曼哈顿大部分地区的城市结构体系，特别是曼哈顿较低洼的社区与街道。水侵袭蔓延到城市的每个角落，水成为纽约城市的一大主题（图 1-2~ 图 1-5）。

“与其视洪水为灾难，不如将其作为振兴我们城市和再生城市生活的通道。本来水也是曼哈顿的

图 1-1　海平面的上升对纽约市的影响 Flooded Streets as Result of the Raising Sea Level

图片来源：Architecture Research Office，ARO

图 1-2　2106 年，曼哈顿的预测水位 Predicted Water Levels around Manhattan，2106

图片来源：Architecture Research Office，ARO

图 1-3　2006 年，曼哈顿的实际水位 Actual Water Levels around Manhattan，2006

图片来源：Architecture Research Office，ARO

图 1-4　2106 年，曼哈顿较低洼地区 Manhattan under Water，2106

图片来源：Architecture Research Office，ARO

图 1-5　2106 年，曼哈顿淹没在洪水之中 Manhattan under Water，2106

图片来源：Architecture Research Office，ARO

图1-6 2106年，纽约的城市交通 NY City Urban Transportation，2106

图片来源：Architecture Research Office，ARO

城市特色之一。”主设计师亚当 · 亚润斯基（Adam Yarinsky）解释道。洪水的蔓延需要一种新型建筑类型。一种什么样的建筑体系能使曼哈顿从洪水的灾难中解脱出来呢？亚当 · 亚润斯基说：“如果摩天大楼是20世纪纽约的代表，那么‘叶片’（Vane）式的建筑就是22世纪纽约的象征。”“叶片”是一种新型的混合式建筑体系，设计呈轻型而透明，它们既能吸收日照又便于自然通风。它们水平叠加在一起“悬浮”于水中，或像码头一样矗立在淹没的街道上（高架结构）。它们形成了住宅、办公楼、商场、公园和花园，并将社区和社区联系在一起（图1-6、图1-7）。它们的出现不仅弥补了被水吞没的街道空间，而且作为街道网格服务性的纽带将纽约的生活连接在一起。城市现有建筑也由叶片支持和连接，通过“叶片”强调城市的历史顺序，加强曼哈顿的城市环境意向。

在设计中一些额外的特点值得一提。首先，每个叶片是不同的，它们的形状和特征必须进一步满足特定的街道和位置。这就是说，每个叶片都有一个主要的外立面和入口，要进入叶片必须经过横向的人行通道或水路运输通道。叶片发展是分阶段的，像今天的市场发展，由少到多地增加，以满足市场的需求。如果城市的街道需要扩建，就会影响到叶片的长度、高度和规模。叶片最大的特点就是具有相当大的灵活性，主要通道和服务层面可以扩展或收缩。

2）能量、水和交通

ARO假定大多数现在的技术可以用于2106年纽约的城市建造。但是在未来的世纪，技术的发展将是迅猛的。基于这个假定，ARO在城市周边设计了多个超高层的蒸发塔，以“提炼”足够的水来满足城市的饮用水和基础设施的需求。而对于叶片外围护系统，ARO设计了一系列的膜状结构体系，以便于收集太阳能。这些膜结构不仅能供电，而且还能随意开启达到自然通风的效果。

由于洪水蔓延在整个城市，水运系统便成了整个淹没区及其周围城市海岸线的连接枢纽。这些交通设施在被洪水淹没的街上运行，并非私人所有。因此为了与这些水路交通相联系，一些与叶片连接的巨型过渡平台便形成了。在叶片与叶片之间的行人天桥成为城市交通的主宰，它们各有不同宽度、长度和建筑风格。这些行人天桥成为纽约城市交通的中介点，并成为纽约人偶尔停下来欣赏自己城市的天然平台[3]。（图1-8）

图1-7 叶片穿行在城市之中 Vane Connecting the City

图片来源：Architecture Research Office，ARO

图1-8 叶片与城市周边的蒸发塔 Vane and Evaporation Towers at the Perimeter of the City

图片来源：Architecture Research Office，ARO

2. 旧金山 San Francisco

Iwamoto Scott 建筑事务所赢得“旧金山未来城市：设计和工程之挑战”设计竞赛头等奖。他们主要的设计理念是：为了减缓全球变暖，100 年以后的城市能源将来源于庞大的地下水电网（Hydro-net）系统。为取代以化石燃料（Fossil fuel）为基础的能源开发，减少释放二氧化碳，这种以氢为主要元素的水电网系统将明显降低温室气体排放，同时维持城市可再生性发展。这种地下水电网不仅将能源输送到城市各个街区，而且也是人、车和水的重要交通枢纽（图 1-9）。

用于连接地下网络的是资源收集系统，其形式类似于海藻和蘑菇。它们包括产生氢藻类的农场，收集空气水分的捕雾器，以及从地下淡水层提取水的抽水机等。之所以命名为水电网，是因为它能够将氢气存储在它的碳纳米管墙面内（Nanotube wall structure）。这些细微的碳基管状结构是一种新兴技术，它能有效存储氢气并为建立微型计算机提供支持平台（图 1-10）。

图 1-9 2108 年，旧金山—生态之城 1 Ecological City，San Francisco，2108

图片来源：Iwamoto Scott

图 1-10 2108 年，旧金山—生态之城 2 Ecological City，San Francisco，2108

图片来源：Iwamoto Scott

3. 芝加哥 Chicago

在所有得奖的作品中，对环境危机的关注是创建未来城市的主题。设计者们主要关心资源的再生产和消耗、海平面上升，以及城市干旱缺水等一些环境问题。芝加哥未来城市得奖者 Urbanlab 所递交的作品就是以 100 年以后城市缺水为主线。他们在设计中这样分析：

（1）联合国的报告指出，到 2025 年，世界上每三个人中就有两个人面临缺水的困扰。

（2）北美的五大湖区蕴藏着 20% 的世界淡水资源，同时它又是美国 95% 的淡水储备地。

（3）每一天芝加哥从密歇根湖中提取上亿吨的水，只有 1% 的水最后又回到大湖。

（4）Urbanlab 的结论：2106 年，水会像今天的石油一样成为人类非常珍贵的资源。

因此，他们力争寻找一套绿色的城市基础设施，将芝加哥变成一个能产生水并可以无限提供市政运行和市民消费的样板城市。Urbanlab 通过 100% 的水资源的生产和回收，力争创建一套城市自给自足的生态系统，于是一系列贯穿于整个城市的“生态大道”（Eco-boulevards）和连接自然水体与可再生水资源的水循环系统便形成了（图 1-11）。

“生态大道”是一系列巨大的活机器，利用天然微生物、小型无脊椎动物（如蜗牛）、鱼类和植物等，来净化 100% 的芝加哥的污水和雨水（图 1-12）。处理后的水再返回到大湖盆地以待今后循环使用。

4. 设计竞赛所引起的思考 Reflection on the Design Competition

我们的城市在未来 100 年，究竟与现在有什么不同？在全球气候的变化加速、自然资源日益短缺的

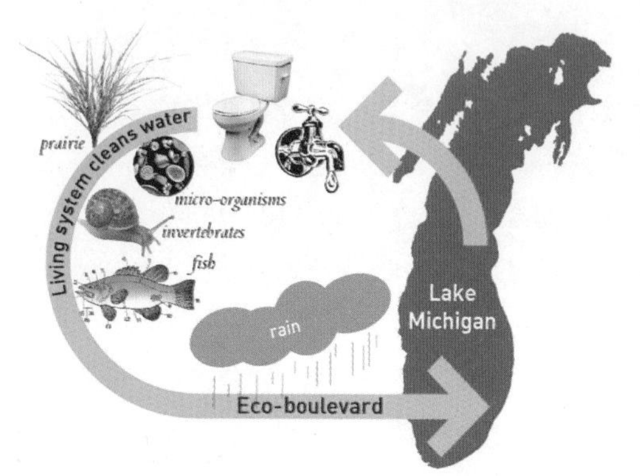

图 1-11 芝加哥的"生态大道"实现 100% 用水循环 100% Closed Water Loop Recycle

图片来源：Urbanlab

图 1-12 以水网为主体的生态大道 Eco-boulevard

图片来源：Urbanlab

情况下，我们未来的城市会有什么根本性的改变？人类的未来会面临着一个怎样的生存空间？以现在的城市开发速度，我们的地球资源何时耗尽，我们的后代将如何维持他们的生存？

这次竞赛的参赛者的一个共同特点都是围绕着可持续性发展这个主题。人口剧增，环境污染日趋严重，自然生态环境不断破坏，人为因素造成森林面积大幅度锐减，海平面不断上升，所有这些因素都对我们的城市和建造方式造成了根本性的影响。作为规划、设计和营建这些城市的建设者们，应该做些什么？在我们赖以生存的自然环境被无限度地开发的同时，我们是否想到过应该给后代留下什么？我们是在由于人类为生存所产生的环境破坏，而造成不健康的生活环境空间的局面下被动应付，还是主动担当，在建造最好的建筑环境的同时，最大限度地减少建筑给自然环境所带来的负面影响？

第二次世界大战以后形成的基于化石燃料的发展方式和主宰自然的建造方式，过多地、过快地消耗了大量的自然资源，同时对我们生产的环境造成了巨大的破坏。要改变这一现状，必须对以往的发展模式和建造方式进行彻底的反思，寻找今后的发展方向。无论是纽约应对海平面上涨的"叶片"系统，旧金山以氢为主要元素的水电网系统生态城市概念，还是芝加哥百分之百进行水循环的生态大道概念，其最基本的观点在于将城市、建筑乃至整个经济行为视为我们所生存的自然生态环境的一个不可缺少的一部分，通过利用、再利用所有的自然资源来满足人们的发展需求，与此同时最大限度地减少对自然的影响，包括减少温室气体排放、污水排放和固体废弃物及垃圾的产生等。

基于这样一种全新的概念，在城市发展和建筑建造过程中，必须在空间上将整个建造发展过程各个部分视为一个整体来考虑，在时间上将整个建造过程从选址、建设、拥有、维修、更新到结构最后使用完毕后的拆除和处理所消耗的能源和成本纳入成本效益的计量。同时，城市发展和建筑建造充分利用一个地区特有的资源和材料，在最大可能地提高人们的环境、生活质量的前提下，以整个发展和建造行为对环境的最终影响程度来作为评定发展的标准。通过这样的发展方式，最终才能达到扭转过去我们对环境产生的破坏、逆转全球变暖趋势的目的。

第二节
全球变暖的主要原因和城市开发建设给全球变暖所造成的直接影响
The Causes to Global Warming and its Impacts on Built Environment

1. 全球变暖和全球变暖的主要原因 Global Warming and its Causes

全球变暖指的是由于过量的二氧化碳和其他温室气体的排放（Greenhouse gas emission），而造成地球表面温度逐渐上升。这种现象几乎被当今大部分科学家认为是人类大规模的生产行为所致。整个过程的发生可以追溯到18世纪初的工业革命。工业革命完成了工场手工业向机器大工业过渡的阶段，它是以机器生产取代手工劳动，以大规模工厂化生产取代个体工场手工生产的一场生产与科技革命。

工业革命主要依赖化石燃料能源。蒸汽机、焦炭、铁和钢是促成工业革命技术加速发展的四项主要因素。在瓦特改进蒸汽机之前，整个生产所需动力依靠人力和畜力。伴随蒸汽机的发明和改进，工厂不再依河或溪流而建，很多以前依赖人力与手工完成的工作自蒸汽机发明后被机械化生产取代。

自工业革命开始到现在，人类大规模的机器生产已持续了150多年。人们焚烧化石矿物以生成能量，大量燃烧煤、油、天然气和树木，产生大量温室气体，包括二氧化碳、甲烷、氯氟化碳、臭氧、氮氧化物和水蒸气等，其中最主要的是二氧化碳。全球大气层和地表之间形成了一个巨大的温室（Green house），使地球表面始终维持着一定的温度，提供了适于人类和其他生物生存的环境。而在这一环境系统中，大气既能让太阳辐射透过而达到地面，同时又能阻止地面辐射的散失。大气对地面的这种保护作用我们通常称为大气的温室效应。造成温室效应的气体称为“温室气体”，它们可以让太阳短波辐射自由通过，同时又能吸收地表发出的长波辐射。据美国环境保护署（Envrionmental Protection Agency，EPA）的资料显示，从工业革命开始到2005年，大气中二氧化碳的含量增加了35%，远远超过科学家可能勘测出来的过去十几万年的全部历史纪录，而且目前尚无减缓的迹象。许多科学家都认为，温室气体的大量排放造成温室效应的加剧是全球变暖的主要原因（图1-13）。美国国家海洋和大气管理局（National Oceanic and Atmospheric Administration，NOAA）的测试数据显示[4]：自1880年到现在，全球地面表面平均温度大约已升高了0.9℃，到21世纪末，地球的温度将升高1.1℃~6.4℃，最乐观的估计温度将升高1.8~4.0℃[5]。

美国国家海洋和大气管理局国家气候数据中心（National Climatic Data Center，NCDC）国家气候2008年全球的分析报告（State of the Annual Global Climate Analysis 2008）显示：2008年，结合陆地和海洋表面的温度，全球气温在1月至12月为0.49℃，该温度高于20世纪的平均温度水平，是1880年开始温度记录以来的八个暖年之一（与2001年的温度相当）。该年全球平均陆地温度为0.81℃，高于平均温度，

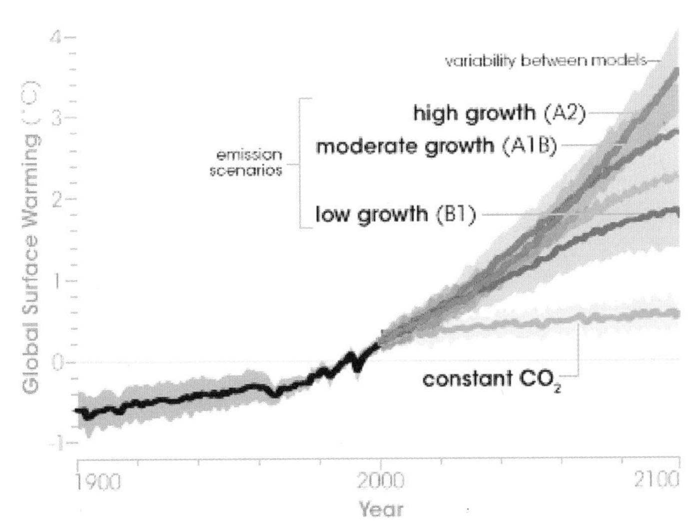

图1-13 温室气体的排放量增加的预测 Greenhouse Gas Emissions Forecast

注释：该图显示了1900~2100年期间根据全球气候模型预测的高、中和低三种增长模式下温室气体的排放量增；

水平线指数为1900~2100年期间的温室气体的预测排放量，竖向指数为地球表面温度的升高预测。

资料来源：美国航空航天局地球观测局：*NASA Earth Observatory*，IPCC第四次评估报告（2007）[4]

而海洋温度0.37℃也高于平均温度，分别排名10大暖年的第六名。表1-1记录了自1880年以来最暖的10年的温度情况。

自1880年以来全球的10大暖年（1月至12月）[4] **表1-1**

1880年以来全球的十大暖年（1月至12月）（Global Top 10 Warm Years, January-December）	异常摄氏度，℃（Anomaly，℃）	异常华氏度，°F（Anomaly，°F）
2005年	0.61℃	1.10°F
1998年	0.58℃	1.04°F
2002年	0.56℃	1.01°F
2003年	0.56℃	1.01°F
2006年	0.55℃	0.99°F
2007年	0.55℃	0.99°F
2004年	0.53℃	0.95°F
2001年	0.49℃	0.88°F
2008年	0.49℃	0.88°F
1997年	0.46℃	0.83°F

哈佛大学能源政策和应对气候变化研究专家、物理学家约翰 · 霍尔德伦（John P. Holdren）形象地形容："你的身体的体温通常是98.6℉（37℃），当它仅仅升高几度到102℉（39℃）时，它会出现什么问题？你的身体这时出现了大问题，它在发烧。这种变化和地球表面温度升高是一个道理。"

2. 全球变暖给人类带来的后果 Impacts of Global Warming

全球变暖对人类所产生的后果是灾难性的。全球变暖的最大危险是导致海平面的急剧上升。主要是由两个因素造成。其一是高山冰川和极地冰盖的融化。这其中包括5大洲的冰川大规模退缩，北冰洋的冰正在变薄，巨大的南极冰盖正以令人难以置信的速度崩溃。其二，海洋水温的热膨胀。由于海洋水温的升高和海洋内张力更加疏松，导致海水蔓延。海水正在占据着地球越来越多的面积。从以下数据我们可以看出海平面上升的事实和对人类所产生的后果：

（1）自上个冰河时代末期约1.8万年前以来，海平面上升了大约120m。

（2）地质资料表明，在过去的3000年中，全球海平面可能平均以每年0.1~0.2mm的速度增长。

（3）潮汐测量数据表明，20世纪全球海平面上升速度为平均每年1~2mm。

（4）较平坦的海岸线，如大西洋所连接的较肥沃的海岸和人口密集的河流三角洲，1mm的海平面上升导致约1.5m的海岸线后退[6]。

大多数科学家表示，2100年，全球海平面预计将上升40~65cm。据欧洲地球科学联盟在2008年奥地利维也纳会议中的数据，到下一个世纪，全球海平面有可能上升到0.8~1.5m，最终可能淹没岛屿国家，淹没沿海城市，数以万计的居民不得不迁徙。就美国而言，有53%的美国居民居住在海岸城市，当海平面上升1m时，部分沿海城市如东海岸位于佛罗里达州的好莱坞市（Hollywood，Florida）、西海岸的加利福尼亚州的福斯特市（Foster City，California）可能的淹没状况如图1-14~图1-17。

全球气候变暖和海平面上升对其他国家和地区的影响还有：

（1）除了岛屿国家以外，海平面上升也对地势低洼的沿海国家造成威胁。1m的海平面上升将淹没孟加拉国（Bangladesh）一半水稻土地面积，孟加拉国一半以上的居民不得不搬迁。其他将被淹没的水稻种植低洼地区包括越南、中国、印度和泰国等。[6]

图 1–14 佛罗里达州好莱坞现状 Hollywood，Florida

图 1–15 佛罗里达州好莱坞：当海平面上升 1m，城市的淹没状况 Flooding after Sea Level Raised 1 Meter，Hollywood，Florida

图 1–16 加利福尼亚福斯特市 Foster City，California

图 1–17 加利福尼亚福斯特市：当海平面上升 1m，城市的淹没状况 Flooding after Sea Level Raised 1 Meter，Foster City，California

（2）由于全球气温升高，水分蒸发便随之增加，因而雨季延长。气候的变化导致不均衡的降水现象发生，一些地区降水增加导致洪水泛滥，而另一些地区降水减少而干旱化严重。由于干旱所引起自然森林火灾将烧毁大面积的森林，严重破坏森林生态系统。同时洪水和火灾造成成千上万的建筑被毁，很多人被迫流离失所。

（3）全球气候变暖影响和破坏了自然界的生态大环境。更为严重的自然恶果是洪水泛滥和海平面温度上升破坏了自然的生物链、食物链。大气中的二氧化碳增加可刺激植物生长，但有证据表明，在大气二氧化碳浓度升高下生长的植物，其枝叶中含的氮较少，这对食草动物而言意味着营养减少，这最终将导致重要生态系统的崩溃和物种逐渐灭绝。气候变化也将改变降雨模式。干燥地区导致野火增加而潮湿的条件下可能会导致更多的害虫，如蚊子和松树甲虫。在加拿大，由于近几年冬天不够寒冷，甲虫在冬季仍然存活，它们的侵扰使数百万公顷的松树林干枯死亡。

图 1–18 受松树甲虫侵害的加拿大森林 The Dying Canadian Forest Infested by Pine Beetles

图片来源：http：//ecoworldly.com/2009/07/22/massive–infestation–of–beetles–threatens–mountain–pines–in–western–us/

（4）生态系统：气候变暖的趋势将改变树木和其他原生植物的分布，改变动物的栖息地。模型预测温带树种向北移动，热带和亚热带树种也逐渐向北转移。但个别物种对气候变化的反应有所不同。物种群落不会只是简单地追逐冰盖，但通常植物和动物的生态环境将会被彻底打乱。

（5）大气二氧化碳浓度升高，不但直接影响气候变化，而且使野生动物和植物的生命受到威胁。例如，由于变异性增加，即使温度低于冰点仅仅几个小时，植物也有可能死亡。同样，如果温度过高，鸟类和昆虫也可能会死亡[6]。

（6）较暖的气温给各种疾病、流行病提供了可传播的机会。哈佛大学医学博士保罗·爱泼斯坦（Paul R. Epstein）的研究表明，气候变暖使得蚊虫的疾病传播现象越来越普遍，因为气象条件是蚊虫传播疾病的最重要手段。寒冷的气候给人类带来很多益处，因为温度保持在特定的低水平，能限制蚊虫的繁殖和滋长。冬季温度低（低于临界度的温度）能使许多细菌或寄生虫的卵虫和幼虫死亡。例如，导致疟疾爆发的气温通常要超过60℉，因为这种温度是疟疾的寄生虫如恶性疟原虫传播不可缺少的条件。同样，埃及伊蚊是黄热病和登革热主要的传播体，其病毒只有在气温高于50℉的时候存活。虽然非常热和非常冷的温度都同样能使昆虫致死，不过在蚊子存活的温度范围内，热的环境中更易于它们繁衍和叮咬人类。同时，在热环境中病原体更易成熟和生产。又例如，在68℉，不成熟的恶性疟原虫的寄生虫需要26天才充分成熟，但在77℉却只需要13天。所以气温升高大大缩短了寄生虫成熟的时间和它们传播疾病的机率。随着越来越多的地方变得更加暖和，蚊子就有可能带着疾病扩散到以前没有进入的比较寒冷的地区。此外，温暖的夜晚和不太寒冷的冬季气温使得疾病的传播时间更长。于是，由于整个地球热了起来，冰川融化，植物也随冰雪而移动。随着山峦顶峰的变暖，海拔较高处的环境也越来越有利于蚊子和它们所携带的微生物如疟原虫的生存。一些热带疾病将向较冷的地区传播，如西尼罗病毒、疟疾、黄热病等热带传染病，在美国的佛罗里达、密西西比、得克萨斯、亚利桑那、加利福尼亚和科罗拉多等地相继爆发[7]。

3. 城市开发建设给全球变暖所造成的直接影响 Urban Development as a Direct Cause to Global Warming

以全球范围而言，能源消耗和温室气体排放量最大的来源之一是城市开发建设。城市开发和建筑营建本身就意味着清理土地、开发森林，通过挖掘矿物去生产水泥、砖、金属、塑料合成等建筑材料，并且在建筑使用过程中消耗大量能源。目前建筑使用的能源主要来源于燃烧不可再生的资源如焦炭和化石等。皮博迪能源（Peabody Energy）是世界上最大的私营煤矿公司，它每年要从地球中挖掘2.4亿吨的原煤。皮博迪能源公司将每年他们所生产的10%的能源提供给美国。如果美国仍然坚持走传统的工业革命以来的能源消耗之路，在将来的20年每年的能源消耗将增长37%，温室气体排放将增长36%。

1）温室气体排放量 The Amount of Greenhouse Gas Emission

在美国，居住、商业和工业建筑能源消耗所产生的温室气体排放量，占所有温室气体排放量的58%。其中有43%的二氧化碳（CO_2）、7%的甲烷、8%的一氧化二氮[8]，还有部分二氧化硫、铅、微量的粉尘、一氧化氮和挥发性的有机化合物（VOC）（图1-19，EPA-美国环境保护署）。就主要的居住和商业建筑能源消耗所产生的温室气体排放量而言，其二氧化碳的排放量就占了美国总温室气体排放量的38%（图1-20）。从1990年起，建筑的温室气体排放量以每年2%的百分比在增长，据美国能源信息管理局（EIA）估算，到2025年，它将持续增长到1.4%。主要的原因是建筑要消耗能源，而生产和运输能源的过程伴随着大量温室气体排放。其中居住和商业建筑能源消耗较多，是大量温室气体的主要来源。居住建筑因为电的消耗而产生的二氧化碳排放量为67%，商业建筑为76%。在加热锅炉和热水器时，燃烧天然气而产生的温室气体排放，居住建筑为23%，商业建筑为17%。在美国中西部和东北部，通过燃油加热取暖而产生的温室气体排放，居住建筑为9%，商业建筑为5%。

2）能量消耗 Energy Consumption

随着人口的增加，经济和建筑规模的扩大，建筑业对能源的依赖也随之增长。据美国环境保护署一份2004年的统计显示，2002年，建筑所消耗能源占了美国总能源消耗的39%，其中电能占了全美总消耗量的68%[9]。在建筑使用过程中，电能的消耗主要来源于热水和照明。图1-21提供了美国居住和商业建

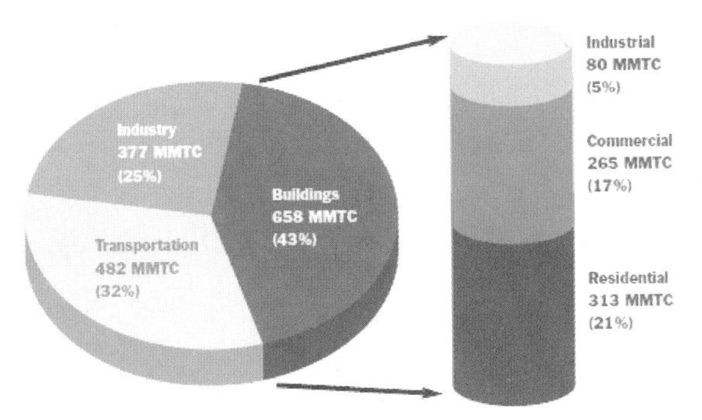

图 1-19 与化石燃料有关的二氧化碳的排放量（2002 年，单位为百万公制吨的碳含量）Million Metric Tons of Carbon，MMTC

注释：Industry—工业；Buildings—建筑业；Transportation—运输业；Commercial—商业的（建筑）；Industrial—工业的（建筑）；Residential—居住的（建筑）

资料来源：U.S. Environmental Protection Agency. 2004. *U.S. Greenhouse Gas Emissions and Sinks*：1990–2002. EPA/430–R–04–003（2004）. U.S. EPA，Washington，DC，3–7，table 3–6

Pacific Northwest National Laboratory. 1997. An Analysis of Buildings–Related Energy Use in Manufacturing，PNNL–11499，Pacific Northwest National Laboratory，Richland，WA table 4.1.

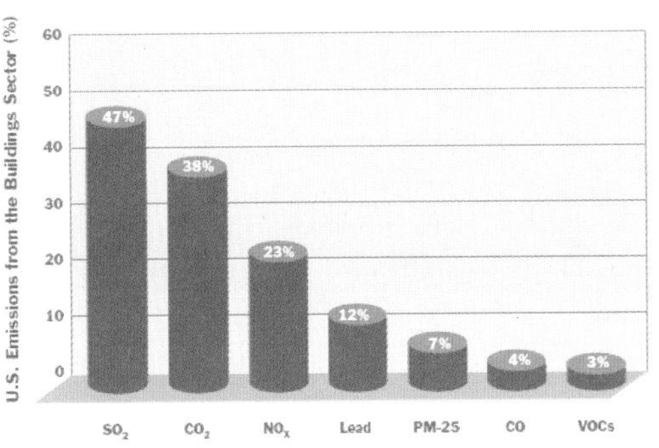

图 1-20 住宅和商业建筑与能源有关的温室气体排放量（相对于美国总的排放量所占的百分比）Energy–linked Emissions from Residential and Commercial Buildings

资料来源：U.S. Environmental Protection Agency. 2000. *National Air Pollutant Emissions Trends Report*，Washington DC and Energy Information Agency. 2000

Emissions of Greenhouse Gases in the United States. DOE/EIA–0573（00）. EIA，Washington，DC.

筑能源消耗的详细数据（2004 年美国能源信息管理局的统计数据）。在居住建筑中，空调、热风、热水和照明所消耗能源占了所有居住建筑能源消耗的 65%，其中为了保持室内建筑环境的舒适度、供应空调和热风所消耗能源占 41%，热水和照明分别为 12%。在商业建筑中，空调、热风、热水和照明所消耗能源占了所有商业建筑能源消耗的 48%，其中照明为 21%，空调和热风为 21%，热水为 6%。

另外根据美国能源部的能源效益和可再生能源（USDOE，Energy Efficiency & Renewable Energy）局的统计，为了维持工业建筑的正常运行，空调、暖风、热水和照明所消耗能源占了所有工业建筑能源消

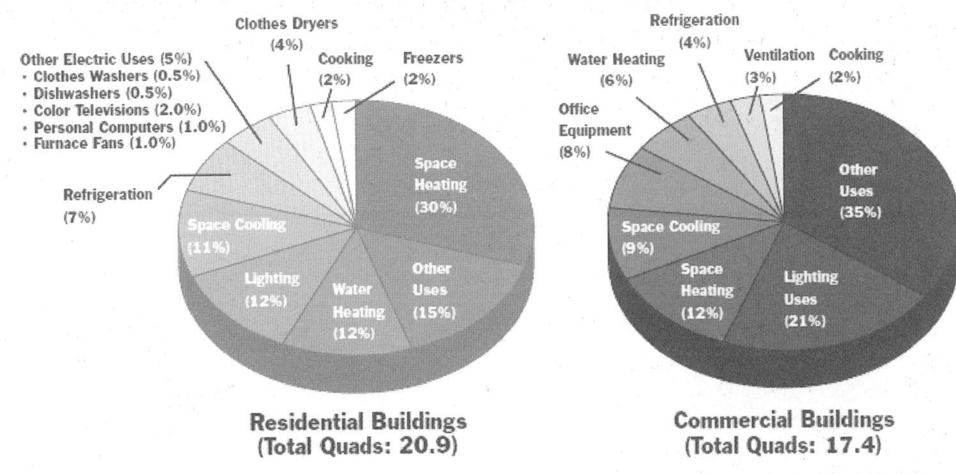

图 1-21 图中表示来自住宅和商业建筑实际能源消耗 Primary Energy Consumption in Residential and Commercial Buildings

注释：Residential Buildings—居住建筑，Commercial Buildings—商业建筑，Space Heating—房间供暖，Space Cooling—房间制冷，Lighting—照明，Water Heating—水的加热，Refrigeration—制冷，Clothes Dryers— 衣服甩干机，Cooking—烹调，Freezers—冷冻机，Ventilation—通风

资料来源：Energy Information Administration.（2004）*Annual Energy Outlook 2004*. DOE/EIA–0383，p.139–142，tables A4 and A5. EIA，Washington，DC.

耗的33%。所有新建筑的营建、旧建筑更新和维修所消耗的生材料为40%，它们的配套设备、材料、家具的生产和运输，都需要消耗大量的能源。

以2002年美国建设施工为例，所有施工工地的机器设备和材料运输所消耗的能源一共为1.6万亿英热单位（Btu）。它在1997年1.25万亿英热单位的基础上增长了28%。施工所消耗的木材占去了森林砍伐的25%。虽然美国人口只占全世界人口的5%，却消耗全球26%的自然资源，例如它的铝的消耗是27%，而铜的消耗是19%。以全球范围为例，每年有30亿吨的生材料用于建筑营建，占了全部生材料使用的40%。[10]

第三节

走可持续性的设计和绿色节能建筑之路：我们应该给后代留下一个怎样的生存环境？

Toward Sustainable Design and Green Buildings: What Kind of World Will We Leave to Future Generations?

走可持续性的设计和绿色节能建筑之路是城市规划师、建筑师为减缓全球变暖所能做的最直接的贡献。通过可持续发展和绿色建筑实践，不仅可以全面提升我们所使用建筑物的环境质量和使用者的舒适度，满足人类日益发展的需要，而且可以减少对能源和其他资源的消耗，进而减少对自然环境和其他物种生态环境的影响，最终达到保护我们后代生存环境的目的。

在最近十几年，由于大气中的二氧化碳排放量急剧增加，全球变暖的速度随之加快，一系列负面的自然灾害正在威胁着全世界。大小不断的地震、飓风、干旱和水灾正在世界各国不断发生（图1-22），同时跟热有关的多种疾病如疟疾、痢疾、霍乱也在全球蔓延和传播。全球气候的变化还影响到农作物的生长、植被格局的变化，导致动植物栖息地的缩小，以及一些珍贵物种的灭绝。自然

图1-22 海地遭受飓风“汉娜”袭击后的景象鸟瞰，2008年9月 Scene after Hurricane in Haiti

灾害使成千上万人流离失所，恶劣的生存环境无疑将最沉重的负担施加给了最易受伤害的儿童群体。据2009年联合国儿童基金会（United Nation Children' s Fund）在哥本哈根国际气候大会上公布的统计数字表明，由于气候变化，每年南非的撒哈拉以及南亚的儿童在风暴和干旱中死亡的人数高达16万。据英国《卫报》（*British-Guardian*）报道，到2050年，由于气候变化导致食物短缺，将会有2500万儿童挨饿。

根据人类现有的知识和信息，在太阳系中唯有地球是人类赖以生存的行星，并且唯有她具有丰富的自然资源，包括矿产资源、土地资源、海洋资源、森林资源、生物资源、气候资源、水资源、热资源和光资源等。所有这些为地球上20万年以来整个人类的生生息息提供了不可缺少的物质基础。这个美丽的星球历经近40亿年演化所建立起的平衡，由于人类无休止的开发和利用而遭到了无可挽回的严重破坏。2006年英国《卫报》公布的数字表明，自1940年以来，全球用于耕种的土地超出了18和19世纪的总和，其面积已经超出了地球土地面积的24%。自1960年以来，全球的江河湖泊中的水量减少了一半。

水是人类赖以生存的最重要的资源之一。由于地球气候变化和人类的开发建设，水资源面临着严重的破坏。建筑师贾森·麦克伦南（Jason Mclennan）说："我们必须知道这样一个重要的事实，即人类正在面临着用尽地球水资源的危机。这个问题不仅只在于水的数量，还在于它的质量和分布。地球由70.8%的水体组成，而其中97%是咸水，只有3%是淡水。而3%的淡水中的90%被储藏在冰川之中，留下仅仅0.0001%的淡水供地球上所有人类和动植物使用。更加不公平的是，就这么一点点的百分比的绝大多数还只分布在三个国家：加拿大、美国和俄罗斯。"他接着说："我们用一种无限开发的手段对待有限的地球资源，这就是目前人类所面临的危机。"

1995年，贾德·戴蒙（Jared Diamond）在《发现杂志》（Discover Magazine）中详细报道了有关复活节岛人（Easter Islanders）文明消失的过程[11]。

无论是小行星坠落在地球表面导致恐龙消失之理论，还是由于族内战争引起的玛雅文明灭绝之假设，都表明在人类历史上存在着某些原因使得有些动物、植物或者城市最终走向了灭绝。复活节岛就是这样一个例子。复活节岛由荷兰探险家雅各布·罗杰文（Jacob Roggeveen）在1722年复活节期间（4月5日）发现并命名。该岛只有64平方英里（1平方英里=2.5900平方公里），位于太平洋，东距南美洲2000英里（1英里=1.6093公里），纬度为南27°，气候较温和且属亚热带气候。因火山的缘由，其土地肥沃。从理论上讲，这种占尽天时地利的自然环境赋予了复活节岛一个非常适于居住的空间。但是罗杰文的第一印象，这里并不是一个天堂，而是一片贫穷的废墟。在岛上，罗杰文看到的是一个贫瘠的草原，没有一棵树或超过10ft高的灌木。现代植物学家发现岛上只有47种较高的植物，其中大部分是草、莎草和蕨类植物。岛上没有真正的木柴供居民在多风潮湿的冬天取暖。他们的本土动物没有比昆虫更大的，甚至没有本地蝙蝠、鸟、蜗牛、蜥蜴或单一物种。鸡是唯一饲养型的动物。

在整个18世纪和19世纪初，复活节岛的人口估计约为2000人，都是波利尼西亚人（Polynesians）。岛上居民完全是孤立的，与外界没有任何接触，甚至不知道其他人的存在。在所有这些年中，没有一个复活节岛的岩石或产品在其他地方出现过，也没有任何东西被认为可能是由其他人带到岛上的。

复活节岛上最著名的特征是其200多个巨大的石像，高达65ft，重达270t。石像平台也同样巨大：500ft长，10ft高，面砖重达10t。雕像的雕刻大部分在一个采石场完成，然后运往6英里以外的地方。罗杰文对雕像首先提出了质疑：岛上缺乏制作运输大型石材的原木、强大的绳索，岛上没有轮子，没有牲畜，没有权力组织，那么，他们是如何运输和搭建这些巨型雕像的呢？

自1955年以来，许多现代考古学家和古生物学家陆续在复活节岛发掘的考古遗址表明，在建造巨型雕像的年代（公元前1500~前1200年），复活节岛的人口估计约为2万人。这样的人口密集度对于仅仅只有64平方英里的小岛来说是不可思议的。当时的复活节岛完全不是荒地。相反，当时的波利尼西亚殖

图 1-23　复活节岛的巨型雕像（公元前 1500~ 前 1200 年）Easter Island's Monumental Statues

民者社会机制健全，国家繁荣富强，人民生活在肥沃的土地上，有着丰富的食品和建筑材料。他们拥有各种亚热带森林中的树木、灌木、草本、蕨类植物等。森林中最常见的树是一种棕榈物种（现在已在岛上绝迹），高达 82ft、直径 6ft 的棕榈树枝干是理想的运输雕像的工具。复活节岛天然的偏远位置和缺少鸟类天敌的理想状况，使这里成为了海鸟繁殖的天堂，至少在复活节岛上发现了 25 种不同的鸟类化石。

复活节岛到底发生了什么？人口骤减，动植物消失。15 世纪，因为岛上的人们过度开垦土地、种植园，砍伐树木以燃木取暖，建造房屋，制造运输和竖立雕像的工具，兴建大型海船和独木舟。他们持续不断地砍伐树木，毁坏森林，最终导致整个森林消失。森林生态系统的破坏，引起了岛上的树种、动物和鸟类的灭绝。同时由于木材的缺乏，大型海船和独木舟的制造也逐渐不复存在，岛民远赴外海捕猎海洋动物——如海豚和深海鱼的活动，也受到了极大限制。复活节岛多悬崖的海岸线只允许人们在少数地方浅水捕捞。而在考古遗址中，鱼却是当时岛民赖以生存的主要食物。

复活节岛社会的衰亡过程：由于人口不断地增长，对所用土地和森林资源的需求也日益攀升，导致森林开发过度。由于森林的开发速度比森林的再生更加迅猛，最终森林消失，伴随出现严重的水土流失，泉水和溪流逐渐干涸。随着森林生态系统的破坏，各种动植物最终灭绝。由于岛国国土面积有限，人们赖以生存的资源被开发耗尽，于是人口在饥饿之中递减，社会走向灭绝。[11]

前车之鉴，我们意识到了什么？目前地球上人口崛起，人类正以前所未有的速度消耗世界上主要的资源：渔业资源、热带雨林、矿物燃料等。如果以这样的开发速度，复活节岛的衰亡过程便是地球最终的缩影，复活节岛最终的荒凉便是我们留给后代的生存空间，复活节岛文明的消失也将成为最终地球人类文明消失的真实写照。

人类文明必须延续，人类的生命也必须繁衍。面对开发无限而资源有限这一事实，我们应该寻找一种聪慧的方式，来确保地球有限的资源被可再生性地利用。这就是可持续性的发展方式，这就是绿色建筑理念。

第四节
绿色建筑、可持续性发展、可持续性的设计、低碳建筑以及节能建筑的概念
Defining Sustainable Development，Sustainable Design，Green Building，Low Carbon Building and Energy Conservation Design

绿色建筑、可持续性发展等概念在不同的语境下，对于不同的听众有着不同的意义。虽然在大多数情况下，这些概念的语义相差不大，但在本书中这些概念的具体定义如下：

1. 绿色建筑 Green Building

绿色建筑也称可持续建筑（Sustainable building），是指在建筑实践过程中有效地使用自然资源和减少对环境破坏的整体做法，是对选址、设计、建造、运行、维修、更新到拆除解构这一建筑循环的整个过程而言的。这种建筑实践是对传统建筑实践之经济、实用、耐用和舒适的设计原则的扩大和补充。绿色建筑在整体设计上通过有效地使用能源、水和其他资源，保护居住者的健康，提高建筑使用者的工作效率，降低废物输出和污染来达到全面消减建筑对环境和人类的负面影响。绿色建筑也被称为可持续的或高性能的建筑（High Performance Building）。

2. 可持续性发展 Sustainable Development

可持续性发展是 1987 年联合国世界环境与发展委员会（World Commission on Environment and Development，WCED）在“我们共同的未来”中所提出来的，即“可持续性发展是满足现在的发展需要的同时，不以牺牲将来后代的发展需要为代价”。[12]

简单地说，可持续性发展就是采用一系列手段来确保我们的资源不被耗尽，并且以环境和经济的概念有效地使用我们的资源。

可持续性发展在建筑工业发展理论上可进一步分为环境的可持续性（Environmental sustainability）、经济的可持续性（Economic sustainability）和社会的可持续性（Social sustainability）。

环境的可持续性即指保持生态系统的完整性，提高环境资源的承载能力，增强生物多样性，提高空气和水的质量，保护自然资源，减少废弃物流和利用可再生资源。

经济的可持续性即指降低建筑运营费用，提高建筑使用者的生产力和优化建筑生命周期的经济表现。

社会的可持续性即指提高居住者的健康和舒适度，尽量减少对当地市政基础设施的压力，增强当地社区的生活质量和提高审美素质。[13]

3. 可持续性设计 Sustainable Design

可持续性设计就是在寻求最大限度地提高建筑环境质量的同时，尽最大可能减少资源的利用，并在最大程度上消减建筑对自然环境负面的影响。

“最大限度地提高建筑环境质量”包括但不限制于最大限度地提高建筑使用者的安全、健康和舒适性，即有机的建筑环境、有效的建筑使用功能、高舒适度的建筑室内温度、高品位的室内空气质量和声学质量、高效能的室内采光（包括自然采光和人工照明，在大多数情况下为自然采光和人工照明的完美结合）以及安全健康的室内建筑材料、装修材料、家具和使用设备等。

“最大可能地减少资源的利用，最大程度上消减建筑对自然环境负面的影响”包括但不限制于最大限

度地保护建筑用地周围的自然环境、合理利用用地周围的有效资源。在设计、施工和使用过程中，尽量减少非再生能源和材料的消费，尽可能做到资源及能源的有效使用，减少废物和垃圾的输出，最大限度地使用本地资源，减少运输过程中的能源消耗和给环境带来的危害，尽量使用可回收、可再生资源以及尽量保护水资源和减少水的消耗。

可持续性设计不是一种美学风格，不是一种建筑流派，不是维特鲁威（Vitruvius）所倡导的美观加坚固的建筑产品，也不是工业革命以后由于人口迅速增长，现代建筑运动所推出的一种机器。可持续性设计是一种环境保护的意识，是一种给未来留下更多资源和生存空间的意念，是一种追求安全和舒适的居住环境的设计根本，是寻求自然、舒适、经济、美和设计为一体的最好结果。它是一个从设计前到建成后使用和最终拆除的全过程，正如黛安娜·洛佩斯（Dianna Lopez Barnett）和威廉·布朗尼（William D. Browning）在他们的《可持续性建筑的入门》（A Primer on Sustainable Building）一书中所言："它是一种革命，是一种重新思考设计、施工和运营建筑的革命"。

总之，可持续性设计的概念无论构成、策略还是技术内涵，都涉及"最少的环境影响"（Minimal environmental impact）和"全面的提升建筑的居住质量和舒适度"（Overall building indoor quality and comfort）这两个中心环节，它一般包括：

（1）节省能源和能源的有效利用（Save Energy and Energy-Efficient）；

（2）再生性能源的利用（Renewable Energy）；

（3）保护和节约水资源，以及水资源的再利用（Water Conservation and Water Reuse）；

（4）降低建筑材料的使用和选择对环境有益的材料
（Reduce Material Use and Use Environmentally Preferable Building Materials）；

（5）最大限度地减少建筑垃圾。管理、回收和再使用施工及拆卸的建筑垃圾
（Construction and Demolition Waste Minimization）；

（6）建筑场地的选择、保护和利用（Site Preservation）；

（7）最大限度的自然采光（Daylighting）；

（8）高品位的室内环境质量（Indoor Environmental Quality）；

（9）采用自然通风（Natural Ventilation）；

（10）选用适当的植物配置（Use Appropriate Plant Material）。

4. 低碳建筑 Low Carbon Building，LCB

低碳建筑是绿色建筑的一个组成部分。它所强调的是减少温室气体的排放量。低碳建筑指的是在设计、建造、运行、改建和拆除的整个过程中，建筑释放最少或者零的温室气体。根据英国经济学家尼古拉斯.H.斯特恩（Nicholas H. Stern）2006年在英国的报告（The Stern Review on the Economics of Climate Change，Final Report，Chapter 8），低碳建筑的温室气体排放量只相当于常规建筑温室气体排放量的20%。

建筑的温室气体排放在建筑施工过程中，主要来源于建筑材料的制作和运输、建筑拆卸废料的运输和处理；在建筑的运营过程中，主要来源于电的消耗、建筑供热所燃烧的化石燃料、建筑废水和废料的处理等。

5. 节能建筑 Energy Conservation Design

节能建筑也是绿色建筑的一个组成部分。它的目标是使建筑在设计过程中，最大限度地节省能源的消耗。美国国家标准研究院（The American National Standards Institute，ANSI）在20世纪70年代对新建

筑制定了节能设计和评估标准，主要对建筑的性能（Building Performance）提出了要求，基本上是对围护结构、采暖、空调、通风、家用热水和照明系统的能源的有效利用提出了性能标准要求。

20世纪90年代，美国能源部（U.S Department of Energy）又发布了建筑能源规范计划（Building Energy Codes Program），主要针对居住建筑和商业建筑有效使用能源提出规范要求，其结果是要让建筑消耗较少的能源，为消费者节省较多的能源开支，同时减少二氧化碳的排放量。

第五节
为什么可持续性的设计是发展的未来?
Why Sustainable Design is the Future of Buildings and Development?

全球共同面临的一个日益严重的危机就是：对资源需求的不断增加和维持生命的资源的逐渐减少。开发建设给社会带来诸多好处的同时，也造成了对环境和人类的极大的破坏。美国建筑师学会目前确定可持续发展是影响行业未来的最大的因素。英国的查尔斯王子（Prince Charles，the Prince of Wales），在谈到城市设计主题时说："目前我们面临最大的挑战之一就是：可持续性发展。喜欢还是不喜欢，可持续性无处不在"。因为可持续性发展是以最大程度地消减建筑对自然环境负面的影响和全面提升健康的居住环境为宗旨的。根据美国绿色建筑委员会（USGBC）2009年对美国建筑市场的一组统计数据表明，以绿色建筑为代表的可持续发展减少能源和自然资源的消耗，减少资金投入，提高建筑使用者的生产效率，并且使建筑的居住者更加健康：[14]

具体而言，根据可持续性设计而建造的建筑物和开发建设具有明显的经济（Economic）、环境（Environmental）和社会效益（Social Benefits）。可持续的设计已经逐渐成为新的商业模式（Business Models）的基础和衡量技术革新的最基本的标准（Touchstone of All Innovation）之一，贯彻技术革新的各个阶段[15]。

1. 可持续性设计的经济效益 The Economic Benefits of Sustainable Design

越来越多的研究数据表明，根据可持续性设计建造的建筑物和开发项目能够为业主（Owners）、建筑物的使用者（Building Occupants）和后期建筑物的维护和使用带来明显的、直接的经济回报。这是由于依照可持续性设计建成的建筑物一般都有较低的年度能源和水的用量，较低的维护、修缮（Maintenance/repair）及再次装修、布局（Churn）的费用，建筑物整体的运营费用较低。通过整体设计方法（Integrated Design Method）的应用和创新地使用可持续性建筑材料和建筑设备（Sustainable Materials and Equipment），可以将绝大多数绿色建筑的初始成本控制在与传统建筑相同或较低的水平。虽然有的绿色建筑的特定环节的初始成本比传统建筑物要高，但是绿色建筑整个生命周期成本（Lifecycle Cost）一般比传统建筑物低20%[16]，其偿还周期（Payback Period）也比传统建筑物要短。此外，可持续性设计还可以为业主和社会带来间接的经济效益。例如，绿色建筑所提供的舒适的建筑空间促进使用者的健康和舒适度，从而提高其生产、工作效率，为业主吸引新员工。可持续性设计还可以为业主减少投资风险，因为绿色建筑投资回报周期较传统建筑物的要短得多。对于整个社会而言，绿色建筑可以减少由于空气污染造成的损失，减少废物、废水处理费用，以及其他城市基础设施的容量，从而减少了整个社会对基础设施的投资。

1.1 直接的经济效益 Direct Economic Benefits

可持续设计可以为业主带来明显的、直接的经济效益。根据美国绿色建筑学会（U.S.Green Building

Council）的统计数据，与同等规模的传统建筑物相比，基于可持续性设计的绿色建筑每年少消耗26%的能源，减少13%的建筑维修费用，居住者的满意程度增加27%，建筑建成后的运营费用减少8%~9%，建筑价值提高7.5%，投资回报增加6.6%，入住率增加3.5%，出租率增加3%。此外，从建筑的销售价来分析，绿色节能建筑每平方英尺的销售价高于传统建筑销售价约10%。

比传统建筑物较低或相同的初始造价 Lower（or Equal）Initial Costs：建筑物的初始造价包括征地（Land Acquisition）、施工或更新改造以及购买各种设施和设备的资本投资。与传统建筑设计过程和方法不同，绿色建筑采用团队式多学科协同、沟通的整体性设计方法（详见本书第三章）。由于利用多学科团队的分析能力和手段，设计团队（Design Team）可以采用最佳的设计手法来取得各个建筑要素和设计方法（Green Building Strategies）的最佳组合，从而达到降低建筑物基建投资的目的。然而，如果单独使用这些建筑要素和设计方法，都会增加建筑物的初始造价。可持续设计的另外一个特点是在整个设计过程中，设计团队不断地进行各种设计、施工方法的造价、成本比较和权衡取舍（Tradeoff Exercise）。通过采用改善能源、建筑物室内和室外、社会环境的整体的设计、施工方法（Integrated Solutions），同时进行成本比较（Costs Analysis），绿色建筑一般都能够取得比传统建筑物较低或相同的初始造价。例如，通过改进建筑物围护结构（Building Envelope）的保温隔热性能，设计团队可以不需要在建筑平面的外围（Perimeter of the Building）设置暖通空调系统（HVAC）及相关的管道，同时也可以缩小（Downsize）整个建筑物暖通空调系统的容量。由此节省的资金可以用来支付高质量的建筑围护结构。主要节约建筑物初始造价的绿色建筑设计手法（Green Building Strategies）包括优化建筑选址和建筑物的朝向，再利用或更新现有建筑物和构筑物，采用可回收利用的建筑材料，缩小建筑规模，删除不必要的装饰和要素，避免建筑结构设计和建筑施工上的浪费（Avoid Structural Overdesign），充分发挥整体设计特色优化各个建筑子系统，特别是优化建筑物的用水和能源系统（Energy Optimization），利用施工废料管理，控制缩小场地基础设施规模（Decrease Site Infrastructure）等。

对于早期的绿色建筑而言，根据加利福尼亚州可持续建筑特别研究小组（California's Sustainable Building Task Force）对该州33栋获得美国绿色建筑学会LEED认证的绿色建筑物的造价分析结果，建筑物初始成本由于采用绿色建筑技术平均增加约2%左右，即每平方英尺成本增加约为3~5美元。但是，获得认证的绿色建筑物总的经济效益（Total Financial Benefits）随着认证级别的提高而不断增加，认证级和银质级（Certified and Silver Level）认证的绿色建筑为平方英尺50美元，而获金质和白金级（Gold and Platinum Level）认证的绿色建筑为每平方英尺75美元。所获得的总的经济效益是增加成本的10倍[17]。

节约年度能源成本 Annual Energy Cost Savings：美国的建筑物每年消耗39%的能源[14]，因此绿色建筑设计的一个重要概念就是将建筑物的建筑和高效率的机械要素（Building's Architectural and Mechanical Features）优化组合，最大限度地减少能源使用，降低建筑造价，同时为建筑物的使用者创造舒适的建筑室内环境。绿色建筑设计过程中普遍使用计算机进行建筑物能源使用模拟来准确预测建筑物的年度能源消耗。根据美国能源部（U.S Department of Energy）国家再生能源实验室（NREL）和太平洋西北国家实验室（PNNL）所进行的传统建筑和绿色建筑年度能源使用比较分析，采用节能设计的绿色建筑物与同等规模的传统建筑物相比较，每年少用37%的能源[18]。绿色建筑中另外一个节能策略是使用高效节能的设备，例如，能源之星（Energy Star）认证的电子产品都具有年度能源使用量较传统电子产品大量减少和成本回收周期较短（Short Paybacks）的特点。例如，目前美国市场上使用的商业自动饮料出售机（Vending Machines），用电量减少46%，一台自动饮料出售机成本回收时间为一到两年[18]。

此外，绿色建筑还广泛采用对各种建筑设备及系统在交付使用之前进行检测、试运行的做法

（Commissioning），以保证整个建筑物和其各种建筑设备系统正常运行，即满足最初的建筑设计意图（Design Intent）又更好地服务建筑使用者的需求。根据波特兰节能公司（Portland Energy Conservation，Inc.）对175栋新建建筑物和122栋现有建筑物（Existing Buildings）[19]进行检测、试运行的统计数据表明，通过测试的建筑物和建筑设备系统都实现大幅度的节能（Significant Energy Savings），以及在建筑室内冷热舒适度（Thermal Comfort）、室内空气质量方面（Indoor Air Quality）和建筑物整体使用和维修（O&M）方面的明显改善。最后，绿色建筑物还注重在建筑物的使用和维修过程中根据设计意图合理使用建筑物及各种建筑设备系统，实现节约能源的目标。

节约年度用水费用 Annual Water Cost Savings：大幅度地减少建筑物年度用水，特别是可饮用水（Potable Water）是绿色建筑物另外一个重要的经济效益。与传统建筑物相比，绿色建筑物采用多种提高用水效率（Water Efficiency）的做法来大幅度降低用水量。居住建筑物主要的节水做法包括采用超低流速的淋浴和水龙头（Ultra-low-flow Showerheads and Faucets），双冲水马桶（Dual-flush Toilets），无水小便器（No-water Urinals）等。仅采用上述节水措施即可节约大约57%的建筑用水[18]。此外，通过采用城市污水处理厂的中水来进行建筑物室外景观绿地的灌溉用水，可以大量节约对可饮用水的需求，从而降低建筑物年度用水费用。

较低的建筑设备维修费用 Lower Costs of Facility Maintenance and Repair：提高建筑物及其设备系统的耐久性（Durability）和易维修保修的特性（Ease of Maintenance）是可持续设计的另一个重要目标。采用经久耐用、可持续性的绿色建筑材料可以降低建筑物整体的维修成本。例如，绿色建筑广泛使用荧光灯（Fluorescent Lamps）可以减少维修成本，因为一般荧光灯的使用寿命约为10000小时，是一般白炽灯（Incandescent Lamps）使用寿命的10倍。因此其维修成本仅为白炽灯的十分之一。绿色建筑物屋顶采用浅色（Lightening Roof Color）材料不仅能够在夏季减少建筑吸热（Heat Gains），进而降低空调系统负荷，同时可以延长屋顶的使用寿命，达到降低维修成本的目的。同时，绿色建筑强调对建筑设备系统的预防性维修（Preventive Maintenance）、检测，使用当地建筑材料和注重对建筑物物业管理人员在建筑物入住、使用之前进行培训等做法，也在整个建筑生命周期内（Building Lifecycle）大幅度节省维修成本。

较低的建筑室内再装修费用 Lower Churn Costs：办公室建筑室内空间由于裁员、机构重组等原因必须重新加以装修、布置。根据国际设施管理协会（International Facility Management Association）的1997年的调查，每年约有44%的办公室人员更换办公室。办公室搬迁涉及建筑物室内布局和装修的很多方面，包括更改设备线路、变更隔墙、隔断、搬运设备、家具等工作。通常费用都不低，平均每人花费1340美元。如果涉及室内装修施工，则搬迁成本可高达每人3640美元[18]。绿色建筑普遍采用的楼板夹层系统（Underfloor Plenum），即将楼板抬高，在楼板下面预留足够空间供暖通空调管道系统（HVAC Air Distribution）、板块式电源和通讯数据电缆系统（Modular Power Cabling and Telecommunications/data Systems）使用。楼板夹层空间可以通过使用可移动的地板砖（Movable Floor Tiles）来将夹层空间打开以方便系统检修。此外，绿色建筑物室内空间分割通常不使用固定的分割墙体，而使用可移动的隔断（Removable Partitions）。绿色建筑物通过使用楼板夹层系统和可移动的隔断可以大幅度地消减室内再装修的成本，因为在室内空间需要调整时不需要任何施工来改变管道、电缆系统。

1.2 间接的经济效益 Indirect Economic Benefits

除了直接的经济效益以外，根据可持续设计而建造的绿色建筑物也为业主带来间接的、长期的经济效益，包括益于雇员招聘和挽留，具有较长的建筑使用寿命，较高的建筑转售价值，较低的风险、经济责任和保险费用以及有益于全社会的环境保护和减少污染等。

益于雇员招聘和挽留 Better Worker Retention and Recruitment：根据可持续设计建造的绿色建筑可以为业主创造关心环境的积极形象。对于雇员而言，在绿色建筑物内工作、为自己能够成为一种进步文化的一部分而感到骄傲、满足。这类雇员能够保持长期服务，不会轻易更换工作，对雇主表现出更多的忠诚。对于雇主而言，可以节约雇佣、培训新雇员的相关成本（Labor Replacement and Training Costs）。同时，雇主进步的形象利于雇员的招聘和挽留，为业务的发展壮大创造良好的商业环境。

较长的建筑使用寿命 Greater Building Longevity：根据可持续性设计原则设计、建造的建筑物往往有比同类传统建筑物具有较长的使用寿命，更容易被改造、装修来适应不同的新用途。因为较长的使用寿命和易改造性，绿色建筑物不会被轻易拆除，从而节省总的建筑、施工造价（Total Construction Costs），可以为业主创造更多的长期效益。

较高的转售价值 Better Resale Value：很多根据可持续性设计原则设计、建造的绿色建筑物具有节能、节水的特色，可以节省年度能源和用水成本，能够为新业主创造更多的直接经济效益。房地产评估行业对绿色建筑物转售价值评估时，建筑物净运营收入（Net Operating Income）是确定转售价值的一个重要因素。根据绿色建筑物转售价值中建筑物运营收入比较研究表明，节能、节水设计特点可以为业主增加10%的转售价值[18]。

较低的风险、经济责任和保险费用 Decreased Risk，Liability and Insurance Rates：业主和物业管理人员在建筑物占用和运营中面临很多风险和责任。很多绿色建筑的设计特色帮助减少各种风险。例如，绿色建筑物的选址（Sustainable Sitting）要求可以避免建筑物受到洪水、泥石流、场地下沉的影响。高效能保温隔热围墙围护系统，可以保证建筑物热量流失，节省能源成本。绿色建筑物建筑设备测试、检测要求（Commissioning）和预防性维修（Preventive Maintenance）概念可以避免建筑设备系统的故障，保证商业业务正常运行，不受干扰（Avoid Business Interruption）。由于绿色建筑物具有很多减少风险的设计特点，保险公司在绿色建筑物投保时提供保险费用方面的优惠。例如，地产保险公司为采用节能措施（Selected Energy-saving Strategies）的绿色建筑物提供10%保险费用的优惠（Offers 10% Credits）。美国最大的职业保险公司DPIC为提供建筑设备测试、检测的公司提供10%的职业保险费用优惠[20]。

2. 可持续性设计的环境效益 The Environmental Benefits of Sustainable Design

环境污染给人类健康带来了巨大的负面影响。据2001年5月美国环境建筑新闻：自1980年以来，美国的哮喘病的发病率明显上升，几乎有1700万人忍受这种病痛。38%的美国人有各种过敏症。而且美国的癌症发病率也在不断上升。

建筑物和开发建设耗用巨大的自然资源，同时产生广泛的环境影响（Environmental Impacts）。根据可持续性设计建造的绿色建筑和开发建设所带来的巨大的环境效益（Environmental Benefits）是不断推动美国绿色建筑运动和可持续性设计发展的源动力（Key Driver）。

根据建筑修建过程的不同阶段，建设开发对环境的破坏和影响不同。在建筑物施工阶段（Construction Phase），对环境的影响最为严重，建筑物的选址常常造成对野生动物栖息地（Animal Habitats）、自然景观的干扰和破坏，造成水土流失（Soil Erosion）、水质恶化，破坏场地的植被，引入外来植被（Invasive Exotic Plants）等。施工过程使用大量建筑材料，消耗大量不可再生的自然资源（Nonrenewable Resources），同时产生很多破坏环境的副产品。施工过程同时产生大量粉尘和施工废料。在建筑物运营阶段（Building Operation），建筑物使用大量的能源，排放出各种废气（包括温室气体）、废料和废水。同时建筑物还产生大量光污染，导致雨水劲流，城市热岛效应（Urban Heat Island），改变小气候，对臭氧层造成破坏等。在建筑物拆除阶段（Demolition），建筑物产生大量施工固体废料，释放大量粉尘，造成空气污染，对现有社区肌理造成破坏，同时消耗大量能源等。

可持续性设计旨在降低建筑物的能源、水的消耗和相应的空气污染，减少温室气体的排放，减少固体废料，保护自然资源、野生动物栖息地、水体、自然景观、植被和其他自然环境资产等，有益于全社会的环境保护和减少污染（Environmental Preservation and Pollution Reduction），创造巨大的环境效益。

较低空气污染物和温室气体排放 Lower Air Pollutant and Greenhouse Gas Emissions：美国的建筑消耗36%的能源，其中使用68%的电力，约40%的天然气。释放全国48%的二氧化硫，20%的氧化氮，36%的二氧化碳。建筑物同时产生25%的固体废料，20%的废水，占用15%的用地[21]。按照可持续性设计建造的绿色建筑物节能、节水，释放较少的空气污染物和温室气体。这是由于绿色建筑物通过提高能源使用效率来减少建筑物的能源使用，使用节水设备和重复利用水源来节约用水，利用可再生能源和广泛采用对建筑设备检测、测试的做法来保证各种建筑设备系统按照设计意图可靠运行。根据美国能源部2002年对假设商业建筑物的测试，绿色商业建筑年度各类废气排放减少情况（根据绿色建筑用电量减少1.67亿英热单位，天然气用量减少0.86亿英热单位）如下：二氧化硫0.16短吨（Short Tons），氧化氮0.08短吨，二氧化碳10.7短吨（1短吨约为0.91公吨）[18]。绿色建筑的温室气体排放量比同等规模的传统建筑物减少33%。

减少固体废物量 Reduced Volumes of Solid Waste：全美国每年产生2.3亿吨的城市固体废物（230 Million Tons of Municipal Solid Waste），其中有3000~3500万吨为施工固体废物（Construction Wastes）。高达95%的建筑物有关的固体废料（Building-related Construction Wastes）可以再利用[18]。此外，建筑物使用者每天也产生大量垃圾。绿色建筑所采用的可持续性设计特色可以在很大程度上减少固体废物。这些减少固体废物的措施包括在绿色建筑物内收集和存储可回收利用物（Storage and Collection of Recyclables），进行施工废物管理（Construction Waste Management），采用具有回收内容（Recycled Content）的建筑材料和设备，选用耐久材料和设备，减少废物（Waste Prevention）等。

减少使用自然资源和减轻对生态系统的影响 Decreased Use of Natural Resources and Lower Ecosystem Impacts：可持续性设计概念的很多具体做法都对自然资源和生态系统产生较小的影响。绿色建筑选址尽量避免占用农田（Prime Agricultural Land）和从未开发过的处女地（Greenfield Sites），避免洪水淹没区（Floodplains）、濒危动物栖息地（Habitats for Threatened Species）、湿地（Wetlands）等，鼓励使用棕地（Brownfield Sites）和现有的设施，包括道路等城市基础设施。同时，可持续性设计还注重减少潜在的风险（Potentially Detrimental Conditions），避免不稳定的坡地、对相邻地段的不良影响、减少对场地上现有植被、树木的影响和破坏等。这些选址措施较大地保护了濒危物种、湿地、文化遗产、自然区域等不受影响和破坏，同时通过利用棕地进行开发，对过去破坏的地段进行补救。这些可持续性设计方法还保护了已经开发地区内的土壤资源、树木和开敞空间，减少对新的建筑材料的需求。

绿色建筑在建造期间要求控制水土流失（Erosion and Sedimentation Control）和场地雨水劲流（Stormwater Management），使用可持续性景观绿化（Sustainable Landscaping）手段等。这些措施可以直接避免场地水体、河流的淤积，达到减少直接流入自然水体的雨水劲流量，减少施工期间粉尘的排放，减少破坏自然植被等效应。采用可再生的建筑材料（Rapidly Renewable Materials）可以减少对其他具有较长生长周期的材料（Long-cycle Renewable Materials）的使用，改善森林资源管理，增加生物多样性（Biodiversity）。绿色建筑在使用期间要求控制光污染，减少对高瓦数照明灯具的依赖，采用太阳光等，避免对动物夜间栖息地的破坏。绿色建筑节能和节水措施具有更加深远的环境保护意义。节水措施直接减少对各种水资源的开发，保护了野生动植物和农业用水，减少污水的排放，进而减少污水处理的费用。能源节约不仅减少由于能源开采对自然环境带来的破坏，同时减少各种废气、废料的排放和处理费用，减少对大气层、臭氧层的直接破坏。此外，可持续性设计特别强调建筑物的再利用设计（Design for Reuse），这样可以避免将来用途改变后，建筑面临被拆迁的可能。建筑物如果可以被再利用，就没有拆除、新建的必要，可以最大限度地减少对高能耗建筑材料（Energy Intensive Building Materials）如钢、水泥和玻璃等的需要，进而减少对生态系统的影响。

3. 可持续性设计的社会效益 The Social Benefits of Sustainable Design

可持续性设计的社会效益在于直接改善人们的生活质量（Quality of Life）、提高健康水平、增进社会的福祉（Well-being）。这些社会效益涉及建筑物、社区（Community）和整个社会（Society in General）三个层次。在建筑物这一层面，目前有关可持续性设计和绿色建筑社会效益的研究主要集中在有关建筑物使用者（Occupants）的健康（Health）、舒适（Comfort）和满意度（Satisfaction）三个方面。建筑环境对于使用者的生活质量而言，具有积极和消极的影响（Negative and Positive Impacts）。消极影响包括由于室内较差的空气质量、温度条件（Thermal Conditioning）、照明或室内设计某一方面的特点，如装饰材料、家具选择等所导致疾病、缺勤、疲劳、不舒适（Discomforts）、焦虑、注意力分散等症状。通过可持续性设计常常可以减少上述问题，改善建筑使用者的健康和工作表现。具体通过改善室内空气质量（Indoor Air Quality），通过个人对室温和通风的控制程度可以产生积极的影响。绿色建筑除了可以减少上述问题和不舒适外，很多绿色建筑设计手法（Green Building Features）还具有创造良好心理和社会感受（Positive Psychological and Social Experiences）的特点。例如，通过提高个人对室内环境条件（Indoor Environmental Conditions）的控制、增加室内的自然采光（Daylighting）、增加室内与大自然的联系、将自然景观引入室内等建筑设计手法，可以对人们的健康产生积极的影响。

在社区和社会的层面，可持续性设计的效益包括有关绿色建筑的知识的传播（Knowledge Transfer），改善环境质量，社区保护和更新，减少由于建筑物能源使用产生的污染物所引起的健康问题等。虽然目前有关可持续性设计的社会效益的研究主要集中在建筑物层面，但是近年来越来越多的研究开始更多地关注可持续性设计的对社区和社会的积极影响。

改善建筑物使用者的健康 Better Health of Building Occupants：可持续性设计的健康效益（Health Benefits）主要集中在改善室内环境质量，特别是空气质量方面。研究表明，建筑环境对使用者的健康影响主要通过人体的呼吸、皮肤、神经和视觉系统产生影响来体现。各种环境因素（Environmental Agents）如化学物品、空气中的微生物（Airborne Microbials）影响人体各个系统的正常运行时就会诱发使用者的病症（Illness Symptoms）。很多有关绿色建筑物的研究都表明，办公建筑中通常会产生严重空气质量问题，从而导致建筑使用者生病。绿色建筑物通过提高室内通风风速（Ventilation Rates）、提高个人对室内温度、湿度、采光照明等环境条件的控制，采用以过滤器为主体的多级灰尘控制系统，从而减少室内空气中的灰尘（Dust）、霉菌（Molds）的滋生，采用低挥发率和可再生的室内装饰材料（Renewable Interior Decoration Materials）和家具，最终达到控制病态建筑综合症（Sick Building Syndrome）、过敏和哮喘症状（Allergy and Asthma Symptoms）和传染性疾病的发生（Transmission of Infectious Diseases）的目的。绿色建筑所追求的健康的室内环境标准给人类的健康的生活带来了最为根本的保证 [18]。健康的建筑使用者通常工作效率会提高，缺勤率（Absenteeism Rate）下降。据估计，由于绿色建筑室内环境质量的改善，创造了170~480亿美元的健康效益和200~1600亿美元的工作效益。相对于自然光线较少的教室，学生在自然光线充裕的教室中，数学测试答卷的快捷率提高20%，英语阅读快捷率提高26%。有天窗的零售商店（Retail Stores with Skylights）的销售额高于无天窗的零售商店的40% [16]。

改善建筑物使用者的舒适、满意度和幸福感 Improved Comfort，Satisfaction，and Well-Being of Building Occupants：人们对环境的感受如舒适、满意度和幸福感等在很大程度上有赖于人体感知系统（Perceptual and Sensory Systems）对环境信息的解读，并直接影响建筑物使用者的工作表现和工作效率（Wok Performance and Productivity）。因此改善建筑物使用者的舒适和满意度具有重要的意义。研究表明，采光（Lighting）和空气质量（Air Quality）对建筑物使用者的满意度影响最大，超过对冷热和声音对满意度（Thermal and Acoustic Satisfaction）的影响。特定的绿色建筑特点如日光、景观、与大自然的联系、高质量的室内空气、个人可以控制的采光、冷热舒适度和促进社会交往的空间（Spaces for Social Interaction）等具有积极的心理和社会效益（Positive Psychological and Social Benefits）。与传统办公室环境的建筑物使用者相比较，使用绿色建筑物的雇员具有对所在室内环境更高的舒适感和满意度，总体上更具有幸福感[22]。

社区和社会效益 Community and Societal Benefits：可持续性设计更多地直接影响绿色建筑物的使用者，并通过健康、满意的个体将积极的方面传递给所在的社区，乃至整个社会。绿色建筑物还通过减少对空气的污染造福于整个社会。可持续性设计对社区和社会效益主要是间接的和长远的，但是直接关系到人们的生活质量（Quality of Life）。例如，绿色建筑注重回收利用、减少废物、节能、节水的施工方式和建筑运营方式最终会减少对新的垃圾填埋厂（Landfills）、发电厂、电源输送设施、天然气输送管道和污水处理厂等重大基础设施的需求，从而减少修建这些大型设施对社区带来的负面影响。绿色建筑采用本地生产的建筑材料和产品（Locally Produced and Manufactured Products），有利于支持和推动当地的经济发展，创造更多的就业机会。绿色建筑鼓励开发使用棕地的做法可以帮助受环境污染的社区清除受污染的用地，从而改善整体社区的环境条件。此外，由于开发使用棕地可以将闲置不用的用地充分利用起来，可以带来场地周围经济的复苏（Economic Development）。

以绿色建筑为代表的可持续性设计概念正在为人类创造更多的生存空间，为我们未来的人类（Future Generations）留下更多的自然资源，并不断满足我们目前的发展需要。可持续性设计所带来的巨大的经济、环境和社会效益再一次证明，可持续性设计是建筑和建设开发的未来！

参考资料 Reference

1. EPA（2010）. *Green Building*，*Green Building*
   Retrieved on March 20，2010 from http：//www.epa.gov/greenbuilding/pubs/whybuild.htm
2. Gornitz，Vivien. Couch，Stephen and Hartig，Ellen K. Impacts of Sea Level Rise in the New York City Metropolitan Area. *Global and Planetary Changes*，32（2002），pp. 61-88. The following quote is from the abstract："Projections of sea level rise based on a suite of climate change scenarios suggest that sea levels will rise by 18-60 cm by the 2050s，and 24-108 cm by the 2080s over late 20th century levels."
3. Adam Yarinsky. *New York City 2106*：*Back to the Future.*
   Retrieved on March 22，2010 from http：//place.designobserver.com/media/pdf/Envisioning_Ra_936.pdf
4. NOAA Satellite and Information Service-National Environmental Satellite，data，and Information Service（NESDIS）
   Retrieved on March 21，2010 from http：//www.ncdc.noaa.gov/sotc/global/2008/ann
5. EPA.（2010）*Future Temperature Changes*
   Retrieved on July 06，2010 from http：//www.epa.gov/climatechange/science/futuretc.html#projections
6. Chanton，Jeffrey.（2002）. *Global Warming & Rising Oceans.*

Retrieved on July 06，2010 from http：//www.actionbioscience.org/environment/chanton.html

7. Epstein，Paul R.（2000）.Is Global Warming Harmful to Health? *Scientific American*. August 2000.
Retrieved on July 06，2010 from http：//chge.med.harvard.edu/about/faculty/journals/sciam.pdf

8. Brown，Marilyn A. Southworth，Frank. Stovall，Therese K. Oak Ridge National Laboratory. *Solutions–Towards a Climate– Friendly Built Environment.*（2005）Prepared for the Pew Center on Global Climate Change.
Retrieved on March 22，2010 from http：//www.pewclimate.org/docUploads/Buildings_FINAL.pdf

9. EPA.（2010）*Why Build Green?*
Retrieved on March 22，2010 from http：//www.epa.gov/greenbuilding/pubs/whybuild.htm

10. EPA（2008）. *2008 SECTOR PERFORMANCE REPORT*：*SectorStrategies.*
Retrieved on March 22，2010 from http：//www.epa.gov/sectors/pdf/2008/2008–sector–report–bw–full.pdf

11. Diamond，Jared.（1995）. Discover Easter's End. *Discover Magazine.* August 1995 issue；published online August 1，1995
Retrieved on March 25，2010 from
http：//discovermagazine.com/1995/aug/eastersend543/?searchterm=easter%20island

12. World Commission on Environment and Development（1987）. *Our Common Future.* Oxford，Oxford University Press. New York City.
Retrieved on March 25，2010. from
Our Common Future，Chapter 2：Towards Sustainable Development
http：//www.intranet.catie.ac.cr/intranet/posgrado/InvestCienciaGestionConocimiento/Bas%20Louman/common%20future%20ch02%201987.pdf

13. Hui，Sam，CM.（2002）. *Sustainable Architecture.*
Retrived on March 21，2010 from http：//www.arch.hku.hk/research/BEER/sustain.htm

14. U.S.Green Building Council .（2002）.*Building Facts*
Retrieved on March 21，2010 from http：//www.usgbc.org/ShowFile.aspx?DocumentID=5961

15. Nidumolu，R；Prahalad，C.K；and Rangaswami，M.R.（2009）Why Sustainability Is Now the Key Driver of Innovation.*Harvard Business Review.*September 2009.

16. EPA（2010）.*Green Building–Basic Information*
Retrieved on March 22，2010 from http：//www.epa.gov/greenbuilding/pubs/about.htm

17. Kats，Greg.Capital E（2003）.*The Cost and Financial Benefits of Green Buildings.*
Retrieved on August 5，2012 from http：//www.usgbc.org/ Docs/News/News477.pdf

18. US Department of Energy，Federal Energy Management Program（FEMP）（2003）.*The Business Case for Sustainable Design in Federal Facilities*
Retrieved on May 6，2012 from http：//www1.eere.energy.gov/femp/pdfs/bcsddoc.pdf.

19. Portland Energy Conservation，Inc.（2009）*A Study of Energy Savings and Measure Cost Effectiveness of Existing Building Commissioning*
Retrieved on August 6，2012 from http：//www.peci.org/sites/default/files/annex_report.pdf
PECI.1997.*Commissioning for Better Buildings in Oregon.Salem，OR：Oregon Office of Energy.*

20. Mills E.（2003b）.The Insurance and Risk Management Industries：New Players in the Delivery of Energy–Efficient Products and Services.*Energy Policy.*LBNL–43642，Lawrence Berkeley National Laboratory，Berkeley，California.

21. U.S.Green Building Council（2011）*Green Building Facts.*

Retrieved on August 2012 from http：//www.usgbc.org/ShowFile.aspx?DocumentID=18693

Environmental Protection Agency（2009）.*Buildings and Their Impact on the Environment：A Statistical Summary.*

Retrieved on August 8，2012 from http：//www.epa.gov/greenbuilding/pubs/gbstats.pdf

22. Leaman A and B Bordass（2001）.The Probe occupant surveys and their implications.*Building Research and Information* 29（2）：129–143.

第二章
绿色建筑在美国的发展和实施

美国的绿色建筑运动发展到今天，经历了不同的发展阶段和漫长的发展过程。美国联邦和地方政府在整个绿色建筑发展过程中起到了非常积极的推动作用。政府主要通过不断采用高效、节能的建筑法规，并辅以资金上的奖励、各种税收减免等经济手段和行政法规方面的帮助来大力推动绿色建筑业的发展。美国绿色建筑的发展得益于几个重要历史时期的几个历史事件：20 世纪 60 年代的环境运动，促成了现代环境意识以及一系列包括洁净空气法、洁净水法、自然与风景河流法、濒危物种法等联邦法规和一些至今仍然举足轻重的联邦机构如美国环境保护署、国家公园和保护协会的诞生；70 年代中东石油禁运所引发的能源危机，促生美国国家能源政策和保护法、国家能源法以及能源部的建立、能源效率的大幅度提升和大规模的替代化石燃料的科学研究；90 年代绿色建筑评估体系的诞生，标志着绿色建筑运动走向成熟，使得绿色建筑迅速成为美国建筑业的主流。本章共分 4 节，分别对美国绿色建筑的发展历史、绿色建筑的 3 大评级体系、美国联邦和地方政府对绿色建筑的推广与参与，以及现行的 3 个绿色建筑和建设施工规范进行了详细的介绍。

Part Ⅱ
Green Building Practices in the USA

Green building movement in the United State of America has a long history and experienced different phases of development. The Federal and local governments have always been promoting agents and active partners with the green building industry. Specifically, US government, especially the local governments promote green building through constantly updating building codes to require higher efficiency in building energy and water consumption, provide various economic incentives inlcuding but not limtted to tax exemption, tax rebate and credits along with various adminstrative assistances such as expedited permitting and site plan review and approval. Green building development benefited from several important historical movements in the 1960s and 1970s. The environment movement started with the protecting wildlifes by prohibiting the widespread of DDT in the 1960's led to the Environmentalism and widely accepted environmental protection. As the result of environmentalism, the federal government enacted a series of acts to protect the environment including the Clean Water Act, the Clean Air Act, Wild and Scenic Rivers Act, Endangered Species Act, as well as the establishment of the prominent federal agencies such as Environmental Protection Agency (EPA) and the National Parks and Conservation Association. The energy crisis trigered by the 1973 Arabian Oil Embargo led to the adoption of the National Energy Act, the National Energy Conservation Act, the establishment of Department of Energy, significant increase in energy efficiency in all sectors and the intensive scientific reseach on the utilization of alternative energy such as the renewable solar and wind powers. With the introduction of LEED green building rating system in the 1990s marked the maturity of green building. The green building is now the widely accepted norm in the American building industry. There are four sections in this chapter that provides detailed discussion on the history of green building in the USA, three major green building rating systems, the US government's role in promoting green building, and three national green building and consruction codes respectively.

第一节
绿色建筑的发展过程
A Brief History of Green Building

1. 绿色建筑与本土建筑 Green Building and Vernacular Architecture

谈到绿色建筑的发展史，有些学者将它与本土建筑（Vernacular Architecture）联系在一起。不可否认的是，本土建筑涵盖了部分绿色建筑的概念。从定义上说，本土建筑指的是利用本地所能得到的材料，并且追逐本地所特有的建造技术和模式所建构的建筑体系。本土建筑在历史发展的进化过程中，最为突出地反映了建筑所处的环境、文化、历史的文脉和背景。所有的例子，无论美国土著小土屋（The Native American Log Cabin）、北极因纽特人用冰块砌成的拱形圆顶冰屋（The Inuit Igloos）、非洲树居建筑（The African Tree-house）、蒙古游牧民族毡房（Yurts of Mongolia），还是中国的福建土楼和云南西双版纳的傣家竹楼，无一不说明本土建筑都遵循这么一些原则：经济的可行性，地形的适应性，气候的相符性，材料的地方性，建造技术和工艺的本土性和传统性。

本土建筑的建造过程都是以当地民族所特有的生活方式和他们面对的地理、气候特征为根本。以迁徙为主的游牧民族住居，如蒙古的毡屋，以轻型建筑材料竹、毡、树叶为主。所有这些都是为了搬迁快捷、拆迁方便。美国草原印第安游牧民族的帐篷建筑（Tee-pee），锥形的建筑体态很适应当地的地理、气候条件，在冬天，Tee-pee 可以收拢得很紧，帐篷中央设有火塘，来自炉膛的烟可以通过篷顶的小孔排出。它特有的形状可使热空气持久地呆在帐内。到了夏天，帐篷底部的通风口可以打开，与顶部的洞口一起形成了室内的空气流通系统，这可以保持夏天室内凉爽的气候（图 2-1）。以定居为主的民族，建造方式却恰恰相反，他们通常采用本地区较坚固和耐久的建筑材料，中国福建的土楼就是一个极好的例子。土楼是中国东南部福建省的典型的本土居住建筑，由石头、竹、芦苇和木材建构而成。所有的材料都是本地的、自然的，坚固而耐用。有一些土楼还建有实质性的防火砖墙。建筑有较好的采光、通风、防风和抗震的功能。厚重的外墙维护结构（Building envelope）使建筑保持冬暖夏凉的特色。

气候是主宰本土建筑的最重要因素之一。对气候反映的不同构成本土建筑特征的不同。建筑在热而湿润的地区、热而干燥的地区和在寒冷的地区截然不同。在热而湿润的地区，建筑一般有较多而且较大的窗户、硕大的室外挑檐（Over projected eaves）、高亢的室内顶棚，外墙的颜色也较浅。大而多的窗户能提供最好的自然通风，大而深的挑檐能遮挡过多的日照和暴雨，浅色的外墙可以减少热能的输入。这些地区的建筑结构一般轻盈而通透，外墙材料通常为木、竹、芦苇等，其目的是增加建筑的通风效果，并在多雨的气候条件下使建筑外墙较快地风干。这里的建筑布局较为分散，建筑和建筑之间的间距较大，其目的也是为了通风散热。例如在赤道周围的国家，南非、中非和东南亚，以及我国的云南西双版纳地区等，均属热而湿润的热带雨林气候，日照充足，雨量充沛。于是适应这种气候的树居和傣家的干栏式建筑便是这种气候条件下的原居建筑。这类建筑物通常为了防潮而架空底层，为了取得良好的通风效果而使外维护结构通透轻盈，建筑材料使用木材和竹是为了使建筑在多雨的环境下不储存潮气。

图 2-1　印第安游牧民族的帐篷建筑 Plain Indian：tee-pee watercolor by Karl Bodmer c.1833

在热而干燥的地区，通常建筑的窗户都很小。在日照强烈的地区，小的窗户既能满足室内的采光，又能避免白天过多的日照。建筑的外墙通常很厚重，主要是利用建筑物理学所说的“时滞”（time-lag）来满足室内外热量交换。时滞所产生的时间间隔即太阳热能最初使外墙的外层加热，随着整个墙体温度达到饱和，热能开始在室内温度低的墙体一侧释放。也就是说，在室外气温非常高的时候，厚重的墙体拖延了热能传入室内的时间。到了下午，当墙体内的热开始在室内释放的时候，室外的温度也开始下降。因为这类地区雨量非常少，所以屋顶通常采用平屋顶。在夏天的晚上，由于室内外墙释放的热仍使室内温度偏高，这里便成为家庭的起居和休息的理想场所。另外这里的建筑布局较为集中，建筑和建筑之间的间距较小，其目的是为了借助彼此的阴影减少阳光的射入。这样的建筑可以从以山居为主的民族住居，如美国科罗拉多维德台地国家公园的崖居建筑，中国黄土高原的窑洞建筑以及藏族的碉楼中看出。由于特殊的山地特征，这里的气候通常干燥少雨，冬季寒冷多风，夏天炎热干燥，建筑一般建于崖底、洞中或依山而建。自然的山石和黄土构成了建筑的外围护结构，形成天然的保温屏障。冬天防止冷空气渗入室内，夏天避免凉爽空气泄出室外。一般在外墙上开设不大的窗户，既利于通风，又能维持室内温度的平衡。

在本土建筑盛行的年代，建筑技术水平绝对不能与现代社会相比。冬天室内既无暖气设备，夏天又无空调装置，建筑必须根据当地的气候条件来建设。于是利用自然便成为本土建筑的根本，阳光也便成为本土建筑所依赖的重要因素。寒冷地区，建筑要尽量利用和接纳阳光。炎热地区，建筑要尽量避开阳光。建筑的方位和朝向也变成本土建筑最为基本的考虑要素。纵观世界各民族的传统建筑，绝大多数认为坐北朝南是建筑最为理想的方位。由于太阳的高度角在冬天较低，所以南向的建筑可以吸收到最多的阳光和热能。而到了夏季，太阳的高度角变大，南向的房屋接收到较少的日照和热能。在典型气候地区（冬季寒冷而夏天酷热），坐北朝南朝向便成为建筑取得冬暖夏凉效果的最基本手法之一。

利用本地所能得到的材料来建造建筑已成为本土建筑的特色之一。由于以前建筑材料的运输技术和条件有限，材料的本地化成为本土建筑必不可少的因素，于是靠山则采石，近林则伐木。许多无木无石的地区，则使用黏土、树枝和干草。越南南部和太平洋西北部林木地区的长屋（Long House）（图 2-2），中国云南西双版纳竹林中的竹楼，无一不说明这一事实。

许多考古出土的人类遗留物证明了一些人类的创造物不太容易被自然界回收，例如经过烧制的土坯，经过炼取的矿石、珠宝和人类早期使用的铁制工具等，它们只有在加工，如打磨和融化等之后，才能被人类再次使用，也就是说这些人类的创造物永远不会再回到大自然之中去。然而绝大多数本土建筑使用的材料都是自然而有机的，如土、木、石、竹、草以及芦苇等。这些材料都是可再生的（Renewable），在废弃后具有回归自然的可回收性（Bio-degradable）。

总之，人类的祖先为了建造适于居住而且能满足一定舒适度的建筑，尽量地使用他们所知道和能得到的技术及材料，凭借着对当时、当地自然环境的理解，使建筑形成了取之于自然、用之于自然、最终回归于自然的特点。本土建筑具有这样一些基本特征：本土建筑较少对环境产生负面影响，建筑设计紧密结合本地区的自然地理特征和气候条件，建筑材料均取自于本地区，需要较少的维护，基本无任何有害物质和气体释放，容易拆卸，并具有容易回归自然的可回收性等。所有这些特征都是绿色建筑的概念所具有的。

图 2-2 越南的长屋 Long House in Vietnam by Binh Giang（http：//en.wikipedia.org/wiki/The_Crystal_Palace）

就此能不能说本土建筑就是绿色建筑呢？本书作者认为将本土建筑等同于绿色建筑的观念不甚准确。本土建筑的确包含了部分绿色建筑的概念，但它全然不能覆盖绿色建筑的哲学思想。过去的本土建筑并无意去创造一种可持续的设计理念。本土建筑竭力去适应自然，这是因为它们不得不这么做。本土建筑没有其他的技术选择，可以让它们去违背自然环境的规律。那时人们无法大规模地扩张村落和城市，是因为当时的生产力水平极其有限。加之当时交通运输工具和经济条件的局限性，建筑材料无法从一个地区运输到另外一个地区，因而人们不得不使用本地所能得到的材料。如果我们不议初衷、只论结果的话，我们也只能说，本土建筑之所以对环境产生了较少的影响，是因为以前的人口基数低，生产规模较小，科学技术不够发达，因而限制了人们对环境的肆意破坏。

绿色建筑的理论之所以借鉴本土建筑，是本着它们对环境的尊重和对自然资源的有效利用。所以我们也可以说，本土建筑是绿色建筑发展演变过程中的一个重要组成部分，是绿色建筑发展轨道中的先行者。

2. 绿色建筑与工业革命 Green Building and Industrial Revolution

在人类人口不断增长的过程中，越来越多的证据都在表明人类的文明开发建设过程已大大超出自然界生态的发展过程。由于土地被人类过度地使用，土地的贫瘠化无法支持人类赖以生存的耕作物、树木、草地以及牲畜。以游牧为生的人类祖先解决此问题的方法是不断迁徙，放弃已经被过度使用和践踏的土地，不断选择新的土地，在新的栖息地开发和利用新的自然资源。当人类文明随着技术进步，从迁徙发展到定居时，许多可持续发展的生产方式也随之发展起来。人们不再只是消耗自然资源，同时也在创造资源。人们为所耕种的土地追肥，不断种植树木和草地。建筑模式从简单、临时发展到永久和坚固，但人们仍然利用自然来保持居住的舒适度。这种生产与生活模式，因工业革命的到来而逐渐被粉碎。大机器工业化生产导致了过度开发自然资源与较少创造自然资源的比例失调。

19 世纪的工业革命，标志着人类与自然生态关系的真正改变。建筑技术和材料的发展与革新，从根本上改变了建筑对自然的依赖关系。现代建筑技术，如空调和燃煤加热系统的出现，使人们的居住舒适度得到了大幅度的提高。寒冷的冬季，人们仍然可以舒适地生活在温暖的室内；三伏盛夏，或自然气候炎热地区，人们可以利用空调制冷，使室内温度降至人们所需要的舒适水平。如果说本土建筑达到了“天人合一”的境界，那么当时人们将建筑最大限度地融于自然的目的主要是想求得附会于自然的居住舒适度。这是一种相对于自然、相对于当时生产技术的舒适度。只有在工业革命以后，大量新技术、新材料的发明，才真正使人类室内居住环境达到了前所未有的水平。同时，先进的建筑科学技术也使人们的生活方式发生了彻底的改变。从那时起，所有的城市发展和建筑设计，主要采用新型技术和材料来作为改善的主要手段。以美国为例，19 世纪中叶，由于新型交通工具的出现，蒸汽火车、蒸汽轮船、有轨电车、公共汽车代替了马车与步行，于是美国城市的郊区由此产生。不到二百年，由于美国人口的膨胀以及汽车、火车的普遍化，城市无度蔓延（Urban sprawl），便形成了美国现在的发展格局。

同样，交通工具的发展导致了运输工业的兴旺，因此建筑材料不再被限定为本地，本土建筑也由于外来的建筑材料的输入而发生了根本性改变。建筑材料的更新与发展改变了建筑的风格与形式。于是，无视本地的地理、气候、文化及材料的国际化建筑风格便在各地应运而生。国际式建筑的发展是以建筑技术的更新为基础的，因为技术的发展可以弥补建筑本身违背自然规律所造成的缺陷，例如，玻璃盒子经过保温、隔热处理也能适应寒带和热带地区。然而长期以来建筑师们忽视了一个问题，即技术的更新、外来建筑材料的输入消耗着大量的能源，并对环境造成了无法弥补的损失。美国的本土建筑在工业革命以前绝大多数是乡村独立式住宅，不超过 5 层，材料以木为主，砖和石材的使用也很常见。随着电梯的发明、钢和玻璃的大量使用，高层、超高层建筑成为节省城市用地和发展高密度的城市空间的一种建筑类型。

铁在建筑中的应用历史悠久。18 世纪之前，铁在建筑中主要用来做屋顶的装饰配件，或者门、窗的扣栓等。由于花费较高且对铁的认知有限，铁很少大规模地使用在建筑之中。19 世纪以后，铁被大量用在工厂、作坊、铁路和桥梁当中。以水晶宫（Crystal Palace）为例（图 2–3）。1851 年伦敦世界博览会征集 19 世纪以来第一个超大尺寸的展览建筑，约瑟夫 · 帕克斯顿（Joseph Paxton）在 250 位竞标者中脱颖而出。他没有借鉴任何历史和前人的经验，用铸铁和玻璃推出了一座前所未有的大跨度的轻型建筑物。9 天完成设计，铸铁物件和玻璃板块在 3 个月内预制完成，又用另外 3 个月装配完成这座史无前例的、占地约 72843m^2 的大型建筑。根据大卫 · 格森（David Gissen）[1] 的记载，为调节室内温度和提供良好的通风，水晶宫采用了屋顶自然通风装置（Roof ventilators），并提供了地下室空气冷却空间（Underground air−cooling chambers）。这种自然的、不用任何机械装置来调节室内温度的做法，正是今天我们所推崇的、能够有效地利用能源和减少建筑对环境影响的可持续发展的方法之一。

1805 年，一个美国发明家奥利弗 · 埃文斯（Oliver Evans）设计了第一台制冷机，但 30 多年以后才被另一位科学家制造并第一次推出市场。1921 年，威利斯 ·H· 凯瑞尔（Willis Haviland Carrier）发明了第一个用于大型建筑的离心式制冷机。而在 1928 年，另一位美国的发明家托马斯 · 米奇利（Thomas Midgley）发明了氟利昂（Freon，CFC），这是一种无色（Colorless）、无味（Odorless）、不易燃的（Nonflammable）和无侵蚀的（Noncorrosive）气体或液体，被当时人们认为是一种无毒的制冷剂，用来代替在 1800~1929 年期间制冷机一直沿用的有毒化学气体，如一氧化碳（Carbon Dioxide）、氨（Ammonia，NH3）、乙烷基氯化物（Ethyl Chloride，CH3C1）等 [2]。由于这几项重要的发明，20 世纪 30 年代以后，大、中、小型建筑制冷系统在全球普遍推广，于是建筑通过供热通风与空调（HVAC，Heating，Ventilating and Air Conditioning）彻底改善了建筑室内的环境和舒适度。到了 70 年代早期，科学家发现从各种制冷压缩机中泄露出的氟利昂正漂浮在 11~45km 以外的大气层中。它们不仅正在破坏着大气的臭氧层，而且是今天全球变暖的主要原因之一。

工业革命以后，西方大城市，特别是英国伦敦，大量人口涌入，加之大机器工业使用燃煤所带来的空气污染，城市拥挤不堪，瘟疫流行，社会犯罪率频频上升。针对这一系列社会问题，英国社会学家、城市学家埃比尼泽 · 霍华德（Ebenezer Howard）于 1898 年，提出了“田园城市”（Garden City）的构想（图 2−4），其主要内容是围绕着建立一个健康而美丽的城市体系。他提出，城市应为健康的生活及有效的工作和生产的综合体，它的规模不仅能够满足各种丰富的社会生活，而且使每家每户都能方便地接近自然和乡村。城市周围要有永久性的农业用地，以方便城市的自给自足。霍华德的“田园城市”理论包括城市和乡村两个部分，农业用地围绕着城市，使城市居民就近得到新鲜的农副产品。城市以圆形为平面，中央有一个大型绿地公园，城市的最外圈建设有各类工厂、仓库、市场。环形道路、铁路网形成了方便的交通系统。霍华德强调，为了减少城市的空气污染，必须以电能为动力源。解决城市垃圾的方法就是将垃圾就地用于城市周围的农田之中。

同一时期，1860~1910 年间的美国与英国相同，由于大量移民和农业人口涌入美国的大城市，美国人口从 3100 万跃升到 9200 万，而当时美国城市人口占全国人口的 46%。人们生活在拥挤的城市当中，

图 2−3 水晶宫立面 The Facade of the Original Crystal Palace（http://en.wikipedia.org/wiki/The_Crystal_Palace）

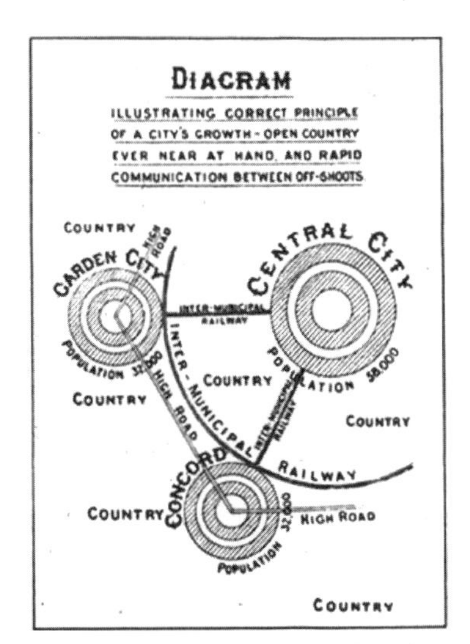

图 2−4 霍华德的“田园城市”概念图 Schematic Plan of Garden City

图片来源：Lorategi−hiriaren_diagrama_1902.jpg

图 2-5 国家首都华盛顿市中心——城市美化运动的代表作之一 The Monumental Core of Washington D.C.——One of the Representative Works of the City Beautiful Movement

图片来源：http：//www.visitingdc.com/museum/national-mall-washington-dc.htm

黑暗的小巷、窄小的公寓比比皆是。贫穷、饥饿、疾病和劳工动乱使大部分生活在城市的人们的健康及安全受到威胁。于是以华盛顿、芝加哥及底特律等地的中上层社会人士为中心，号召彻底改变肮脏的城市环境，解决人口的拥挤和不断上升的城市犯罪率等社会问题。此时有一位专栏作家、城市规划理论家查尔斯·马尔福德·罗宾逊（Charles Mulford Robinson）呼吁美化城市，并倡导以此来解决美国社会的城市问题。他第一次提出了“城市美化”（City Beautification）这个名词，于是影响大部分北美城市的美国“城市美化运动”便开始了。1893 年，美国芝加哥世界博览会上（World Columbia Exposition），以丹尼尔·伯恩海姆（Daniel Burnham）为首的设计师们为此次博览会设计和规划的“白城”（White City），第一次真正展示了“城市美化运动”的精髓。“白城”强调用城市的规整、纪念建筑形象的宏伟、公共绿地的宽广作为改善城市物质环境、提升社会安全秩序，以及减少社会犯罪的手段。“城市美化运动”（The City Beautiful Movement）[3] 的宗旨是用方整而穿插的城市中轴线来体现城市的规整性，用几何以及“现代古典”的手法来强调建筑的纪念性，强调房前屋后以及大型的公共绿地设计以提升建筑的环境质量，通过设计大、中、小型城市绿地和公共建筑，将人们带回自然及公共社区之中（图 2-5）。

1864 年，美国环境保护主义者马斯（George Perkins Marsh）出版了第一部关于人类行为影响环境的著作《人与自然》（Man and Nature）。该书极其有力地促进了现代环境保护运动的开展。马斯认为，古代地中海文明的消失是因为其环境的退化而引起的，砍伐森林的后果是土壤侵蚀和土壤生产力下降，重要的是，这样的情况完全有可能发生在美国。这本书的思想促成了纽约阿迪朗达克公园（Adirondack Park）和美国国家森林公园（United States National Forest）的建立 [4]，19 世纪末 20 世纪初，美国出现了自然资源保护运动，鼓励建立州及国家公园、森林、野生动物保护区，以保护自然资源。

除了这些具有世界影响力的城市理论、环境保护思想及运动以外，在 20 世纪初，美国一些民间组织也积极行动起来，号召保护环境、尊重自然生态。美国国家奥杜邦协会（The National Audubon Society，NAS）就是美国最早的环境保护的民间组织之一 [5]。它创建于 1905 年，并开始以首都华盛顿和纽约为创建地。随着该组织的扩大与强盛，其分支机构扩展到了美国三十多个州。该组织以保护鸟类为初衷，逐渐发展到以教育公众树立环境意识、尊重环境以及认识保护环境的重要性为主，激励人们去保护和维护赖以生存的空间。到了 20 世纪六七十年代，该组织利用它的影响力，在全国范围内大力推广环境意识，并参与制定了一些国家环境保护的法律条款和政策。国家奥杜邦协会的会员帮助国家立法人员通过了美国最重要的环境保护法——《洁净空气法》（Clean Air Act）、《洁净水法》（Clean Water Act）、《自然与风景河流法》（Wild and Scenic Rivers Act），以及《濒危物种法》（Endangered Species Act）。除了奥杜邦协会，早期美国的自然资源保护者还包括总统罗斯福（Theodore Roosevelt）、吉福德·平肖（Gifford Pinchot）和约翰·缪尔（John Muir），由他们建立的国家公园和保护协会（National Parks and Conservation Association）——塞拉俱乐部（Sierra Club）[6] 至今仍然存在。

无论是霍华德的“田园城市”理论还是美国“城市美化运动”，都是工业革命以后，为解决城市环境污染问题以提高人类的居住和环境品质的城市理论。虽然这些理论并未像马斯在他的《人与自然》中那样思考资源的过度消耗能使人类的文明消失，能使赖以生存的资源环境承载力下降，也并未提及如何有效利用能源和减少建筑对环境的影响，但霍华德所提出的自给自足、自产自销的理论本质上就是减少能源消耗的重要手段之一。另外这两个城市理论和运动所倡导的人与自然的接近与和谐，也正是可持续性发展所追寻的提高人类健康的生存环境的主导意向。可以说霍华德的“田园城市”理论、美国“城市美化运动”，以及美国那时的环境保护思潮都是以提升人类的生活质量和健康条件、保护和尊重环境为出发点的，是今天可持续性发展的思考起始，也是今天绿色建筑理论的开始。

3. 绿色建筑与现代化的环境意识 Green Building and the Modern Environmental Movements

20 世纪五六十年代，公众的环境意识已经慢慢地从单纯保护野生动植物发展到保护宏观的、濒临危机的自然环境本身，人们开始关心自己居住的城市与地区的空气污染、水质的污染以及垃圾处理等环境问题。60 年代，一个在现代历史中最成功而且颇负影响力的社会运动“环境论”又名环境保护主义（Environmentalism）在美国社会出现。这项运动的发展受到了美国和全球的政治、经济、技术水平的影响。美国海洋生物学家雷切尔 · 卡森（Rachel Carson）在 1962 年出版的《寂静的春天》（Silent Spring）一书中对“环境论”作了详细的论述，指出“环境论”所关注的是人类栖息地的生态环境、能源危机、污染、将来人类资源短缺，以及人类与自然之间更加负责任的关系。雷切尔 · 卡森认为，人类生命的整体性和稳定性正在受到威胁，并警告说，大规模地使用化学物品，如 DDT（dichloro diphenyl trichloroethane）杀虫剂和核武器等将对环境产生巨大污染[7]。

保罗 · 博耶（Paul S.Boyer）在他的《论环境保护主义》一文中说，环境保护主义是知识和政治意识的综合组成部分。在美国社会的发展过程中，它呈现为四个部分。第一部分是 19 世纪的先验论（Transcendentalism）和浪漫主义运动（Romantic Movement），主要强调恢复人类与自然的关系，离开禁锢的室内，走入大自然的山林之中，鼓励人们利用浪漫主义的渴望去接触自然。第二部分是 20 世纪初进步时期的保护主义运动（Progressive Era Conservation Movement）。以吉福德 · 平肖（Gifford Pinchot）和总统西奥多 · 罗斯福（Theodore Roosevelt）为领导。他们除了支持保护国家公园和野生动物保护区，更重要的是以可持续的管理原则建立了国家森林系统，并且号召保护国家的土地，防止过度开发资源。他们的关键意图是号召“聪慧地使用”（Wise Use），同时要求联邦政府对国家土地进行永久性的监控和管理。1960 年底，环境运动开始关注如何停止浪费和无效率地使用资源，号召为将来保护更多的有效资源，进一步彻底改革现代经济体系和消费模式，从而限制土地开发。第三部分是现代环境运动所推出的公众健康运动（A Public-health Movement），其主要目的是寻找干净的、安全的工厂和城市居住区。在焦煤代替木材作为国家主要的能源原材料以后，科学家们对公众健康的关注主要集中在空气污染上，因为焦煤燃烧所引起的空气污染造成人类疾病如肺病，以及其他一些人类器官疾病的发病率不断上升。环境科学家们逐渐意识到，人类的身体其实也是自然的一部分，人类健康所遭受的污染就是地球的污染之一。第四部分就是 20 世纪 40~50 年代，世界一些生态学家、环境保护学家为了讨论人与自然的关系而聚积在新泽西的普林斯顿，出版了一部关于讨论人类与自然关系退化的著作《在地球面貌改变中人类的角色》（Man's Role in Changing the Face of the Earth）。在此次讨论会上，美国耶鲁大学植物学家保罗 · 西尔斯（Paul B.Sears）在他提交的论文《由人类的行为所引起的环境改变的过程》（The Processes of Environmental Change by Man）中论述了全球性人口增长对环境的影响，指出了工业区的水和空气的污染状况，强调农业用地的重要性，并且指出美国占世界人口不到十分之一，却消耗了多于世界矿产一半的资源[8]。在这次会议上科学家们对环境的思考，成为今天绿色建筑运动的重要参照。

20 世纪 60 年代以后，一些环境科学家们仍然不断提出人口的增长、水及空气污染、原子能的放射等对人类所造成的危害。70 年代，一个重要的环境观念被提出，这就是经济的发展观（Economic Development），它所指出的是随着人类经济规模的不断扩大，更多的能源、土地、矿产和水资源也随之被消耗。然而地球的资源是有限的，这种人类经济规模的无限扩大化与地球自然资源的有限之间的矛盾正在严重威胁着人类的生存，它可以被看成是一个装满祖先遗留下来的遗产的库房，正在被掠夺和消失。这种希望限制经济开发规模的观念与现代经济学家、政治学家、企业家和广大民众的经济发展观截然相反，但是这种经济牺牲——以减少全球经济开发规模达到降低环境污染、保护物种和减少能源消耗的观念，至少为重新思考我们未来的经济发展模式和方法提供了依据。

1970年4月22日，由于全球性的环境危机，一个美国议员盖洛德·尼尔森（Gaylord Nelson）主持了一个大型的环境问题研讨会，超过2000万人参加了这次活动。研讨会的主要目的是提升人类的环境健康和保护地球的自然资源。成千上万的大学生在这次活动中组织抗议示威，反对自然环境的恶化、石油的泄漏、工厂和电厂的污染、未经处理的污水、有毒的垃圾堆放场、农药的大量使用，自然环境的消失以及野生动物的灭绝等。这场运动的一个最明显后果，是确立了如今每年全世界超出5亿人在多于175个国家一起庆祝的“地球日”（Earth Day），它标志着现代环境运动的开始[9]。

1971年，一个重要的国际环境组织“世界绿色和平组织”（Greenpeace）在加拿大成立，其宗旨为“使用非暴力（Nonviolent confrontation），创造性地面对全球的环境问题”。今天，世界绿色和平组织的重点主要在于关注全球变暖、滥伐森林、过度捕捞、商业捕鲸和核能污染的诸多事宜上。

针对世界人口的急剧增长和自然资源的有限，1972年，一个国际学术组织——罗马俱乐部（Club of Rome）出版了一本对今天的可持续性发展理论很有影响的著作《增长的极限》（The Limits to Growth）。书中利用计算机模拟系统对人口的数量增长、工业规模的扩大及地球生态系统的有限之间的关系作了分析。五个变量被计算机进行了分析和模拟：世界人口、工业化、污染、食品工业和资源的枯竭。作者的目的不是作某种特殊的预测，而是为了探索人口的增长与有限的资源之间的相互关系和作用。

同年7月，联合国在瑞典斯德哥尔摩（Stockholm，Sweden）主持召开了关于人类环境的会议，又称斯德哥尔摩会议（United Nations Conference on the Human Environment，known as the Stockholm Conference）。这是联合国第一次主持的有关环境的国际会议，它标志着国际环境政治发展的一个重要转折点。会议商定了一项重要的宣言，内容包括26项关于环境发展的策略，一项重要的议题是关于氟利昂（Chlorofluorocarbons，CFCs）——被认为是破坏大气臭氧层和使全球气候变暖的主要原因之一。会议除了增加公众和各国政府的环境意识之外，还奠定了今后的环境合作框架，同时会议建立了全球和区域环境监测网络和联合国环境规划署[10]。

能源危机是20世纪70年代经济的最大隐患。1973年，阿拉伯石油输出国组织（OAPEC）宣布对美国和一些西方国家实行石油禁运以反对在赎罪日（Yom Kipper）美国对以色列军队的支持。在这段时间，美国国内的石油价格高涨，并且只能定量分配（图2-6）。在非常大的程度上，西方工业国的经济主要依赖于原油。石油的禁运（Oil Embargo），使美国及一些西方国家的经济遭到了自二三十年代经济大萧条之后的又一次重大的打击。能源危机和石油禁运激发了公众对有效地利用能源的极大兴趣。建筑师和工程师也开始质问建筑工业应该如何发展，甚至一些建筑师开始重新思考本土建筑的环境优势：以尊重自然、符合本地的气候条件、建筑形式与材料因地制宜的特征来达到建筑本身最大效益的保暖、通风和采光的功效。一些先行者们也开始着手研究利用太阳能来减少建筑对能源的消耗，并在居住和商业建筑的改建过程中，加上隔热材料以达到节省能量的功效。为了达到建筑尽量节省能源这一目的，设计者们进行多项试验，试图将一些非传统的能源节省技术借入建筑当中，像三层玻璃窗、太阳能节能板、能源回收系统、太阳蓄电池（Photovoltaics）、新型材料构成的反射屋顶、生物燃料（Biomass Energy）和地热（Geothermal Energy）等。这时一个较为典型的例子是建筑师范·德·雷恩（Sim Van der Ryn）在1978年设计完成的Gregory Batson。建筑利用大型的太阳蓄电池系统（PV），利用地下岩石储存热能同时形成制冷循环系统，

图2-6 石油禁运造成美国国内汽油供应十分紧张
Gas Shortage and Gas Station Panic Caused by Oil Embargo
图片来源：Photo credit：*The U.S. National Archives*

并且有可随气候变化控制的机械开启与运转装置。为了鼓励公众减少能源的消耗，联邦政府开始实施对使用太阳能、发展和研究太阳能空调系统和共晶盐蓄电池过程的税收优惠政策。

总之，在石油禁运以后，许多建筑节能手法尝试利用可再生资源，如太阳能、风能、水力发电、地热、生物燃料，等等。这一段时间建筑节省能源的革新实践，是绿色节能运动的发展初期，是可持续性发展的起步阶段。虽然它们是不成熟的初级阶段，但这时所推出的许多新的有效的节能标准已被许多州和地方县市采纳和利用。

随后的 1977 年，两个重要的组织成立。一个是美国能源部（Department of Energy），其工作的目的是能源的使用和保护。另一个是太阳能研究所（Solar Energy Research Institute，SERI；现名国家可再生能源实验室，National Renewable Energy Lab，NREL），它当时的目的是扶持研制一些新型的能源技术。

到了 20 世纪 80 年代，由于石油价格回落，人们对能源保护的热情和意识也随之降温，加之美国政府当时不太支持环境运动，美国的环境保护运动很难在公众中推广。建筑业这时正是后现代主义昌盛之时，它的设计思想虽然强调地区的“文脉”（The Local Context），但其主要的设计原则仍以注重“复杂”和强调视觉上的图示化为风格，并追求一种历史的记忆（Historical Memories）为前提。大部分建筑师这时都以后现代主义为标榜和风范，而环境、能源不再成为时尚而一度被冷落。虽然环境和节能不是这时建筑师、工程师所关注的重点，然而毕竟还有一些具有前瞻性和环境意识的设计师们仍然努力在朝着绿色节能方向前进。一个较典型的例子就是建筑师威廉姆斯 · 麦克唐纳（William McDonough）在 1985 年为美国环境防御基金会（Environmental Defense Fund）设计完成的纽约总部大楼，它成为了美国第一座绿色办公楼。建筑以使用自然材料、采用自然采光和室内空气质量良好为特点，该建筑的出现为许多 80 年代建成但具有不健康的室内居住环境的建筑提出了解决方案，为今天绿色建筑创建一个健康的室内工作环境提供了根本性的设想[11]。

1989 年，另一位绿色建筑师兰迪 · 克罗克斯顿（Randy Croxton）为国家自然资源防御委员会（The National Resources Defense Council，NRDC）设计完成了纽约办公大楼。该方案采用自然日照和能源节省技术，使建筑的能源消耗相比于传统建筑降低了 2/3。

两个影响绿色建筑发展的重要事件也发生在 20 世纪 80 年代。1987 年，联合国环境与发展委员会（United Nations World Commission on Environment and Development）出版了《我们共同的未来》（Our Common Future）的报告（也称布伦特兰报告，The Bruntland Report 1987）。此报告第一次对“可持续发展”作了定义，“可持续性发展是满足现在的发展需要的同时，不以牺牲将来后代的发展需要为代价”。1989 年，美国建筑师学会建立了“环境委员会”（COTE，AIA Committee on the Environment），这是绿色建筑发展过程中一个重要而且不可缺少的学术组织。

20 世纪 90 年代，更加严重和复杂的全球环境问题，如大气臭氧层的消耗、全球气候变暖、海洋动物濒临危机等，使人们又重新燃起了对环境及能源保护的兴趣。1992 年，美国建筑师学会环境委员会（COTE）和环境科学委员会（The AIA Scientific Advisory Committee on the Environment）在美国环境保护局的基金协助下，以建筑产品的生命周期发展过程分析为根据，第一次编辑出版了《美国建筑师学会环境的资料指南》（ERG The AIA Environmental Resource Guide）。这是一个关于可持续性发展的基础性出版物，它鼓励并促使了成千上万的建筑产品制造商们重新思考并开始研究发展有益于环境和生态的节能产品。随着公众环境意识的逐渐加强，建筑业的专业人士也将眼光与研究范围从只关心建筑材料的节能和可持续性，发展到提高人类的健康及生产力这些更加实质的环节上。这就是绿色建筑企图创造的室内环境质量和人类健康的建筑理论。至此人们开始大量研究和实验一些与人类健康有关的材料和产品。

1993 年，国际建筑师协会（International Union of Architect）与美国建筑师学会（AIA）一起，在芝加哥召开了题为“建筑在十字路口”（Architecture at the Crossroads）的国际性会议。来自世界各地的 6000 名建筑师参加了会议，并发布了题为《可持续未来的相互依赖》（*The Declaration of Interdependence for a Sustainable Future*）的宣言，阐述了促进可持续性的发展和研究的原则及规范。这次会议被认为是绿色建筑运动的一个重要转折点。

同年，美国绿色建筑委员会（U.S. Green Building Council，USGBC）成立。这是一个促使绿色建筑具体实施的可持续发展组织，是具体提供建筑如何在设计、建造和运营过程中追随可持续性发展道路的组织。美国绿色建筑委员会的第一次主要的会议在 1994 年 3 月召开。在这次会议上，美国绿色建筑委员会的能源与环境设计先导的绿色建筑评估体系（Leadership in Energy and Envrionmental Design-LEED Green Building Rating System）和美国材料与测试协会（The American Society for Testing and Materials，ASTM）的“绿色建筑标准”一起被推出 [12]。

随着美国绿色建筑委员会 LEED 系统的发展和成熟，美国绿色建筑委员会在 1998 年正式推出了 LEED 的实验版 LEED 1.0，这是绿色建筑发展过程中的一个重要的里程碑。该体系主要以建筑的能量节省来评估建筑对环境的影响。随后一个测试系统被联邦能源管理计划推出，其目的就是对 LEED 1.0 所选出的建筑项目进行能源及环境表现的测试。其结果共有 92900m^2 的建筑被测试并注册。

20 世纪 90 年代，一些绿色建筑的先行者们本着可持续性发展的设计原则，大胆地尝试和实践了绿色建筑的设计和营建。上榜美国建筑师学会十大绿色建筑的项目，如加利福尼亚“再生资源研究中心”（Center for Regeneration Studies，1994 年由建筑师 Dougherty+Partners 设计完成）（图 2-7）、密歇根的“海曼 · 米勒温室”（Herman Miller Greenhouse，1995 年由建筑师 William McDonough+Partners 设计完成）、堪萨斯的“德雷默斯动物园教育馆”（Deramus Education Pavilion，1999 年由建筑师 BNIM Architects 设计完成）（图 2-8），不仅在环境表现上尽量达到了绿色建筑的标准，包括建筑选址、朝向、自然通风和采光，整体设计上有效使用能量，高效、节能的暖通空调系统，使用可再生和可回收的建筑材料等，而且从设计上同样追求建筑的美观与造价经济、合理的统一。

图 2-7 加利福尼亚再生资源研究中心，1994 年 J.T. Lyle Center for Regenerative Studies，1994

图片来源：http：//www.powerfromthesun.net/jtlylecenter.htm

图 2-8 堪萨斯州 德雷默斯动物园教育馆，1999 年 Deramus Education Pavilion，1999

图片来源：http：//www.bnim.com/fmi/xsl/portfolio/index.xsl?-token.pnum=90037.02&-token.pid=pr4-

总之，20 世纪 90 年代绿色建筑的实践仍然处于探索阶段。建筑师、工程师和建筑材料及设备的制造商们，对可持续性设计、绿色材料、节能的技术和设备的研究都处在测试、摸索阶段。绿色建筑工业的发展经过了这一阶段的大量实践，正在迈向成熟。为了提高人们的生产效率而注重健康的工作和居住环境的可持续性设计的概念，在这时已经萌芽。评估建筑材料与设备生命周期（Life-cycle Assessment）的可持续性的方法，在这时已成为讨论可持续性设计经济回报的重要课题。绿色建筑运动这时已经发展壮大，并成为全球建筑师的重要目标。

另外，随着美国绿色建筑委员会（USGBC）的成立和能源与环境设计先导绿色建筑评价体系（LEED Green Building Rating System）的推出，许多重要的绿色建筑出版物陆续出台。它们对于帮助追求绿色建筑的设计原则、实践和评估都起到了推波助澜的作用。这些重要的出版物包括，1996年由美国能源部（DOE）和公共技术股份有限公司（Public Technology，Inc.）联合出版的《可持续性建筑的技术手册：绿色建筑的设计，施工和运营》（Sustainable Building Technical Manual：Green Building Design，Construction，and Operation），这是一本当时最具综合性的可持续性建筑手册，它可非常有效地帮助建筑师、开发商、业主、政府官员和其他人实施可持续发展，它强调了绿色建筑的经济、预先设计的战略、被动式太阳能设计、供暖、通风和空调系统、电力、管道、室内空气质量、声学、建筑景观及材料的选择和维修；1997年由国家建筑科学研究院（National Institute of Building Sciences）主办的《整体建筑设计指南》（Whole Building Design Guide，WBDG）[13]，1995年由落基山研究所（Rocky Mountain Institute Green Development Services）出版的《可持续建筑入门》（A Primer on Sustainable Building）和1999年由宾夕法尼亚州和纽约州（Pennsylvania and New York）一起发布的《高性能建筑指南》（Guidelines for High-Performance Building）[14]等。

21世纪，世界环境运动已经发展较为成熟。随着社会、经济、政治和文化的变革，美国的环境主义者成功地推动了政府和公众保护空气、水和自然生态环境的行为与意识。21世纪的环境保护运动与20世纪六七十年代的环境主义者所思考的问题有了本质的区别。20世纪六七十年代的环境保护运动主要关注人类再生产的扩大给环境带来的危害，以及号召民众如何保护自然环境，而21世纪由于全球的气候变化、温室气体排放量的不断增加和动植物栖息地的毁灭加速等问题，环境问题已成为全球性的和更加复杂的问题，它要求从政治、经济和文化生活的变革中得到进一步的解决。自然资源和环境不仅要得到保护，而且应该得到可持续性的利用和发展。于是“可持续性的发展”的发展观便成为21世纪的最为关键的环境发展意识。

2000年，美国绿色建筑委员会（USGBC）推出了LEED 2.0，美国绿色建筑委员会2002年又在得克萨斯州的奥斯汀（Austin，Texas）举行了每年的绿色建筑峰会，与会人员高达4000多人，它标志着绿色建筑已经进入了建筑业的主流。2003年，LEED 2.1出版；2005年，更加成熟的LEED 2.2正式出台。绿色建筑评级系统帮助设计师们从能源、水、建筑材料、室内环境质量、建筑场地的设计和选择等方面全面考虑建筑环境质量的表现，通过一定的积分达到所能达到的认证。越来越多的建筑项目追求或已达到了LEED认证标准，更重要的是社会普遍认为可持续性设计使建筑更加健康，更适于工作和居住，能够提高人们的生产效率，而且以长期投资更为经济。到2006年，总共3638项建筑工程，代表5.5亿ft^2（约合5100万m^2）的建筑面积已注册了LEED的认证标准。绿色建筑发展运动随着LEED系统的成熟，正在走向成熟[15]。

第二节
绿色建筑的评估系统
Green Building Rating Systems

20世纪90年代初，随着环境运动的成熟与发展，可持续性发展和绿色建筑设计的概念已广泛在美国联邦政府、州、县、市等各级地方政府以及一些私营企业的建筑工程项目中推广开来。市场上有许多以“绿色建筑”和“可持续性发展”自居的建筑项目。有些项目确实具备一定的绿色建筑的技术和特征，包括节约能源、节约水源、节省材料和用地，需要很少的维护，并以降低对环境的影响为前提等。在各种绿色建筑评估体系中广为尊重和使用的评估系统有由美国环境保护署（EPA）和美国能源部（DOE）

联合提出的能源之星项目（Energy Star）、由美国绿色建筑委员会（USGBC）推出的LEED绿色建筑评估体系和由绿色建筑倡导（GBI）推出的绿色环球（Green Globes）的环境评估方法。

图2-9 能源之星的认证商标
Energy Star Trade Mark
图片来源：DOE

1. 能源之星 Energy Star[16]

1992年，美国环境保护署和美国能源部一起推出了"能源之星"的评判标准。这是一个自愿的，非强制性的绿色节能标准（图2-9），其目的是确定和促进节能产品，以减少温室气体排放量。能源之星最初只是对计算机和计算机显示器进行节能认证，到1995年，认证范围扩展到了办公设备、居民取暖和冷却设备上。现在能源之星的认证更进一步扩展到主要的家电、照明和各种电子产品。更重要的是美国环境保护局已将它推广到了新住宅、商业以及工业建筑的整体项目之中。能源之星具备的技术资料和工具为许多机构和消费者选择高效能的解决方案和最佳管理做法提供了可能。仅2009年一年，能源之星的服务已为全国各地的企业和消费者节约能源和成本约170亿美元。能源之星除了为60多个产品类别提供节约能源和资金的认证，同时为新住宅提供了较为方便的评估工具，为业主和建筑管理人员提高效率和节省能源及成本提供了方便。

1）能源之星所认证的住宅体系的特点 The Features of Energy Star Qualified Homes

为了获得能源之星的认证，一个住宅必须满足美国环境保护署制定的能源效率准则，获得认证的建筑必须比以2004年国际住宅规范（The 2004 International Residential Code，IRC）为标准建成的住宅在节能效率上提高15%，并且还具备比一般住宅体系多节约20%~30%的其他节能功效。三层以下的任何住宅，任何建筑形式和材料，包括单户独立式别墅（Single-family Detached）、联排住宅（Townhouses）和低层多单元公寓（Multifamily Dwellings），只要满足上述美国环境保护署的准则，就能得到能源之星的认证。被能源之星认证的住宅具有真正的节能功效，它不仅有助于改善房屋质量和房主的居住舒适度（Comfort），而且显著降低了温室气体排放量和减少了空气污染。

被能源之星认证的典型住宅一般具有以下特点：

（1）高效的绝缘隔热系统 Effective Insulation

绝缘是保障一个住宅体系高效率地使用能源和具备舒适的居住环境的基本前提。住宅本身除了具有足够的绝缘材料之外，更重要的是正确地安装这些材料和配备随后的监测系统。若没有一种正确的安装体系，夏天大量的热空气很容易进入室内，而在冬天室内的暖空气也较容易失去，导致住宅的暖通和空调系统（HVAC）超时间、超负荷工作。

（2）高性能的住宅窗户体系 High-Performance Windows

由能源之星认证的窗户和屋顶天窗，既容许住户享受自然阳光和清晰视线，又能够降低建筑物能源的使用和温室气体排放量，是既益于住户又利于环境的高效节能窗户系统。它利于先进的门窗技术的采用，如在玻璃上贴有保护涂层的薄膜和新型改善的窗框系统等。这些特性除了提高住宅在夏天滤过强烈的日光、在冬天维持室内的热空气的性能外，还能阻挡地毯和家具免遭紫外线照射而变色。

（3）密封的结构和管道 Tight Construction and Ducts

要创建舒适的居住环境，一个有效的、密封的管道和结构系统是必备前提。密封住宅外围护结构（Building Envelope）和与之相连接的管道周围的所有缝隙，有助于减少空气和烟尘的吸入量，减少湿气、花粉以及噪声的侵入。

管道通过中央加热器或中央制冷器，将空气分配到室内所需要的地方，然后再将部分用过的空气吸收回来，排出室内。一个典型的住宅，其暖通和制冷管道通常由于泄露、孔缝和管道周围的连接出现纰漏，而将其20%的有用空气无谓地损失掉。这就是为什么能源之星必须要通过第三方对所有的管道和结构的密封性进行测试和认证并对没有处理而需要处理的地方进行绝缘处理的原因。经过密封的住宅体系提高了舒适度和室内空气质量，同时减少了用电和维修费用。

（4）有效的暖通和制冷设备 Efficient Heating and Cooling Equipment

在冬季，业主期望他们能拥有一套经济、节能的供暖系统。符合能源之星的加热设备一般可以达到标准供暖模式 15% 以上的功效。制冷一般占据了一个家庭能源使用的大部分，尤其是在气候炎热的南方。事实上在美国南方，平均一个家庭空调所消耗的能源占据了家庭所有能源使用的 1/3。以能源之星为标准的住宅体系，通常使用经过认证的、符合住宅自身体系的冷却系统。通过这种量体裁衣的合理系统来降低能源消耗，提高居住舒适度和耐久性。

不通过一定的机械通风装置将新鲜空气吸入室内，将废气排出室外，建筑室内会产生潮气、异味和其他的污染空气。机械通风系统通过管道和风扇与室外进行新鲜空气的循环工作，而不是通过窗和门洞进行自然的空气流通。使用能源之星认证标准不仅节约能源，而且还可以降低室内机械运转所产生的杂音，改善居家的整体舒适度。

（5）节能产品 Efficient Products

符合能源之星标准的住宅必须采用合格的节能产品，如紧凑型的荧光灯（CFL）、高效能的通气扇。另外还有一些其他的节能家电产品，如电冰箱、洗碗机、洗衣机和烘干机等。能源之星认证的电器产品结合了先进的技术，并且与普通标准的产品相比节省能源达到 10%~50%。这些产品既节能又节约了资金，还减少了温室气体排放量和空气污染。

选择更加节能的灯具或灯泡，可以在很大程度上对环境和电费产生影响。通过使用 5 种被能源之星认证的灯具，可以在一年之内节省 65 美元。热水系统占一个家庭能源消耗的 15%，高效能的热水器比一般的标准模型减少能源消耗 10%~50%[16]。

（6）第三方的认证系统 Third Party Verification

独立的第三方所进行的评估是能源之星认证系统最为重要的一个部分。他们一般是进行现场测试和检查，以核实住宅的保温绝缘系统、空气和管道的密封系统等。

2）蓝色的能源之星，能源之星认证的绿色住宅体系 A Green Home Begins with Energy Star Blue

提供给住宅的能源一般来源于原煤发电的发电厂。因为燃烧原煤，所以伴随着烟尘、酸雨和引起全球气候变暖的温室气体排放。节约能源和提高能源利用的有效性是绿色住宅的根本，为降低二氧化碳排放和减少空气污染作出直接的贡献，所以遍及全国的建筑发展商和购房者对绿色住宅的兴趣越来越高。建造一个绿色住宅意味着以最少影响环境的建筑活动为前提，去创造一个有益于环境和可持续性发展的项目。以蓝色的能源之星为标志的绿色住宅体系是一个美国联邦政府支持的、高效节能的住宅体系。其能源的有效性是根据美国环境保护署制定的准则而严格认证的。它们的特征是节省能源和降低能源的消耗费用，提供居住者一个更加舒适的居住环境和优质的室内空气质量。

以蓝色的能源之星为标志的绿色住宅体系具有以下所有特征：

（1）高效的住宅围护体系 An Efficient Home Envelope

（2）高效的空气分配系统 Efficient Air Distribution

（3）高效的暖通和制冷设备 Efficient Equipment for Heating，Cooling，and Water Heating

（4）高效的照明设备 Efficient Lighting

（5）高效能的家电产品 Efficient Appliances

虽然每个绿色住宅项目的做法有所不同，但都包括了以下几个重要的因素：

（1）高效节能的建筑技术和产品 Energy-efficient Construction Techniques and Products

（2）通过使用有益于环保的材料和做法，改进建筑的室内环境质量 Improved Indoor Environments through Environmentally-preferable Materials and Building Practices

（3）节水产品和工艺 Water-efficient Products and Processes

（4）可行的可再生能源的选择 Renewable Energy Options，when Feasible

（5）在施工过程中，减少废物以及建筑垃圾的循环再利用 Waste Reduction and Recycling during the Construction Process

（6）智能增长和可持续性土地开发的做法 Smart Growth and Sustainable Land Development Practices

根据美国环境保护署提供的数据，使用蓝色的能源之星认证标准的绿色住宅，一般每年节省能源费用 200~400 美元，同时每年减少 4500 英磅（2041kg）的温室气体排放量（是一般传统住宅温室气体排放量的 1/3）。绿色住宅不仅具有较长的使用年限，而且具有保持环境收益的优势。

3）能源之星的能源评估体系 The Energy Star Rating System

能源之星的能源评价标准有助于能源管理人员，在比较全国同类建筑物的基础上，评估建筑如何有效地使用能源。该评级系统的 1~100 的评分标准使大家能了解建筑的能源使用性能（Building Energy Performance），获打 50 分反映一栋建筑物能量使用表现较为一般，而获打 75 分或更高才能够得到能源之星的认证，因为在这个积分范围内显示最佳的能源使用性能。

根据所提供的有关建筑物的详细资料，例如建筑的尺寸、地理位置、居住人数、个人电脑数量、供暖制冷系统的类型及产品型号等，评估系统将评出建筑在最佳表现、最差表现和一般表现时所消耗的能源。评估系统利用这些数据，再根据建筑实际的能源消耗来评判建筑的能源性能积分。

所有的能源使用计算都是以能源的来源，即源能源（energy sources）为基准。源能源是最公平的评价单位，代表了运营该建筑的原燃料的总金额，包括所有的运输和产品损失，从而能全面评估建筑的能源效率（Energy Efficiency）。

为了准确评估特定建筑的能源消耗，美国能源部（DOE）采取了严格的评估手段，包括：

（1）确保高质量的和完整的统计数据；

（2）在确认建筑关键性的能源使用因素的基础上，创建一个相互关联的能源数据统计模型；

（3）在实际建筑中测试所建立的模型等。

2. 美国绿色建筑委员会和绿色建筑评估体系 U.S.Green Building Council，USGBC，Leadership in Energy and Environmental Design Green Building Rating Systems

1）美国绿色建筑委员会 U.S.Green Building Council[18]

以首都华盛顿特区为基地的美国绿色建筑委员会（USGBC）是一个非营利组织。它致力于推广高效、节能的绿色建筑，来创造一个繁荣和可持续性发展的未来。该组织的主要目标是促使建筑业接受可持续性设计的理念、材料和技术（Sustainable Concept，Materials and Technologies），通过提高大众的环境意识和利用政府对绿色建筑的优惠政策，将绿色建筑推进建筑业的主流市场。从 1993 年成立以来，绿色建筑委员会已发展为包括 78 个分支机构、多于 18000 个会员的组织，有超过 14 万名绿色建筑认证专业人士（LEED Accredited Professionals）。绿色建筑委员会是预计从 2009 年到 2013 年将创造 5540 亿美元的美国国内生产总值的建筑业通向绿色建筑的指路人。它所领导的成员不仅仅包括建筑师、工程师、建筑发展商、建设者和建筑制造商，而且还包括环境主义者，各种企业、非营利机构的人士和公共机构的官员等。以绿色建筑委员会自己的话来说，他们的使命是“以转变建筑和社区的设计、建造和运营的方式（Building and Community Design，Constrution and Operation），以之能够去实现有益于环境和社会的责任义务，并在维护健康和繁荣的环境的同时，全面提高人们的生活质量”。

绿色建筑委员会的指导性原则（Guiding Principles）包括以下几点：

（1）促进三重底线 Promote the Triple Bottom Line

努力加强在环境、社会和经济繁荣三方面的活力并在这三者之间取得平衡。

（2）建立领导地位 Establish Leadership

通过倡导一种社会的模式，采取变革和进化的领导方式，实现促进三重底线的目标。

（3）实现人类和自然的协调 Reconcile Humanity with Nature

努力创造和恢复人类活动和自然系统的和谐。

（4）保持完整性 Maintain Integrity

在利用技术和科学数据时，遵循谨慎的原则，以保护和恢复全球的环境、生态系统和物种的健康。

（5）保持高度的包容性 Ensure Inclusiveness

确保包容的、跨学科的和民主的意识，向更大的共同利益和共同目标迈进。

（6）展现透明度 Exhibit Transparency

遵循诚实、公开性和透明度。

（7）促进社会平等 Foster Social Equity

尊重所有社区和不同的文化，并且激励社会平等的原则。

美国绿色建筑委员会的成功之处在于，经过无以数计的组织和个人的支持与合作，推出了一个为市场变革、为设计者和消费者创造共同利益的、有益于环境的和人类健康的，以及企图创造具有高度生活质量的科学体系——绿色建筑评估体系（LEED Green Building Rating System）。这是一个根据可持续性设计的积分点将绿色建筑分为不同的认证等级的评估体系。

2）LEED 的绿色建筑评级系统 LEED Green Building Rating Systems

LEED 的绿色建筑评估体系是一种建立在自愿、共识的基础（Voluntary，consensus-based）之上，根据建筑物对环境影响大小进行评分、分级的指标体系，共分为四个认证等级，按照最后得分的多少、从低到高的顺序为认证级（Certified）、银质级（Silver）、金质级（Gold）和白金级（Platinum）。美国绿色建筑评估体系是以 1998 年推出的 LEED 1.0 实验版开始的。LEED 1.0 主要是利用一小批不同类型及规模的建筑项目作为评判工具和对象，通过对这一小批工程的评估来建立最初的绿色建筑评审条款。在这次评估过程中，美国马里兰州切萨皮克海湾基金会的总部大楼（The Chesapeake Bay Foundation Building，Annapolis，Maryland）荣获最高认证奖项，即白金级认证。

切萨皮克海湾的总部大楼建于 2000 年，被认为是当时美国所有建成的绿色建筑当中最为“绿色”的建筑之一。其可持续性的设计因素贯穿于整个设计和建造过程，它的能量节省原则和材料选择都达到了绿色建筑评估体系 LEED 1.0 最高的白金级认证标准，同时还将雨水收集供景观绿化用水（图 2-10）[18]。

（1）收集雨水储水器 Containers for Collected Rainwater

（2）回收的木材 Reused Timbers

图 2-10 美国马里兰州切萨皮克海湾基金会的总部大楼 The Chesapeake Bay Foundation Building，Annapolis，Maryland

照片来源：The Chesapeake Bay Foundation

随着 LEED 1.0 的推出，公众和建筑市场对绿色建筑的环保、节能和经济特征有了进一步的认识。于是在全社会对绿色建筑兴趣日益增加的前提下，针对 LEED 1.0 的很多不足之处，绿色建筑委员会在 2000 年又推出了 LEED 2.0。它将绿色建筑的评估积分从第一版的 40 个点增加到 69 个点。LEED 2.0 的整体结构和评估条款在第一版的基础上已经进行了全面的修改和更新。在 LEED 2.0 推出之后，美国全国范围之内一共有四百多个建筑项目登记注册了绿色建筑委员会的认证标准，同时有上千个项目以 LEED 评估标准作为建筑建造全过程的标本[19]。

2009 年是 LEED 的绿色建筑评价体系经历重大变更的一年。在这一年里，LEED 的评价体系中又增加了一个崭新的、评价整个社区的指标体系，即 LEED 的社区发展指标体系（LEED for Neighborhood Development）。该体系将 LEED 评价体系的视野第一次从单体建筑物扩大到整个社区，为设计、建设和评估可持续性的社区提供了具体的设计原则和指导。同一年，LEED 的所有的绿色建筑评价体系全面升级，其总积分增加到 110 分。四个认证等级的评分分别为：认证级 40~49 分、银质级 50~59 分、金质级 60~79 分和白金级 80~110 分。

截至 2011 年，LEED 的绿色建筑评价体系共有 9 个[20]，分别适用于以下建筑和施工的情况：

（1）新建筑和主要建筑物改造更新 New Construction and Major Renovations（NC，目前共有四个版本，即 LEED NC 2009，v2.2，v2.1 and v.2.0）

（2）现状建筑物：使用和维修 Existing Buildings：Operations and Maintenance（EB：O&M，目前共有三个版本加再认证，即 LEED EB：O&M 2009，2008，v2.0，Recertification）

（3）商业建筑室内 Commercial Interiors（CI，目前共有两个版本，即 LEED CI 2009，v2.0）

（4）建筑核心及维护结构 Core and Shell（CS，目前共有两个版本加预认证，即 LEED CS 2009，v2.0，Precertification）

（5）学校建筑 Schools（SCH，目前共有两个版本，即 LEED SCH 2009，2007）

（6）零售商业建筑 Retail 包括两个子系统，即 LEED 2009 零售商业新建筑和主要零售商业建筑物改造更新评价系统（LEED for Retail：New Construction & Major Renovations Rating System）和 LEED 2009 零售商业建筑室内评价系统（LEED 2009 for Retail：Commercial Interiors Rating System）

（7）医疗保健建筑 Healthcare（HC，目前共有一个版本，即 LEED HC 2009）

（8）住宅 Homes（目前共有一个版本，即 LEED Home 2008）

（9）社区发展 Neighborhood Development（ND，目前共有一个版本，即 LEED ND 2009）

新建筑和主要建筑物改造更新评价体系（2009 LEED NC）的主要评判内容包括可持续场地、用水效率、能源和大气、材料和资源、室内环境质量、创新和设计过程和区域优先得分等 7 个方面，共有 64 项指标。具体评判内容指标和积分见表 2-1。

LEED 2009 新建筑和主要建筑物改造更新评价体系指标和积分
LEED for New Construction and Major Renovations[21]

表 2-1

可能积分 Possible Points	积分状态 Prerequisites/Credits	评估的领域 Areas and Sub-areas of Assessment
26		可持续的场地 Sustainable Sites
	先决条件 Prerequisite 1	施工活动污染控制 Construction Activity Pollution Prevention
1	积分 Credit 1	场地选择 Site Selection
5	积分 Credit 2	开发密度和社区联系性 Development Density and Community Connectivity
1	积分 Credit 3	棕地再开发 Brownfield Redevelopment
6	积分 Credit 4.1	其他交通方式，公共交通 Alternative Transportation–Public Transportation Access

续表

可能积分 Possible Points	积分状态 Prerequisites/Credits	评估的领域 Areas and Sub-areas of Assessment
1	积分 Credit 4.2	其他交通方式，自行车储存和更衣室 Alternative Transportation-Bicycle Storage and Changing Rooms
3	积分 Credit 4.3	其他交通方式，低排放和高效省油汽车 Alternative Transportation-Low-Emitting and Fuel-Efficient Vehicles
2	积分 Credit 4.4	其他交通方式，停车容量 Alternative Transportation-Parking Capacity
1	积分 Credit 5.1	场地开发—保护或恢复栖息地 Site Development-Protect or Restore Habitat
1	积分 Credit 5.2	场地开发—开敞空间最大化 Site Development-Maximize Open Space
1	积分 Credit 6.1	雨水设计—流量控制 Stormwater Design-Quantity Control
1	积分 Credit 6.2	雨水设计—水质控制 Stormwater Design-Quality Control
1	积分 Credit 7.1	热岛效应—非屋顶 Heat Island Effect-Non-roof
1	积分 Credit 7.2	热岛效应—屋顶 Heat Island Effect-Roof
1	积分 Credit 8	减少场地光污染 Light Pollution Reduction
10		用水效率 Water Efficiency
	先决条件 Prerequisite 1	减少用水量，减少 20% 的用水量 Water Use Reduction-20% Reduction
	积分 Credit 1	高效节水园林绿化 Water Efficient Landscaping
	积分 Credit 2	创新的污水处理技术 Innovative Wastewater Technologies
	积分 Credit 3	减少用水量 Water Use Reduction
35		能源和大气 Energy and Atmosphere
	先决条件 Prerequisite 1	建筑物能源系统基本的测试 Fundamental Commissioning of Building Energy System
	先决条件 Prerequisite 2	满足最低的能源性能标准 Minimum Energy Performance
	先决条件 Prerequisite 3	基本的制冷剂管理 Fundamental Refrigerant Management
1-19	积分 Credit 1	优化能源性能 Optimize Energy Performance
1-7	积分 Credit 2	现场可再生能源 On-Site Renewable Energy
2	积分 Credit 3	建筑物高级测试 Enhanced Commissioning
2	积分 Credit 4	高级制冷剂管理 Enhanced Refrigerant Management
3	积分 Credit 5	检测和验证 Measurement and Verification
2	积分 Credit 6	绿色电力 Green Power
14		材料和资源 Materials and Resources
	先决条件 Prerequisite 1	储存和收集可再生物品 Storage and Collection of Recyclables
	积分 Credit 1.1	建筑物再利用——保留原有建筑物的外墙、楼板和屋顶 Building Reuse-Maintain Existing Walls,Floors, and Roof
	积分 Credit 1.2	建筑物再利用——保留 50% 的室内非结构构件 Building Reuse-Maintain 50% of Interior Non-structural Elements
	积分 Credit 2	施工废料管理 Construction Waste Management
	积分 Credit 3	建筑材料再利用 Materials Reuse
	积分 Credit 4	回收成分含量 Recycled Content
	积分 Credit 5	本地区建料 Regional Materials
	积分 Credit 6	快速再生建材 Repidly Renewable Materials
	积分 Credit 7	认证过的木材 Certified Wood

续表

可能积分 Possible Points	积分状态 Prerequisites/Credits	评估的领域 Areas and Sub-areas of Assessment
15		室内环境质量 Indoor Environmental Quality
	先决条件 Prerequisite 1	满足最低的室内空气质量要求 Minimum Indoor Air Quality Performance
	先决条件 Prerequisite 2	环境烟草烟雾控制 Environmental Tobacco Smoke（ETS）Control
	积分 Credit 1	室外空气传送监测 Outdoor Air Delivery Monitoring
	积分 Credit 2	增加通风 Increased Ventilation
	积分 Credit 3.1	施工环境质量管理计划—施工期间 Construction IAQ Management Plan–During Construction
	积分 Credit 3.2	施工环境质量管理计划—入住使用之前 Construction IAQ Management Plan–Before Occupancy
	积分 Credit 4.1	低排放建材—胶粘剂和密封胶 Low–Emitting Materials–Adhesives and Sealants
	积分 Credit 4.2	低排放建材—油漆和涂料 Low–Emitting Materials–Paints and Coatings
	积分 Credit 4.3	低排放建材—地板材料 Low–Emitting Materials–Flooring Systems
	积分 Credit 4.4	低排放建材—符合木材和农业纤维产品 Low–Emitting Materials–Composite Wood and Agrifiber Products
	积分 Credit 5	室内化学物品和污染源控制 Indoor Chemical and Pollutant Source Control
	积分 Credit 6.1	系统可控制性—照明 Controllability of System–Lighting
	积分 Credit 6.2	系统可控制性—热舒适 Controllability of System–Thermal Comfort
	积分 Credit 7.1	热舒适—设计 Thermal Comfort–Design
	积分 Credit 7.2	热舒适—验证 Thermal Comfort–Verification
	积分 Credit 8.1	自然采光和风景—自然光 Daylighting and Views–Daylight
	积分 Credit 8.2	自然采光和风景—风景 Daylighting and Views–Views
6		创新和设计过程 Innovation and Design Process
	积分 Credit 1.1	设计创新：具体名称 Innovation in Design: Specific Title
	积分 Credit 1.2	设计创新：具体名称 Innovation in Design: Specific Title
	积分 Credit 1.3	设计创新：具体名称 Innovation in Design: Specific Title
	积分 Credit 1.4	设计创新：具体名称 Innovation in Design: Specific Title
	积分 Credit 1.5	设计创新：具体名称 Innovation in Design: Specific Title
	积分 Credit 2	LEED 认证的专业人士 LEED Accredited Professional
4		区域优先得分 Regional Priority Credits
	积分 Credit 1.1	区域优先 Regional Priority: Specific Credit
	积分 Credit 1.2	区域优先 Regional Priority: Specific Credit
	积分 Credit 1.3	区域优先 Regional Priority: Specific Credit
	积分 Credit 1.4	区域优先 Regional Priority: Specific Credit
110		总积分 Total

社区发展评价体系（LEED 2009 for Neighborhood Development）的主要评判内容包括精明选址和与

周围社区的联系、社区布局和设计、绿色基础设施和建筑物、创新和设计过程、区域优先得分 5 个方面，共 59 项指标。除了最后的两个内容外，其他三个方面的评判都要求首先满足几个先决条件（Prerequisites）后才能获得分数。具体评判内容指标和积分见表 2-2：

LEED 2009 社区发展评价体系指标和积分 LEED 2009 for Neighborhood Development[22] 表 2-2

可能积分 Possible Points	积分状态 Prerequisites/Credits	评估的领域 Areas and Sub-areas of Assessment
27		精明选址和联系 Smart Location and Linkage
	先决条件 Prerequisite 1	精明选址 Smart Location
	先决条件 Prerequisite 2	濒危物种和生态群落 Imperiled Species and Ecological Communities
	先决条件 Prerequisite 3	湿地和水体保护 Wetland and Water Body Conservation
	先决条件 Prerequisite 4	农业用地保护 Agricultural Land Conservation
	先决条件 Prerequisite 5	避免洪水淹没 Floodplain Avoidance
10	积分 Credit 1	优先的选址 Preferred Locations
2	积分 Credit 2	棕地再开发 Brownfield Redevelopment
7	积分 Credit 3	较少依靠机动车的选址 Locations with Reduced Automobile Dependance
1	积分 Credit 4	自行车网络和储存 Bicycle Network and Storage
3	积分 Credit 5	住房和就业地点相邻 Housing and Jobs Proximity
1	积分 Credit 6	陡坡保护 Steep Slope Protection
1	积分 Credit 7	保护栖息地、湿地和水体的总图设计 Site Design for Habitat or Wetland and Water Body Conservation
1	积分 Credit 8	恢复栖息地、湿地和水体 Restoration of Habitat or Wetlands and Water Bodies
1	积分 Credit 9	栖息地、湿地和水的长期保护管理 Long-Term Conservation Management of Habitat or Wetlands and Water
44		社区布局和设计 Neighborhood Pattern and Design
	先决条件 Prerequisite 1	步行街 Walkable Streets
	先决条件 Prerequisite 2	紧凑的发展 Compact Development
	先决条件 Prerequisite 3	相互联系和开放的社区 Connected and Open Community
12	积分 Credit 1	步行街 Walkable Streets
6	积分 Credit 2	紧凑开发 Compact Development
4	积分 Credit 3	混合使用社区中心 Mixed-Use Neighborhood Centers
7	积分 Credit 4	不同收入、多样化的社区 Mixed-Income Diverse Communities
1	积分 Credit 5	减少停车占地 Reduced Parking Footprint
2	积分 Credit 6	街道网络 Street Network
1	积分 Credit 7	公共交通设施 Transit Facilities
2	积分 Credit 8	交通需求管理 Transportation Demand Management
1	积分 Credit 9	邻近市政和公共空间 Access to Civic and Public Spaces
1	积分 Credit 10	邻近娱乐设施 Access to Recreation Facilities
1	积分 Credit 11	可参观性和通用设计 Visitability and Universal Design
2	积分 Credit 12	社区教育和参与 Community Outreach and Involvement
1	积分 Credit 13	本地食品生产 Local Food Production
2	积分 Credit 14	绿色成荫的街道 Tree-Lined and Shaded Streets
1	积分 Credit 15	社区学校 Neighborhood Schools

续表

可能积分 Possible Points	积分状态 Prerequisites/Credits	评估的领域 Areas and Sub-areas of Assessment
29		绿色基础设施和建筑物 Green Infrastructure and Buildings
	先决条件 Prerequisite 1	获认证的绿色建筑 Certified Green Building
	先决条件 Prerequisite 2	最低的能源效率 Minimum Energy Efficiency
	先决条件 Prerequisite 3	最低的建筑物用水效率 Minimum Building Water Efficiency
	先决条件 Prerequisite 4	施工活动污染预防 Construction Activity Pollution Prevention
5	积分 Credit 1	获认证的绿色建筑 Certified Green Buildings
2	积分 Credit 2	建筑物能源效率 Building Energy Efficiency
1	积分 Credit 3	建筑物用水效率 Building Water Efficiency
1	积分 Credit 4	高效节水园林绿化 Water-Efficient Landscaping
1	积分 Credit 5	现有建筑物利用 Existing Building Use
1	积分 Credit 6	历史文化资源保护和 Historic Resource Preservation and Adaptive Reuse
1	积分 Credit 7	减少设计和施工中对场地的破坏 Minimized Site Disturbance in Design and Construction
4	积分 Credit 8	雨水管理 Stormwater Management
1	积分 Credit 9	降低热岛效应 Heat Island Reduction
1	积分 Credit 10	太阳方位 Solar Orientation
3	积分 Credit 11	现场可再生能源资源 On-site Renewable Energy Sources
2	积分 Credit 12	区域供热和制冷 District Heating and Cooling
1	积分 Credit 13	基础设施能源效率 Infrastructure Energy Efficiency
2	积分 Credit 14	废水管理 Wastewater Management
1	积分 Credit 15	基础设施回收成分 Recycled Content in Infrastructure
1	积分 Credit 16	固体废料管理基础设施 Solid Waste Management Infrastructure
1	积分 Credit 17	减少光污染 Light Pollution Reduction
6		创新和设计过程 Innovation and Design Process
1	积分 Credit 1.1	创新和示范：提供具体的名称 Innovation and Exemplary Performance: Provide Specific Title
1	积分 Credit 1.2	创新和示范：提供具体的名称 Innovation and Exemplary Performance: Provide Specific Title
1	积分 Credit 1.3	创新和示范：提供具体的名称 Innovation and Exemplary Performance: Provide Specific Title
1	积分 Credit 1.4	创新和示范：提供具体的名称 Innovation and Exemplary Performance: Provide Specific Title
1	积分 Credit 1.5	创新和示范：提供具体的名称 Innovation and Exemplary Performance: Provide Specific Title
1	积分 Credit 2	LEED 认证的专业人员 LEED Acredited Professional
4		区域优先积分 Regional Priority Credit
1	积分 Credit 1.1	区域优先积分：限定区域 Regional Priorty Credit: Region Defined
1	积分 Credit 1.2	区域优先积分：限定区域 Regional Priorty Credit: Region Defined
1	积分 Credit 1.3	区域优先积分：限定区域 Regional Priorty Credit: Region Defined
1	积分 Credit 1.4	区域优先积分：限定区域 Regional Priorty Credit: Region Defined
110	总积分 Total	

3）LEED 绿色建筑专业人士认证 LEED Professional Accreditation[23]

绿色建筑委员会在对建筑物进行评级的同时，还推出了为评审绿色建筑设计师是否具备可持续性设计知识的评审、考试制度，即绿色建筑专家、专业人士认证制度。在 2009 年以前，要想取得美国绿色建筑委员会绿色建筑认证专业人士资质认证必须通过一个两个小时的绿色建筑知识综合考试。通过者必须取得 80% 的正确率方可获取美国绿色建筑认证专业人士证书（LEED Accredited Professional）。

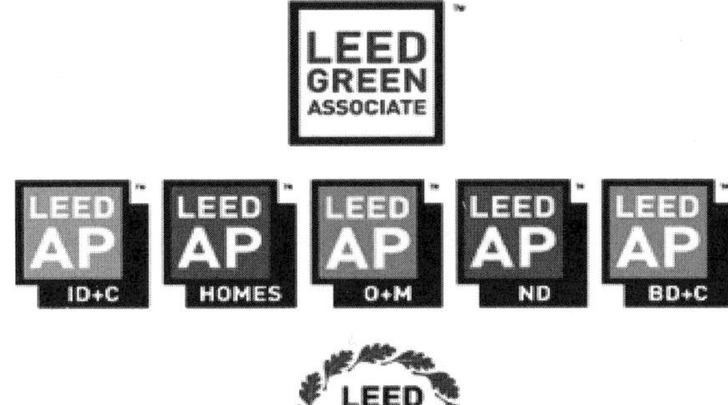

图 2-11 LEED 三级资质认证体制 Three-tiered Credentialing System

图片来源：http：//www.gbci.org/main-nav/professional-credentials/leed-credentials.aspx

从 2009 年开始，绿色建筑委员会委托绿色建筑认证研究院（Green Building Certification Institute，GBCI）开始采用三级资质认证体制（Three-tiered Credentialing System），即绿色助理（LEED Green Associate）、绿色专家（LEED AP+）和绿色院士（LEED AP Fellow）。其中绿色专家一级共有五个专业领域，即室内设计和施工（LEED AP ID+C）、住宅（LEED AP Home）、使用和维修（LEED AP O+M）、社区发展（LEED AP ND）和建筑设计与施工（LEED AP BD+C）。

新的资质认证项目同时要求不断进行知识更新（Credentialing Maintenance）以保证经过认证的专业人士具有本专业领域最新的知识和对绿色建筑的最新理解。为了持有相关认证资质，经过 LEED 认证的专业人士必须每两年接受一定时间的继续教育。绿色助理每两年必须接受 15 个小时的专业教育，而绿色专家则每两年必须接受 30 个小时相关领域的继续教育课时。所选修的课程必须是绿色建筑认证研究院（GBCI）认可的课程。

而对于 2009 年取得资质的绿色建筑人士，可以参加任何上述五个专业考试来取得新的专家资质。也可以不参加任何考试，但仍然使用绿色建筑认证专业人士的称号。绿色院士的继续教育要求与其所在专业相同。截至 2011 年 3 月，全世界共有 162546 名绿色建筑认证专业人士。具体各个领域认证的专业人士数量见表 2-3。

绿色建筑认证专业人士组成和数量 The Number of the LEED Accredidated Professionals　　表 2-3

绿色助理 LEED Green Associate- LEED GA	17144
绿色专家 LEED AP	33922
建筑设计和施工专家 LEED AP BD+C	29724
住宅专家 LEED AP Home	365
室内设计和施工专家 LEED AP ID+C	2639
社区发展专家 LEED AP ND	168
建筑物使用和维修专家 LEED AP O+M	1470
绿色建筑认证专业人士无专业 LEED AP without specialty	111480
总数	162546

资料来源：http：//www.gbci.org/main-nav/professional-credentials/leed-credentials.aspx

LEED 的绿色建筑评级系统采用广泛民主、公开评议、向业界不断征求意见并经过成员最终投票的做法定期（每 3 年）进行评级系统的升级工作。LEED 2012 年升级评议工作已经全面展开。第一次公共评议在 2011 年初完成，第二次公共评议将在 2011 年年底完成。2012 年 8 月将进行成员投票。LEED

2012 将在 2012 年年底推出[25]。

3. 绿色建筑倡导和绿色环球的绿色建筑评估系统 Green Building Initiative and Green Globes Rating System

绿色环球绿色建筑评估系统（Green Globes Rating System）最早起源于加拿大建筑研究机构的环境评估方法（Building Research Establishment's Environmental Assessment Method，BREEAM）。1996 年加拿大标准学会（Canadian Standards Association，CSA）正式颁布将该系统用于现状建筑的环境评估（BREEAM Canada for Existing Buildings）。到 2000 年，该评估方法以现状建筑绿色环球标准命名正式成为绿色建筑在线评估和评价工具（Online assessment and rating tool）。目前，绿色环球的绿色建筑评估系统同时在美国和加拿大使用[24]。

绿色环球的绿色建筑评估系统在美国由绿色建筑倡导（Green Building Initiative-GBI）管理和更新。自 2004 年以来，绿色环球的互联网评价方法（Web Application）在美国的 22 个州得到立法机构正式认可，对包括美国政府联邦综合设施管理局（GSA）、退伍军人事务局、国务院（The State Department）等联邦机构和部门的建筑物在内的 130 多栋绿色建筑物进行了认证。各个大型保险公司还对通过绿色环球认证的建筑物在保险费用上予以优惠。2010 年，绿色环球的新建建筑物评估标准成为美国国家标准研究院（The American National Standards Institute，ANSI）首个经过公众评议认可的商业绿色标准体系。绿色环球的绿色建筑评估系统是目前美国影响力仅次于 LEED 的另外一个可以直接通过互联网平台进行绿色建筑认证的体系。

1）绿色建筑倡导 Green Building Initiative[26]

绿色建筑倡导是一个非盈利专业机构。其使命是通过推广可靠、实用的居住和商业绿色建筑施工方法，加速有利于高效节能、健康、可持续环境的建筑实践。绿色建筑倡导最初创建是为了帮助本地房屋建筑商协会建立一个类似全国房屋建筑商协会（National Association of Home Builders，NAHB）示范绿色住宅建筑指导原则（Model Green Home Building Guidelines）的绿色建筑标准。在与全国房屋建筑商协会合作期间，绿色建筑倡导发现了创建于加拿大的绿色环球的环境评估方法（Green Globes™ Environmental Assessment and Rating Tool），最终在 2004 年将该体系引入美国。

2005 年，绿色建筑倡导（GBI）被美国国家标准研究院（ANSI）认证为绿色建筑标准编撰机构（Standards Developer），成为获此殊荣的第一个绿色建筑组织。2006 年，绿色建筑倡导的国家标准研究院技术委员会（ANSI Technical Committee）成立，绿色环球的绿色建筑评估标准正式成为美国国家标准研究院的标准之一。绿色建筑倡导目前共有两个标准体系：绿色环球新建设标准（Green Globes New Construction，NC）和绿色环球现有建筑物改造标准（Green Globes Continual Improvement of Existing Building，CIEB）。绿色建筑倡导同时也提供帮助专业人员熟悉上述两个标准的培训。

2）绿色环球评估体系 Green Globe Rating System[27]

绿色环球评估体系是一种在线建筑评估工具，用来对新建和现有建筑物环境性能进行评价和分级，同时也是一套设计原则。整个评估由 150 个问题组成，大约需要 2~3h 来完成。所有问题都是是、否或不适用类，并分为 7 组。一旦问题回答完毕，计算机自动产生一份报告，详细列出以下内容：

（1）项目管理、场地、能源、水、资源、污染物释放、污水和其他环境影响、室内环境等评估内容的生态评估百分比；

（2）设计的特点 Highlights of the Design；

（3）建议今后设计改进的方面；

（4）关于建筑物系统和管理方面信息的键链 Hyper-links。

绿色环球评估体系旨在指导项目最终顺利移交给业主。一旦项目注册，申请者可以从建设项目的 8

个阶段中任何一个阶段开始评估建筑物。然而，项目得分百分比的评估报告仅在两个开发阶段给出，即概念设计阶段（初步打分评估）和施工图阶段（最后打分）。这两个打分阶段与项目审批过程相吻合。概念设计阶段（Concept Design Stage）一般与政府的规划审批阶段所要求的深度相当，而施工图阶段（Construction Documents Stage）则与政府的许可证审批阶段相一致。一旦设计通过评估，必须经过第三方审查来对建设项目进行验证。第三方验证包括与项目组进行会谈、对设计和施工文件进行审查等。第三方验证人员必须是具有丰富的绿色建筑经验、具有营业执照的建筑师或建筑工程师。一旦第三方验证完成，建筑项目即可授予绿色环球认证（Green Globes Certificate）。

绿色环球定义的建设项目的 8 个阶段包括项目启动（Project Initation）、场地分析（Site Analysis）、项目计划（Programming）、概念设计（Schematic Design）、设计深化（Design Development）、施工图纸（Construction Documents），合同签署和施工（Contracting and Construction）、建筑物各种系统和设备测试（Commissioning）。绿色环球的认证共分 5 级，总得分为 1000 分（表 2-4），达到百分比得分 15%~34% 的项目，授予一个绿色环球；35%~54% 的，授予 2 个绿色环球；55%~69% 的，授予 3 个绿色环球；70%~84% 的，授予 4 个绿色环球；而达到 85%~100% 的，则可授予 5 个绿色环球。

绿色环球的打分体系 The Green Globes Design Points System[28] **表 2-4**

百分比得分 Percentage Score	获得分点 Point Score	评估的领域 Areas and Sub-areas of Assessment
5%	50	A- 项目管理 Project management
	20	A.1- 整体设计过程 Integrated design process
	10	A.2- 有利于环境的采购（包括节能产品）Environmental purchasing （including energy-efficient products）
	15	A.3- 系统设备测试 Commissioning
	5	A.4- 紧急应对计划 Emergency response plan
11.5%	115	B- 场地 Site
	30	B.1- 开发范围（选址、开发密度、场地处理）Development area
	30	B.2- 生态影响（本地植被、热岛、夜空） Ecological impacts
	20	B.3- 水域特点（场地平整、雨水管理、渗水表面、收集雨水）Watershed features
	35	B.4- 改善场地生态环境 Site ecology enhancement
38%	380	C- 能源 Energy
	100	C.1- 能源性能 Energy performance
	114	C.2- 减少能源需求（优化空间、适应场地小气候、自然采光、维护结构设计、安装水表）Reduced engergy demand
	66	C.3- 采用高效节能系统 Integration of engergy efficient systems
	20	C.4- 可再生能源 Renewable engery sources
	80	C.5- 高效节能交通 Energy-efficient transportation
8.5%	85	D- 水 Water
	30	D.1- Water performance
	45	D.2- 节水特点（分级水表计量、冷却塔、景观和灌溉策略）Water conserving features
	10	D.3- 现场水处理（中水系统、现场废水处理）On-site treatment of water
10%	100	E- 资源 Resources
	40	E.1- 对环境影响较少的系统和材料（选择对环境影响较少的建材） Low impact systems and materials
	15	E.2- 减少对资源的消耗（重新使用、废物利用、当地、低维护材料、认证木材） minimum consumption of resources

续表

百分比得分 Percentage Score	获得分点 Point Score	评估的领域 Areas and Sub-areas of Assessment
	15	E.3- 现有居住再利用 Reuse of existing buildings
	15	E.4- 建筑物耐久性、适用性和可拆卸性能 Building durability, adaptability and disassembility
	5	E.6- 减少、再利用和循环使用所有拆迁废料 Reduction,reuse and recycling of demolition waste
	10	E.7- 废物利用和堆肥设施 Recycling and composting facilities
7%	70	F- 气体释放、排泄物和其他影响 Emissions, effluents and other impacts
	15	F.1- 空气释放（低释放燃烧炉）Air emissions
	20	F.2- 臭氧层 Ozone depletion
	10	F.3- 避免污水和水体污染 Avoiding sewer and waterway contamination
	25	F.4- 减少污染（储存罐、PCBs、氡气、石棉、虫害管理、危险材料）Pollution minimization
20%	200	G- 室内环境 Indoor environment
	55	G.1- 通风系统（送风、通风率、输送、二氧化碳检测、控制、停车场、易维护）Ventilation system
	45	G.2- 控制室内污染物（霉菌、AHU、加湿、Legionella 冷却塔 / 热水、建筑材料、就近排放）Control of indoor pollutants
	50	G.3- 采光（视线、建筑物周边空间的高度和进深，自然采光因素、整流器、眩光、工作照明控制）Lighting
	20	G.4- 热舒适（达到 ASHRAE 55 标准）Thermal comfort
	20	G.5- 音响舒适（区划、声音传输、震动控制、音响私密性、回声、机械噪声）Acoustic comfort
100%	1000	总计 1000 分 Total Points Available

资料来源：ECD Energy & Environment Canada Ltd. Green Globes：Design for New Buildings and Retrofits. *Rating System and Program Summary* December 2004.

http：//www.greenglobes.com/design/Green_Globes_Design_Summary.pdf

第三节
美国政府机构对绿色建筑的推广及参与
The US Government' s Role in Promoting Green Building

与计划经济体制下政府直接参与各项开发建设项目的做法不同，市场经济体制下，政府主要通过行政法规、经济奖励和税收等间接手段来推广新技术和促进有利于社会大众的开发建设项目。美国政府对绿色建筑的推广除了身体力行、在所有建筑物中进行推广并要求所有政府新建建筑物必须达到 LEED 的认证以外，主要采用一些间接手段。

1. 美国联邦政府的绿色建筑政策与实践 The Federal Government Policies and Practices in Green Building

美国联邦政府是世界上消耗能源最多的一个政府机构。它在全国范围内拥有大约 50 万栋建筑，它们覆盖了大约 31 亿 ft^2（3 亿 m^2）的建筑面积。这样庞大的建筑体系和规模，很大程度上影响着自然环境、国家经济和在这些建筑物中工作的人的健康以及他们的生产效率。根据 2006 年美国联邦能源管理计划向国会递交的年度报告（Federal Energy Management Program，FEMP，Annual Report to Congress 2006），仅 2006 年一年，联邦政府就消耗 1.5 万亿英热单位（BTU）的主要能源，它是全美总能源消耗的 1.5%，并且代表着 9600 万 t 的二氧化碳的排放量，是全美每年碳排放量的 1.6%。根据美国能源信息管理署（Energy

Information Administration，EIA）2008 年度的能源展望（Annual Energy Outlook 2008），设立于总统行政体系的联邦环境执行办公室（The Office of the Federal Environmental Executive）在《联邦政府对绿色建筑的承诺》（The Federal Commitment to Green Building）一文中论及："我们有机会和责任去降低这种影响。在建筑中使用可持续性设计的原则降低建筑对环境的影响，改善工作环境，提高生产效率，提高能源、水和材料的使用效率，降低成本和风险。"

1）美国联邦一级政府的绿色建筑政策 The Federal Government Policies on Green Building

美国前总统比尔 · 克林顿（Bill Clinton）在 1993 年 4 月地球日上宣布，他要将白宫（The White House）改建成为一个高节能建筑的典范，于是这个具有 200 多年历史、占地 60 万 ft^2（6 万 m^2）的行政办公楼，在能源部的能源评估和环境测试办公室以及绿色建筑设计师和工程师的协助下，经过三年时间，被改建成为了一个每年可节省能源、水和垃圾处理等高达 30 万美元费用的绿色白宫。经过绿色改造后的白宫不仅节省了巨大的能源，而且每年还减少了 845t 二氧化碳的排放量。

绿色白宫的巨大成功，鼓励了许多其他联邦机构的积极参与。随之美国国防部大楼——五角大楼、美国能源部总部大楼，以及三个国家公园——大峡谷（Grand Canyon）、黄石公园（Yellowstone）和阿拉斯加的迪纳利（Alaska's Denali）国家公园都先后进行了绿色建筑的改建工作。一千多名绿色建筑专业人士参加了"绿色联邦建筑"的研讨活动，随后由能源部的联邦能源管理中心为联邦机构管理人员、设计师、规划师和建造商编制了《绿色联邦设施》（Green Federal Facilities）的详尽准则。

在白宫改建之后不久，总统委员会（The President's Council）发布了有关可持续性发展的第 12852 号行政命令（Executive Orders–EO.12852）。它在 140 项行动中建议改善国家的环境问题，其中大部分与建筑的可持续性发展有关。

1996 年，美国能源部（DOE）在美国建筑师学会（AIA）的协助下，为能源部 21 世纪的建筑制定了一系列详尽的计划，包括高性能建筑的围护体系、照明、暖通和空调等技术问题，以及能源有效和可再生能源利用等条款。

1997 年，美国海军发展了一套网上资源项目，将可持续性设计原理添加到了主要建筑设计的任务书和《整体建筑设计指南》（Whole Building Design Guide）中。到了 2003 年，有其他 7 个联邦机构也加入了此项目。

1998 年，时任总统比尔 · 克林顿签发了三个"绿色"行政命令。其中的第 13101 号行政命令要求联邦政府增加使用可回收和对环境有益的产品，包括建筑产品，降低和消除对有毒物品的使用和购买。联邦政府的产品采购、契约和合同等都必须以改善环境为目标。

1999 年，克林顿又签发了第 13123 号行政命令"通过有效的能源管理达到绿色政府的目的"（Greening the Government Through Efficient Energy Management），要求联邦机构以提高能源使用效率为目标，在建筑设计、施工和运营过程中改进能源管理和降低温室气体排放量。命令要求以 1985 年的使用水平为基准（Baseline），到 2005 年底实现每平方英尺的建筑面积节约能源 30%、到 2010 年底实现每平方英尺的建筑面积节约能源 35% 的目标。并且同时要求所有机构以 1990 年为基准，到 2010 年底实现减少温室气体排放量 30% 的目标。所有联邦机构的建筑必须达到能源之星（Energy Star）所要求的能源标准，最大限度地使用可再生能源。与此同时要求每个机构：

（1）优化生命周期成本（Life–cycle Cost）。优化与建筑工程有关的所有污染、环境和能源消耗的成本。

（2）以《整体建筑设计指南》（Whole Building Design Guide）的可持续性设计原则为大纲，进行建筑的选址、设计和建造。

（3）将能源效率的标准、能源之星的要求和一些其他的节能标准结合在一起，作为新建筑或改建项目的说明书和任务书的必备内容。

（4）考虑使用《节约能源绩效合同》（Energy Savings Performance Contracts）或使用《公共事业能源效率服务合同》（UESC – Utility Energy: Efficiency Service Contracts）来达到建造可持续性建筑的目的[29]。

2000 年，克林顿又接着签发了第 13148 号行政命令，要求联邦机构将每天的行政决策和长期的计划整体性地融入充分考虑环境的责任中去，包括实施环境管理系统、降低有毒化学物品的使用、消除臭氧消耗物的购买。命令要求联邦政府机构制订一项计划，用环保法规定期审核联邦设施，并将审核的内容和发现列入该机构的预算和规划活动中去。这些要求成为了创造可持续的、高性能的建筑和提供有价值的联邦行动措施的关键所在。

2003 年，在美国绿色建筑委员会（USGBC）推出了绿色新建建筑和主要建筑物改建评估体系 LEED-NC 2.1 之后，联邦综合设施管理局（The General Services Administration，GSA）要求它管辖的所有联邦建筑物必须达到 LEED 银质认证（LEED Silver Certification）。同时美国海军公共设施工程指挥部（NAVFAC）也将 LEED 评估体系作为它的建筑设施认证标准。美国国家航空航天局（National Aeronautics and Space Administration，NASA）这时也承诺在所有该部门的建筑工程项目中实施可持续性设计的原则，必须至少达到 LEED 银质认证,并且鼓励设计者们向 LEED 金质认证（LEED Gold Certification）努力。美国国务院（The State Department）建筑设计条例规定在下一个十年中，将用 LEED 的标准作为所有美国驻外大使馆建筑设计和建造的标准。美国能源部（DOE）2008 年发布备忘录，要求所有超过 500 万投资的新建筑达到 LEED 金质标准认证。而美国健康和人类服务部（Department of Health and Human Service）以及内政部（Department of Interior）分别要求超过 300 万和 200 万美元投资的新建建设项目达到 LEED 认证标准。其他的联邦机构如美国陆军、空军等也以 LEED 为模本，建立了符合自己的建筑评估标准。

2005 年，美国国会在 1997 年制定的“能源政策法”（EPAct 1997）的基础上，颁布 2005 年能源政策法案，其中对联邦政府的公共建筑设施在节能、节水、利用可再生资源以及二氧化碳的排放量等方面作了详细要求。

2006 年，在白宫举行的峰会上，18 个联邦机构一起签署了《联邦政府在高性能和可持续性建筑中的领导地位》的谅解备忘录（*Federal Leadership in High Performance and Sustainable Building，Memorandum of Understanding*）。该备忘录的所有签署机构承诺，在高性能和可持续性建筑设计、建造和运营过程中担负起联邦政府的领导责任，所有机构应用能源有效和可持续发展的模式进行建筑设计、施工、维修和运营，以达到一种高标准的生活方式和对有效资源最大程度的回收和利用之间的平衡。此备忘录的目标是为了在整体的建筑设计、建筑节能、节水、室内环境质量和材料等方面建立一整套可持续性发展的指导原则，并且帮助联邦机构和组织：

（1）降低建筑设施总的拥有成本 Reduce the total ownership cost of facilities；

（2）提高能源效率和节约用水 Improve energy efficiency and water conservation；

（3）提供安全、健康和高效率的生产环境 Provide safe，health and productive environments；

（4）提升可持续性发展环境方面的领导作用 Promote sustainable environmental stewarship。

2007 年 1 月，总统乔治 · 布什（George W. Bush）签发了题为《加强联邦环境、能源和运输的管理》（*Strengthening Federal Environmental，Energy and Transportation Management*）的第 13423 号行政命令。该命令的目标在于促进能源的有效使用和获取可再生能源，降低对有毒物品的使用，增强物质的回收利用，采取可持续性设计理念，优化电子产品和节约用水等。

该命令要求联邦机构在国家能源有效使用和环境性能表现（Energy Efficiency and Environmental Performance）方面起到领导作用，同时还必须做到以下几点：

（1）在能源效率（Energy Efficiency）方面：以 2003 年的水平为基准，到 2015 年底能源消耗降低 30%。

（2）在温室气体（Greenhouse Gases）排放方面：以 2003 年的排放量为基准，到 2015 年底通过能源消耗降低 30%，而达到减少温室气体排放量的目的。

（3）在可再生能源（Renewable Power）使用方面：至少 50% 的联邦可再生能源的购买，必须来源于新的可再生资源。

（4）在水资源的保护（Water Conservation）方面：以 2007 年用水量为基准，水的消耗降低 16%。

（5）在建筑的性能（Building Performance）方面：所有建筑采用可持续性发展的策略，包括保护自然资源、降低能源和水的消耗、利用可回收和可再生资源以及提高室内环境质量。

（6）在电子产品的管理（Electronics Management）方面：每年所购买的 95% 的电子产品必须符合电子产品环境评估的适应标准。计算机和计算机屏幕达到 100% 的能源之星评价标准。对有益于环境的产品实施 100% 的重新使用、捐赠、出售或回收。

（7）在防止污染（Pollution Prevention）方面：减少化学物品和有毒材料的使用。所有机构必须购买含有较低化学和有毒材料的产品[30]。

2009 年，总统乔治 · 布什签发了另外一个有关环境的第 13514 号行政命令。在这个命令中，除了对降低温室气体排放量提出了三个不同的目标外，对联邦建筑设施也提出了新的要求：

（1）在建筑性能（Building Performance）方面：确保所有新建筑和主要的改建工程满足高性能的可持续性建筑设计的标准要求。到 2015 年底，要求有 15% 的现存建筑（Existing Building）达到这个标准要求。从 2020 年开始到 2030 年为止，联邦所有机构的建筑设计达到"零能源使用"（Zero Net Energy）的目标。

（2）以 2007 年用水为基准，做到每年降低饮用水量 2%，并且到 2020 年总共降低饮用水量 26%，同时要求到 2020 年达到降低工业、环境景观、农业总用水量的 20%（以 2010 年为基准）的目标。

（3）确保 95% 的联邦新合同，包括非豁免合同的修改，在产品合同和服务上达到节能、节水和利用生物性可再生资源，使用有益于环境、不对臭氧层产生破坏、可再回收、无毒或含较少毒的产品。

2）美国联邦一级政府的绿色建筑实践 The Federal Government Practices in Green Building

根据美国绿色建筑委员会的资料，被 LEED 评估标准所认证的所有项目中，政府项目占据了 30%. 其中联邦政府一级就有 200 个项目得到了认证，另外 3296 个项目正在申请 LEED 的认证。

根据能源部（DOE）2002 年、2006 年和 2008 年财政年度《关于联邦政府能源管理和节能项目的年度报告》（Annual Reports to Congress on Federal Government Energy Management and Conservation Programs：Fiscal Year 2002，2006 and 2008），从 1985 年到 2002 年，所有联邦建筑（非工业建筑和实验室建筑）的能源消耗降低了 23%（每年每平方英尺所消耗英热单位），有效地减少了建筑能源花费的 31.3%，同时减少了 9800 万 tCO_2 的排放。

与 1990 年相比，2005 年的联邦建筑碳排量降低了 18%。如果联邦政府建筑的能源消耗一直保持与 1990 年相同，并且保持不增加可再生能源和低碳能源的使用，那么每年联邦政府建筑所产生的碳排量将会进一步减少 230 万 t。

从 1985 年到 2006 年，所有联邦建筑在能源消耗上降低了 18% 的使用量，在其他能源消耗上降低了 8%，能源使用费降低了 22%。在建筑中明显减少了对燃油的依赖：以 1985 年为基准，2006 年联邦机构减少了 72.6% 的燃油使用；与 2003 年相比，减少了 24.3%。

2008 年，所有联邦机构的能源消耗降低了 9.3%，超出了 2007 年总统乔治 · 布什的第 13423 号行政命令所要求的 9% 的目标（要求所有联邦机构每年降低能源消耗的 3%）。如果考虑到可再生资源的购买和建筑自产能源的使用，所有联邦机构的能源消耗总共降低了 12%。

第 13423 号行政命令取代了 1999 年第 13123 号，"以 2007 年为基准，从 2008 年到 2015 年，联邦政府机构每年节水 2%，到 2015 年总共节水 16%"，并且要求"所有联邦机构实施以生命周期成本效益（Life-cycle Cost and Benefit）为主的高效节水方案，包括在每个机构 30% 的建筑物中，制定一个全面的用水管理计划，至少有四个不同的高效益用水的最佳管理措施（BMPS）"。到 2006 年底，有 8 个联邦机构报告他们 30% 的建筑已达到行政命令的节水要求，另外 4 个机构报告他们 20% 的建筑达到了行政命令的节水要求。与 2005 年相比，整个 2006 年，所有联邦机构用水降低了 5.3%。2008 年底，18 个联邦机构达到了每年节水 2% 的要求。其中商业部是 2008 年度节水最为突出的一个机构，促使其成功的是他们在马里兰州国家标准研究所和科技先进的测量实验室项目中，利用地下水作为中央工厂冷却塔的补充用水，这一措施导致总的用水量（与 2007 年相比）下降了 56.7%[31]。

2. 美国州及地方一级政府在绿色建筑中所起的积极作用 State and Local Governments' Initiatives and Postive Roles in Green Building

全美国数千个州、县和市正在采取各种有利的措施降低建筑物、城市建设给环境带来的影响和危害。正如第一章所提到的，建筑的建造和运营所消耗的电能占全美国耗电量的 68%，它们所产生的温室气体排放量是全国总的排放量的 48%，所以各级政府实施绿色建筑政策，使建筑在设计和建造的全过程中最少地使用能源和水、最少地对环境产生负面影响，将对当今全球气候变化作出很大的贡献。

根据绿色建筑委员会的统计数据（LEED Initiatives by States），全美国州及州以下的各级地方政府对 LEED 的推广包括 34 个州政府、138 个市、36 个县、28 个镇、17 个公立学校的学区（Public School Jurisdictions）和 41 个高等教育机构（Institutions of Higher Education across the U.S.），其形式包括立法（Legislation）、行政命令（Executive Orders）、决议（Resolution）、法规（Ordinances）、政策（Policies）和奖励（Incentives）等[32]。

各级政府对绿色建筑所采取的政策和条例各有不同，但总的来讲，政府主要是用绿色建筑法律条款强制要求政府自己拥有的建筑和用政府资金资助的公共建筑项目达到 LEED 的标准，对于私营项目，则是以鼓励、奖赏为主，并辅以教育和各种形式的技术援助。随着绿色建筑不断成为建筑业的主流，随着越来越多的政府行政命令和财政奖励的出台，追随绿色建筑的标准已经成为 21 世纪建筑业的必然。政府对绿色建筑的政策一般因应用程度的不同而分为两类。

1）要求达到基本的绿色建筑标准 To Satisfy the Minimum Green Building Requirements

许多地方政府对新的、改建的公共建筑已经建立了绿色建筑标准的要求，这种要求通常定位在最基本的标准上（Minimum standard）。州一级政府的例子如罗得岛州（The State of Rhode Island）。该州州长 2009 年 11 月正式将《罗得岛绿色建筑条例》（Rhode Island Green Building Act）签署成为法律条款，条款规定 2010 年 1 月 1 日以后进入初步设计阶段的所有公共建筑项目，必须达到 LEED 认证（LEED Certified－最基本的认证），或其他同等的绿色建筑认证，同时要求 2010 年 1 月 1 日以后进入初步设计阶段的、得到该州资助的公立学校，也必须达到 LEED 认证或达到东北合作区高性能学校建筑规定的要求（Northeast Collaborative for High Performance Schools Protocol）。该条款同时要求建立一个与绿色建筑利益相关的绿色建筑委员会，协助执行行政管理命令，行政管理部门必须监测和记录已取得绿色建筑认证的主要公共建筑项目的节能情况，并每年公布一份调查报告[32]。

县一级政府的例子如佛罗里达州的迈阿密—戴德县（Miami-Dade County，Florida）。该县要求所有属于本县政府的和县政府资助的新建筑以及成本高于原建筑 50% 的改建项目必须得到 LEED 银质认证，所有县政府拥有的和资助的成本低于原建筑 50% 的改建项目必须达到 LEED 认证[33]。

市一级政府的例子如加利福尼亚州大熊湖市（Big Bear Lake，California）。该市市议会通过了一项实施住宅、商业和工业建筑的绿色建筑方案的法令，规定所有新建的商业和工业建筑必须以 LEED 的标准积分为蓝本，列出所建项目达到 LEED 标准的条款。为能得到绿色建筑的奖励，项目必须得到 LEED 的认证。绿色建筑的奖励包括：加快第一次总图审查（Site Plan Review）的时间，在 10 个工作日内完成所有的审查任务；在 5 个工作日内完成所有其他项目的审查；优先考虑对该项目的验收。这类项目的环境开发影响费（Environmental Impact Fee）将取决于最后的建筑验收结果。合格的绿色建筑将被市议会承认并获得绿色建筑奖牌以悬挂在建筑物上，并将作为市议会网站中的绿色建筑样板材料进行宣传[33]。

2）要求达到较高的绿色建筑标准 To Meet Higher Green Building Standards

一些本地政府为了鼓励新建筑和改建项目追求较高的绿色建筑标准认证，还通过立法的形式不断加大奖励的力度。例如马里兰州（The State of Maryland）州长于2008年4月正式签署了《高性能建筑条例》（High Performance Building Act），要求所有新建的公共建筑物，建筑面积超过7500平方英尺（约为750m^2）的项目，以及主要的改建项目，必须达到LEED银质（LEED Silver）或两个绿色环球（Green Globes）认证。条例进一步要求州政府资助的主要公立学校建筑物也必须达到LEED银质或两个绿色环球认证。如果由于绿色建筑而造成费用超标，州政府将为之支付一半的超标费用。在2005年，州议会已经采用LEED银质认证作为州政府资助项目的认证标准[34]。

伊利诺伊州的埃文斯顿市（Evanston City，IL）2009年签署了《市政法规14-0-09》（Ordinance 14-0-09）。该法规要求所有大于10000ft^2（约为1000m^2）的市政府拥有的和市政府资金资助的新项目，必须达到LEED银质或银质以上的认证，所有其他的、新的大于10000ft^2（约为1000m^2）的商业和居住公寓建筑也必须达到LEED银质或银质以上的认证。另外，所有大于10000ft^2（约为1000m^2）的市政府拥有的和市政府资金资助的室内装修、改建项目，必须达到LEED银质或银质以上的认证。同时市政府也愿意考虑可能的奖励政策，包括加快对追随LEED银质认证项目的项目审批时间、与开发商逐个讨论相关的财政援助计划。但是，对于最后没有取得LEED银质认证的项目，按照其所达到的标准与原定认证目标的差距，予以罚款[35]。

另外一个例子是堪萨斯州的格林斯堡市（Greensburg，KS），它要求所有市政府拥有的、大于4000平方英尺（约为400m^2）的建筑必须达到LEED白金认证（LEED Platinum Certification）。所有这些正在取得LEED白金认证的建筑项目必须以白金级标准注册和得到认证。这成为美国第一个要求市政建筑达到LEED最高认证的城市[33]。

3. 政府的奖励政策 Government Incentives on Green Building

政府除了对政府自己拥有的和资助的公共建筑下达绿色建筑的法律条文之外，还通过一些奖励性的政策，鼓励那些选择了绿色建筑认证标准的私营开发商和业主，从而促使更多的项目开发选择可持续性设计和发展标准。目前比较成功的、广泛使用的政府奖励性政策包括政府政策上的奖励和经济、税收上的优惠。

1）政府的政策奖励 Policy Incentives

（1）加快项目审批过程 Expedited Review or other Permitting Processes

一些地方政府通过加快审批程序和办证过程来达到对绿色建筑的奖励。每个地方政府建筑审批程序各有不同。有的快则3~4个星期，有的慢则几个月，甚至几年。审批程序的长短，直接影响到建筑开发商的费用和业主在建筑市场上的投资回报，所以政府在绿色建筑项目的审批程序上缩短时间，是对开发商和业主在经济利益上最大的奖励。

例如，夏威夷州立法机关修改了下发所有隶属县市的法律条款HRS 46 19.6，要求对所有达到LEED银质（LEED Silver）或相当于该水平的绿色建筑项目的许可证审批过程优先处理。在加利福尼亚州洛杉矶（Los Angeles，CA）规定，所有在设计过程中达到LEED银质标准认证的建筑项目，将在市政府所有部门获得加快审批的（Expedited Review and Approval）特权。佛罗里达州的盖恩斯维尔县（Gainesville，FL）对所有以LEED为标准的私营开发项目给予加快审批办证过程和降低审批费用50%的优惠[34]。

（2）建筑密度或高度的奖励 Density and Height Incentives

许多地方政府容许增加建筑的容积率（FAR），或者采取其他一些增加密度的方法来鼓励发展绿色建筑事业。有些政府通过修改区划法。例如，提高绿色建筑在城市中的高度限制等。这对于城市的改建项目特别有益。

宾夕法尼亚的匹兹堡市（Pittsburgh，PA）通过了《对可持续性开发建设的奖励》（Sustainable Development Bonuses）的修改法规。法规中同意对所有新的、达到LEED认证的建筑项目将给予额外20%的容积率（Floor Area Ration，FAR）和另外20%建筑高度限制上的增加。

2007 年 2 月，田纳西州纳什维尔（Nashville，TN）的规划委员会批准，在一定的社区内，正在申请 LEED 的建设项目可以享受建筑密度优惠（Density Bonus）的待遇。如果建筑项目取得了 LEED 银质认证，在市中心的中心商业区的容积率（FAR）可以从 15 增加到 17。而如果建筑项目取得了 LEED 金质认证，在该区的容积率可以增加到 19。在 SoBro 社区，取得了 LEED 银质认证的项目，其容积率可以从 5 增加到 7。而如果取得了 LEED 金质认证的项目，其容积率可以增加到 9[34]。

2）政府的经济奖励 Financial Incentives

政府对绿色建筑在经济上的优惠是一项较成功的奖励办法。其主要目的是鼓励开发商和业主走绿色建筑实践之路。通常通过以下几项措施进行经济上的奖励。

（1）税收抵免和减量 Tax Credits and Abatement

较典型的做法是通过在一定时期豁免征收地产税（Property tax）和相应减少地产税，来鼓励发展绿色建筑。

马里兰州的霍华德县（Howard County，MD）对取得 LEED 认证的项目建立了一个五年的税收减量政策：随着取得 LEED 认证标准级别的增加，税收减量将有所增加。取得 LEED 银质认证的项目，将得到 25% 的减税；取得 LEED 金质认证的项目，将得到 50% 的减税；取得 LEED 白金认证的项目，将得到 75% 的减税。该县对现存建筑物也建立了一个 3 年的税收减量政策：取得 LEED 银质认证的现存建筑，将得到 10% 的减税；取得 LEED 金质认证的项目，将得到 25% 的减税；取得 LEED 白金认证的项目，将得到 50% 的减税[36]。

（2）降低或减免办理各种许可证的费用 Permit Fee Reduction or Exemption

有很多地方政府通过降低办证费用或免收此费用来达到鼓励建造商发展绿色建筑的目的。北卡罗来纳州的梅克伦堡县（Mecklenburg，NC）规定，该县办理各种许可证的费用的退费比例随着取得 LEED 认证级别的提高而增加。取得了 LEED 认证的项目，有 10% 的取证费用退费；取得了 LEED 银质认证的项目，有 15% 的取证费用退费；取得了 LEED 金质认证的项目，有 20% 的取证费用退费；而取得了 LEED 白金认证的项目，有 25% 的取证费用退费[34]。

（3）联邦和州两级的绿色税收优惠 Green Tax Incentives at the Federal and State Levels

来自联邦和州的有关高效率地使用能源和使用可再生能源的税收优惠政策已经很大程度上鼓励了绿色建筑技术的推进。无论是业主、房地产开发商、建筑发展顾问、建筑师还是工程师，绿色税收优惠政策都能促使他们走向绿色建筑的发展之路，并促进全国的经济转型为绿色经济。在所有联邦和州一级可能得到的商业和居住建筑的税收优惠政策一般包括以下几部分：

①商业能源投资税收的抵免 Business Energy Investment Tax Credits；

②商业建筑的能源效率税收折扣 Business Efficiency Commercial Building Tax Deductions；

③安装高效率的暖通空调设备、保温材料、热水器、密封高效的门窗系统、使用太阳能节能系统和节能车辆等的消费者的税收抵免 Consumer Tax Credits for HVAC，Insulation，Water Heaters，Energy Efficient Windows and Doors，Solar Energy Systems，Alternative Vehicles，and More。

税收抵免对于一个改建的住宅是 500 美元。但是如果在住宅中加建了太阳能系统或者燃料电池（Fuel Cells），税收抵免将大幅度增加。采用太阳能节能体系，税收抵免可以高达 2000 美元，或总成本的 30%。加建燃料电池，税收抵免可以达到 1000 美元，或是总成本的 30%[37]。

（4）来自联邦和州一级的资助 Grants from Federal and State Governments

联邦和州一级通过税收所筹建的绿色建筑资助资金，同样也是鼓励业主和开发商建造高性能的绿色建筑，以达到降低建筑对环境影响和建立一个更加健康的居住空间的目标。

华盛顿州金县（King County，WA）议会建立了一个绿色建筑资助计划，所有在西雅图市区之外的新建或改建项目，如果取得了 LEED 银质以上的认证，业主将可以得到 15000~25000 美元的绿色建筑资助（Green Building Grant）。

3）其他的鼓励和协助 Other Assistance and Support

各级地方政府会同当地的电力及供水公司（Utility Companies）还对私人开发商提供其他各式各样的鼓励和协助来推动绿色建筑物的普及。

（1）技术协助 Technical Assistance

一些地方政府主动向不熟悉绿色建筑项目开发的开发商、建筑商免费提供绿色建筑知识和培训，协助他们了解 LEED 的注册和认证的过程，主动聘请绿色建筑专业人士为他们提供实质性的技术咨询，例如提供有关整体设计（Integrated Design Assistance）的培训，帮助开发商了解并采用整体设计方法等。

（2）行政法规方面的援助 Administrative and Regulatory Assistance

美国地方政府的项目审批和各种建设许可证的发放过程一般既耗时又复杂。而对于开发商来讲，时间就是金钱。如果能够缩短审批和办证的时间，对开发商在经济方面带来很多好处。例如，加利福尼亚州的伯克利市为绿色建筑的开发商提供办理许可证的帮助（Non-financial Permit Assistance）[34]，使得绿色建筑项目能够顺利通过所有的审查程序。

除了上述建筑密度或高度的奖励以外，地方政府法规方面的援助还包括降低一些景观绿化方面的要求（Landscaping Requirements）。俄亥俄州的汉密尔顿（Hamilton，Ohio）为绿色建筑项目提供景观绿化方面要求的减免，最高减免额度高达 75%[34]。

弗吉尼亚州的阿灵顿县（Arlington County，Virginia）对所有必须通过开发审批的建设项目，按照建筑面积以每平方英尺 0.03 美元收费，即一般项目申请 LEED 认证的成本费用，作为绿色建筑发展基金（Green Building Trust Fund）。对所有建成以后取得 LEED 绿色建筑认证的项目，所收费用全部退还[37]。

华盛顿州的西雅图市（The City of Seattle，Washington）除了为绿色建筑项目提供加急办理许可证、开发密度奖励以外，还为开发商提供免费的施工废料处理回收服务（Construction Material Recycling）。得克萨斯州的奥斯汀市（Austin，Texas）为了鼓励绿色建设项目，所有的开发商可以和市政府就具体的奖励、援助办法进行谈判。具体的奖励办法因绿色建筑项目在城市中不同的街区的位置而异[34]。

美国全国工业和办公地产联合会（The National Association of Industrial and Office Properties，NAIOP）关于各级地方政府如何鼓励绿色建筑开发项目的一项调查显示[40]，超过半数以上的奖励办法涉及由地方政府或电力、供水公司直接付款奖励；大约 1/3 的地方政府机构提供非经济援助，例如，许可证加急办理或帮助宣传绿色建筑项目（Publicizing the Project）等；仅有略少于 1/4 的机构提供税收奖励或开发密度奖励；少于 10% 的地方政府提供许可证费用减免。

美国地方政府对绿色建筑的奖励和援助 Incentives Offered by Various Local Governments　表 2-5

地方政府绿色建筑奖励和援助类型 Types of Local Incentives	奖励和援助类型的百分比 Percentage of Offering
供水或电力公司能源效率计划奖励付款 Incentive payment from a utility energy-efficiency program	57%
市或县直接付款，包括拨款、办证费用减免或报销 Direct monetary payment from a city or county （Grant,rebate or reimbursement）	52%
快速办理许可证 Expedited permit processing	36%
推销、宣传、颁奖 Marketing/publicity/awards	35%
州收入所得税 State income tax credit	29%
地产税或销售税退税或减免 Property or sale tax rebates or abatement	22%
密度奖励 Density bonus	21%
提供贷款和贷款资金 Access loans/loan funds	17%
开发收费全部或部分退费 Full or partial refunds for development fees	9%

资料来源：Yudelson Associates.（2007）. *Green Building Incentives That Work：A look at how local governments are incentivizing green Development*

Retrieved on January 25，2010 from http：//www.naiop.org/foundation/greenincentives.pdf

4. 绿色建筑和施工规范 Green Building and Consturction Codes

与大多数国家采用自上而下（Top-down）、由国家负责制定技术规范的方法不同，美国采用的是一种民主、分散式的方法（A Decentralized Approach），没有任何一个政府部门直接负责国家规范的制定。美国绝大多数的行业标准和规范都是由非盈利的、专业、私人科研机构制定，然后通过政府的法律、法规的方式要求实施。例如，美国国家标准研究院（American National Standards Institute）、国际建筑法规委员会（International Code Council）等都是非盈利的私人机构。目前美国全国各级政府使用的建筑规范（Building Codes）都是由国际建筑法规委员会编撰，只有极少数的领域如能源、用水和环保等有专门的联邦立法和联邦机构来监督执行。

许多地方政府，特别是州一级的政府，通过修改建筑规范法，将可持续建筑条款加入建筑规范之中，以减少建筑开发给环境带来的危害程度。一个较为完善和实用的绿色建筑规范应该统筹所有建筑场地利用、能源及水的有效使用、室内环境质量、材料的来源、施工过程、验收之后的所有管理测试和维修等。绿色建筑规范的目的是建立一套基本的绿色建筑标准，减低建筑对自然环境和人类居住环境的负面影响和增加一些对人类的积极因素，来保障、维护自然环境以及公众的健康、安全和社会的福祉。

1）迈向零能耗的绿色建筑节能标准—189.1 系列 2009 年标准 ANSI/ASHRAE/USGBC/IES Standards 189.1-2009，*Standard for the Design of High-Performance Green Buildings Except Low-Rise Residential Buildings*

由美国国家标准研究院（ANSI），美国供热、制冷和空调工程师学会（ASHRAE），美国绿色建筑委员会（USGBC）和北美照明工程师学会（IESNA）联合颁布的 189.1 系列 2009 年建筑节能新标准是建立在 90.1 系列标准基础之上，同时增加了额外的建筑能源利用有效性措施和对可再生能源利用要求的崭新的标准体系。该标准进一步提高对建筑选址可持续性、节水和室内环境质量的要求，力求减少建筑物对大气、材料和各种其他资源的影响，其目的是为高性能的绿色建筑物的选址、设计、建筑施工和运营计划（Plans for Operation）提供最基本的标准。该标准适用于新建筑和其各个组成系统、建筑物新建部分和系统、建筑物中需要新增加的设备和系统。该标准不适用于独立式和低于 3 层楼的多户居住建筑物、预制式居住建筑物和组装式住宅建筑，同时也不适用于任何不使用电和化石燃料（Fossil fuel）或水的建筑物。该标准也不能用来替代任何有关安全、健康和环境方面的法规和要求。189.1 系列标准已被纳入国际建筑法规委员会（International Code Council）即将颁布的《国际绿色建筑施工法规》（International Green Construction Code）中，并成为各行政区评估建筑物是否达标的方法之一。国际绿色建筑施工法规将在 2011 年完成所有公众听证程序，预计 2012 年正式颁布实施。

189.1 系列标准是美国标准研究院（ANSI）的标准之一，采用强制性语言（Mandatory Language）写成，共有 10 个章节，8 个附录。前四节主要界定该标准的目的、范围、术语定义和管理实施规范，从第五节开始分别在建筑选址、节约用水（第六节），有效利用能源（第七节），室内环境质量（第八节），减少建筑物对大气、材料和各种其他资源的影响（第九节）以及建筑施工和建筑物运行（第十节）等方面相应的标准。美国能源部国家可再生能源实验室（National Renewable Energy Laboratory）所作的初步节能测试报告显示，仅仅 189.1 系列标准中规定的最低节能要求，这一新的建筑能源标准将比 90.1-2007 年标准平均节省 30% 的能源。

189.1 系列标准基本沿用 90.1 系列标准的版式组织。每一章节分为 5 大部分，包括概论、各种达标方式、强制性要求、规定性达标方式（Prescriptive Options）和实际测试的达标方式（Performance Options）：

概论 General：确定该章节的适应范围和对一般性问题的论述；

达标方式 Compliance Paths：讨论达到该章节标准的各种方式；

强制性要求 Mandatory Provisions：包括所有项目必须满足的标准；

规定性的达标要求 Prescriptive Options：包括特定的标准以及具体的达到标准的简单方法。这些方法不需要很多复杂的计算就能够满足相关标准的要求；

实际测试的达标方式 Performance Options：包括实际测试的达标方式，即对建筑物实际能源利用进行测试来证明其用量满足相关标准要求的方法。实际测试方式比上述规定性的达标方式要复杂，需要进行模拟和计算。业主可以根据自身情况选择达标方法。

（1）第五节　建筑选址的可持续性 Section 5：Site Sustainability

建筑选址可持续性方面的标准主要涉及建筑项目场地设计、建筑施工和建筑建成后各项活动对环境的影响。建筑物及与其相关的场地开发常常破坏自然生态系统，造成水土流失并易形成夏天热量沉积（Summer Heat Sinks）在建成区。建筑选址可持续性方面的标准旨在促进理性的发展规划，保护自然环境敏感区域，降低热岛效应，减少场地光污染，最大限度地保持场地可渗透地表面积，保持本地植物和动物多样性，并通过回用、渗透和蒸散的方式（Evapotranspiration）来控制场地雨水径流。建筑选址可持续性方面的强制性标准包括建筑选址（Site Selection）、降低热岛效应（Mitigation of Heat Island Effect）和减少场地光污染（Reduction of Light Pollution）。

①建筑选址 Site Selection

建筑选址标准旨在减少开发建设占用处女地和未经开发的用地（Greenfield Sites）。开发建设必须充分利用现有的基础设施，包括废弃建筑的再利用和对现有建筑物的维护结构进行改造。鼓励对废弃用地（Greyfield Sites）和经过处理的棕地（Mitigated Brownfield Sites）的开发和利用。除非现有的基础设施条件能够使开发用地与周围地段之间通过步行系统相联系，否则不应该将建设开发选址在未开发的用地上。如果特定建筑开发场地比邻已开发的居住区，并且已开发的居住区建设密度在每英亩 10 户以上，在场地半英里（约为 0.8km）内有至少 10 种商业、文化、社区和娱乐等基本服务设施，同时有火车线路或其他的公共交通系统位于距离建筑开发场地 1/4mile（约为 0.4km）范围内，则该未开发的场地具备了基本的开发条件。此外，建筑开发场地还不应该占用野生动植物栖息地、湿地（Wildlife Habitat，Wetland）等环境敏感地区，并且应位于洪水淹没区以外。

②降低热岛效应 Mitigation of Heat Island Effect

本标准的目的在于尽可能地减少场地硬质景观、墙体和建筑物中吸热材料（Heat-absorbing Materials）对环境的影响。该标准要求至少对场地一半以上的硬质景观采取以下一种或几种遮阳反射处理：

a. 如用植物或建筑物；或选用太阳反射系数在 29 以上的材料等措施来减少对太阳热量的吸收。场地硬质景观遮阳面积是以夏至日早上 10 点到下午 3 点之间位于阴影中面积的算术平均值。特定的气候区除外。

b. 必须对至少有 30% 东向和西向的建筑墙体面积从地平面算起至 6m 的高度采用遮阳处理。墙体面积的计算仍以夏至日早上 10 点到下午 3 点之间位于阴影中面积的算术平均值为准。

c. 至少有 75% 的建筑屋顶面积，如果屋顶坡度小于 2 ∶ 12，要求使用太阳反射系数为 78 的屋顶材料；如果坡度大于 2 ∶ 12，则要求使用太阳反射系数为 29 的材料或绿化屋顶、屋顶太阳能系统，或满足能源之星（Energy Star）要求的屋顶材料。

③减少场地光污染 Reduction of Light Pollution

该部分标准的目的是减少建筑场地夜间的照明强度。过度的场地夜间照明导致光污染、眩光，降低人的视觉力，并造成能源浪费。

照明分区 Lighting Zones **表 2-6**

室外照明分区及照明强度 Exterior Zone and Lighting Level	照明强度范例描述
LZ0: 很黑 Very Dark	相当于位于国家自然公园内未开发区域的消防站的照明强度
LZ1: 黑 Dark	相当于位于乡村小镇外的加油站的照明强度
LZ2: 低照明 Low	相当于临近居住区的日杂食品超市的照明强度
LZ3: 中等照明 Medium	相当于包括零售和饭店的商业区的照明强度
LZ4: 高度照明 High	相当于位于大都市高密度区商业旅馆的照明强度

（2）第六节 提高建筑用水效率 Section 6：Water Use Efficiency

该节建筑用水标准的目的是在目前节水标准的基础之上大幅度提高建筑节水力度，防止建筑物、场地景观用水中大量不必要的浪费，并建立较高但仍可以达到的建筑节水目标来监测并管理建筑物用水。用水有效性的强制性指标适用于所有的建筑开发项目。各个项目可以通过实施各项规定性节水措施或利用实际项目总的用水使用计算与最大用水量标准相比较的办法来达到用水标准。强制性节水标准包括强制性场地节水要求、强制性建筑节水要求和强制性耗水检测。

①强制性场地节水要求 Mandatory Site Water Use Reduction

建筑场地绿化景观设计对整个场地用水有着巨大的影响。为了节约水资源，很多美国的城镇和当地供水厂都开始限制用可供饮用的自来水浇灌草地和其他绿化景观地段。189.1 系列用水标准要求建筑场地 60% 的绿化景观面积应栽种本地植被或驯化并适合于当地气候条件的多种植被。严格控制草坪的面积。对于安装自动灌溉系统的绿化景观地段，灌溉系统必须安装自动控制系统，根据天气、雨水或场地湿度情况对灌溉系统进行控制。另外一种控制场地用水的方式是将绿化植被根据雨水要求分区种植（Hydrozoning），并将自动灌溉系统分区安装，按不同植被对水量需求的不同进行灌溉。

②强制性建筑物节水要求 Mandatory Building Water Use Reduction

189.1 系列标准采用美国绿色建筑学会绿色建筑评价体系中（US Green Building Council Green Building Rating System）建筑物用水设备的节水标准（见表 2-7）。该标准相对于美国 1992 年《环境保护法》（EPAct 1992 Code Requirements）的有关建筑物用水标准更加节水。对于家用电器的用水标准则要求满足能源之星的评价标准。

水暖设备和配件要求 Plumbing Fixtures and Fitting Requirements　　表 2-7

水暖设备	最大流量
水箱（马桶） ➢ 带冲水表阀门型 ➢ 带冲水表阀门型 ➢ 水箱型	每次冲水 1.28 加仑（4.8L） 节水两次冲水 1.28 加仑（4.8L） 每次冲水 1.28 加仑（4.8L）并被 WaterSense 认证 节水两次冲水 1.28 加仑（4.8L）并被 WaterSense 认证
小便器	0.5 加仑（1.9L）
水龙头 ➢ 公共卫生间 ➢ 公共 Metering Self-Closing ➢ 居住建筑洗浴及卫生间水池 ➢ 居住建筑厨房	0.5 加仑每分钟（1.9L/min） 0.25 加仑每分钟（1.0L）每 Metering Cycle 1.5 加仑每分钟（5.7L/min） 2.2 加仑每分钟（8.3L/min）
淋浴水龙头 ➢ 居住建筑 ➢ 居住建筑淋浴间（在每个单元和客房内）	2.0 加仑每分钟（7.6L/min） 所有淋浴出水口 2.0 加仑每分钟（7.6L/min）

189.1 系列标准还包括供暖、制冷和空调系统的用水指标，并禁止任何不采用循环用水技术的装置。对于大型蒸汽系统和大型空调系统（每小时能耗大于 65000 英热单位或 19000W）所产生的冷凝水，必须回收和循环利用，从而减少这些设备对可饮用水的需求。对冷却塔（Cooling Towers）和蒸发性制冷设备（Evaporative Coolers）用水量必须进行监测评估。对于用水流速超过每分钟 500 加仑（32L/s）的冷却塔或补充、添加水流速超过每分钟 0.6 加仑（0.4L/s）的蒸发性制冷设备必须设置传导控制器（Conductivity Controllers）和溢流预警装置。此外，189.1 系列标准还禁止用可饮用水来降低建筑屋顶的温度，但允许短期使用可饮用水浇灌屋顶花园。然而，任何屋顶浇灌系统必须在不超过 18 个月的时间内拆除和永久性停止服务。

③强制性耗水检测 Mandatory Water Consumption Measurement

对建筑物用水的连续检测是管理建筑物用水的关键。对建筑用水的监控和检测主要是为了及时发现建筑物及其附属机械系统是否发生故障或异常（Water Use Anomalies）。采用实时管理系统进行监控后，上述的异常和故障都能够及时被发现并修复。189.1 系列标准要求所有建筑必须安装具有远程通信能力的用水检测系统来及时报告任何故障或异常。

189.1 系列标准同时还要求监控或通过安装二级水表来了解建筑物使用可饮用水和经过处理的水（Potable and Reclaimed Water）的用水量。监控、检测系统还必须能够按小时、天或月为单位纪录并储存建筑物的用水资料，从而及时发现建筑用水问题并加以解决。

④规定性达标方式 Prescriptive Option

规定性的达标方式在强制性标准的基础之上，又增加了一系列额外的节水措施。如果建筑或建筑群不能通过规定性的达标方式来满足节水要求，还可以选择通过实际耗水检测的方式（Performance Option）来达到建筑节水的目标。

a. 规定性建筑场地节水要求 Prescriptive Site Water Use Reduction

对于建筑场地绿化景观用水，可饮用水的比例最多不能超过 30%。其余的绿化用水必须采用其他水源，如回收水或回用水等，或选用不需浇灌的耐旱植被进行场地绿化。对于拥有大面积草地的场地，如高尔夫球场及训练场，其景观绿化用水只能使用城市处理过的回用水或其他场地内的水源，如场地本身内部处理过的污水、收集的雨水（Captured Rainwater）、冷凝水或为处理建筑地基积水而抽出的地下水等。可饮用水和其他地下水资源原则上不能用于上述草地的浇灌。可饮用水只能在景观植被最初栽种后的 18 个月内用于绿化用水。一旦景观植被正常生长，所有临时浇灌设施必须拆除。然而，在前 18 个月中，可饮用水的用量不能超过草地蒸发率的 70%（Evapotranspiration Rate）。对于其他植被则用水量必须不超过蒸发率的 55%。如果距离场地 200ft（60m）内的供水系统中有回用水，则在景观植被栽种的 18 个月内，必须使用回用水浇灌。

b. 规定性建筑物节水要求 Prescriptive Building Water Use Reduction

规定性建筑物节水要求涉及建筑物节水的五个方面，包括对冷却塔和蒸发冷却用水的要求，商业性食品加工服务设施的节水要求，医疗建筑如医院、诊所、医疗中心的用水要求，装饰性喷泉节水要求，以及游泳池、水疗中心等的用水要求。具体而言，冷却塔和蒸发冷却用水设施，必须安装综合用水处理系统。对冷却水进行回收利用是满足建筑物规定性节水要求的一种办法。商业性食品服务建筑物则鼓励安装最节水的设备如洗碗机等，并建立最大的用水量指标。基本原则是在不影响食品卫生、健康的前提下，尽最大限度地节约用水。对于医疗设施，节水标准主要针对大量用水的医疗设备及程序，如蒸气消毒机、大型 X- 光片处理设备等。对于装饰性喷泉及水体则要求必须使用回收水源，并且在设计上能够循环使用已有的水量。为此，节水要求规定所有的喷泉必须安装漏水监测系统和补充水用水表。唯一例外的是对于场地附近无任何城市再生水源的喷泉，可饮用水可以用作补充水水源，但是，只限于总蓄水量少于 10000 加仑（约为 38000L）的小型喷泉。对于水疗中心等的用水，由于考虑健康的原因，这些设施不能使用回用水，但在设计上必须考虑现有水量的循环使用和利用回用水来满足该设施中的其他用水要求。

⑤对建筑物和场地用实际用水检测 Performance Option

对实际建筑物和场地用水检测是满足 189.1 系列用水标准的另一种达标方式。对于建筑场地用水而言，实际用水检测结果必须证明可饮用水仅占所有场地景观绿化用水总量的 35% 以下；对于建筑物实际用水的检测则必须证明建筑物及设备，以及预计的建筑物使用类型所将消耗的总的水量等于或少于按规定性建筑物用水要求所设计的建筑物用水量。

（3）第七节 能源的有效利用 Section 7：Energy Efficiency

所有的建筑工程项目必须满足 90.1 系列节能标准的所有的节能指标。整体而言，189.1 系列标准的节能要求要高于 90.1 系列的节能标准。189.1 系列标准的第七节的目的在于较大幅度地减少新建筑的能源消耗。具体地通过减少建筑围护结构的能源损失，提高建筑机械设备的能源利用率，减少照明亮度和其他的节能措施来达到建筑总体上比 90.1 系列 2007 年节能要求再平均节约 30% 的能源。

该节的节能标准主要针对建筑物能源消耗的六个方面：建筑物的围护结构，建筑场地上可再生能源系统，建筑机械设备能源利用有效性，建筑耗能资料的收集，对高峰期建筑能源消耗量的控制和建筑采光。该节的能源标准包括一组各种项目都必须满足的强制性的标准，以及规定性和实际建筑物能源消耗检测两种不同的达标方式。

①规定性的建筑物围护结构标准 Prescriptive Envelope Requirements

a. 建筑开窗和绝缘处理 Insulation and Fenestration

189.1 系列标准的规定性建筑围护结构的节能标准超出 90.1 系列标准的要求。对于建筑开窗的要求，以及 U 值和太阳热能量增益系数（SHGC，Solar Heat Gain Coefficient）等指标都按气候分区的不同来制定最低的节能要求。189.1 系列标准中使用的气候分区与 90.1 系列标准（Standard 90.1）和国际节能标准（IECC）中使用的气候分区相同。

对于非居住空间，189.1 系列标准对建筑围护结构要求采用评价建筑主体性能的 E-Benchmark 1.1 评价指标和小型办公建筑（Advanced Energy Design Guide for Small Office Buildings）与小型零售商业建筑物高级能源设计指南中的最高节能标准（Advanced Energy Design Guide for Small Retail Buildings），并规定上述节能标准要比 90.1 系列 2007 年的标准更加节能。对于居住空间的节能标准，从 90.1 系列 2007 标准开始，要比非居住空间的节能标准要求还要高。189.1 系列标准采用与 90.1 系列 2007 年标准相同的要求。

规定性围护结构的节能标准仅使用于建筑竖向开窗面积少于总的围护结构外墙面积 40% 的建筑物。竖向开窗面积大于总的围护结构外墙面积 40% 的建筑物的节能标准则要求采用第 7.5 节的节能要求。

b. 连续的建筑物密封层 Continuous Air Barrier

189.1 系列标准对建筑物密封层规定性的要求可以通过以下三种指标中任何一种来达到：

材料 Materials：189.1 系列标准要求使用建筑材料的空气渗透率不超过每平方英尺 0.004 立方英尺每分钟（cfm/ft^2）在 0.3 英寸深水的压力差之下（相当于每平方英尺 1.57 磅）（或每平方厘米 0.2L 在 75Pa 的压力差之下）。该标准可以通过使用附录 B 中任何一种材料或使用通过测试达到上述指标的材料。

装配 Assemblies：采用装配制品时，要保证各种材料和构件平均的空气渗透率不超过每平方英尺 0.004 立方英尺每分钟（cfm/ft^2）在 0.3 英寸深水的压力差之下（相当于每平方英尺 1.57 磅）（或每平方厘米 0.2L 在 75Pa 的压力差之下）。该标准可以通过使用附录 B 中的装配产品或采用任何通过测试达到上述指标的其他建筑装配制品。

建筑物 Building：可采用对整栋建筑物进行测试的方法，证明整体建筑围护结构的空气渗透率不超过每平方英尺 0.004 立方英尺每分钟（cfm/ft^2）在 0.3 英寸深水的压力差之下（相当于每平方英尺 1.57 磅）（或每平方厘米 0.2L 在 75Pa 的压力差之下）。

c. 窗户遮阳 Fenestration Shading

189.1 系列标准还要求位于气候分区 1~5 区的建筑物在西、南和东面墙体上加设永久性的开窗遮阳。对于竖向开窗的建筑物，由于地形或周围构筑物条件所致每年直接日照时间少于 250h，则可不设这类遮阳。这一要求旨在减少位于上述气候分区内的建筑物直接从太阳吸收热量。此外，其他的建筑开窗设计如凹进窗户（Recessed Windows）、利用阳台遮阳或采用建筑物形体本身对不同部位提供遮阳等设计手段都可以满足本节的遮阳要求。

②建筑与窗户的朝向 Building and Fenestration Orientation

在气候分区 1~6 区，规定性的建筑开窗朝向要求是将建筑物的长向立面按南北向布置，以减少建筑面向东西向的开窗面积，进而减少建筑物夏天的太阳热量的吸收。在东西向立面采用太阳能热量增益系数（SHGCs）的开窗也可以满足这一要求。在气候分区 5~6 区，类似的要求仅适用于建筑物的西立面，因为在寒冷地区早上东边的太阳具有良好的取暖效果。

③建筑场地上的可再生能源 On-site Renewable Energy

截止目前，可再生能源的利用并不都是具有好的成本效益。然而，一旦建筑物完成施工后，安装任何可再生能源系统的可能性非常小。而将来随着可再生能源利用的普及，这类能源的单位成本将会大大降低。为此，189.1 系列标准为保证建筑物将来能够安装可再生能源系统，而在强制性指标中规定建筑设计必须考虑将来安装的可能性。建筑设计中需考虑的可再生能源系统有光伏电片（Photovoltaic）、太阳能和地热能（不包括地源热泵）或不低于每平方英尺每小时 13 英热单位乘以总的屋顶面积的风能系统，为将来安装提供可能性意味着在施工图纸上标明所有太阳能接收器、管道走向、线路和其他相关设备的位置。这一最低要求假设一个标准太阳能光伏电池板每平方英尺在高峰时段产生 8~10W 的电能，大多数的建筑能够提供 50% 的屋顶面积供使用。唯一例外是如果一栋建筑所在位置太阳照射很差，接收到的太阳能每天少于 4kW/m^2，这些地区包括所有位于中西部地区北部、新英格兰各州和位于太平洋西北的一部分地区。长期处于阴影中的建筑物也可以免除上述要求。

根据规定性要求，如果建筑场地不能达到上述豁免条件的，必须在建设施工时安装可再生能源系统。所安装的可再生能源系统必须至少能够为每平方英尺的空调面积提供 4 或 6 千英热单位的能源（相当于约为 45~60MJ/m^2）。由于这一要求是以建筑的空调空间而不是屋顶面积来计算，因此对于低层建筑或建筑物周围有很多空间的场地来说很容易满足这一要求。而对于日照条件较差、不具备安装可再生太阳能设备的场地，则必须购买一定数量符合绿色能源国家标准的可再生电能产品（Green-e Energy National Standard for Renewable Electricty Products）。这一要求相当于购买约 10 年的可再生能源证书（Renewable Energy Certificates -RECs）。对于不能满足这些规定性标准的项目，则必须使用第 7.5 节中的实际能源测试达标方法。

④建筑机械设备 Mechanical Equipment

对于建筑机械设备的最低节能要求是必须满足《国家电气节能法》（The National Appliance Energy Conservation Act，NAECA）、《能源政策法》（The Energy Policy Act，EPAct）和《能源独立和安全法》（The Energy Independence and Security Act，EISA）的节能要求。189.1 系列标准作为一部高性能绿色建筑标准，不仅鼓励建筑安装超过最低节能标准的高性能节能机械设备，而且将此要求贯彻于整个标准体系之中。

189.1 系列标准对于建筑机械设备的节能要求在总体上沿用 90.1 系列标准的相关规定，并作了相应的改进。对于暖通空调设备，在规定的达标方式中有两种办法可以满足 189.1 系列标准的要求。方法一，即满足《国家电气节能法》（NAECA）、《能源政策法》（EPAct）和《能源独立和安全法》（EISA）的能源有效性的要求。上述建筑机械设备能源有效性的要求都在 90.1 系列标准中列出。同时在其规定性标准的章节中还包括了可再生能源和高峰期能源用量缩减的要求。方法二，如果建筑机械设备的节能性能能够满足"能源之星"的节能要求和 189.1 系列标准附录 C 中所列的节能标准，则允许将所要求的场地上可再生能源用量减少三分之一，并可适当放宽对高峰期能源用量的要求。

189.1 系列标准还对按需要进行自动调控的通风系统提出了降低人员密度和提高通风管道密封程度的要求。为了避免特定空间在低于设计的人员密度的情况下不与外界进行换气通风，必须安装按需自动控制的通风系统。这种自动通风系统不仅能够进一步节省建筑能耗，而且能够避免室内发霉和其他潮湿问题的产生，从而创造一个更健康的室内环境以及更加有效节能的建筑物。

随着建筑物围护结构密封要求的提高和商业建筑内部能耗量的不断增加，使用水和空气节能器制冷的做法在一般办公建筑物中可以大量节省建筑的能耗。189.1 系列标准对 90.1 系列标准中使用节能器的最低要求进行了修改。对任何安装在屋顶上的制冷装置，其制冷容量少于每小时 60000 英热单位（17584W）必须具有两个阶段的制冷控制能力：第一阶段依靠节能器，第二阶段才增加机械制冷。同时还要求所有节能设备安装统一的节能器来同时利用设备的节能器制冷和机械制冷功能。对于大多数制冷设备容量大于每小时 33000 英热单位（9671W）的系统，则要求至少安装一个水和空气节能器，这一要求仅在特定地区（例如气候区 1A、1B 和 2A）可以豁免。为了减少供热和制冷设备同时运行而造成的能源浪费，189.1 系列标准要求空调系统进行分区控制。这样做的目的在于防止二次供热、制冷或供热制冷混合运行，并要求根据设计的室外空气流速与流入空调区 15% 的新鲜空气量两者中的最大值来限制有限的供热和制冷同时运行。

商业建筑室内的电扇能源消耗可占总的暖通空调系统能源用量的很大部分，这主要是由于建筑通风要求电扇必须不间断地运行。与 90.1 系列标准相比，189.1 系列标准将最大许可的电扇能耗降低了 10%，并要求所有容量大于每小时 110000 英热单位（32238W）的定容（Constant Volume）DX 设备和功率大于 5 马力（3.7kW）的电扇发动机必须至少安装两速或变速扇以在低负荷下减少电扇能耗。

189.1 系列标准在供热和制冷过程中增加了利用废气能源回收装置（Exhaust air energy recovery devices）对废气能源进行回收的要求。这一要求受到地区、供气量和室外空气量的影响。为了减少旅馆房间的能源消耗，要求每个房间都安装自动控制系统，在房间空置时自动调低房间暖、通空调装置的用电量，切断插座的电源等。

⑤建筑能源消耗资料的收集 Energy Consumption Data Collection

建筑物能源消耗资料的收集是确保一栋节能建筑物长期、高效、持续运行的不可或缺的工作，所收集的资料是判断一栋建筑物是否按设计要求运行的主要依据。对于达到特定建筑面积和设备容量限制的建筑物和机械设备，189.1 系列标准要求建筑物安装具有远程通信能力的能源使用监测装置来收集建筑物能源消耗资料。如果对建筑物某一种能源的消耗量用表进行计量，那么其他的能耗子系统如暖通、空调、人员运输系统等的能源消耗量，如果超过特定的数量，也要求进行相关资料的收集，并以电子文件的形式保存。建筑物能耗资料储存系统必须有能力自动生成能源使用总结报告，来对建筑物运行进行每月的评估。例如，如果天然气的用量超过每小时 1000000 英热单位（293kW），那么该建筑物的天然气必须用表计量，并收集相应资料。其他利用天然气的子系统如锅炉、热水系统等，如果容量超过每小时 500000 英热单位（146kW）也必须用表计量。能源用量资料的收集必须以天为单位，收集的资料必须是每天的用量，并有每小时的用量数据，而且必须保存三年。对于能源用量较少、低于特定的能耗限额的建筑，以及建筑的居住部分可以不受上述标准的限制。

189.1 系列标准的第 10 节要求业主制定建筑能源用量资料的使用计划，利用所收集的能源用量资料至少每三年对建筑物的能源使用情况进行一次评估。这一要求的主要部分将有助于发现建筑物任何超出正常能源使用量的情况。

⑥服务热水加热 Service Water Heating

189.1 系列标准对服务热水加热的节能要求与 90.1 系列标准的要求基本相同，但对相应管道的绝缘要求比 90.1 系列标准要高，对热水设备的能源效率要求比 90.1 系列标准更严格。对于主要用于水疗的游泳池则要求对水池的底部和各个侧边都要作绝缘处理。

⑦降低高峰期能源用量 Peak Load Reduction

189.1 系列标准要求建筑物安装自动控制系统如能源要求自动设限或能源峰期用量调节系统（Demand Limiting or Load Shifting），来降低建筑物高峰期用电量。高峰期能源用量的减少应不少于 10%，不包括任何由备用电源而减少的用电量。如果所有的机械电子设备达到“能源之星”的节能要求，则高峰期用电量可以只减少 5%。自动降低高峰期能源用量可以通过限定或减少用电需求或在高峰期停用而在非高峰期使用各种设备的方式达到。

⑧采光 Lighting

189.1 系列标准要求达到 90.1 系列标准采光的要求，并在此基础之上，在第 9.5 和 9.6 节中要求将照明电源强度降低 10%。此外，189.1 系列标准还要求安装占用传感器（Occupancy Sensors）、出口和安全照明自动控制装置、日光自动控制器和室外照明日光遥感器等。用户可选用 90.1 系列标准第 9.5 节中的按建筑面积（Building Area Method）或第 9.6 节中按每个空间逐一（Space-by-Space）计算法来确定 189.1 系列中容许的采光量。虽然在 189.1 系列标准中采光度要求降低了，但不能低于北美照明工程师学会推荐的标准。

189.1 系列标准还要求占用传感控制器具有手动和自动开关。所有的室外采光控制器必须满足 90.1 系列标准的第 9 节的要求，并作如下的修改：对于建筑立面、停车场、停车库、檐篷和所有室外商业销售面积的照明必须安装自动控制装置，在商店正常关门后的一个小时内，所有的照明当量必须减少 50%。在日落半小时内，要求将所有室外照明全部关闭，仅有少数情况例外。

⑨建筑物能源实际使用测试达标法 Performance Options

业主可以不需要满足 189.1 系列标准中强制性和规定性的要求，而是通过对建筑物能源实际使用进行测试的办法来达标。建筑物能源使用实际测试结果必须表明建筑物的节能效果达到了第 7.3 节中的强制性要求和第 7.5 节中的测试程序的要求。通过实际能源使用量测试来达标有三种途径：

a. 建筑物的每年能源使用的费用必须少于或等于根据 189.1 系列标准之第 7.3、7.4 节和其他 7 个章节的要求建造的参照建筑物的年度能源使用费用（Annual building energy cost of a baseline building constructed）。

b. 建筑物每年的二氧化碳（CO_2 equivalent）排放量与满足 189.1 系列标准的第 7.3、7.4 节和其他 7 个章节的建筑物的排放量相等。

c. 建筑物的高峰电能需求量必须等于或少于满足第 7.3、7.4 节的强制性要求与规定性要求和其他 7 个章节的要求的建筑物高峰需求量。

选用建筑物实际能源使用测试达标方式的业主必须使用 189.1 系列标准附录 D。这一附录与 90.1 系列标准的附录 G 很相似。测试过程要求对整个建筑物的能源使用以小时为单位，采用计算机模拟全年的能源使用情况。

（4）第八节　室内环境质量 Section 8：Indoor Environmental Quality

这一节的标准包括改善对污染源的控制，根据美国取暖、制冷和空调工程师学会 62.1 系列标准（ASHRAE Standard 62.1）的通风率程序计算通风率，消除过滤器周围空气的分流，禁止吸烟和设立室外空气传送检测系统等。这些标注涉及每一栋绿色建筑室内环境质量的各个方面。

①室内空气质量 Indoor Air Quality

189.1 系列标准涵盖室内空气质量三个主要组成部分，即污染源控制、空气净化和稀释。189.1 标准以美国供热、制冷和空调工程师学会 62.1 系列 2007 年标准（ASHRAE Standard 62.1−2007）为基础，增加相应的标准，提高达标难度，并针对主要影响建筑物室内空气质量的几个因素，特别制定相应的标准。大多数有关室内空气质量的标准都是强制性的，但也提供了整个室内空间污染物集中情况的测试模型。该模型主要用于测试建筑物使用的建材和室内装饰材料，作为替代规定性标准的达标途径供业主选用。189.1 标准是为了进一步完善而不是替代美国供热、制冷和空调工程师学会的标准。按 189.1 系列标准设计的建筑物仍然必须满足 62.1−2007 年标准的第四到七节要求，并作以下的修改和添加：

a. 通过通风稀释污染浓度 − Contamination Concentration Dilution through Ventilation

最小通风率 MinimumVentilation Rates：189.1 系列标准的第 8.3.1.1 节要求必须根据 62.1 系列标准的通风率程序（Ventilation Rate Procedure of Standard 62.1）来确定最小的通风率。每一个可供使用的空间都必须保持不低于根据上述通风率程序设计的室外空气流速。与之相匹配的整个通风系统设计室外空气流速也必须根据 62.1 系列标准的第 6.2.3 和 6.2.5 节的要求计算。

虽然 62.1 系列标准的室内空气质量程序（Indoor Air Quality Procedure，IAQP）不能用来降低根据 189.1 系列标准的通风率计算程序计算出的空气流速，但是 189.1 系列标准将 IAQP 的三个重要内容即污染源控制、粉尘过滤以及在空气质量非达标区进行空气臭氧净化纳入该标准的强制性和规定性的达标要求之中。

室外空气输送监测 Outdoor Air Delivery-Monitoring：189.1 系列标准的第 8.3.1.2 节确定室外空气监测设备设计要求。具体设备的控制和维修要求则列在第 10.3.2.1.4.1 节中。上述标准包括利用永久安装在通风系统装置中的设备直接监测整个系统总的室外空气流速在最小室外空气流速 15% 之间的变化。这种测试装置必须能够在室外空气流速低于所要求的最小流速时发出警报或送出控制信号。间接监测室外空气的方法包括以测试二氧化碳的水平来确定是否符合室外空气流速测试要求（第 7.4.3.2 节中，要求在根据需求进行通风控制的室内人员集中的区域安装二氧化碳探测器的标准与此不同）。在恒定空气流量系统中采用阻尼位置反馈法（A Damper Position Feedback Approach）的情况例外。

b. 空气净化 Air Cleaning

189.1 系列标准在 62.1 系列空气净化标准的基础之上形成了更高的标准（第 8.3.1.3 节），要求粉尘过滤器或湿线路上游系统的洁净器必须具有的最低过滤能效值为 8（Minimum Efficiency Reporting Value MERV 8）。这一要求意在通过将颗粒较大的粉尘从空气流中除去而减少微生物在线圈上的滋生。当建筑物位于空气中的细小粉尘数量（Fine Particulate Matter）不能达到国家空气环境质量标准（the National Ambient Air Quality Standards）要求的地区时，所有室外空气的摄入必须采用最低过滤能效值为 13 以上的过滤器。此外，如果建筑物位于臭氧量不能达到国家标准的地区，则必须使用符合 62.1 系列标准第 6.2.1.2 节要求的具有消除臭氧功能的空气净化器。美国国家环保署（U.S Environmental Protection Agency，EPA）定期公布全国各地区达标情况。所有过滤器和空气净化器周围有可能泄露空气的地方，如过滤器边框和维修门都必须妥善密封。

c. 污染源控制 Source Control

烟草 Environmental Tabacco Smoke：高性能绿色建筑（High-performance Green Building）严格控制室内吸烟。禁止吸烟的标识必须放置在建筑物的入口处。此外，在距离建筑物入口、空气进入口和可开启的窗户 25 英尺（7.5m）以内禁止吸烟。

建筑入口 Building Entrance：建筑污染物传播的一个重要途径是建筑物使用者的鞋。189.1 系列标准要求在每一栋建筑入口处设置一个由三部分组成的垫子系统（Mat system）。这些垫子系统必须由一个单独的刮削垫、吸收垫和整理垫（A Separate Scraper Mat，Absorption Mat and Finishing Mat）组成。只有在居住建筑中单独的单元可以不设此系统。

氡气保护 Radon Protection：在棕地或在氡气高危区域建设或扩充地基的建筑工程项目都必须设置氡气阻止系统。在美国，这类场地指位于美国环境保护署氡气分区图（U.S. EPA Map of Radon Zones）第一区内的县份。

材料释放 Materials Emission：189.1 系列标准的第 8.4.2 和 8.4.5 节对建筑材料和室内装饰材料释放的空气污染物数量提出了限制，以两种达标方式，即规定性和建筑材料释放实际测量法为设计者提供选择材料的灵活性。

d. 规定性达标途径 Prescriptive Path

对于以下各类材料，189.1 系列标准要求每三年或每次产品变换成分必须进行一次相关产品测试。有第三方认证的产品除外。

胶粘剂和密封胶 Adhesives and Sealants：对于室内使用的胶粘剂和密封胶必须进行测试。而对于在室外使用的胶粘剂和密封胶则要求根据产品的成分对释放物进行计算。对于室内用于办公室和教室内装修的胶粘剂和密封胶，要求达到加利福尼亚州 CA/DHS/EHLB/R-174（即第 0150 节）的释放标准。室外使用的（除了气雾型胶粘剂外）则必须满足南海岸空气质量管理区（South Coast Air Quality Management District，SCAQMD）第 1168 条有关挥发性有机化合物（VOC）含量的释放要求，而气雾型粘胶剂则必须满足绿色印章标准（Green Seal Standard）GS-36 有关挥发性有机化合物含量的要求。

油漆和涂料 Paints and Coatings：189.1 系列标准有关油漆和涂料的规定与上述胶粘剂和密封胶的有关要求相似。但是这些标准仅适应于在建筑室内使用的油漆和涂料。对于办公室和教室，释放物的要求必须满足加州标准第 01350（不管实际建筑物的空间类型）。对于挥发性有机化合物（VOC），则要求建筑用油漆和涂料中的 VOC 含量符合绿色印章标准（Green Seal Standard）GS-11 的要求。透明的装饰涂料如地板清光涂料、保护层、紫胶（Shellacs）等，则必须满足南海岸空气质量管理区第 113 条的规定。

地板材料 Floor Coverings：加利福尼亚州释放标准第 01350 节的要求用来确定办公室和教室（所有空间类型）用地毯和硬木地板材料是否达到释放要求。

复合木、木质结构板材、农业纤维产品 Composite Wood，Wood Structural Panel and Agrifiber Products：这一节标准的重点在于减少建筑物使用者接触甲醇（Formaldehyde）的几率。用于建筑物室内的复合木、木质结构板材和农业纤维产品不得含有任何添加甲醇。鉴于不是所有的建筑材料制造商都能满足这一要求，因此该节允许有两种例外可以包含低浓度的甲醇：

➢ 产品必须满足加利福尼亚州空气资源委员会（California Air Resource Board）关于空气中有害成分的控制办法（Airborne Toxic Control Measure）以降低复合木制品甲醇释放（出示第三方认证的证明）或

➢ 产品满足加利福尼亚州释放标准第 01350 节有关办公室或教室的释放要求（与实际空间类型无关）

办公室家具和座椅 Office Furniture and Seatings：这一节标准的目的在于限制建筑物使用者接触办公室内各种家具和座椅释放的挥发性有机化合物（VOC）。上述产品必须根据 ANSI/BIFMA M 7.1 系列标准进行测试，并证明所释放的挥发性有机化合物（VOC）符合相应的释放标准和浓度要求（见 189.1 系列标准的附录 E）。

顶棚和墙体 Ceiling and Wall System：这一节主要应用于顶棚或墙体绝缘材料、顶棚或墙体板、石膏墙板和其他墙体材料。上述建材必须满足加利福尼亚州释放标准的第 01350 节要求。

➢ 建筑物室内空气质量实际测试法 Performance Path：建筑物室内空气质量（IAQ）实际测试法是满足前述规定性标准的另一达标方法。使用这种对整个建筑空间进行测试的方法，要对 7 种建筑材料的实验室有害物质释放测试值进行模拟测试。根据 189.1 附录 F 中的方法和建筑项目的具体特征，计算各个空间中列在加利福尼亚州释放标准第 01350 节上的化学物品的浓度。上述各种材料各自的挥发性有机物质的含量总和不能超过第 01350 节中所列标准的 100%。

②建筑施工和建筑运营 Construction and Operation

189.1 系列标准除了设计建立室内空气质量标准外，还在建筑施工和建筑运营中设有有关建筑室内空气质量的标准。具体在第 10 节的 10.3.1.4 中详细规定了建筑项目组（Building Project Team）如何制定并实施建设施工组织方案，在建筑物入住、投入使用后如何实施运营计划（Plan for Operation）以及定期进行室内空气质量的检测和确认。建筑物运营计划详细规定室外空气流测试和核查程序、空气清洁设备的操作、每两年一次室内空气质量的检测（或通过实际测试室内空气质量或通过住户投诉和回应程序）以及编制建筑物环保型室内清洁计划等。

③冷热舒适度 Thermal Comfort

189.1 系列冷热舒适度标准要求达到美国国家标准协会和美国供热制冷及空调工程师学会 2004 年 55 系列标准（ANSI/ASHREA Standards 55）所要求的设计和文档部分包括附录 e 的标准。上述冷热舒适度的标准为强制性的，适用于所有建筑类型，仅有少数如食品储藏区域、游泳场馆除外。

④建筑声学 Acoustics

该部分包括强制性声学控制和隔声处理标准。当一栋建筑选址位于较高分贝的噪声区时，其墙体和屋顶顶棚组件必须满足最低综合室内外传输评级（Outdoor-Indoor Transmission Class，OITC）的要求。对于对噪声比较敏感的空间（例如办公室和教室），其内墙体和楼板—顶棚组件必须满足最低综合声音传输评级（Sound Transmission Class，STC）的要求。OITC 和 STC 评级详见美国测试和材料学会（ASTM）的相关标准，包括 E1332 综合室内外传输评级要求、E90 和 E413 综合声音传输评级要求。

室外声音 Exterior Sound（Section 8.3.3.1）：该节对距离快速干道 1000ft 或 300m 内，或距离繁忙商业区 5km 或机场 8km 内建筑物的墙体、屋顶—顶棚组件和建筑开窗等规定最低的噪声综合传输评级要求。这一要求也适用于场地附近室外噪声白天—夜晚年平均超过 65dB 的建筑物。

室内声音 Interior Sound（Section 8.3.3.2）：该节对不同建筑物的墙体和楼板—顶棚组件的声音传输评级进行了规定。

室内建材组件声音传输评定级别要求

Sound Transmission Class Rating Requirements for Interior Assemblies **表 2-8**

不同的分隔情况	最低的声音传输评定级别
居住单元，邻近租户空间，邻近教室	50
旅馆、汽车旅馆房间；养老院或医院的病房	45
邻近卫生间或淋浴间的教室	53
邻近音乐或机械用房，餐厅，体育馆或室内游泳池的教室	60

⑤自然采光 Daylighting

屋顶采光 Toplighting：189.1 系列自然采光强制性的标准要求任何大型封闭空间（面积在 20000ft^2 或 2000m^2 以上），其顶棚高度超过 15ft（或 4m），并设有照明负荷密度（LPD，Lighting Power Density）或照明许可功率（Lighting Power Allowance）大于 0.5W/ft^2（5.5W/m^2）普通照明的建筑空间均必须采用自然采光。该标准要求在直接位于屋顶下方的室内空间至少有 50% 的面积必须在自然采光区域内。屋顶采光面积与整个自然采光面积的比率根据不同空间的照明电源功率不同而异。在照明电源功率为 1.4W/ft^2（或 14W/m^2）的区域，该比率为 3.6%；而在照明电源功率为 0.5~1.0W/ft^2 的区域，则该比率必须大于 3%。

采光天窗玻璃的雾度值（Haze Value）除少数例外情况下必须大于 90%。屋顶自然采光的要求不适用于气候较冷的地区如气候区第 7 和第 8 区，也不适用于特定功能的建筑物如博物馆、影剧院等，因为屋顶自然采光常常会干扰上述建筑物的正常使用。

侧面采光规定达标要求 Sidelighting Prescriptive Path：189.1 系列标准第 8.4.1 节包含对办公室和教室自然采光的附加要求。对于办公室的西、南和东立面上的开窗，必须采用诸如百叶窗、采光板或挑檐等遮阴手段。其阴影投射值（Shading Projection Factor）至少要求达到 0.5。开窗玻璃雾度值在 90% 以上，或所处位置位于楼板 8ft 以上，或每年接受直射阳光照射少于 250h 的建筑可以不受此要求限制。

侧面采光实际测试达标法 Sidelighting Performance Path：附加的自然采光要求容许通过建筑物自然采光模拟的办法证明在 75% 的自然采光区范围内，在距离楼板底面 3m 以上的位置至少有 30 烛光度（或 300 的照明强度）。实际测试达标法还要求在办公室中超过 20% 的使用时间内，阳光不能直接照射到办公桌面。

（5）第九节 建筑对大气、材料和其他资源的影响 Section 9：The Building's Impact on the Atmosphere，Materials and Resources

建筑材料的选择对大气和自然资源有着广泛和深刻的影响。与建筑材料相关的活动可以直接污染环境，造成栖息地的破坏，耗尽特定自然资源，造成垃圾填埋场地面积不必要的增加。一栋高性能的绿色建筑物除了考虑所用建筑材料的功能和经济原因外，还必须考虑上述要素对自然环境和资源的影响。189.1 系列标准的第九节涉及所有减少建筑物对环境影响包括大气、材料和资源影响的绿色建筑技术，包括强制性减少建筑废料标准、对建筑材料原产地国家的法律要求，以及对制冷剂和收集可回收利用废弃物的要求。此外，建筑材料还要求符合规定性的对可回收成分、本地材料或生物基成分（Biobased content）的要求，或通过实际测试达标的方法进行全生命周期的评估（Comprehensive Life-Cycle Assessment- LCA）。

①强制性的要求 Mandatory Requirements

第九节强制性的要求主要管理以下四个方面的问题：

a. 建筑施工过程中废料（Construction Waste）的管理；

b. 建筑产品及建筑材料的原产地；

c. 制冷剂的选择；

d. 收集和存储可循环利用和废弃物品。

根据美国环境保护署的资料，与建筑有关的建设施工和拆迁废料占全美国非工业废料的 26%。189.1 系列标准强调尽可能通过回收和再利用的方式减少建筑工地上的废料。

对于场地上现有建筑物、构筑物和硬质景观面积少于场地总面积 5% 的工地，要求每建 10000ft^2（或 929m^2）的新建筑面积将建筑施工有关的废料减少到 42 立方码，或 12000 磅（32m^3 或 5443kg）。废物分流（Waste Diversion）要求记录施工场地上建设和拆迁的废料，并要求证明施工过程中至少有 50% 的施工废料或是被回收，或是被再利用。废料量可以用重量或体积为单位来计算，不包括危险材料、土壤和场地平整的废料（Land-cleaning Debris）。施工废料可以在施工现场或其他地点存放和整理。

所有用于施工的建筑材料和产品还必须满足所在行政区材料和产品收获、开采、回收和加工的有关法律和规定。用于建设项目中的新的木材制品不容许包含任何濒危树种的木材，除非该木材的贸易符合国际濒危野生动植物贸易公约（The Convention on International Trade in Endangered Species of Wild Fauna and Flora，CITES）的要求。

制冷剂能够导致臭氧层破坏、全球变暖和其他环境变化。189.1 系列标准禁止在暖通、空调和制冷系统中使用含氟氯化碳的制冷剂（CFC-based Refrigerants）。此外，对臭氧层造成破坏的物质也不允许在灭火系统中使用。

强制性标准中的最后部分还对在建筑物运营阶段材料的回收和再利用作出规定。要求在建筑物中指定一个存储空间用于收集不含有害物质的可回收利用材料。该空间的大小由建筑设计师根据废物可能产生的数量和收集的频率来决定，其目的在于将可回收利用的材料定期收取或运出建筑物。另外，还必须指定额外的空间用来收集那些符合各个州和当地有害物质回收标准的荧光灯和高强度放电灯管（High Intensity Discharge Lamps，HIDs）及整流器。很多城市还指定收集点来专门收集使用过的荧光灯管。在居住建筑物中，要求指定专门地点用来收集仍然可以使用的物品供当地慈善机构如救世军用于救济贫困人群。

②减少建筑材料对环境的影响 Reducing the Impact of Materials

除了前面强制性的标准以外，业主还必须遵循规定性要求或是通过建筑物实际测试达标的办法来减少建筑材料可能对环境的影响和减少对自然资源的消耗。

规定性的达标方式涉及一些建筑材料定性的特征，并要求所用建筑材料包含特定比例的以下三种内容，即含可回收成分、本地材料和生物基产品。与 LEED 评价系统不包括机械、电子、水暖、消防安全和交通工具的做法不同，189.1 系列标准对上述三种内容比例的要求适用于管道、水暖器材、通风管道、线材、电缆、电梯和自动扶梯等外框部件等。上述三种内容在各种材料中所占比例均以特定材料的成本与建筑总材料成本比例的多少来评估。建筑材料的总成本即可以单项材料成本来分别详细计算，也可以采用相当于建筑总造价的 45% 的价值来计算。

可回收的成分 Recycled Content：第一项指标涉及建筑材料利用可回收成分的多少。可回收成分多少的计算是以重量为单位，然后乘以可回收成分的成本来计算出该种建筑材料总的可回收成分的比例。要满足这一要求，含可回收成分的建筑材料和产品必须占到项目总的建筑材料价值的 10% 以上。

当地建筑材料 Regional Materials：第二项指标要求通过使用在建筑施工现场附近制造、加工、采集和回收的建筑材料来减少交通运输系统二氧化碳的排放，同时支持当地的经济发展。为满足这一要求，至少有 15% 的建筑材料和产品必须在距建筑施工现场 500 英里范围内加工、采集、制造和回收。与上述可回收成分的标准相似，只有特定建筑产品和材料中符合上述标准的部分才允许计算。同时，该标准还认识到特定的交通方式，如铁路和水路运输节能的特点，允许由铁路和水运交通运送的建筑材料和产品的运送距离增加 25%，即由铁路和水路运输的建材的最大距离限制为 625 英里。

生物基产品 Biobased Products：第三项用来满足规定性达标办法的要求充分认识到生物基产品的环境效益。生物基建筑产品是指那些含以生物为基础成分（如木材、竹、毛、棉、软木、农业纤维）和其他至少有 50% 生物基成分的生物基材料。另外，其他建筑材料如在美国农业部为联邦政府采购要求而指定的生物基产品目录上或具有美国农业部生物基产品认证标签（USDA Certified Biobased Product lable）也能满足这一要求。生物基产品和材料至少占总的建筑材料成本的 5%。

木制建筑产品，为达到这一标准的要求，必须包含至少 60% 的认证木材成分（Certified Wood Content）。认证成分必须有产销监管链（A Chain-of-custody）的文件记录，或以所占百分比，或以实际物品的数量来计算。所需认证文件必须通过根据国际标准委员会或国际电工委员会第 59 指南（ISO/IEC Guide 59）或世界贸易组织技术壁垒（WTO Technical Barrier to Trade）要求制定的木材认证系统来提供。在北美，木材必须通过加拿大标准学会（Canadian Standards Association）、林业指导委员会（The Forest Stewarship Council）、可持续林业计划（Sustainable Forest Initiative）和美国林业伐木场系统（the American Tree Farm System）等机构认证才有可能满足该标准的要求。如果一个木材经销商每年购买的认证木材超过购买总量的 60%，则该木材经销商所出具的木质建材产品的证书也可用来满足该标准的认证要求。

③实际测试法：全生命周期的评估 Life-Cycle Assessment

除了上述规定性的达标方法外，该部分标准也可以通过实际测试的方法来全方位地考虑建材对环境的影响。实际测试方法通过对一栋参照建筑物（A Baseline Building）和一栋拟建的建筑物进行建筑材料的全生命周期评估（A life-cycle Assessment）。整个评估必须根据国际标准委员会第 1404 标准的要求进行。拟建的建筑必须在所要求的八个类别中至少有两个类别中显示出至少 5% 的改进。全生命周期评估允许包括建筑物整个生命周期内使用的能源，并假设建筑物的使用周期为 75 年。然而，建筑物使用的能源也可以不包括在内。

全生命周期评估是一个非常复杂的过程，必须借助计算机软件来分析。在确定全生命周期评估的前提条件后，接下来的一步就是确定评估的内容（Life-cycle Inventory，LCI），它统计建筑所有部件和材料以及生产这些材料和产品所需要使用的所有能源，以及释放到空气中的废气及释放到水中的废水和其他固体废料的数量。一旦上述统计完成，则利用计算机模拟软件程序来计算整个建筑物对环境所造成的影响。189.1 系列标准要求最少必须包括建筑物对以下几个方面的影响：土地利用（或栖息地变更）、资源的利用、气候变化、对臭氧层的破坏，对人类健康的影响、 对生态的毒性情况（Ecotoxicity）、烟雾、酸雨化和水体富氧化情况（Eutrophication）等。

（6）第十节 建筑施工和运营计划 Section 10：Construction and Plans for Operation

189.1 系列标准超越设计领域进而对建筑施工和运营都提出了相关的要求。这些标准无疑将提高建筑施工的整体实践水平，更主要的是将可持续发展的理念贯彻到整个建筑生命周期之中。189.1 系列标准的第 5 节到第 9 节要求主要针对建筑设计和建筑物各子系统的选择，而第 10 节则确定有关建筑施工和建筑运营的标准。所有第 10 节的标准都是强制性的，没有规定性的或实际测试的达标方法。第 10 节共分为两大部分：建筑施工中所必须遵循的要求和在建筑使用运营中必须满足的标准。建筑施工中的标准包括验收时的测试（Acceptance Testing），对各种建筑机械、电子设备系统的调试（Commissioning），水土流失控制（Erosion and Sediment Control）和施工期建筑室内空气质量的管理（Construction Indoor Air Quality Management）。建筑使用和运营中的标准要求制定建筑用水和能源消耗跟踪记录系统（Water and Energy Consumption Tracking）、室内空气质量的监测计划、建筑维修和服务计划以及交通计划。上述标准的编制主要供各级地方政府在编制当地建筑法规时使用，因此要求编制相应的使用运营计划是该标准唯一能够真正影响建筑物运营的手段。

①验收和对各种建筑机械、电子设备系统的测试 Acceptance Testing and Commissioning

为保证建筑物以最佳状态运行，必须验证建筑物的各个子系统都符合设计和业主的要求。189.1 系列标准要求对各种建筑物进行验收测试，并要求对建筑面积超过 5000ft^2（465m^2）的建筑物进行各种机械、电子系统的运行测试。要求测试的时间与建筑施工进度的主要阶段相吻合。测试标准分为必须在发放建筑许可证之前所必须达到的和在建筑完工入住使用前所必须达到的两部分。

对于建筑工程的验收测试，必须在取得建筑许可证之前，指定一位验收代表（Acceptance Representative）来负责领导、审查和监督整个验收测试的完成。该代表还必须对施工图纸进行审核，以确定相关的遥感器、各种装置和控制程序都在正确标注和记录。在建筑物完工入住之前，各种验收测试必须完成，包括所有参与方都在验收表格上签字，各种电子系统的操作手册都要求提供给相关的建筑维护人员。对于建筑面积超过 5000ft^2 的建筑物还要求对所有的机械、电子系统做实际运行检测，并满足所有验收测试的要求。

与 LEED 的高级测试部分和 ASHRAE 测试大纲的要求相似，必须指定一位系统测试总指挥（commission authority）来领导并记录业主对建筑项目的具体要求（Owner's Project Reqirements，OPR），并负责在整个设计过程中审查有关的建筑施工图。设计团队还必须记录设计的基本条件以满足业主建筑项目书中所提出的各项要求。在建筑施工过程中，要对各种有关系统进行测试以验证系统是否正常运行并满足业主项目书中的所有要求。同时，在测试过程中还必须对未来的有关建筑工作人员进行相关的培训。

需要进行运行测试的建筑系统包括暖通空调、室内空气质量（Indoor Air Quality）、制冷、建筑维护结构、照明控制系统、遮阳控制系统、场地浇灌系统、水暖、室内用水或工艺水和管道系统、热水系统、可再生能源系统、水表装置系统（Water Measurement Devices）和能源测试系统（Energy Measurement Devices）等。除此之外，还必须为未来的建筑工作人员提供有关建筑的相关程序、文件、工具和培训。

②水土流失控制 Erosion and Sediment Control

在溪水、河流和湖畔的建筑施工活动容易造成水体污染和河流环境恶化。189.1 系列标准要求所有的建筑施工项目都要制定水土流失控制计划（Erosion and Sediment Control，ESC Plan）。该计划必须满足最新的美国环境保护署全国消除污染排放物系统（US EPA National Pollutant Discharge Elimination System）的要求或当地水土流失控制法规或规范中最严格的标准。

③建筑施工过程中室内空气质量的管理 IAQ Construction Management

即使是经过非常仔细挑选的建筑材料和产品如胶粘剂、油漆、地毯和各种装饰产品都会释放出空气污染物。为减少室内空气质量问题，189.1-2009 标准要求建筑物在施工结束后，将建筑物室内空气完全排出（Flush out），并完全用室外新鲜空气来替换。该标准提供了两种满足换气要求的办法。

第一种方法是向室内排入一定总量的新鲜空气来满足换气的要求。室外新鲜空气以总的空气换气量来测算。总的空气量采用符合美国国家标准协会和美国供热、制冷及空调工程师学会 62.1 系列标准（ANSI/ASHREA 62.1 Standards）的系统设计室外空气（Total Air Changes）要求和建筑物室内空间的容积来计算。第二种办法是对暖通空调系统的输入空气流中的污染物进行测试，并证明某一种空气污染物的浓度不超过规定的标准。

189.1 系列标准还包括了一个列有 35 种挥发性和不挥发性有机物的清单和可以接受的浓度标准。该表格是以美国国家标准协会和美国供热、制冷及空调工程师学会 62.1 系列标准和加利福尼亚州健康服务部门的标准（California's Department of Health Services Specificaiton 01350）而制定的。为了满足室内空气质量测试标准，在测试之前，通风系统必须以设计的室外空气流速连续运行至少 24h 以建立基本的入住条件。污染物在呼吸区高度测试。如果某一种污染物的浓度超出规定的标准，在采取补救措施如局部建筑再次换气后，必须对该空气污染物的浓度进行再一次测试。不管采用哪一种达标方式，所有建筑物的永久性的暖通空调系统都禁止在施工期间使用。唯一例外的是在施工期间进行系统安装、调试、平衡、检测时，但是所有的过滤器和控制设备必须在换气时完全安装到位。

室内霉菌的滋生是导致室内空气质量下降和威胁使用人员健康问题的主要原因。建筑材料在施工过程中没有得到很好保护而受潮是室内霉菌滋生的主要诱因。189.1 系列标准规定所有在施工现场存放且易受潮的建筑材料必须妥善保管。对于所有有明显受潮迹象的建筑材料，不能在建筑物中使用。

机动车装卸建筑材料的等待区域必须明确划定，并至少距离任何室外空气进口、可开启的门窗和医院、学校、住宅、旅馆、托幼、老年中心和康复中心等设施至少 100ft（30m）。

④建筑使用操作计划 Plans for Operation

建筑物如何使用是影响建筑物环境最重要的变量。设计良好的建筑系统，如果使用不当，会造成能耗的增加和其他各种资源的浪费。如果空气监测程序不能很好地运行，则不能够发现错误的操作从而导致室内空气质量的下降。建筑物的各种系统和各个组成部分如果不能得到很好的维护，会导致建筑物的总体运行水平下降。然而，要对各种不同类型的建筑、不同的气候分区和不同的业主需求制定详细的使用程序和计划既不现实，也不实用。因此，189.1 系列标准要求建筑项目组为各种建筑系统的使用制定相应的计划。建筑使用计划的目的是促进建筑设计者和使用者之间的合作和联系，从而更好地满足建筑业主的要求。该标准对建筑使用计划所包括的基本内容也进行了界定。

⑤水和能源的使用 Water and Energy Use

189.1 系列标准要求建筑使用计划必须包括记录和评估建筑能源和用水的程序（Process for Tracking and Assessing Energy and Water Use）。最初的评估必须在建筑物完工后 12 个月内完成，最晚不能超过入住后 18 个月，并且每 3 年必须评估一次。该计划还要求提供建筑物能源和水的使用报告。建筑物能源使用报告必须包括以下几个内容：

a. 每天能源消耗情况和每小时的消耗量；

b. 月平均每天能源使用情况；

c. 每月和每年能源消耗；

d. 每月和每年高峰期的能源使用量。

建筑用水和耗能的资料还必须输入能源之星相关建筑类型的档案管理系统用以跟踪相关建筑物的运行状况。此外，有关建筑能源使用有效性的措施和验证资料必须提供给业主，并由业主加以保存。

⑥室内环境质量管理计划 Indoor Environmental Quality Plan

定期检测和验证室内环境质量的项目必须包括在建筑运营计划之内。室内环境质量管理计划必须包括美国国家标准协会和美国供暖制冷及空调工程师学会联合颁布的 62.1 系列标准（ANSI/ASHRAE Standards 62.1）第 8 节的所有要求，以及具体监测室外空气流动和室内空气质量的措施。

189.1 系列标准还要求根据绿色印章（Green Seal）标准第 42 节（GS-42）的要求制定建筑物运营中的日常清洁计划。这包括要求使用有利于环境的清洁用品和绿色保洁方式。该标准涵盖了建筑入口部分、楼板、卫生间和饮食间的清扫、吸尘、消毒、固体废料、垃圾收集和再利用。

⑦建筑物终身维修和使用年限计划 Maintenance and Service Life Plan

建筑物运营计划必须包括对所有机械、电子、水暖和消防系统的维护计划和对建筑结构、建筑物墙体围护结构和硬质景观材料的使用年限计划。这些计划主要用来为设计管理人员提供保证建筑物正常运营需要的信息，同时向设计组揭示各种设计决策的长期影响。

对暖通空调系统的使用年限计划以美国国家标准协会、美国供暖制冷及空调工程师学会和美国空调承建商协会联合颁布的 180 标准（ANSI/ASHRAE/ACCA Standards 180）为基础来制定。180 标准为暖通空调系统的维修提供建议。189.1 系列标准的电子、水暖和消防系统维修使用年限计划必须使用 180 系列标准的方法和相关标准。

使用年限计划则以 CSA-S478-95 建筑耐久性设计指南（CSA S478-95 Guidelines on Durability in Buildings）中类似的要求为基础。这个计划要求标明在设备设计使用周期内必须检查、修理和替换的材料。对于上述建筑产品，相关设备使用年限、维修频率必须在设计中说明。这些有助于业主在建筑施工开始前作出有关建筑维护和使用年限的决定。业主应该在整个建筑使用期内保存这些文件。上述文件将为业主提供必要的检查和维修指南。

⑧交通管理计划 Transportation Management Plan

交通堵塞是造成空气质量下降的主要原因。任何鼓励使用公共交通、共用汽车和使用自行车的计划都有利于改善空气质量。189.1 系列标准要求所有的建筑项目都必须制定交通管理计划。该计划至少应该在停车设施中为合伙用车（Carpools and Vanpools）提供优先停车位，并制定自行车使用计划。业主还必须为雇员提供使用公交的各种奖励办法；鼓励在家办公或灵活的工作时间，或鼓励合伙用车及使用公共交通工具等项目。

附录 2-1 迈向零能耗的绿色建筑节能标准 -189.1 系列标准 ANSI/ASHRAE/USGBC/IES Standards 189.1

目录

规范性附录 F：各种有害物质的建筑物室内浓度标准 Space Contaminant Concentration Action Levels.

资料性附录 G：资料性参考文献 Informative References

资料性附录 H：一体化设计 Integrated Design

附录 2-2 国际绿色建筑施工规范 International Green Construction Code（IGCC）by International Code Council[40]

国际绿色建筑施工规范（IGCC）由国际法规委员会（The International Code Council，ICC）联合美国测试材料国际学会（ASTM International）和美国建筑师学会（The American Institute of Architect-AIA）共同编撰，并得到美国绿色建筑委员会（USGBC）、绿色建筑倡导（GBI）的支持。国际绿色建筑施工规范同时还由美国国家标准研究院（ANSI），美国供热、制冷和空调工程师学会（ASHRAE），美国绿色建筑委员会（USGBC）与北美照明工程师学会（IESNA）在联合颁布的 189.1 系列建筑节能新标准（ANSI/ASHRAE/USGBC/IES Standards 189.1-2009 Standard for the Design of High-Performance Green Buildings Except Low-rise Residential Buildings）中作为等同于国际绿色建筑施工规范的标准同时颁布，并在法规中详细说明，如果行政区（Jurisdiction）选择是由 189.1 系列建筑节能新标准，则该标准可以用来取代国际绿色建筑施工规范（IGCC）的第 3-11 章。各个行政区也可以同时使用两个标准，或仅使用其中任何之一。

国际绿色建筑施工规范（IGCC）与现有的所有志愿采用的绿色建筑物评级体系（Voluntary Green Building Rating Systems）的根本不同之处在于该法规完全用法规语言写成（Written in code-intended language），旨在成为供各个行政区采用、由法规执行官员（Code officials）管理的强制性绿色建筑施工规范（Mandatory Green Construction Standards）。国际绿色建筑施工规范（IGCC）在编撰过程中就密切与其他国际法规委员会（ICC）的法规和标准相协调，力求与其他 I- 规范（I-Codes）相一致。该法规适用于所有高性能商业建筑、结构和系统（High Performance Commercial Buildings，Structures and Sytems），包括采用传统的或创新的施工方法对现有建筑物的改建、加建等，以及国际居住建筑物法规（The International Residential Code，IRC）以外的非低层居住建筑物。

国际绿色建筑施工规范（IGCC）虽然不是一个评级系统，但是它与以往所有的国际法规委员会（ICC）的法规和标准的不同之处在于采用项目选项（Project Electives）的概念，在实施中提供一定灵活性的同时，鼓励和推动建筑施工实践取得高于严格建筑法规所规定的基本的绿色性能，从而达到更高的可持续发展水平。同时，国际绿色建筑施工规范（IGCC）还允许各个行政区根据自身的环境方面的考虑来制定适合本地情况的绿色建筑施工法规和规范。为此，国际绿色建筑施工规范（IGCC）包括 14 个基本项目选项内容，共有 64 个具体绿色建筑施工措施。通过使用项目选项，国际绿色建筑施工规范（IGCC）鼓励，而不是硬性要求所有项目考虑和实施特定的绿色施工措施。因为某些项目能够实施的一些具体的措施，不一定适用于其他项目。例如，目前要求所有的绿色建筑物都达到零能源消耗（Net-zero Energy Design）是不切合实际的做法。然而，作为一种志愿的项目选项，有的项目则可以达到这一标准。国际绿色建筑施工规范（IGCC）采用诸如零能源性能指标（Zero Energy Performance Index，ZEPI）、能源使用强度（Energy Use Intensity，EUI）等概念和与性能结果为基础的达标方法，同时考虑使用项目选项来（Project electives）鼓励建设零能耗的绿色建筑。

国际绿色建筑施工规范（IGCC）共有 12 个章节，4 个附录（详见附录 4-2）。第 1-2 章为法规管理和定义等。第 3 章为了解国际绿色建筑施工规范的核心章节。该章详细阐述了项目选项的概念以及各个行政区选定所需要的部分来具体颁布适用于本行政区的绿色施工法规。第 3 章的两个表格至关重要，表 302.1 是有关各个行政区确定选择的要求（Requirements determined by the jurisdiction），表 303.1 是物主和项目设计专业人员选择具体项目选项的项目选项表（Project Electives Checklist）。

由各个行政区选定的法规要求

REQUIREMENTS DETERMINED BY THE JURISDICTION[41] 表 302.1

章节 Section	各个章节名称或具体内容描述 Section Title or Description and Directives	行政区要求 Jurisdictional Requirements	
➔			
第 3 章 行政区要求及项目选项 CH 3. JURISDICTIONAL REQUIREMENTS AND PROJECT ELECTIVES			
302.1（2）	采用 189.1 系列建筑节能新标准替代该法规 Optional compliance path – ASHRAE 189.1	□ 是 Yes	□ 否 No
302.1（3）	项目选项（Project Electives）—具体行政区必须在 1~14 个选项内容中来确立建设项目必须满足的最少选项数目	—	
第 4 章 场地开发和土地利用 CH 4. SITE DEVELOPMENT AND LAND USE			
➔			
402.2.3	保护区域 Conservation area	□ 是 Yes	□ 否 No
402.2.5	农业用地 Agricultural land	□ 是 Yes	□ 否 No
402.2.6	未开发用地 Greenfields	□ 是 Yes	□ 否 No
402.3.2	雨水管理 Stormwater management	□ 是 Yes	□ 否 No
403.4.1	多座位机动车辆停车 High occupancy vehicle parking	□ 是 Yes	□ 否 No
403.4.2	低排放、油电混排和电动车停车 Low emission, hybrid and electric vehicle parking	□ 是 Yes	□ 否 No
405.1	光污染控制 Light pollution control	□ 是 Yes	□ 否 No
第 5 章 建筑材料资源保护和利用率 CH 5. MATERIAL RESOURCE CONSERVATION AND EFFICIENCY			
➔			
502.1	废料不进填埋场（Waste material diverted from landfills）的最低百分比	□ 50% □ 65% □ 75%	
第 6 章 节能和地球大气质量 CH 6. ENERGY CONSERVATION AND EARTH ATMOSPHERIC QUALITY			
➔			
Table 602.1, 302.1, 302.1.1	行政区选择的零能源性能指标（*ZEPI* of Jurisdictional Choice）– 行政区应该在表 602.1 中选择 46 或更少的零能源性能指数（*ZEPI* of 46 or less），如果要求每一种使用（Each occupancy）必须达到高级能源性能（Enhanced energy performance）	参见表 602.1 和第 302.1 节 See Table 602.1 and Section 302.1	
602.3.2.3	总的每年二氧化碳当量排放限制和报告 Total annual CO_{2e} emissions limits and reporting	□ 是 Yes	□ 否 No
613.2	入住后零能源性能指标（ZEPI）、能源需求和二氧化碳当量排放（CO_{2e} emissions）报告	□ 是 Yes	□ 否 No
第 7 章 水资源保护和利用率 CH 7. WATER RESOURCE CONSERVATION AND EFFICIENCY			
➔			
702.1.2	高级节水管道和配件（Enhanced plumbing fixture and fitting）水流率级别选择	□ 第一级 Tier 1 □ 第二级 Tier 2	

续表

章节 Section	各个章节名称或具体内容描述 Section Title or Description and Directives	行政区要求 Jurisdictional Requirements	
702.7	城市回用水 Municipal reclaimed water	□ 是 Yes	□ 否 No
第 9 章 建筑物系统和设备检测、操作和维修 CH 9. COMMISSIONING, OPERATION AND MAINTENANCE			
904.1.1.1	定期上报 Periodic reporting	□ 是 Yes	□ 否 No
第 10 章 现有建筑物 CH 10. EXISTING BUILDINGS			
➔			
1006.4	现有建筑物评估 Evaluation of existing buildings	□ 是 Yes	□ 否 No
附录 APPENDICES			
附录 Appendix B	现有建筑物温室气体减排 Greenhouse gas reduction in existing buildings	□ 是 Yes	□ 否 No
B103.1	达标级别（Compliance level）—只有在上一选项中选择"是"的行政区才选择不同的阶段 The jurisdiction to select phases only where "Yes" is selected in the previous row.	□ Phase 1 期 □ Phase 2 期 □ Phase 3 期 □ Phase 4 期	
B103.2	在 B103.1 中选择第一阶段的行政区，必须在这一选项中选择月数	______ months 月	
B103.3	在 B103.1 中选择第二阶段的行政区，必须在这一选项中选择年数和项目完成百分比	______ years 年 ______ %	
B103.4	在 B103.1 中选择第三阶段的行政区，必须在这一选项中选择年数	______ years 年	
B103.5	在 B103.1 中选择第四阶段的行政区，必须在这一选项中选择年数和项目完成百分比	______ years 年 ______ %	
附录 Appendix C	可持续性措施 Sustainability measures	□ 是 Yes	□ 否 No
附录 Appendix D	法规执行程序 Enforcement procedures	□ 是 Yes	□ 否 No

项目选项清单 PROJECT ELECTIVES CHECKLIST[41] **表 303.1**

Section	描述 Description	选择相关项目选项 Project elective selected	行政区决定该选项不采用（Non-availability）
第 3 章 行政区特定要求和项目选项 CH 3. JURISDICTIONAL REQUIREMENTS AND PROJECT ELECTIVES			
304.1	全建筑物生命周期评估 Whole Building Life Cycle Assessment（LCA）	□（5 个选项 Electives[a]）	□
第 4 章 场地开发和土地利用 CH 4. SITE DEVELOPMENT AND LAND USE			
407.2.1	避免洪水灾害 Flood hazard avoidance	□	□

续表

Section	描述 Description	选择相关项目选项 Project elective selected	行政区决定该选项不采用（Non-availability）
407.2.2	农业用地 Agricultural land	□	□
407.2.3	野生动物走廊 Wildlife corridor	□	□
407.2.4	插建选址 Infill site	□	□
407.2.5	棕地选址 Brownfield site	□	□
407.2.6	现状建筑物再利用 Existing building reuse	□	□
407.2.7	在从未开发过的场地上的建设 Greenfield development	□	□
407.2.8	开发项目邻近从未开发过的场地 Greenfield	□	□
407.2.9	邻近多种用途用地（Proximity to diverse uses）的从未开发过的场地	□	□
407.2.10	本地植物景观 Native plant landscaping	□	□
407.2.11	场地恢复 Site restoration	□	□
407.3.1	更衣和淋浴设施 Changing and shower facilities	□	□
407.3.2	长期自行车停车好储存 bicycle parking and storage	□	□
407.3.3	优先停车 Preferred parking	□	□
407.4.1	场地硬质景观 Site hardscape 1	□	□
407.4.2	场地硬质景观 Site hardscape 2	□	□
407.4.3	场地硬质景观 Site hardscape 3	□	□
407.4.4	屋顶材料 Roof covering	□	□
407.5	光污染 Light pollution	□	□
第 5 章 建筑材料资源保护和利用率 CH 5. MATERIAL RESOURCE CONSERVATION AND EFFICIENCY			
508.2	垃圾管理 Waste management （502.1 + 20%）	□	□
508.3（1）	再利用、回收成分、可回收、生物基（bio-based）和本地建筑材料（indigenous materials）占 70%	□	□
508.3（2）	再利用、回收成分、可回收、生物基（bio-based）和本地建筑材料（indigenous materials）占 85%	□（2 个选项 Electives）	□
➔			
508.4.1	服务寿命 -100 年设计使用期限类（100 year category）	□	□
508.4.1	服务寿命 -200 年设计使用期限类（200 year category）	□（2 个选项 Electives）	□
508.4.2	室内可变更性 Interior adaptability	□	□
➔			
第 6 章 节能和地球大气质量 CH 6. ENERGY CONSERVATION, EFFICIENCY AND EARTH ATMOSPHERIC QUALITY			
613.3	降低零能源性能指标的项目选项（zEPI reduction）		

续表

Section	描述 Description	选择相关项目选项 Project elective selected	行政区决定该选项不采用（Non-availability）
613.3	项目的零能源性能指标（Project zEPI）至少比表 302.1 所要求的低 5 个点	☐	☐
613.3	项目的零能源性能指标（Project zEPI）至少比表 302.1 所要求的低 10 个点	☐（2 个选项 electives）	☐
613.3	项目的零能源性能指标（Project zEPI）至少比表 302.1 所要求的低 15 个点	☐（3 个选项 electives）	☐
613.3	项目的零能源性能指标（Project zEPI）至少比表 302.1 所要求的低 20 个点	☐（2 个选项 electives）	☐
613.3	项目的零能源性能指标（Project zEPI）至少比表 302.1 所要求的低 25 个点	☐（4 个选项 electives）	☐
613.3	项目的零能源性能指标（Project zEPI）至少比表 302.1 所要求的低 30 个点	☐（5 个选项 electives）	☐
613.3	项目的零能源性能指标（Project zEPI）至少比表 302.1 所要求的低 35 个点	☐（6 个选项 electives）	☐
613.3	项目的零能源性能指标（Project zEPI）至少比表 302.1 所要求的低 40 个点	☐（8 个选项 electives）	☐
613.3	项目的零能源性能指标（Project zEPI）至少比表 302.1 所要求的低 45 个点	☐（9 个选项 electives）	☐
613.3	项目的零能源性能指标（Project zEPI）至少比表 302.1 所要求的低 51 个点	☐（10 个选项 electives）	☐
➔			
613.4	机械系统 Mechanical systems	☐	☐
613.5	服务热水 Service Water Heating	☐	☐
613.6	照明系统 Lighting Systems	☐	☐
613.7	被动设计 Passive design	☐	☐
第 7 章 水资源保护和利用率 CH 7. WATER RESOURCE CONSERVATION AND EFFICIENCY			
710.2.1	节水设备的水流率比表 302.1 所要求的级别高一级	☐	☐
710.2.1	节水设备的水流率比表 302.1 所要求的级别高二级	☐（2 个选项 Electives）	☐
710.3	现场废水处理 On-site wastewater treatment	☐	☐
710.4	非饮用水作为室外用水 Outdoor water supply	☐	☐
710.5	非饮用水作为管道冲洗水 Plumbing fixture flushing	☐	☐
710.6	自动消防喷淋系统 Automatic fire sprinkler system	☐	☐
710.7	非饮用水作为消防用水 Fire pumps	☐	☐
710.8	非饮用水作为工业加工用水补充水 Industrial process makeup water	☐	☐
710.9	高效热水运送系统 Hot water distribution system	☐	☐

续表

Section	描述 Description	选择相关项目选项 Project elective selected	行政区决定该选项不采用 (Non-availability)
710.10	冷却塔非饮用水作为补充水 Makeup water	□	
710.11	中水收集 Graywater collection	□	□
第 8 章　室内环境质量和舒适 CH 8 INDOOR ENVIRONMENTAL QUALITY AND COMFORT			
809.2.1	挥发性有机化合物释放—楼板 VOC emissions	□	□
809.2.2	挥发性有机化合物释放—屋顶系统 Ceiling systems	□	□
809.2.3	挥发性有机化合物释放—墙体 Wall systems	□	□
809.2.4	总的挥发性有机化合物限制 Total VOC limit	□	□
809.3	看到建筑物室外 Views to building exterior	□	□
809.4	室内植物密度 Interior plant density	□	□

国际绿色建筑施工规范涉及绿色、可持续发展建筑物基本方面的为第 4–9 章。其他的章节还有第 10 章现状建筑物，第 11 章现状建筑物和场地开发和第 12 章参考标准等。国际绿色建筑施工规范规范主要在以下几方面对建筑、施工提出了基本要求：

1) 第 4 章　场地的发展和土地使用 Site Development and Land Use

这一部分提出了对建筑物和建筑场地开发和维修的基本要求。其目的是鼓励保护自然资源和有益于环境的土地使用和发展，包括降低施工对场地自然资源的影响 (Limit the Impact of Construction on Site Natural Resources)、交通对场地的影响 (Transportation Impact)，减少热岛效应 (Heat Island Mitigation)，提出建筑场地的照明要求 (Site Lighting)，制定详细的场地发展规划要求 (Detailed Site Development Requirements)，以及与场地的发展和土地利用有关的项目选项 (Project Electives) 等。

2) 第 5 章　材料资源的保护和有效性 Material Resource Conservation and Efficiency

该部分主要是鼓励建筑材料资源保护、建筑资源的有效利用和建筑的环境表现。包括：材料和建筑垃圾的管理 (Material and Waste Management)，材料的选择 (Material Selection)，灯具 (Lamps)，建筑服务的生命周期规划 (Building Service Life Plan)，施工阶段的材料储藏、管理和湿度控制 (Construction Phase Material Storage, Handling and Moisture Control)，以及与材料资源保护和有效利用的项目选项(Project Electives Related to Material Resource Conservation and Efficiency) 等。

3) 第 6 章　能源的保护、能源使用有效性和大气的质量 Energy Conservation，Efficiency and Atmospheric Quality

该部分的主要目的是降低建筑的能源消耗。具体包括：建筑能源表现 (Energy Performance)，高峰峰值功率 (Peak Power) 和减少二氧化碳当量排放量 (Reduced CO_{2e} Emissions)，能源使用和对大气的影响 (Energy Use and Atmospheric Impacts)，能源计量、监测和报告 (Energy Metering，Monitoring and Reporting)，能源需求自动化响应式的基础设施 (Automated Demand Response–AUTO–DR Infrastructure)，建筑的外围护系统 (Building Envelope Systems)，建筑的机械系统 (Building Mechanical Systems)，建筑服务用水的加热系统 (Building Service Water Heating Systems)，建筑电能和照明系统 (Building Electrical Power and Lighting Systems)，具体的电器和设备 (Specific Appliances and Equipment)，建筑的可再生能源系统 (Building Renewable Energy Systems)，建筑能源系统的测试和完成 (Energy Systems Commissioning and Completion)，以及各行政区的要求和项目选项 (Jurisdictional Requirements and

Project Electives）等。

4）第 7 章　水资源的保护和有效使用 Water Resource Construction and Efficiency

该部分主要是建立了对室内，室外水资源的有效使用，以及对污水的输送提出了基本的要求。包括：用水洁具、装置配件、设备和器具（Fixtures，Fittings，Equipment and Appliances），暖通空调系统和设备（HVAC Systems and Equipment），水的处理装置和设备（Water Treatment Devices and Equipment），具体水资源的保护措施（Specific Water Conservation Measures），非饮用水的要求（Non-potable Water Requirements），中水系统（Graywater Systems），废水回收利用系统（Reclaimed Water Systems）等。

5）第 8 章　室内环境质量和舒适度 Indoor Environmental Quality and Comfort

该章的目的是降低建筑室内污染和其他污染物的臭味、刺激性和有害的污染物，提供一个有利于健康的、有利用邻里的、有利于施工人员的室内环境质量。具体内容包括：建筑施工的特性、运营和维修的便利化（Building Construction Features，Operations and Maintenance Facilitation），暖通空调系统（HAVC Systems），具体的室内空气质量和污染控制措施（Specific Indoor Air Quality & Pollutant Control Measures），防止石棉的使用（Asbestos Use Prevention），材料的有害气体释放和污染物的控制（Material Emissions & Pollutant Control），声音的传播（Sound Transmission）和自然采光（Daylighting）等。

6）第 9 章　绿色建筑性能的测试、运行和维修 Commissioning，Operation and Maintenance

该部分主要针对建筑入住之前和之后的绿色建筑性能，包括，设备调试、运作和维护以及对户主的教育。性能测试计划包括场地 / 土地的使用（Site/Land Use）、建筑材料（Materials）、能源（Energy）、照明（Lighting）、水（Water）和声音的传播（Sound Transmission）等。

7）第 10 章　现存建筑 Existing Buildings

这一章对现存建筑的加建、改建、搬迁和维修以及对历史性建筑等作出了基本的要求。

8）第 11 章　现存建筑的场地发展 Existing Building Site Development

该部分提出了对现存建筑场地改建、修缮和维修的详细要求，以及由于建筑的改建和加建等原因所引起的对建筑场地的改善的详细要求。这些要求包括现存的景观建筑（Existing Building Landscaping）、场地的硬质景观（Site Hardscape）以及地面机动车停车场（Surface Vehicle Parking）等。

国际绿色建筑施工规范 USGBC/IES/ASHRAE/ASTM/AIA/ICC International Green Construction Code（Public Version 2.0，December 15，2010）

迈向零能耗的绿色建筑节能标准 -189.1 系列 2009 标准作为行政区满足国际绿色建筑施工规范要求替代规范 ANSI/ASHRAE/USGBC/IES Standards 189.1-2009 *Standard for the Design of High-Performance Green Buildings Except Low-Rise Residential Buildings*-A Jurisdictional Compliance Option of the IGCC.

目录

第 1 章　行政管理 Administration

101. 概论 General

102. 适用性 Applicability

103. 执法官员的义务和权力 Duties and Powers of the Code Officials

104. 施工文件 Construction Documents

105. 项目审批 Approval

106. 许可证 Permits

107. 费用 Fees

108. 申诉委员会 Board of Appeals

109. 入住证 Certificate of Occupancy

第 2 章 定义 Definitions

201. 概论 General

202. 定义 Definitions

第 3 章 行政区特定要求和项目选项 Judictional Requirements and Project Electives

301. 概论 General

302. 行政区特定要求 Judictional Requirements

303. 项目选项 Project Electives

304. 全建筑物生命周期评估 Whole Building Life Cycle Assessment

第 4 章 场地开发和土地利用 Site Development and Land Use

401. 概论 General

402. 保护自然资源 Preservation of Natural Resources

403. 交通影响 Transportation Impact

404. 降低热岛效应 Heat Island Mitigation

405. 场地照明 Site Lighting

406. 详细场地开发要求 Detailed Site Development Requirements

407. 项目选项 Project Electives

第 5 章 建筑材料资源保护和利用率 Material Resource Conservation and Efficiency

501. 概论 General

502. 材料和废料管理 Material and Waste Management

503. 材料选择 Material Selection

504. 灯具 Lamps

505. 服务寿命 Service Life

506. 湿度控制和建材储存和处理 Moisture Control and Material Storage and Handling

507. 加入稻草的施工 Strawable Construction

508. 项目选项 Project Electives

第 6 章 节能和地球大气质量 Energy Conservation，Efficiency and Atmospheric Quality

601. 概论 General

602. 能源性能、高峰电力和减少二氧化碳当量排放 Energy Performance，Peak Power and Reduced CO_{2e} Emissions

603. 能源使用及对大气的影响 Energy Use and Atmospheric Impacts

604. 能源计量、监测和报告 Energy Metering，Monitoring and Reporting

605. 自动需求响应设施 Automated Demand Response（Auto–DR）Infrastructure

606. 建筑物维护结构系统 Building Envelope Systems

607. 建筑物机械系统 Building Mechanical Systems

608. 建筑物服务热水系统 Building Service Water Heating System

609. 建筑物电力和照明系统 Building Electrical Power and Lighting Systems

610. 具体电器和设备 Specific Appliances and Equipment

611. 建筑物可再生能源系统 Building Renewable Energy Systems

612. 能源系统检测和完善 Energy Systems Commissioning and Completion

613. 行政区具体要求和项目选项 Jurisdictional Requirements and Project Electives

第 7 章 水资源保护和利用率 Water Resource Conservation and Efficiency

701. 概论 General

702. 用水用具、配件、电器和设备 Fixtures，Fittings，Equipment and Appliances

703. 暖通空调系统和设备 HVAC Systems and Equipment

704. 水处理器械和设备 Water Treatment Devices and Equipment

705. 具体节水措施 Specific Water Conservation Measures

706. 非饮用水要求 Non-potable Water Requirements

707. 雨水收集和输送系统 Rainwater Collection and Distribution Systems

708. 中水系统 Graywater Systems

709. 回用水系统 Reclaimed Water Systems

710. 项目选项 Project Electives

第 8 章 室内环境质量和舒适 Indoor Environmental Quality and Comfort

801. 概论 General

802. 建筑物施工特点、使用和维修 Building Construction Features，Operations and Maintenance Facilitation

803. 暖通空调系统 HVAC Systems

804. 具体的空气质量和污染物控制措施 Specific Indoor Air Quality and Pollutant Control Measures

805. 预防石棉的使用 Asbestos Use Prevention

806. 建筑材料有害气体释放和污染物控制 Material Emissions and Pollutant Control

807. 声学 Acoustics

808. 自然采光 Daylighting

809. 项目选项 Project Electives

第 9 章 建筑物系统和设备检测、操作和维修 Commissioning，Operation and Maintenance

901. 概论 General

902. 审批机构 Approved Agency

903. 检测 Commissioning

904. 建筑物使用维修和物主教育 Building Operation，Maintenance and Owner Education

第 10 章 现状建筑物 Existing Buildings

1001. 概论 General

1002. 加建 Additions

1003. 现状建筑物改建 Alterations to Existing Building

1004. 使用变更 Change of Occupancy

1005. 历史性建筑物 Historic Buildings

1006. 行政区具体要求 Jurisdictional Requirements

第 11 章 现状建筑物和场地开发 Existing Buildings and Site Development

1001. 概论 General

1002. 在现有场地上加建 Additions

1003. 对现状建筑场地改建 Alterations to Existing Building Sites

1004. 场地使用变更 Change of Occupancy

1005. 历史性建筑场地 Historic Building Sites

第 12 章 参考标准 Reference Standards

附录 A：其他法规 Optional Ordinance

附录 B：减少现有建筑物温室气体排放 Greenhouse Gas Reductions in Existing Buildings

附录 C：（现有建筑物）可持续性要求 Sustainability Measures

附录 D：法规执行过程 Enforcement Procedures

附录 2-3 美国住宅建造商协会国家绿色建筑标准 ICC 700-2008 National Home Builder Association National Green Building Standard TM ICC 700-2008[42]

美国住宅建造商协会（NAHB）是全美住宅建造商的行业组织，成立于 1942 年，其目的在于促进将住房视为国家基本国策（A National Priority）的任何公共政策。美国住宅建造商协会认识到住房和房屋供应商对国家的贡献，努力创造一个适当的环境，让每一个美国人都能够有机会在一个适于居住的环境（A Suitable Living Environment）中获取安全、舒适和可支付的住所（Safe，Decent and Affordable Home）。为此，美国住宅建造商协会致力于为住宅设计和施工建立完善的行业标准。

美国住宅建造商协会于 2006 年推出绿色住宅建筑示范指南（The NAHB Model Green Home Building Guidelines）作为组织的绿色建筑标准，并于 2008 年开始根据该示范指南通过绿色建筑认证服务。2009 年 1 月，在该示范指南基础之上编撰的绿色建筑标准 ICC 700-2008 获得美国标准研究院批准。国家绿色建筑标准 ICC 700-2008 将示范指南的认证绿色建筑物类型从新建独立式住宅扩大到多个单元的公寓、住宅改建等项目（Multifamily，Remodeled，and Development Projects）。2010 年 9 月开始，美国住宅建造商协会正式开始逐步采用绿色建筑标准 ICC 700-2008 来取代绿色住宅建筑示范指南作为绿色建筑物认证的唯一标准。到 2011 年底，绿色住宅建筑示范指南将完全停止使用。

国家绿色建筑标准 ICC 700-2008 为居住建筑的设计和施工实践通过完善的标准。这些标准适用于以下方面：

➢ 新建单一家庭住宅（Single-family Homes），包括独立式住宅，联排式住宅，两户连体、三户连体和四户连体式住宅（Duplexes，Triplexes and Quad-plexes）

➢ 新建多户居住建筑（Multifamily Residential Buildings）

➢ 混合使用建筑物（Mixed-use Buildings）中居住建筑部分

➢ 少于现有建筑面积 75% 的单一家庭住宅的加建

➢ 单一家庭和多户式居住建筑更新

➢ 单一家庭居住建筑更新和加建

➢ 建于 1980 年前的居住建筑物更新

➢ 非居住建筑物通过更新改造成居住建筑。建筑物用途变更可以采用绿色建筑物认证途径（Green Building Path）而不是采用绿色改建认证途径（Green Remodel Path）

➢ 居住或混合使用开发项目的一部分或一个分期（Sections or Phases）

➢ 整个居住或混合使用开发项目和小区（Subdivisions）等。

美国住宅建造商协会的国家绿色建筑标准 ICC 700-2008 共分 11 章。第 1 章界定法规使用范围和如何进行管理；第 2 章给出具体的定义和法规中特定术语的含义；第 3 章解释各种达标的方式和方法；第 4 章为建筑场地设计和开发；第 5~10 章是该法规的重点部分，主要覆盖绿色建筑实践的 6 个大的方面如下：

第 5 章 地块设计、平整和开发 Lot Design，Preparation，and Development

第 6 章 资源使用效率 Resource Efficiency

第 7 章 能源效率 Energy Efficiency

第 8 章 用水效率 Water Efficiency

第 9 章 室内环境质量 Indoor Environmental Quality

第 10 章 建筑物及其系统的操作、维修和业主教育 Operation，Maintenance and Building Owner

Education

第 11 章 为参考文件（Referenced Documents）。法规的最后为两个附录：附录 A 安装通风管道车库抽风扇装机容量标准；附录 B 整体建筑物通风系统指标。

国家绿色建筑标准 ICC 700–2008 根据绿色居住建筑物建设、使用情况分为四个认证等级，从低到高的顺序分别为为铜质级（Bronze）认证、银质级（Silver）认证、金质级（Gold）认证和绿宝石级（Emerald）认证。负责管理国家绿色建筑标准 ICC 700–2008 的美国住宅建造商协会科研中心还对土地开发项目（Land Developments）提供 1~4 星的认证。与其他绿色建筑评级系统包括 LEED 的认证系统不同，要取得美国住宅建造商协会的国家绿色建筑标准 ICC 700–2008 的认证，除了满足总积分外，每一个评级内容都要求必须达到最低评分。

国家绿色建筑标准 ICC 700–2008 认证等级和得分 Green Building Standards Performance Level Points

绿色建筑评级内容 Green Buildings Categories			认证等级和得分 Performance Level Points			
			铜质级	银质级	金质级	绿宝石级
1	第 5 章	地块设计、平整和开发	39	66	93	119
2	第 6 章	资源使用效率	45	79	113	146
3	第 7 章	能源使用效率	30	60	100	120
4	第 8 章	用水效率	14	26	41	60
5	第 9 章	室内环境质量	36	65	100	140
6	第 10 章	操作、维修和物主教育	8	10	11	12
7		其他评级内容附加分	50	100	100	100
总积分 Total Points			222	406	558	697

资料来源：National Home Builder Association National Green Building Standard TM ICC 700–2008.

美国住宅建造商协会国家绿色建筑标准 ICC 700–2008

National Home Builder Association National Green Building Standard TM ICC 700–2008

目录

400. 场地设计和开发 Site Design and Development

401. 场地 Site Selection

402. 项目组、使用与目标 Project Team，Mission Statement，and Goals

403. 场地设计 Site Design

404. 场地开发和施工 Site Development and Construction

405. 创新的实践 Innovative Practices

第 5 章 地块设计、平整和开发 Lot Design，Preparation and Development

500. 地块设计、平整和开发 Lot Design，Preparation and Development

501. 地块选择 Lot Selection

502. 项目组、使命和目标 Project Team，Mission Statement and Goals

503. 地块设计 Lot Design

504. 地块施工 Lot Construction

505. 创新的实践 Innovative Practices

第 6 章 资源使用效率 Resource Efficiency

601. 施工材料和废料的数量 Quantity of Construction Materials and Waste

602. 材料超级耐久性能和 Enhanced Durability and Reduced Maintenance

603. 重复使用和再利用材料 Reused or Salvaged Materials

604. 具有回收成分的建筑材料 Recycled-content Building Materials

605. 循环利用施工废料 Recycled Construction Waste

606. 可再生建筑材料 Renewable Materials

607. 有效利用自然资源的建筑材料 Resource-efficient Materials

608. 本地材料 Indigenous Materials

609. 生命周期分析 Life Cycle Analysis

610. 创新的实践 Innovative Practices

第 6 章 表 6（1）气候区 Climate Zones

表 6（2）平均年度降雨量 Avearge Annual Percipitation

表 6（3）白蚁侵蚀机率 Termite Infestation Probability

第 7 章 能源效率 Energy Efficiency

701. 最低的能源效率要求 Minimum Energy Efficiency Requirements

702. 实际测试达标途径 Performance Path

703. 规定性达标途径 Prescriptive Path

704. 其他做法 Additional Practices

705. 创新的实践 Innovative Practices

第 8 章 用水效率 Water Efficiency

801. 室内外用水 Indoor and Outdoor Water Use

802. 创新的实践 Innovative Practices

第 9 章 室内环境质量 Indoor Environmental Quality

901. 污染源控制 Pollution Source Control

902. 污染物控制 Pollutant Control

903. 湿度管理、湿气、雨水、管道、暖通空调 Moisture Management，Vapor，Rainwater，Plumbing，HVAC

904. 创新的实践 Innovative Practices

第 10 章 操作、维修和物主教育 Operation，Maintenance and Building Owner Education

1001. 一户和两户家庭居住建筑物主手册 Building Owner' s Manual for One–and Two–Family Dwellings

1002. 一户和两户家庭及多个单元居住建筑物物主建筑物使用和维修培训 Training of Building Owners on Operation and Manitenance for One– and Two–Family Dwellings and Multi–unit Buildings

1003. 多个单元居住建筑物施工、使用、维修和培训手册 Construction，Operation and Maintenance Manuals and Training for Multi–Unit Buildings

1004. 创新的实践 Innovative Practices

第 11 章 参考文件 Referenced Documents

附录 A 安装通风管道车库抽风扇装机容量标准 Appendix A. Ducted Garage Exhust Fan Sizing Criteria

附录 B 整体建筑物通风系统指标 Appendix B. Whole Building Ventilation Systems Specifications

参考资料 Reference

1. Reed Business Information.（2003）. *Building Design and Construction.*
   Retrieved on January 16，2010 from
   http：//usgbc.org/Docs/Resources/BDCWhitePaperR2.pdf.
2. Inventors.（2010）*The History of the Refrigerator and Freezers.*
   Retrieved on January 17，2010 from
   http：//inventors.about.com/library/inventors/blrefrigerator.html
3. Chicago Historical Society.（2005）. *The Electronic Encyclopedia of Chicago.* Architecture：The City Beautiful Movement. Retrieved on January 17，2010 from
   http：//encyclopedia.chicagohistory.org/pages/61.html
4. Nationalatlas.gov.（2010）. *Environment of the United States.*
   Retrieved on January 16，2010 from http：//www.nationalatlas.gov/environment.html
   National Parks and Conservation Association. NPCA's Timeline Retrieved on January 16，2010 from http：//www.npca.org/who_we_are/timeline/
5. Audubon. Timeline of Accomplishments. Retrieved on January 16，2010 from
   http：//audubon.org/timeline–accomplishments
6. Sierra Club.（2010）The John Muir Exhibit.
   Retrieved on January 16，2010 from http：//www.sierraclub.org/john_muir_exhibit/
7. Carson，Rachel.（2002）*Silent spring.* The 40th Anniversary Edition. Mariner Books. New York City，NY.
8. International Encyclopedia of the Social Sciences. *Environmentalism.* Retrieved on January 18，2010 from http：//www.encyclopedia.com/topic/environmentalism.aspx
9. Earth Day Network.（2010）*About* us.
   Retrieved on January 18，2010 from http：//www.earthday.org/about–us
10. United Nations Environment Program UNEP Environment for Development.（2002）*Global Environment Outlook 3.*
    Retrieved on January 18，2010 from http：//www.unep.org/geo/GEO3/english/index.htm and
    http：//www.unep.org/geo/geo3/pdfs/Chapter1.pdf

11. *Virginia's dean of green architecture talks about eco–efficiency, a multi–disciplinary approach, and the need for a new platform of thought."*

Retrieved on January 20, 2010 from

http://www.businessweek.com/innovate/content/mar2007/id20070327_813651.htm.

Business Week. (2007). "William McDonough: The Original Green Man".McGraw–Hill Companies Inc. 2007–03–27

12. Cicely Enright. (2008). *Rating Green Buildings*

Retrieved on January 20, 2010 from http://www.astm.org/SNEWS/SO_2008/enright_so08.html

Sims, Dominic. (2009) *A Path Forward for Green Building: Creating a Code for Sustainable Buildings*

Retrieved on January 20, 2010 from http://www.astm.org/SNEWS/ND_2009/sims_nd09.html

13. Whole Building Design Guide–WBDG. A Program by the National Institute of Building Sciences (NIBS). (2010) *About the WBDG.*

Retrieved on January 21, 2010 from http://www.wbdg.org/about.php

14. The City of New York Department of Design and Construction. (1999). *High performance Building Guidelines.*

Retrieved on January 21, 2010 from http://www.nyc.gov/html/ddc/downloads/pdf/guidelines.pdf

15. Gustafson, Angela. (2006). *Green Cleaning and The Role of Building Service Contractors.* Presented at Georgia's Environmental Conference. Retrieved on January 21, 2010 from

http://www.georgiaenet.com/repository/Topic%20Y%20–%20Building%20Green%20in%20Georgia%20–%20Angela%20Gustafson.pdf

16. U.S. Environmental Protection Agency. U.S. Department of Energy. (2011) *History of ENERGY STAR.*

Retrieved on January 21, 2010 from

http://www.energystar.gov/index.cfm?c=about.ab_history

17. U.S. Green Building Council

Retrieved on January 21, 2010 from http://www.usgbc.org/

18. USGBC. (2010).The Chesapeake Bay Foundation's Philip Merrill Environmental Center (CBF Merrill Environmental Center) LEED 1.0 Platinum.

Retrieved on January 21, 2010 from

http://leedcasestudies.usgbc.org/overview.cfm?ProjectID=69

19. USGBC. (2010). LEED Projects & Case Studies Directory

Retrieved on January 21, 2010 from

http://www.usgbc.org/LEED/Project/CertifiedProjectList.aspx

20. USGBC. (2010) *Rating Systems.*

Retrieved on January 22, 2010 from http://www.usgbc.org/DisplayPage.aspx?CMSPageID=222

21. USGBC. (2009) LEED 2009 for New Construction and Major Renovations, *Project Checklist*

Retrieved from

Retrieved on January 22, 2010 from http://www.usgbc.org/DisplayPage.aspx?CMSPageID=220

22. USGBC. (2009).LEED 2009 for Neighborhood Development, Project Checklist

Retrieved from

Retrieved on January 22, 2010 from http://www.usgbc.org/DisplayPage.aspx?CMSPageID=148

23. USGBC. (2010). *LEED PROFESSIONAL CREDENTIALS* Retrieved on January 22, 2010 from

http://www.gbci.org/main–nav/professional–credentials/leed–credentials.aspx

24. Green Globe.（2010）*Program summary*

Retrieved on January 23，2010 from http：//www.greenglobes.com/about.asp

http：//www.greenglobes.com/design/Green_Globes_Design_Summary.pdf

25. USGBC.（2011）. *LEED Rating System Development*

Retrieved on July 28，2011 from http：//www.usgbc.org/DisplayPage.aspx?CMSPageID=2360

26. Green Building Initiative-GBI.

Retrieved on January 22，2010 from http：//www.thegbi.org/

27. Green Globe.（2010）What is Green Globes?

Retrieved on January 23，2010 from http：//www.greenglobes.com/about.asp

28. ECD Energy & Environment Canada Ltd. Green Globes：Design for New Buidlings and Retrofits. *Rating System and Program Summary* December 2004. Retrieved on January 23，2010 from

http：//www.greenglobes.com/design/Green_Globes_Design_Summary.pdf

29. EPA.（2010）. Green Buildings Program. *The Federal Commitment to Green Building：Experiences and Expectations*）Retrieved on January 23，2010 from

http：//www.epa.gov/greenbuilding/pdf/2010_fed_gb_report.pdf

30. EPA.（2010）. *Greening EPA/Executive* Order 13423

Retrieved on January 23，2010 from www.epa.gov/greeningepa/practices/eo13423.htm

31. Energy Efficiency and Renewable Energy Program，Department of Energy.（2008）. *2008 FEDERAL ENERGY MANAGEMENTPROGRAM（FEMP）MARKET REPORT*

Retrieved on January 23，2010 from *http：//www.nrel.gov/docs/fy09osti/46021.pdf*

32. USGBC.（2010）. *Public Policies Adopting or Referencing LEED* Retrieved on January 23，2010 from

http：//www.usgbc.org/DisplayPage.aspx?CMSPageID=1852）

33. Green Building for Cool Cities by Sierra Club，2009. Retrieved on January 23，2010 from

http：//action.sierraclub.org/site/MessageViewer?em_id=144021.0

34. USGBC.（2010）. *Financing and Encouraging Green Building in Your Community*

Retrieved on January 25，2010 from http：//www.usgbc.org/ShowFile.aspx?DocumentID=6247

35. The City of Evanston，Illinois.（2009）. *Green Building in Evanston*

Retrieved on January 25，2010

http：//www.cityofevanston.org/assets/pdf/minutes/environment/pdf/GBOFAQFinalDraft4410_2_.pdf

36. Kaplow，Stuart D.（2009）. *Maryland Local Government Mandatory Green Building Laws and Incentives："I'm from the government and I' m here to help"*

Retrieved on January 25，2010 from

37. Environmental Service，Arlington Virginia.（2010）. *Green Building Incentive Program.* Retrieved on January 25，2010 from

http：//www.arlingtonva.us/departments/EnvironmentalServices/epo/PDFfiles/file69951.pdf

http：//www.arlingtonva.us/departments/EnvironmentalServices/epo/EnvironmentalServicesEpoIncentiveProgram.aspx

38. Yudelson Associates.（2007）. *Green Building Incentives That Work：A look at how local governments are incentivizing green Development.* Retrieved on January 25，2010 from

http：//www.naiop.org/foundation/greenincentives.pdf

39. ANSI/ASHRAE/USGBC/IES Standards 189.1-2009 Standard for the Design of High-Performance Green

Buildings Except Low-Rise Residential Buildings *ASHRAE Journal's Guide to Standard 189.1*. June 2010.

40. USGBC/IES/ASHRAE/ASTM/AIA/ICC International Green Construction Code Public Version 2.0, Novermber 2010. Retrieved on January 25, 2011 from
http://www.iccsafe.org/AboutICC/Pages/default.aspx
http://www.iccsafe.org/cs/IGCC/Pages/IGCCDownloadV2.aspx
41. International Code Council. (2010) *International Green Construction Code- Synopsis*. Retrieved on January 25, 2011 from
http://www.iccsafe.org/cs/IGCC/Documents/PublicVersion/IGCC_PV2_Synopsis.pdf
International Green Construction Code. Public Version 2.0. November 2010.
http://98.129.193.74/IGCC-PV2_PDF.pdf
42. ICC 700-2008 National Home Builder Association National Green Building Standard TM ICC 700-2008 Retrieved on January 25, 2010 from
http://www.nahb.org/page.aspx/landing/sectionID=5

第三章
绿色建筑的理论和绿色建筑的整体设计方法

与以往仅注重美学、材料或技术的建筑流派和理论不同，绿色建筑理论强调的是将建筑各个部分视为一个整体，又将这一建筑整体与其所在的环境视为一个整体，是尽最大限度地减少相互之间的不良影响，同时最大限度地为建筑物使用者提供高质量建筑环境的生态建筑理论。

绿色建筑的理念是一种整体、系统的设计理念。与传统的设计方法不同，绿色建筑采用整体、生态设计法，是寻求建筑物在它的生产和服务的整个生命周期的过程中，对环境产生最少的负面影响。这种方法是通过使用可再生资源，降低产品的损耗能量，以及发展和使用改良、创新式的生产模式而实现的。绿色建筑设计最重要的原则是探索一种整体性的、可持续的设计方法。

绿色建筑设计，正如美国建筑师学会所定义的那样，作为可持续的设计是通过一个整体性的设计和交付过程而实现的。这种整体性的目标是为了降低二氧化碳，提高空气和水的质量，保护自然资源，同时为人类提升和创造一种宜居、舒适、高效、多样、安全、优美居住环境。这一章共分为三节，分别对绿色建筑的生态理论、绿色建筑物整体设计方法和整个设计过程，包括从方案设计阶段、扩初阶段、施工图阶段、投标和施工阶段、建筑的使用阶段到入住等不同阶段，各个设计团队成员的具体任务进行了详细的讨论。

Part Ⅲ
Green Building Theory and Green Building Design Approach —The Integrated Design Process

Profoundly different from prior architecture styles or trends that either focused on esthetics, or materials, or technology, the green building theory takes a whole building and ecological approaches to minimize the negative impacts on each other. Eco-design is the methodology that is concerned with minimizing environmental impacts of the life cycle of building and services in terms of embodied energy, materials, distribution, packaging and end-of-life treatment. These solutions can range from specifying renewable materials, reducing the embodied energy during usage to innovating the business model. The fundamental principle of green building theory is to achieve a whole building, sustainable design.

Green building is the practice of creating structures and using processes that are environmentally responsible and resource-efficient throughout a building's life-cycle from siting to design, construction, operation, maintenance, renovation and deconstruction.

Green building design as a sustainable design is achieved through an integrated design and delivery process that enhances the natural and built environment by using energy sensibly with a goal toward carbon neutrality, improves air and water quality, protects and preserves water and other resources, and creates environments, communities and buildings that are livable, comfortable, productive, diverse, safe and beautiful to stir our imagination (AIA). This chapter has three sections that provide discussion on ecodesign-based green building theory, green building's whole building approach and intergrated design process, inlcuding specific tasks of each design team member at every stage of the development process from pre-design, schematic design, design development, construction documentation, bidding and construction, to building operation and occupancy.

第一节
绿色建筑的理论：生态设计
Green Building Theory：Ecological Design

绿色建筑的目的就是在建筑的整个生命周期中，通过有效使用资源（能源、水和建筑材料）来减少建筑建造和使用过程中的污染，全面提升人类健康的居住环境质量和降低对环境的负面影响。绿色建筑的理念是让建筑对环境产生最少的影响。这种“最少地影响自然环境”的概念，正是生态设计理论所一直强调的观点。

生态设计（Eco Design）强调的是在产品的整个生命周期（产品的生产和服务周期）中，对环境产生最少的负面影响的方法。生态建筑设计（Ecological Building Design）指的是建筑在设计、建造和使用的整个生命周期过程中，对环境产生最少的影响，同时给人类带来健康的工作和居住环境。

生态建筑设计主要是将生态学的理论应用到可持续性建筑设计之中，强调的是重视自然、最优化地利用自然和最少地影响自然。生态设计所考虑的因素主要包括：使用最少的材料（Use less material）、使用最少的影响环境的材料（Use material with less environmental impact）、使用最少的资源（Use minimum resources）、产生最少的污染和废物（Reduce pollution and waste）、最优化的产品质量和服务水平（Optimize quality and service life）、最大限度地回收和再利用（Maximize recycling and reuse）以及最大限度地使用可再生资源（Use renewable energy sources）。

1. 生态设计的原理之一：强调地域性 Eco Design Principle #1：Design with Local Context

生态设计所强调的地域性包括本土文化和环境这两个概念。本土文化（Local Culture）所涵盖的历史文脉、本土建筑或地域性建筑是生态设计所极力推崇的。生态设计中所谓的环境指的是当地的自然地理、气候（Local climate and geography）和当地的地形地貌（Regional topography）。

说到地域性建筑，我们很容易联想到前面所提及的本土建筑。本土建筑是考量本地的文化、气候、地形地貌、建筑技术和材料的综合性的建筑体系，具有传统的和地域的特征。从建筑学角度分析，本土建筑将不同的地域文化与环境体现在建筑之中。它不仅是不同的文化载体的传承物，而且是地区与地区之间、民族与民族之间、社区与社区之间特殊性和多样性的承载物。从生态设计的角度来讲，本土建筑本身以本地的气候、地形地貌为设计根本，建筑的整个系统与自然气候特征相辅相成，这种天人合一的和谐是在满足了人们最基本的居住舒适度的前提下，最少地使用能源，降低了建筑对环境的影响程度。从建筑的整个生命周期上分析（Life-cycle analysis），这种与大自然的气候、地理条件相得益彰的建筑体系，本身就在很大程度上延长了其建成后的使用周期。当需要维护、翻修和加建时，本地的材料来源唾手可得，无需在运输和传送上消耗更多的能源。传统的技术既科学又适用，在建筑的建造和使用过程中，既经济又环保。

适宜的技术（Appropriate technology）是20世纪70年代本土建筑中最有说服力的建筑技术体系。70年代的能源危机和环境运动，使这种技术成为许多建筑师所推崇的一种以节约能源为目的的建筑营建体系。这种技术主要是以特定地区的环境、种族、文化、社会和经济为先导。以这种体系建造的建筑要求最少的资源，容易维修，有最低的建筑成本和最少的环境影响。

适宜的技术经常被描述为对环境产生较少负面影响的技术体系。英国经济学家E.F.舒马赫（E.F.Schumacher）在《小就是美丽》（Small is Beautiful）一书中，将适宜的技术描述为“健康、美丽和永久”（Health，beauty and permanence）。英国建筑师约翰·特纳（John F.C. Turner）在他的书《自由营建》（Freedom to Build）中说：“适宜的技术是一种一般人为他们自己的利益和他们地区的利益所使用的技术。

这种技术不依赖任何他们控制不了的系统。这是一种本地的或区域性的、能满足他们自己目标的技术。"

埃及著名建筑师哈桑 · 法西（Hassan Fathy）就是从本土建筑中学习如何利用适宜的技术来建造人们需要的生态建筑的。在他的 New Gourna 的村镇设计中，利用古代努比亚（Nubia）的定居和建造技术，将传统的土坯拱券结构以及炎热沙漠地区特有的用晒干的泥砖制成的厚重外围护墙体，结合到自己的设计之中。用本地的技术、材料，考虑本地的环境与民俗文化，用最少的花费满足人们最大的需求，成了哈桑 · 法西毕生追求的设计哲学（图 3–1，图 3–2）。

例如，哈桑 · 法西利用传统的小型四合院，不仅给居住者提供了极好的纳凉空间，而且形成了有利于室内穿堂风的家庭私密空间。用当地土坯拱券结构制成的塔楼将热空气聚于券顶，并通过小窗洞散于室外，这种将热空气聚于券顶，同时在塔楼底部吸入冷空气所形成的天然空气对流，极其适用于炎热沙漠地区（图 3–3，图 3–4）。

2. 生态设计的原理之二：重视自然的特性 Eco Design Principle #2：Working with Nature

利用自然资源已成为生态设计最为重要的设计手段之一。正确地设计建筑方位，科学地利用太阳能，不仅直接地影响到业主每年的暖通费用，更重要的是在减少建筑使用能源的同时，大大降低建筑活动对环境的影响程度。

要做到合理地利用自然，我们必须知道自然的特性。在我们设计和创新的过程中，用生态学的标准

图 3–1 传统的土坯拱券结构 Traditional Adobe Arches

图 3–2 泥砖制成的厚重外围护墙体 Thick Building Envelope Made of Earth

图 3–3 土坯制成的塔楼 Adobe Tower

图 3–4 利用土坯筑成各式的通风系统 Ventilation System Made of Adobe

（Ecological Standard）作为设计的标准，从某种意义上说，是将自然赋予人类的天然能源加以利用，而不是一味地从自然中强行索取。

利用和借助于自然的方式很多。在绿色建筑设计中，利用日照（Daylighting），不借助任何机械装置直接利用太阳能（Passive Solar），以及自然通风（Natural Ventilation）都是"重视自然特性"这一生态设计原理的具体表现。

1）太阳与场地设计 Sitting with the Sun

勒·柯布西耶（Le Corbusier）说："现代建筑的任务就是必须关心建筑与太阳的关系。"（It is the mission of modern architecture to concern itself with the Sun）

大部分建筑师都知道，太阳的高度角及方位角随着季节的变化而变化，但是不是每一位建筑师都将它正确地考虑到建筑设计之中去了呢？也许这个话题在以前各种建筑风格风靡一时的年代微不足道，但在现在以倡导可持续性设计为前提的理论之下，却显得至关重要。太阳与建筑的关系决定着机械工程师们计算的建筑机械容量的大小。如果建筑师在设计初期做到了科学地利用太阳能，那么暖通空调工程师们所设计的合理的机械系统，在整个建筑的生命周期中所节约的能源将是巨大的。

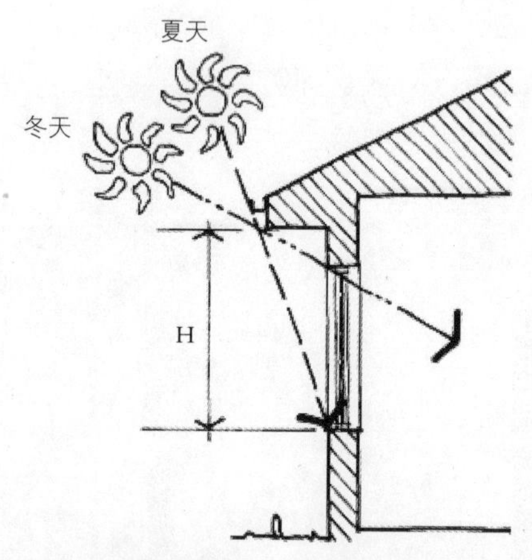

图 3-5 太阳的高度角 Altitude Angle of Sun

（1）太阳的高度角（Altitude Angle of Sun）

太阳的高度角随着季节的变化而变化。通常是夏天高而冬天低，春秋季节的位置则介于夏天和冬天之间（图 3-5）。所以利用这种自然现象，可在设计中做到让建筑在冬天吸收尽可能多的太阳能，而在夏天尽量避免接受过多的辐射热。

传统建筑通常是利用前廊、深阳台和落叶树等作为调节太阳高度角的工具。夏天，前廊、深阳台和落叶树能够有效地遮挡天空中较高的太阳高度角的辐射。冬天，由于太阳高度角变低，前廊、深阳台和落叶树无法遮挡住太阳的直射。在现代建筑设计中，也利用纵向天窗（Clerestories）、天窗（Skylights）或者光线隔板（Light shelves）来接受和遮挡太阳能。

（2）直接的太阳能系统（Direct-gain Systems）

直接对太阳能进行利用的系统有很多，在设计中较为广泛利用的有类似温室功能的太阳空间和特隆布墙体系统。

①太阳空间（Sun Space）

太阳空间是一个直接利用太阳能的设计手法。它利用温室效应（Greenhouse Effect），让太阳的辐射（短波）通过玻璃进入室内。太阳的热能被室内的物质吸收后，物质变热所产生的辐射热（长波）却不能透过玻璃散发到室外，于是室内温度开始升高。在冬天的上午，由玻璃组成的太阳空间的室内温度可以达到很高，但到了傍晚，温度会骤然降低。因此，为了平衡这种温度，使主要的建筑空间享受到太阳空间的热能转换，通常在太阳空间与主建筑之间，或在太阳空间的两侧加建较厚墙体（吸热性较强的材料），同时使用吸热性较强的地板。这样一来，当太阳空间温度升高时，背后的墙体以及地板将吸收白天多余的热能。当温度在傍晚降低后，墙体和地板开始释放白天储蓄的热能。通过这种手段，建筑室内白天和晚上的温度可达到相对的平衡。

极好的例子可以从弗兰克·劳埃德·赖特（Frank Lloyd Wright）的作品雅各布的住宅 II（Jacobs II House）中看到。赖特在此作品中，运用超大型南向玻璃门窗，使主要家庭活动空间形成了一个较大的玻璃温室。为了使建筑室内白天和晚上的温度达到相对的平衡，他在建筑内部的另外三侧设计了极其厚重的石材墙面，并且运用了较厚的混凝土地板，其作用是吸收白天室内多余的热能，使白天和晚上室内温度自然达到人体所需要的程度（图 3-6~ 图 3-8）。

②特隆布墙体系统（Trombe Wall System）

一个名为弗利克斯 · 特隆布（Felix Trombe）法国学者，在 1966 年发明了在玻璃温室的南面加建一道厚重的保温墙体（大约 12in/305mm 厚）方法。它的作用就是在室内温度太高的时候，吸收多余的热量，同时在室外温度降低时释放热量。因为此墙比较厚，所以其吸热的能力也较大。这就是著名的特隆布墙体系统（图 3–9）。

直接利用太阳能的方法还有许多，如水墙（Water Walls），就是用水做成吸收和释放热能的墙体系统，或者在屋顶加建水塘（Roof Ponds），其作用也是形成一个吸收和释放热能的平衡系统。

图 3–6 雅各布住宅Ⅱ Jacobs II House

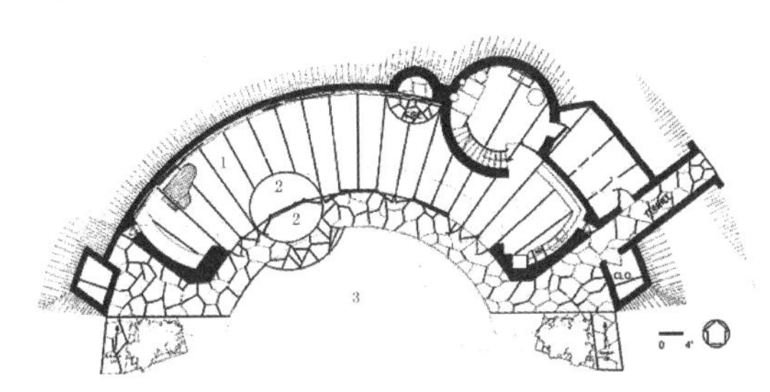

图 3–7 雅各布住宅Ⅱ 底层平面图 Jacobs II House First Floor

1. 客厅 2. 游泳池 3. 前院

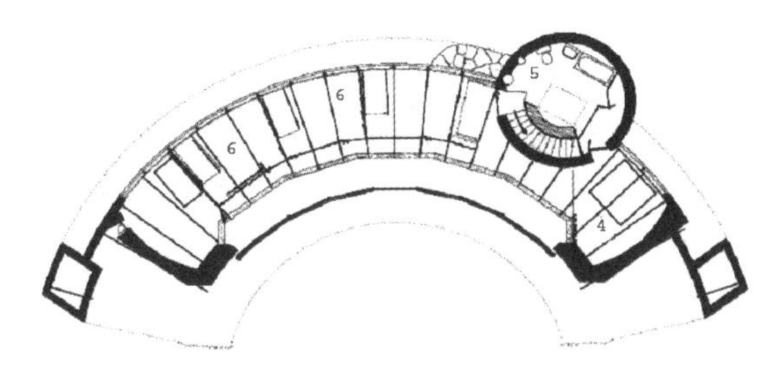

图 3–8 雅各布住宅Ⅱ 二层平面图 Jacobs Ⅱ House Second Floor

4. 主卧室 5. 主浴 6. 卧室

2）建筑方位 Orientation

建筑方位设计的合理与否，直接关系到太阳能利用的多少。所谓方位指的是一个建筑的位置与方向。方位是决定一个建筑接受太阳能多少的主要因素。随着一年四季的变化，太阳的方位角和高度角也在变化。太阳与建筑方位的关系一般有以下几点：

（1）一般面向南方的建筑表面接受到最多的太阳日照，同时也是全年里接受到日照时间最长的表面。所以为了使建筑在冬天接受到更多的太阳日照，建筑的主体应面向南方，或尽量面向南方，同时应考虑开设窗体。与南面相比，东南和西南接受相应较少的日照。

图 3–9 特隆布墙体和高纵向侧窗 Trombe Wall and Clerestories

摄影：Williamson，Robb 美国国家再生能源实验室

（2）面朝北方的建筑表面是全年接受阳光最少的一面。同样东北与西北只能在盛夏接受到一点点日照。所以北向墙体一般在冬季阴凉，不宜开启较大的门窗，是采用保温材料的重点部位。但这是高纵向侧窗或锯齿形天窗的最佳位置，因为只有来自北面的日光不至于在室内产生眩光（图 3–10）。某些高性能建筑将北面埋于土内，而将大面积玻璃置于南面。这种例子在本土建筑中也不乏其例。

（3）夏天，由于太阳的高度角偏高，所以一天最热的时候，太阳的热能主要来自屋顶。因此，放置水平屋顶天窗的方法，并不是好的设计手法，一来它接受过多的太阳热能，二来易使室内产生强烈的眩光。

图 3-10 北向的高纵向侧窗 Clerestories on Northern Elevation
摄影：Williamson，Robb 美国国家再生能源实验室

由于太阳的高度角在夏天偏高，所以只需在南向的窗户上方稍加挑檐，或其他的遮阳系统，就很容易挡住强烈的阳光。冬天，太阳的高度角偏低，而且光线主要来自南方，如果将大面积的门窗设计于南面，建筑将接受最好的日照和最多的热能。

（4）在冬天，南向的玻璃所接受的太阳辐射热是东面或西面的三倍。而在夏天，只是东面或西面的三分之一。因此，夏天较炎热地区，应尽量避免在建筑的东面或西面开启较大面积的窗洞[1]。

（5）真正的南向在现实世界里不是总能实现的。但实验证明，太阳能玻璃板块在南向偏东或偏西 20° 时，工作效率非常高。甚至在南向东西 45° 角的范围内，建筑接受太阳能的效率也是非常高的[1]。

3. 生态设计的原理之三：有效地使用能源，降低污染与废物 Eco Design Principle #3–Reduce Pollution and Waste by Increasing Energy Efficiency

建筑给环境造成污染的最大原因是使用化石燃料（Fossil Fuels）作为能源，包括原煤（Coal）、石油（Oil）和天然气（Natural Gas）。生态设计所强调的是最大限度地尊重建筑的地域性、自然特性和有效地使用可再生能源，其目的就是最大化地有效使用自然能源，减少燃烧化石燃料而造成的环境危害。

生态设计所强调的可再生能源（Renewable Energy）意味着不给环境带来污染、不给地球气候变化带来危害的能源。它们一般包括：太阳能（Solar Power），风能（Wind Power），燃料电池（Fuel Cells），生物能（Biomass），地热能（Geothermal Power）等。

1）太阳能 Solar Power

太阳能的利用一般有两种。一是不借助任何机械装置直接利用太阳能，也称为被动式（Passive Solar）利用。这种方式通常是通过正确地设计建筑的方位，利用建筑的挑檐（Overhangs）、遮阳系统（Shading）、绝缘材料（Insulation）、窗户（Windows）和热储存系统（Thermal Mass），一种吸收和释放太阳能的系统等来达到直接利用太阳能的效果。

二是通过使用机械装置，将太阳能以热能的形式转换为直流电源，可提供建筑的室内照明、热水系统的电力提供源等。这种形式的太阳能利用叫主动性太阳能（Active Solar）利用，以太阳能光伏发电（Photovoltaics）为典型代表（图 3-11）。

太阳能光伏发电（PV）的主要原理，是通过一系列由硅组成的太阳能电池，接受太阳的辐射热后，将热能转换为直流电源。这是目前认为最为“干净”的能源之一。太阳能光伏发电系统正以每年成倍的速度在增长，它已成为世界上发展最快的能源产业。截至 2009 年底，全球累计太阳能光伏发电装机容量达到 21000MW[2]。

图 3-11 太阳能光伏发电系统 Solar Photovoltaic
摄影：Wilcox，Steve 美国国家再生能源实验室

2）风能 Wind Power

风能通常是将风的能量转换成有用的能量。例如，风力涡轮机（Wind Turbine）能产生电能，风车（Windmill）能产生机械动能，风桨（Windpump）能抽水或排水，或推动船只航行。像太阳能一样，风能也是干净而可再生的自然能源之一（图 3-12，

图 3-12 风桨 Windpump
摄影：Udo Ockema

图 3-13 风力涡轮机 Wind Turbine
摄影：Vetter，Moe 美国国家再生能源实验室

图 3-13）。

人类利用风能的历史可以追溯到很久以前，然而风能技术一直发展比较缓慢，主要在民间被广泛利用。到了 20 世纪 70 年代，由于全球性的能源危机和生态环境的日益恶化，人们对风能又产生了兴趣。特别是对一些地理位置极其不方便的边远山区、广漠的草原、山区窄口地带和远离电网的沿海岛屿，风力发电既解决了生产生活的用电，又是因地制宜、因势利导的绝好方法。

当一个地区风力足够的时候，一个小型的风力涡轮机所产生的电，足够供一些小型的建筑使用。当然，风力涡轮机的放置位置非常重要，通常山区、山与山之间的峡口以及沿海一带是风力发电的最佳位置，而且涡轮机放置的位置越高，捕捉的风力越大。风力发电最起码要求所在地区每年的平均风速应该是 4m/s 或 9mi/h[1]。

美国能源部 2004 年的调查报告[3]显示：美国的风力发电从 2002~2003 年，以 38% 的速度增长。2004 年，风力发电在美国成为最为便宜的能源。到 2005 年，风力发电的成本只有 1999 年的 1/5[4]。截至 2008 年，美国风力发电的总装机容量为 16971MW[5]。

风力发电的最大缺点是不持久性，但在大型的风力发电网中，大型的蓄电池已经可作为风力不够时的补充电源。在美国，一些发电厂已经有效地将太阳能光伏发电结合到风力发电之中。这种科学的体系在不同季节交替工作。夏天，太阳能占优势，于是太阳能光伏发电起主导性的作用。到了冬天，风能又占了绝对优势，于是风力涡轮机又起到了补充太阳能光伏的作用（图 3-14）。

3）燃料电池 Fuel Cells

燃料电池是通过使用原料进行化学反应而产生连续的、干净的电能的一种装置。这里讨论的是以氢氧为原料的质子交换膜燃料电池（Proton Exchange Membrane Fuel Cell，PEMFC）。当与空气作用时，这种含氢的燃料电池产生电力和热能。这里所谓的“燃料”，并不意味着通过燃烧而发电。PEMFC 的工作状态无需任何压力和液体，可以在摄氏 50℃到 100℃之间工作。它是通过氢的高分子质子交换膜为转导媒介而产生

图 3-14 太阳能光伏发电结合风力发电 Solar Photovoltaic in Combination with Wind Turbines

电，同时产生大量的热和水。

在所有燃料电池中，以质子交换膜燃料电池最为环保。它在常压下相对低温的状态中工作，启动非常快，而且由于使用的是固体的电解质，不是液体，所以密封性要求不高，大大消减了产品的投资成本。而且固态相对于液体更不容易被腐蚀，所以这种电池相对于其他电池来说寿命更长、更耐用。重要的是它对人体无损害，很大程度上降低了二氧化碳的排放量。

4）生物质能 Biomass

很多生物质都被人们认为是垃圾，如枯树、树枝、木屑、树皮和锯末，甚至包括旧轮胎和牲畜粪便，其实它们之中储存了大量的生物能量。如果通过简单的处理，它们可以用来发电、供热，做基肥和充当燃料。一个很好的例子是，每年加利福尼亚州从城市的木材废物垃圾、木材厂的废弃物、森林和农业的残余物（Residues from forestry and agriculture），以及其他的饲料库中，可以收集到6000万吨的生物质，其中500万吨用来产生电力。如果将它们全部用来发电，可以产生2000MW的电力，并能用来提供两百万户家庭的日常用电（图3-15，图3-16）。

所有的有机物通过吸收太阳光而产生光合作用，而正是光合作用将太阳能贮藏在有机物之中。这种能量可以转换成电力、热能、沼气、乙醇和氢气。通过现代大型燃烧炉燃烧生物质，可产生相对少的污染物。因为有机物吸收二氧化碳，所以大量种植有机物对环境非常有益。

目前美国处理和利用生物质通常有以下几种办法：

①低技术处理法：堆肥（增肥土壤）。这是通过厌氧消化使生物质腐烂以产生沼气，或将污泥转成肥料，或发酵、蒸馏用来制作乙醇。

②高级技术处理法：

a. 高温裂解：在无空气的状态下加热有机物，以制造燃料气体或其他燃料；或通过加氢，气化以产生甲烷和乙烷。

b. 氢化：在高温高压下，用一氧化碳和蒸汽将生物质能转化为石油；或用高纤维有机废物通过破坏性蒸馏产生甲醇。

全美的生物质能的使用量到2008年为止，工业占58.4%，居住和商业占15%，交通运输占13.7%，纯生产电力占12.9%[6]。

5）地热能 Geothermal Energy

地热能是从地球内部抽取的天然热能。这种能量主要来自于地球深层的核心熔岩。它来源于地球内

图3-15 稻谷壳是一种生物质能 Biomass-Husks of Rice

图3-16 木屑也是一种生物质能 Biomass-Wood Chips
摄影：Gretz，Warren 美国国家再生能源实验室

部比太阳表面温度还高的熔岩浆和放射性物质不断衰变的过程。因为地热能是地球内部不断连续产生的，所以它是一种可再生的自然能源。我们可以将此热能转换成蒸汽和热水，并且用来给建筑供热和发电（图 3–17）。

图 3–17 地热发电厂 Geothermal Power Plant
摄影：Mike Gonzalez

人类很早以前就开始利用地热能，如温泉沐浴、理疗，利用地热水取暖和建造农作物温室等。

地热能集中分布在构成地球板块的结合部一带，该地区也是火山和地震的多发区。三种形式的地热能通常被人们所利用：

（1）直接利用温泉的热水。

（2）电力发电厂通常利用地热喷出的非常高温的水和蒸汽（149~370℃）进行电力发电。地热发电厂一般建在地热水库附近。

（3）通过使用泵将地热由浅地面提取出来供家庭取暖。另外还可以通过热泵利用地热或地热水的温度直接控制地表上方的建筑温度，达到给建筑供热的目的。

地热发电厂不是通过燃烧燃料生产电力，所以它们的二氧化碳的排放量很低，其二氧化碳的排放量只是化石燃料发电厂的 1%，释放导致酸雨的硫化物比化石燃料发电厂少 97%。被地热水库用完的水，又可重新注入地球。因此，这是一种不断循环连续使用的可再生能源。

4. 生态设计的原理之四：通过使用再利用和可回收材料，达到最少地使用资源和提高人类生存环境质量的目的 Eco Design Principle #4：Use Minimum Resources and Optimize Quality of Life by Maximum Using Recycling and Reuse

传统的建筑材料的选择通常以材料的特性、美观和价值为主导，以生态设计为主题的建筑材料，强调的是其有机和自然的特性，是以有益于自然环境和人类身体健康为先导，强调的是最少地影响自然环境和居住者的健康。它们通常有以下的特点：损耗能量较低，来源于自然或可再生资源，材料的来料、加工和生产都源于本地区，很容易被再利用，包含可回收的材质并能很容易被回收，生物降解性材料，不含或含较低的有毒物质，是没有污染或者很少污染的材料，并且是废物利用的材料。

1）有较低的损耗能量 Low Embodied Energy

损耗能量指的是该材料从最初的来源、加工、成型、运输到安装的全部过程中所消耗的总能源。一种材料损耗能量的多少代表着它对环境的影响程度的大小。绝大多数损耗能量的来源是由于燃烧不能再生的化石燃料而产生的。损耗能量越大的材料，意味着需要越多的燃料来制造它。燃烧大多的燃料，既消耗了能源，又对环境产生了更多的污染。它在破坏生态环境的同时，又影响了人类的健康状况。一种自然的生态材料，如木材，其损耗能量为 185 BTU/LB（英热 / 英磅），而人工制成的塑料，其损耗能量高达 18500BTU/LB（英热 / 英磅）。所以，产生 1 英磅的塑料所消耗的能量是生产一英磅木材的一百倍。木地板从砍伐、风干、切割、防虫、防腐到上光上漆，整个过程所需能源极少；而塑料的制作过程则是通过制作高分子量的合成树脂，以及加入适当的添加剂、稳定剂、着色剂等制作而成。一些工程中使用的塑料，主要由人工合成树脂组成，其原材料来源于石油、天然气或煤。这种原材料来源于能源、制作和加工过程都离不开大量能源的材料，在被使用完、成为垃圾以后，其问题就更大。塑料垃圾难以自然分解，导致固体废物增加和存留，如果进行焚化处理，则造成大量的空气污染。部分塑料垃圾在一定的温度下，还会释放有毒物质。因此，尽量使用损耗能量较小的材料，成为了环境保护的一项重要任务[7]。

2）来源于自然或可再生资源 Of Natural Materials，or Renewable Resources

自然的可再生材料与人造材料相对损耗能量较少和毒性较低，它们经过较少的处理过程，同时对环境的影响程度也较少。

自然的可再生材料实际上来源于一些仍然活着的植物、动物或一些有能力自我再生的生态系统。它们能够被一次又一次地生产和利用。例如，我们使用的木地板和竹地板，是经过砍伐树木和竹林后，通过再加工而制作形成的，这种砍伐可以通过再种植来弥补。这种可再种植的材料就是实际意义上的可再生材料。可再生材料不仅仅是可以被无限使用的，而且在整个生产过程中，对环境产生了最少的危害。在适当的管理之下，它们是不会被人类的生产和生活所耗尽的。由于植物本身的存活需要吸收二氧化碳，所以大量使用可再生材料能够大幅度降低二氧化碳的排放量。又因为可再生材料具有最少的能量损耗，因此在整个生命周期中二氧化碳的排放量就大大降低。另外一个重要的特点是，可再生材料具有再利用和在自然界中自我分解的特性。因此，它们不会产生固体垃圾，大大降低了对环境的污染程度。当我们在建筑中使用更多的可再生材料时，建筑本身的可持续性特征也就更加突出了。

3）来料、加工和生产都源于本地区 From Local Resources and Manufacturers

生态设计之所以提及尽量使用本地区的材料，其目的是减少材料运输过程中，交通工具的能源消耗和对空气产生的直接污染。汽车和火车不仅消耗汽油、柴油、燃煤或电力，而且释放大量的二氧化碳。燃烧每一加仑的汽油（$3785cm^3$），二氧化碳的排放量是8.8kg；燃烧每一加仑柴油的二氧化碳的排放量是10.1kg[8]。美国环境保护局的统计数据表明，每辆火车每年（2005年）所释放的二氧化碳为191.5kg[9]。另外，一般本地材料比较适应本地的气候特征，它们耐久，生命周期长，而且在需要维修的时候，材料来源方便快捷。从经济学角度分析，使用本地材料不仅刺激了本地经济，而且促进了本地建筑材料工业和建筑材料科技的发展，既有利于本地的经济，又有利于环保。当所选材料不得不从外地进口时，应本着生态设计的原理，尽量将进口的数量减少到最小。

4）很容易被再利用 Can Be Readily Reused

建筑的再利用包括三方面的内容：一是适应性的再利用，二是保护式的再利用，三是废物利用。

所谓适应性的再利用指的是当一个建筑物不再被使用时，它可以被改建成其他性质的建筑物，而继续被人们使用。例如以前废弃的工厂，可以改建为仓库；废弃的老火车站，可以改建为商业零售建筑物等。

保护式再利用就是当建筑需要拆迁时，有选择地保留可以再利用的窗户、门、钢结构系统、木结构系统，以及保留可以使用的砖、石等。

废物利用主要在于材料本身。被拆除的建筑废料如碎砖、石等，可以重新利用在新建筑的基础工程、花园的铺地等处。废弃的木地板，可以重新抛光，油漆后再利用。各种被拆除后的管道系统和机械装置，也都可以找到各自的用途。

另外，废水的再利用也是生态设计所强调的，如收集雨水进行花卉和植物的灌溉，利用洗脸、洗浴的废水进行马桶冲洗等。

所有有机的自然材料的再利用率非常高。建筑师在选择材料时，尽量使用可再利用的材料，其目的是减少建筑垃圾的产生和减少生产更多的新材料所需要的能源。

5）包含可回收的成分，它们也很容易被回收 Have Recycled Content and should Be Recycled Easily

当一种产品在消费或使用以后，具有部分或全部被再生产和再利用的特性，叫做产品的可回收性。将一些工业过程和日常家庭使用后的废物，回收后制成有用的建筑材料，不但可减少固体垃圾，而且保留了更多未开发资源。

无用的材料通过回收，其所具有的损耗能量被保留了下来。用在回收过程中的能量，远远比最初用来生产这种材料所消耗的能量少得多。一般可回收的建筑材料有玻璃、塑料、柏油、混凝土、砖、木材以及钢、铝等其他金属。从拆迁工地收集回来的混凝土碎块，往往混杂着沥青、砖块、泥土等，将它们一起放入打碎机中，打碎后的混凝土可以作为制作新混凝土的骨料，这样就免除了重新开采山石、制作混凝土骨料的全过程。通过废物利用，减少了固体垃圾，又节省了开采山石的能源，为保护森林植被作出了贡献。

虽然许多建筑材料具有可回收性的特征，但往往与其他材料混合在一起时，很难分开而被回收。例如，一些由木块和塑料压制而成的合成板块，其中的木块就更难回收。钢是最容易与其他物质分开的可回收材料，而玻璃是最容易被回收的材料——它可以通过加热重新塑造成为新的、有用的玻璃和瓷砖[10]。

6）生物降解型材料 Biodegradable

生物降解型材料就是当该材料不再被使用时，能够在自然界中自我分解、最后被自然界吸收的材料。自然分解的过程，也就是在自然界中自我消失的过程，它的消失为其他的有机生物体提供了所需要的营养。这是一种在自然界中自我回收的过程，在分解过程中，它的能量转换成为其他有机体生存所需要的另一种能量。归根到底，这是地球能够维持其生命周期运转的有机过程。

生物降解型材料一般指的是树、各类动植物，以及一些成分极其有机的人造材料。使用这些材料，可以大大减少建筑垃圾的产生，而且对防止环境污染作出贡献。如果我们说某种材料是一种非生物降解型材料（Non-biodegradable Materials），那它一定是一种人造的、无机的材料。当它成为垃圾时，绝大多数不能自我分解，永远留存在自然界中。它不但不能将自己已储藏的能量（生产时的损耗能量）转换成为其他有机体生存所需要的能量，而且将由于长期废弃而形成环境污染，污染河流和土壤等。这是一种不能被自然界、人类再利用的材料。

只有少部分非生物降解型材料可以被人类重新回收和利用。所以，建筑师在选择材料时，必须考虑材料的生物降解型特性，尽量多使用可回收和可再利用的生物降解型材料。

7）不含或含较低的有毒物质 Do not Contain any or Highly Toxic Compounds

使用自然或无毒的材料是生态设计保障一个健康的室内环境质量的重要标准。这既利于建筑工人的健康，利于居住者的环境质量，又不给自然环境带来任何危害。一些胶粘剂在安装使用后的一小段时间，会挥发对人体有害的物质，而其他一些材料则在整个材料的生命周期内，向空气释放有毒物质。

一种材料包含的石油馏分液（Petroleum Distillates）越多，那么这种材料的毒性就越大。带有这种化学物质的产品就是我们所说的“挥发性有机化合物”（Volatile Organic Compounds，VOCs）。具有VOCs的产品，一旦被安装，它的有毒物质就会不断地释放到空气当中。通常许多胶粘剂、密封剂、清洁剂都含有挥发性有机化合物。

通常有益于环境的、自然的产品没有任何毒性。这些都是以有机的或植物型的提取物为原料的产品。由这些原料所生产的产品就是我们所说的绿色生态产品。例如，由可再生资源为原料生产的木地板、竹地板和一些带有较少的挥发性有机化合物的油漆、胶粘剂，密封剂等。

8）没有污染或者很少污染的材料 Non-pollution or Less Pollution Materials

一般自然和有机的材料在安装后，不但给居住者带来了高质量的生活环境空间，同时也在生产过程中降低了对环境的污染成分。建筑材料的生产过程是多种多样的，即便是相同的的材料，其产生线、生产过程也可能是大相径庭的。一些生产商也许更顾及材料的来源，而忽略了其生产过程。有时原材料的来源很有机、很环保，但其生产过程却产生了诸多污染环境的因素。例如，工作环节中效率太低，造成了能源的浪费；原材料购买地与生产地相距太远，生产地与建筑工地相距太远，造成运输系统成本和运输燃料的耗费。由于管理和生产方式的不同，在材料生产过程产生太多的材料垃圾，所有这些都是材料生产过程对环境带来的直接危害。

要降低这些危害，建筑材料商除了制定一套科学合理、有效的生产流程以外，还应该以保护自然环境为生产的出发点，处处以人类健康和环境健康为准则，减少无谓的能源损耗和生产过程中的材料浪费，缩短运输线路，减少生产过程中水对河流的污染等。建筑师在选择使用材料的时候，还必须意识到所选产品的环保特性，避免使用对环境产生太大污染的产品，将生态的概念贯彻到每一个建筑环节之中。

9）减少废物的材料 Waste Reduction Materials

建筑废物（Construction Wastes）指的是建筑资料生产过程以及建筑施工和旧建筑拆迁过程中所产生的废料，包括碎木渣、木屑、碎砖、废弃的混凝土、砌块、泥土、碎石、木材、室外的铺地材料、玻璃、塑料、铝制品、钢、建筑隔板、隔热材料、沥青、电子产品、暖通、水管、树皮、树桩等。美国环境保护署（EPA）统计，仅1996年一年，美国所产生的建筑废物就高达1.36亿吨。

如何减少建筑废物的产生？当然首先我们必须减少对环境的开发，减少原材料的生产、加工和运输。其次就是创造更加有效的材料生产过程，科学地利用能源，生产出更加有效的产品，更多地使用回收性材料和可再利用产品。在材料生产过程中，将产品废物及时加工成可以使用的另一种产品。美国建筑材料市场上销售的定向刨花板（CSB），其原材料就是直接来源于森林砍伐木料时产生的木屑和木渣。

在拆迁过程中，有计划地保留可以再利用和可以回收的材料，将可再利用的产品用在改建旧建筑当中。这样既节省了成本，又减少了建筑的固体垃圾。

在建筑设计中，尽量使用标准尺寸的产品。避免在建筑施工过程中，多余的无谓剪裁，产生多余的废物和浪费。科学地、有计划地减少建筑废物，直接使用回收性的、可再利用性的材料是减少开采自然资源、节省能源和保护环境的重要手段。

第二节
绿色建筑的整体性的设计方法
Green Building Design Approach–Integrated Design

整体性的设计方法是绿色建筑特有的、根本性的方法。它与传统性的设计方法有着本质的不同。传统的设计方法采用一种线性、顺序的思维方式，根据项目进展顺序，依次将不同的专业人员引入设计过程。而绿色建筑的整体性的设计方法采用不断迭代、循环式的思维方式，在明确最终设计目标后，从建筑物整个生命周期的视野高度，同时将所有设计团队投入设计过程。

1. 传统的设计方法 Conventional Design Approach

在北美，传统的建筑设计方法指的是当建筑师获得一项工程以后，与业主共同草拟项目任务书，两者相互交换意见，共同决定建筑的布局、外观形式和主要建筑材料，等等。当建筑的初步设计基本敲定以后，建筑师便开始组织相应的项目团队。在设计扩初阶段，与土木工程师（Civil Engineer）、景观建筑师（Landscape Architect）、结构工程师（Structural Engineer）、机械（暖通）工程师（Mechanical Engineer）、电气工程师（Electrical Engineer）、给排水工程师（Plumbing Engineer）、地质工程师（Geo-technical Engineer）和预算师（Cost Estimator）等相关专业人员一起将初步设计贯彻下去。

传统的设计方法主要是以建筑师为核心，项目组内的其他工程师主要起配合作用。一旦业主要求改动设计时，在建筑师修改完设计以后，项目组内的其他工程师们则随之配合修改。在某种意义上说，这是一种较孤立的工作方式，每一个专业的工作都是相对独立的过程。这种方式在北美已经持续实践了很长时间，它通常具备以下几种特点：

（1）建筑工程的决策主要来自业主和建筑师。

（2）在设计开始的阶段，整个项目组基本没有机会相互合作与交流。

（3）项目的目标与结果一般只是在业主和建筑师之间拟定。

（4）项目从设计初期到施工结束都是以一种单一的、顺序式的、线性的方式进行。

（5）团队的专业工程师们只有在必要的情况下，才进入项目之中。

（6）项目的发展环节与系统是相对独立的，减少了专业之间的交流过程和合作过程。这种方法不鼓励创造型的内部行为。

（7）在这种相对独立的系统之下，项目的设计、发展和结果的最优化程度受到了限制。

（8）传统建筑设计方法强调的是前期成本。

（9）传统建筑设计方法意味着施工完成之后，此项目便正式结束。

（10）当建筑在设计中期或后期要求增加高效率的绿色建筑性能时，项目的整个成本和时间将大大增加[11]。（图 3–18）

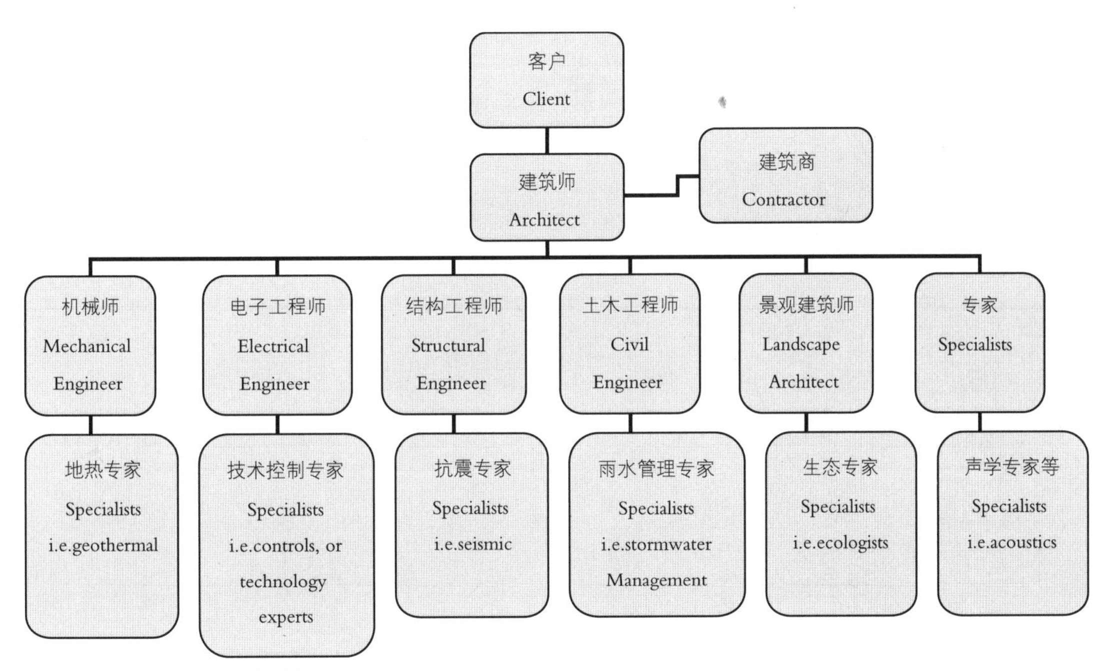

图 3–18 传统设计梯队的结构图 Traditional Design Team Structure

2. 整体性的设计方法 The Integrated Design Approach

整体性的设计方法是以成就环境和社会为目的的绿色建筑项目所特有的一种方法。它依靠多种专业之间的配合和协作，通过不同专业对项目的认识和理解，作出对项目的全面认识和共同的决策。项目的全部成员从设计一开始就涉足项目，至建筑的运营阶段。这种方法通常能全面把握项目的时间和成本，是一种科学的、全面的和高效率的设计方法。

在绿色建筑项目的整性设计过程中，业主的角色很重要。业主不仅要与建筑师有频繁的接触，同时也要与其他的专业人士有着不断的交流。建筑师角色不是单一的仅仅顾及业主，而是一个复杂的专业团队的领导核心。有经验的结构工程师、机械工程师和水电工程师则在项目的设计初期，就已经进入角色。整个团队以合作、共同分享各自对项目的理解和认识为目的，其结果是使项目高效率和低成本。

与传统的设计方法相比较，整体性的设计方法有以下诸多特点：

（1）任何决策不是来自业主和建筑师，而是来自整个团队的共同商议。

（2）项目一开始，整个专业团队就已经建立。他们之间的交流与合作在项目的初级阶段就开始。

（3）项目的目标与结果在初步设计阶段就已经确定，而且项目的每一个利益相关者都是此目标与结果的创建者。

（4）项目从设计初期到施工完成之后的运营，是以一种迭代的和反复的过程进行的。

（5）团队的其他工程师们不是依顺序和时间进入项目组，而是在项目最初期就已全部进入。

（6）项目的发展环节与系统不是独立的，而是整体性的、开放式的合作与思考。

（7）在这种整体性的开放式的系统之下，项目的设计、发展与结果得到了最优化。

（8）整体性的设计强调的是建筑的生命周期成本，而不是前期成本。

（9）以整体设计的方法论而言，项目在施工完成之后，并不意味着此项目的结束。项目必须继续延续到住户入住以后的阶段。

（10）建筑的结果本身就是一种综合性的、高性能的和绿色建筑体系[12]。（图 3–19）

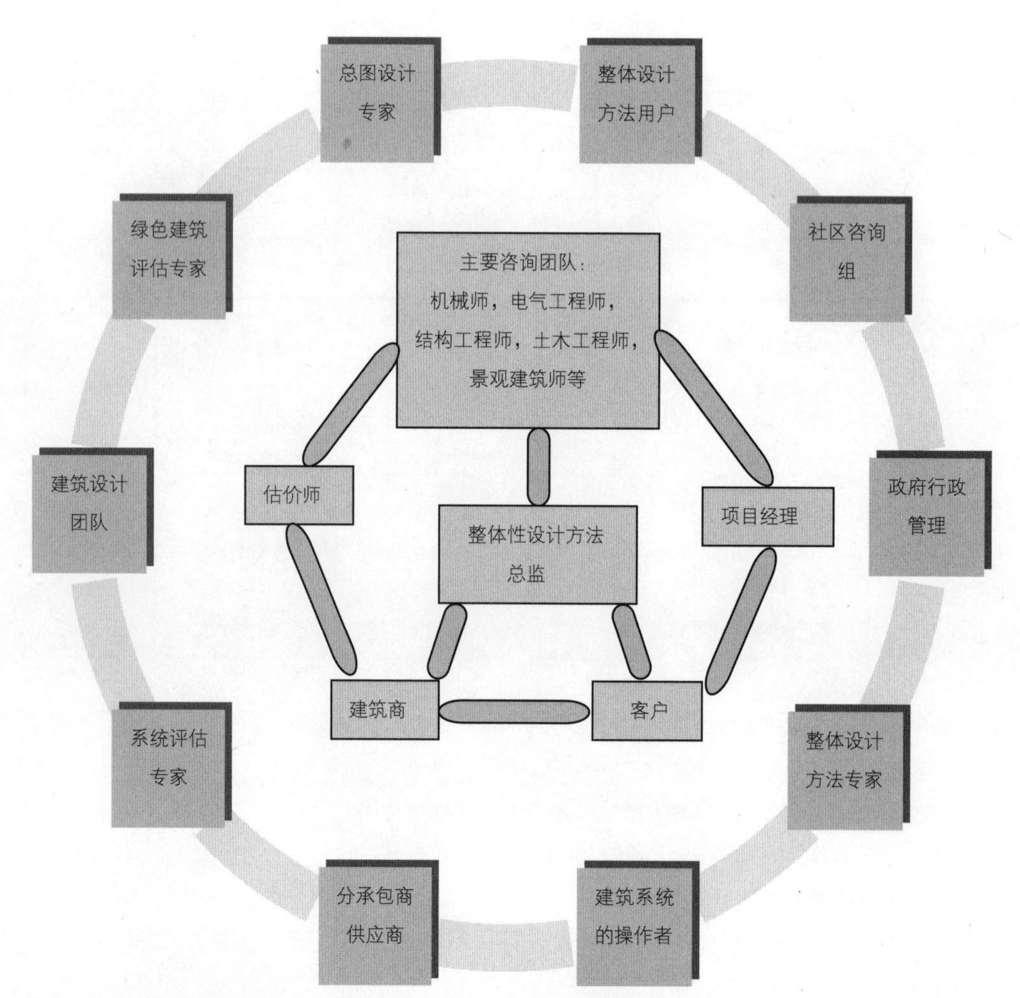

图 3–19　整体设计梯队的结构图 Integrated Design Team Structure

3. 整体性设计的重要因素 The Components of Integrated Design

整体性设计过程的重要因素包括：

1）整体性设计的核心：共同的交流与协作 Most Important Part of Integrated Design：Collaboration and Communications

整体性设计最重要的部分就是建立一个健全的专业团队组织，鼓励团队之间的合作与交流。团队应该包括所有相关的专业学科和与项目有关的利益相关者。每个专业领域和利益机构所推荐的具有实际经验和专业知识的代表性人物，所组成的项目核心委员会是整体设计团队的核心组织。而在此核心组织中，建筑师的角色尤其重要。建筑师充当着此核心组织的领导与管理者的作用。这个核心组织成员之间必须积极地、有效地相互交流与合作。他们必须彼此相互信任，开诚布公，建立共同合作的目标，并以此目标为相互之间行动和协调的准则。在这个核心组织建立之后，所有其他的团队成员也要尽早进入项目。建立起相互交流的网络系统和信息系统，建立起详细的会议日程和审查项目的日程计划。一种透明的管理制度会增强成员之间的信任度和项目的主人翁精神。这种开放式的团队间的交流，减少了相互之间的猜测和冲突，提高了工作效率和减少了项目的投资成本。

2）确立项目的范围、目标和策略 Setting Design Scope，Objectives and Strategies

一旦专业团队建立，随之的一整套可持续设计的绿色建筑目标就必须马上形成。在形成这个目标之前，首先要对项目所在地域和周围环境进行详细的调查和分析。对建筑场地和现存建筑的勘探是在确定目标之前的首要的、关键性任务。其次，就是确定项目的范围：什么该保存？什么可以再利用？分析何种场地的特性可以被有效地使用，而达到最佳化的设计结果。在范围确定和对场地本身以及周围环境认真分析之后，确定项目的目标。为了取得最好的、最有效的结果，团队必须共同分享彼此有益的建议，协同改进彼此的看法，必须相互尊重，共同建立一个有效的绿色建筑的目标。

在建立目标的过程中，业主的意见至关重要。为了能使业主的目标付诸实现，团队内召开集思广益式的、开放性的研讨会是非常重要的。每一个成员都可以质疑和提出有价值的建议。在团队的共同协助之下，与业主一起建立一个清晰的目标。这个目标应该是有标准和可测试的，是以建筑的表现性能为基础，而不是单纯的想法和结果，例如："该项目必须要求达到 LEED 金质认证"，或者"该项目必须要求达到三个以上绿色环球的标准"，或者"在传统设计的基础上，必须降低 20% 的能源和水资源的消耗，降低 20% 的二氧化碳排放量和建筑废物等"。总之，要确定有标准的、可以测试的、高性能的建筑目标，而不是一种泛泛的结论。

在建立了目标以后，如何实现这个目标的具体策略也是团队的一个重要课题。整体性设计的关键在于"整体"二字，不以个人或个别利益团体为代表，而是以整体参与为核心，所以"广开言路"、"集思广益"便是实施绿色建筑目标的重要策略之一。召开开放性的设计研讨会，作公开的演讲与提问，使每个专业都能在设计初期就能达到其设计状态的最优化。避免因为业主与建筑师选择其他次优方案而无法达到最有效的高性能的建筑目标[13]。

3）鼓励创新和分析 Encouraging Innovation and Analysis

鼓励创新是追随绿色建筑体系的又一大特点。其实绿色建筑的表现性能是一个较复杂的系统，在很大程度上是一种现代化技术革新的结果。所以，用开放性思维和创造性思维综合来自各方意见的结合性思维，是使项目达到最优化性能的积极手段。

分析与判断能力又是这一复杂系统中不可缺少的一环。例如，设计开始时，对场地和气候条件的分析，对四季太阳的可照射角度和高度角的分析，对场地的风力、本地区的植物和主要生产材料的分析，结合本地气候对机械系统有效性能的分析，以及结合日照对照明系统的分析等。所有这些分析的目的是为了最大限度地利用方位、日照、建筑的体型和建筑外围的保温结构，做到最低限度地使用暖通和制冷设备，以生命周期为成本预算，力求各种系统以最高效率和最经济的成本运行。

4）项目的迭代和反复过程 Iterative Design Process

传统建筑的设计方法是一种单一的线性结构的设计过程。决策一般来自于业主和建筑师。项目团队的成员只是以顺应和贯彻为其工作态度。这种过程是一种被动的、不鼓励参与意识的工作方式。

绿色建筑的整体性设计过程是一种迭代的和重复的过程。任何决定都来自于团队的集体智慧。这种决定是科学的和慎重的，是经过了各方专业知识之间的交流、合作和探讨的结果。在某种意义上说，这是一种以项目的整体化目标为先导的最优化的决策和结果。

这种重复的工作过程贯彻从设计初期一直延续到住户入住以后的所有设计、施工及管理过程中，项目进入使用阶段的所有信息反馈的分析，机械维修和操作人员培训，以及高性能建筑的运作表现的分析等[11]。

4. 整体性设计的专业团队 The Integrated Design Team

建立一个适当的设计团队是整体设计方法的一个至关重要的步骤。它关系到项目的任务和目标，关系到业主的成本预算和达到此目标的有效性过程。团队的组成结构和成员的素质直接影响项目资金的有效使用。整体设计的专业团队一般由四个类别的专业人群所组成：业主（Owner），专业管理及设计团队（Project Managers and Designers），施工团队（Contractor and Sub-contractors）和建筑运营者团队（Building's Operators）。每个成员的角色都很重要，他们的关键任务大概如下：

1）业主（Owner）：业主是决定项目是否成为绿色建筑的关键角色。如果业主不希望追逐高性能的绿色建筑，那么其他三个团队就无法履行高性能绿色建筑的任务。一旦业主决定发展绿色建筑，那么业主的角色将贯穿于从设计初期到建筑运营的整个过程。业主必须认真选择团队，建立项目的成本预算和进程，建立成就绿色建筑的基本目标。例如，要达到 LEED 银质绿色认证和达到这种目标的具体手段（采用哪种具体的绿色建筑体系）；自始至终保持相同的目标，不能轻易更改；鼓励团队的整体性设计方法，与团队保持高度的协作与配合，并且认真参与组织建筑使用后的管理和维修工作。

2）专业管理及设计团队 Project Managers and Designers

此专业团队包括：

（1）项目经理（Project Manager）

（2）建筑师（Architect）

（3）土木工程师，专长于洪水系统、雨水系统和废水系统（Stormwater，Rainwater and Wastewater Systems）

（4）景观建筑师（Landscape Architect），专长于本地植物种类（Indigenous Plantings）

（5）结构工程师（Structural Engineer）

（6）机械工程师（Mechanical Engineer），专长于能量模拟测试、保温舒适度分析，无需使用机械装置直接利用太阳能系统，使用机械装置利用太阳能系统和可再生能源的利用等（Energy use computer simulation，thermal comfort analysis， passive solar，active solar and renewable energy technology，etc.）

（7）电气工程师（Electrical Engineer），专长于高效节能照明方面的知识（Efficient lighting System）

（8）给排水工程师（Plumbing Engineer），专长于节水设计和废水的再利用系统（Water efficient design and waste water reused system）

（9）估价师（Cost Estimator），专长于生命周期的价格估算（Life-circle costing）

（10）地质工程师（Geo-technical Engineer）

上述团队是项目成就绿色建筑的核心成员，他们的中心任务包括以下几部分：

（1）使建筑最少地影响环境（Minimize environmental impact）

（2）确定项目设计与管理的整体性过程（Use integrated design process）

（3）尽量最多地使用可再生能源（Maximize renewable energy）

（4）做到能源效率的最优化设计（Optimize energy efficiency）

（5）在建筑材料的选择和使用过程中，尽量降低对材料的使用，并且选择对环境影响较小的材料（Use less material and use materials with less environmental impact）

（6）节约用水，并且做到废水和雨水的再利用（Save water，reuse waste water and rainwater）

（7）处理建筑场地时，做到保护建筑场地周围的生态环境和生物的多样性（Preserve local ecosystem and promote biodiversity around site）

（8）最大化地利用现存建筑和基础设施，减少新的环境开发（Utilize existing building and infrastructure，lessen greenfield development）

（9）设计和建造一个健康的、安全的室内居住环境（Provide a healthy and safe indoor environment）

（10）履行绿色建筑的高性能评估和测试（Perform commissioning and evaluate post–occupancy feedback）

（11）参与建筑入住后，对系统的操作者、维护者和使用者培训（Provide the training for building operators，maintenance staffs and occupants）

3）施工团队 General Contractor and Sub–contractors

施工团队包括：

（1）总承包商（General Contractor）

（2）分承包商（Sub–contractors）

（3）所有产品的提供商（All Trades）

总承包商的责任包括以下几点：

（1）有责任确保所有的分承包商和建筑设备及产品的提供商（Sub–contractors and trades）明白他们在此项目中的责任和义务，以及完成这种责任的手段。

（2）有责任监测施工的全过程。确信所有的分承包商和建筑设备及产品的提供商的服务满足高性能建筑的目标。

（3）必须与其他团队密切协作，以整体设计方法指导整个施工过程。

（4）在施工期间，通过再利用和回收施工废料，做到产生最少的施工废料和减弱对环境的影响程度（Minimize construction waste and environmental impact）。

（5）保证施工期间工人的健康和安全（Ensure construction workers' safety and health during construction）。

4）建筑使用后的运营团队 Building Operators

运营团队包括：

（1）建筑使用后的管理人员（Building Manager）

（2）建筑系统及设备的操作者（Building Operators）

（3）建筑系统及设备的维修者（Building Maintenance Staffs）

（4）建筑使用者的代表人物（Occupant Representatives）

他们的主要任务包括以下几部分：

（1）必须保障建筑使用后，所有设备的正常运转和维修（Provide maintenance and operation for the high performance building）

（2）与专业设计团队保持密切的协助。记录建筑使用后各设备的运转状况，并评估它们是否达到了项目最初设计的要求和目标（Involve in commissioning tests）

（3）负责培训和更新团队内所有成员维护和运营建筑的知识（Train and update team's knowledge in green building operation and maintenance）

（4）以整体性设计过程为团队的工作准则（Use integrated process）

5）团队的其他成员 Additional Members

除了以上所有成员以外，在一些特定的项目中需要以下成员加入项目当中，包括：

（1）城市规划师（Urban Planner）

（2）绿色建筑规范专家（Green Building Code Specialist）

（3）绿色建筑说明书文本制定者（Green Building Specification Writer）

（4）生态学家（Ecologist）

（5）室内设计师，专长绿色建筑材料的选择（Interior Designer with Green Building Material Selections）

（6）自然采光和灯光设计师（Daylighting and Lighting Designer）

（7）绿色建筑性能测试专家（Commissioning Agent）

（8）绿色建筑专业咨询的绿色建筑专家（Green Building Specialist）

（9）测量师（Surveyor）

一旦项目团队建立，几个重要的事项必须马上实施，以确保团队能够有效地开展业务：

（1）建立团队之间的交流平台和有效的联系方式。

（2）团队核心组织应该科学地、清晰地分派任务给各个分团体。各个分团体应该清楚地知道自己的目标、任务和方向。

（3）建立一个决策制定的具体过程。

（4）为开放式研讨会和能量评估模型的测试建立特殊的资金。

（5）强调团队的行为准则。建立彼此信任、彼此支持和彼此尊重的原则，用合作交流、共同进步作为团队之间透明制度的根本[11]。

第三节
绿色建筑的整体性的设计过程
Green Building Integrated Design Process

绿色建筑的整体性设计过程（The Integrated Design Process）包括从设计初期到入住以后的整个生命周期的全过程，具体包括设计前期（Pre-design）、方案设计阶段（Schematic Design）、扩初阶段（Design Development）、施工图阶段（Construction Documentation）、投标和施工阶段（Bidding and Construction）、建筑的使用阶段（Building Operation）、入住阶段（Occupancy）。

1. 设计前期 Pre-design

就传统设计而言，这个阶段的工作通常只是在建筑师和业主之间展开。一般在业主提交完项目规模和要求之后，建筑师进行项目的资料收集和分析。在他们共同完成项目任务书的制定后，建筑师开始进行建筑场地的测绘，或对现存建筑的状况进行资料收集和分析。在建筑师完成环境规划和场地设计之后，与业主一起进入建筑设计的概念阶段。

而对于绿色建筑的整体性设计过程，这个阶段是整个团队正式进入项目的阶段。团队成员应该尽量涵盖所有的领域，包括业主、建筑师、土木工程师、景观建筑师、结构工程师、机械工程师、电气工程师、给排水工程师和生态学家。如果有可能也可以在这时聘用一个建筑估算师（以生命周期成本为方法）和一个对高性能建筑进行测试和评估的专家或机构。如果在这个阶段能有未来的建筑使用者或客户加入团队，那无疑是对此项目的重大帮助。

1）在此阶段业主的任务主要包括：

（1）业主在自己的招标书（Request for Proposals，RFPs）中，应该包含正确的绿色建筑或可持续性设计的语言和要求。通过绿色建筑实践和知识背景的资格审查，认真挑选团队的成员，制定整体建筑设计中各个团队成员的资格要求和选择成员的标准。

在招标书中，必须陈述绿色建筑设计的基本要求，包括：

①适当使用土地（Make appropriate use of the land）

②有效地使用水、能源、木材和其他资源（Use water，energy，lumber and other resources efficiently）

③增加人体健康（Enhance human health）

④加强地方经济和增强地方社区的发展（Strengthen local economies and communities）

⑤保护植物、动物、濒临物种和自然栖息地（Conserve plants，animals，endangered species，and natural habitats）

⑥保护农业资源、地方文化和考古资源（Protect agricultural，cultural，and archaeological resources）

⑦好的生活环境（Be nice to live in）

⑧经济的建设和运营（Be economical to build and operate）[14][17]

在招标书中，必须陈述项目的任务和目标，包括：

①生态的场地设计（Ecological site design）

②多元化的交通体系（Multiple transportation system）

③通过再利用、回收和有效使用材料，减少建筑废物的产生（Waste reduction by reusing，recycling，and efficient use of materials）

④有效地使用能源（Energy efficiency）

⑤使用可再生能源（Renewable energy）

⑥水资源的有效使用（Water efficiency）

⑦室内环境质量（Indoor environmental quality）

⑧建筑的运营和维修（Operations and maintenance）[15]

除此之外，在招标书中还要强调项目的范围（Scope of Work）、项目预算（Project Budget）、最后成果的要求、评估方法（使用哪一种绿色建筑评估体系），以及服务要求及方法等。

（2）业主必须与项目经理和建筑师一起，学习并重温绿色建筑的设计原理、绿色建筑的行动指南和一些成功的绿色建筑范例，用来指导该项目的目标和任务。

（3）与估算师一起考虑使用一种可行的收费结构。例如，用固定的收费方法代替整体预算百分比的计算方法。这样有利于各专业之间资金的权衡与分配。例如，由于建筑师在建筑的外围护墙体中增加了隔热保温材料，因而导致机械工程师在暖通制冷设备的设计过程中，采用耗能较低型号的机械装备系统。

业主必须意识到，由于整体性设计过程的采用，导致了一些特殊费用的增加，例如开放式研讨会、能量测试模型和另外的会议和交流等费用。此外，考虑预留一定的经费为建筑使用后一年到五年之内的建筑性能表现评估使用。这种评估是在建筑完工之后，业主通过建筑操作和维修人员以及住户的反馈而追踪建筑的使用性能是否与最初的设计相匹配的过程。

2）在此阶段建筑师、土木工程师/地质工程师和景观建筑师的任务主要包括：

（1）履行分析场地和气候的任务，懂得利用非机械装置直接利用太阳能的原理和最优化地使用建筑的体量和方位，包括分析场地的朝向、经度和纬度、太阳的方位角和高度角、太阳行走路线图、主流风向和速度、平均每天的温度、场地的阴影遮光程度以及场地周围的地形和特点。

（2）分析土质和土壤的能力，评估它们是否有能力承受项目开发所造成的洪水流量的冲刷，同时开始进行场地的土壤侵蚀和沉积控制规划图的设计工作。

在场地设计时，分析场地与城市公共交通之间的关系，尽量采用多元化的交通体系，处理好机动车、自行车和步行三者之间的关系。

3）在此阶段项目经理的任务主要包括：

（1）计划、筹备和组织团队设计前期的研讨会（Green Design Charrette or Workshop）

召开研讨会的主要目的是所有与项目有关的专家、学者和利益相关者都有权力和机会对项目的设计和有关问题的解决办法提出看法和建议。研讨会的主要内容包括：

①确定绿色建筑高性能的设计策略和目标。评估这种设计策略并形成设计草图。

②进一步确定业主的目标并加强整体设计过程的原则。以相互尊重和信任为前提，确定组织结构、纪律和决定权的决策过程。

③审阅项目所在地区的政府机构有关绿色建筑的政策和法规。

④通过建筑师、土木工程师等提供的场地及气候分析资料，一起讨论场地的性能与特点。

（2）对项目的所需功能及使用者的要求召开一次讨论会。在讨论会中确定建筑所需要的所有功能空间是否已经满足用户的需求。

开始进行总图设计的工作，确定对场地做到最低程度的破坏，并且确定尽可能多地保留自然可渗透的地质和地貌，为自行车、更衣室和低燃料、低排放量的机动车留出停车空间。

（3）组织召开一次有关建筑设施管理的会议。在建筑设计前期，与建筑设施管理和维护人员探讨有关设备维护所需空间和装修等方面的问题。较早地探讨这种问题，目的是避免以后由于需要设备维护空间而产生的冲突和矛盾。

（4）组织召开一次与相关机构，当地的电力、煤气、供水及废水处理等有关单位的综合会议，一起讨论可能的公共资源的最优化利用、场地的合理利用、能源政策的奖励计划等。其目的是增加与相关机构合作的透明度，减少彼此无谓的能源和资金浪费。

2. 方案设计阶段 Schematic Design

此过程是专业团队在设计前期的资料、数据及分析的基础上，对项目展开全面设计的过程。在此过程中，必须保证所有专业领域的专家已经进入项目组，包括能量/能源分析师、日照专家、成本估算师和设备运转测试专家等。

这个阶段的关键是鼓励每个成员广开思路，开发具有创新式的绿色建筑的设计思维，将各自专业的独特想法融汇在一起，共同协助，完成在设计前期所制定的目标和任务。

1）在此阶段建筑师，土木工程师/土质工程师和景观建筑师的任务主要包括：

（1）完成一份详细且综合的建筑场地的分析报告（Site analysis report），包括：太阳能的直接利用和间接利用（不使用机械装置和使用机械装置）的数据论证；场地四季的温度、湿度、风速、风力的数据；当地的植物种类和可采用的植物配制种类；场地的土质及土壤的分析数据；根据建筑性能，确定建筑的最佳朝向和体量。

（2）编制洪水管理规划和有效的灌溉系统设计规划（Stormwater management plan and irrigation system plan）。

（3）建筑师根据业主的招标书要求及功能设计要求，完成建筑的体量设计（Massing）。与机械工程师和电气工程师一起合作，分析最佳的自然采光设计（Daylighting）、采光要求以及建筑外围护体的保温隔热系统（Building envelope thermal performance）。

（4）建筑师必须对当地的特殊材料类型和生产地作出细致的调查，对项目所需要的材料的选择作出实质性的分析。在选择材料时，尽量选择本地开发和生产的材料，使用回收、可回收、再利用、可再生的、无毒、低维修、耐用和对人类健康有益的建筑材料。

（5）建筑师应该完成一个有效的前期场地规划设计。尽量做到最少地破坏场地和场地周围的自然生态环境，最少的土方搬运和人工景观。有效的场地设计能够大大降低施工后期的场地清理费用。

2）在此阶段能源分析师、机械工程师、电气工程师的任务主要包括：

在暖通和空调的设计过程中，对能量模型和其生命周期的成本（Energy modeling and life cycle costing analysis）进行设计和分析，包括整体建筑模拟以及对另外系统如地热能、风能或能量交换通风机（Enthalpy wheel）等的选择运用，建筑外围护系统的材料保温隔热的性能比较，以及对采光、照明、声控（Acoustic）和热舒适度（Thermal comfort design）进行对比和分析。

3）在此阶段给排水工程师的任务主要包括：

考虑高效节水计划、废水的净化和再利用、雨水的收集和再利用。与土木工程师和景观建筑师一起合作，将室外雨水、室内废水和场地的灌溉系统作为一个整体的设计系统来考虑。

4）在此阶段结构工程师必须与其他工程师紧密配合，分析并设计出经济有效的结构体系。

5）在此阶段建筑成本估算师与其他的专家必须合作完成建筑项目的初步成本估算。以设计建筑的各个系统和产品的生命周期成本为估算方法，对系统和产品的投资以及它们的运作和维修费用进行长时期的投资与回报分析。这种长时期的投资与回报方法有利于一些高性能技术革新的开发和利用。

6）在此阶段项目经理的任务主要包括：计划、筹备并组织综合性的团队设计研讨会，研讨会上主要涉及的内容包括：

（1）探索和发展经济（Economic）、环境（Environmental）、社会（Social）的目标（可持续性设计的目标）。

（2）制定一个较科学的决策过程。突出这种过程是团队集体的共同决定，并且此决定得到了每一个专业团队的认可。

（3）强调绿色建筑高性能革新技术的风险和回报。所有新的创新和思想，必须通过业主在内的所有成员的讨论和分析。

（4）创造一个设备运转、测试及评估的综合计划（Commissioning Plan）。

（5）确定绿色建筑评估认证体系和与评估认证机构的协调和联系。每一个专业团体必须清楚他们在此认证体系中的具体任务，知道具体的积分对项目达到总体的绿色建筑目标的重要性[16][17]。

3. 设计扩初阶段 Design Development

设计扩初阶段是将设计阶段的概念进一步深化，使之成为能够付之于实施的方案。如果在设计阶段，设计师们为业主提供了不同的设计构想，到了这个时候，业主必须挑选自己认为最为符合功能及美观需求的方案，进行深化和发展。

1）在项目进入设计扩初阶段之前，必须确认以下各项任务在设计阶段已经完成：

（1）项目任务书中所要求的功能性的设计概念，以及提供业主选择的、具有绿色建筑高性能特色的、经济的方案构思。（建筑师的主要任务）

（2）符合绿色建筑高性能的初步能量模拟和分析，并且提供业主多种其他模拟数据的选择。要以项目的目标及任务作为方案发展的根本，达到高效、节能、经济和最少影响自然环境的目的。（机械工程师、电气工程师、给排水工程师以及能源分析师的主要任务）

（3）初步设计成本估算。它是建立在绿色建筑系统设计和设备、产品与材料的整体基础之上，以生命周期为蓝本，从设计到建筑运营的整个过程的建筑初步估算。（建筑估算师和各专业团队之间的合作任务）

（4）综合的场地分析报告以及科学的场地设计规划。确定设计是以社会、经济和环境为综合考虑的。（建筑师、景观建筑师和土木工程师的主要任务）

（5）符合项目目标的绿色建筑材料的选择。确定所选材料无毒无害、可再生、可回收和具有较低的损耗能源。确定所选材料来源于本地，产品加工在本地，是耐用持久和有较低维修需求的材料。（建筑师、室内设计师和承包商的主要任务）

（6）改进和完善项目的总体目标和具体实施任务。

2）在此阶段项目经理的任务主要包括：

（1）考虑一个有资质的绿色建筑性能测试专家（Commissioning Agent）正式介入。审查所有的扩初阶段的图纸和文件，确保达到项目的整体性目标和任务。

（2）听取建造商、建筑使用者以及建筑运行和维修者的具体意见。减少在施工、使用和运营阶段产生的不必要的支出和修改。

（3）继续强调各专业团体之间的共同合作。通过紧密的协作关系来完成项目的目标。

（4）计划、筹备并组织一系列的扩初阶段的重要会议。研究表明，对于一个较大的绿色建筑项目，每两个星期举办定时、定点，并且连续的大型团队会议是极其有必要的。在会议上，各专业工种之间交换彼此工作进展状况、工作更新情况、更改和对某些具体专业的特殊要求与协作等，其目的是不容许任何专业在设计过程中脱离团队的总体进程，封闭自我，独自发展，不容许任何专业在设计的深化阶段偏离项目的总体目标。

（5）组织一些特殊设计专题的小型会议，这样既能节省时间又能提高效率。如绿色建筑材料的选择专题、能量模拟和分析专题以及屋顶花园的结构与植物配备专题等。

（6）根据项目的进展状况，考虑是否需要再聘用更加有经验的照明设计师、室内热舒适度设计专家、声控专家和对某些领域有专长的研究学者和教授等。这些专家经常提供一些非常有价值的想法和意见，在某种程度上，是对项目在设计过程中忽略的因素的补充和完善。

3）所有的主要专业设计团体：在此阶段除了完成相应的设计图纸之外，建议在扩初后期各自完成一份“设计扩初综合报告”：

（1）建筑师，在报告中除了叙述建筑的设计概念，以及此概念的功能和美学特点之外，更重要的是强调建筑的绿色性能特征。例如，为了达到较好的自然通风的效果，建筑已经选择了最佳的方位和有效地利用了场地的主导风向的特点；建筑的开窗、遮阳都是建立在有效的能源模拟模型的基础之上；建筑的外围护墙体系统已达到了最有效的保温隔热的效果。建筑材料的选择是对社会、经济和环境的综合考虑的结果。在报告中阐明该设计已为居住者提供了一个健康有效和高质量的生活和工作环境。

（2）机械工程师、电气工程师、给排水工程师在他们的扩初报告中，必须详细描述最佳的能量模拟测试结果。提供详细的科学数据，论证系统的设计、设备型号和产品的选择达到了最优化的状态，论证在扩初阶段的所有设计是结合了自然通风、最佳的建筑方位、使用可再生能源、资源的再利用和最低限地使用机械装置的综合结果。

（3）景观建筑师和土木工程师除了完成场地及绿色设计图纸之外，在扩初的报告中应详细叙述场地的侵蚀和沉积控制（Erosion and sediments control）方法和过程。

（4）如果在此阶段已有绿色建筑性能测试专家，那么测试专家的主要任务是审阅所有专业团队的图纸和扩初报告，并在自己的报告中详述此阶段的设计是否达到了项目的目标和要求。

4）建筑估算师：在扩初快要结束的时候，必须完成一份详细的扩初估价报告。此报告必须以绿色建筑为基础，以生命周期成本为方法，对建筑的系统、设备和产品进行评估，考虑长期的投资回报率，考虑绿色建筑所带来的高生产效率、房屋出售和出租率以及低的空房率和顾客周转率等因素。

考虑社会、经济和环境三个重要因素，此报告对建筑建成后的商业投资活动意义重大，对建筑在建设过程中寻求进一步的资金借贷也起到了推动作用。

5）建筑师或项目说明书编写者：在扩初结束之前，必须完成一份完整的项目说明书大纲。在大纲中强调建筑设备、产品和材料的能源损耗、选择、碳排量，能源设计的性能表现，对环境和人类的影响程度，以及它们的生命周期的考量方法等。

6）建筑评估系统的专业协调人士：必须确定如何将评估的标准体系与各专业的设计结果结合在一起；确定哪些设计已经达到了评估系统的标准积分。例如，若该项目最后必须达到 LEED 金质认证，那么到了这个阶段必须确定项目的总积分是否达到了金质认证标准的积分要求[16][17]。

4. 施工图阶段 Construction Documentation

施工图阶段是建筑师和工程师们将项目的设计意图，在扩初的基础上，通过图纸和说明书的形式，用施工语言清楚地表达给建造者。施工文件一般包括施工图和项目说明书。

1）在此阶段项目经理的任务主要包括：

（1）在施工图完成过程中的 80%、90% 和 95% 阶段，召开阶段性的团队会议。在会议期间，来自任何成员的任何更改都必须通知整个团队。所有其他专业为此更改所作的调整必须及时完成。团队成员必须清楚地知道，在任何专业的工作范围内所作的更改与调整，都会在整体上影响项目的最初目标和最后结果。

（2）一般与业主一起审议施工文件也是在 80%、90% 和 95% 的完成阶段进行。在审议时，必须确定所有绿色建筑设计的特征已包括在施工文件当中。

（3）召集有关专业人士与建造商一起讨论相关的绿色建筑革新技术和此技术在施工中可能引起的问题和风险。

2）在此阶段所有专业设计师和工程师的任务主要包括：

（1）除了完成本专业应该完成的图纸和说明书外，还要重温项目的整体设计原则和目标，重温绿色建筑高性能设计的原则和目标，以及重新审阅本地政府的绿色建筑政策和环境保护法规等。

（2）准备施工投标文件是这个阶段专业设计师和工程师的另一项主要任务。在投标书中清楚地阐明项目的设计意图、绿色建筑的任务和评估认证的目标，清楚地阐明高性能建筑的表现，以及具有创新的建筑技术的详细说明和标准要求等。

在投标书中还要强调，总承包商接纳分承包商和产品提供者所递交的产品样品时，对其产品样品的性能表现和标准要求的规定。

3）项目说明书：

项目说明书的编制必须由一个有绿色建筑经验的专业人士完成。必须以绿色建筑的设计为重点，以绿色建筑标准认证为要求。其具体工作包括：

（1）对材料的选择必须以它们对环境的影响程度、损耗能量的大小、碳排量的多少为考虑依据，确信具有创新的节能技术和设备，以及它们的供应商已在说明书中清楚地进行了详细描述。

（2）在说明书中，阐明绿色建筑场地的施工要求，如：施工之前的场地侵蚀和沉积的设计要求，施工期间的拆迁废料和施工废料的回收，以及对施工人员的室内环境质量的要求等。

（3）清楚地描述总承包商的责任和义务，包括他们对分承包商和产品供应商的绿色产品的特殊要求，以及强调他们在高性能建筑目标中的具体责任和义务。

（4）在说明书中，清楚地说明总承包商应提出对分承包商和产品供应商的设备进行绿色建筑产品认证的要求，以及要求他们提供产品的能量损耗、产品健康的室内环境安全数据。对某一些产品可以提出使用后一年到五年的性能质量测试等。

（5）清楚地描述总承包商有责任对分承包商和产品供应商在施工期间的工作和产品供应进行协调和分配。强调整体性的合作方法在施工阶段的重要性。

（6）清楚地说明施工完成以后，总承包商应保留一套完整的建成图纸（As built drawings）、更改后的文件及图纸、产品和材料的样品，以及产品和设备的详细性能指标。

4）在此阶段建筑评估系统的专业协调人士的任务主要包括：

必须确定在施工阶段相应的评估积分已经完成，并且这些积分的要求已在图纸和说明书中有了详细的描绘和叙述。与绿色建筑性能测试专家一道，分阶段对施工图及说明书进行详细的全面审阅，以确定建筑在此阶段真正达到了其高性能的指标和评估认证的积分要求[16]。

5. 投标和施工阶段 Bidding and Construction

当设计团队完成了施工图和说明书的任务之后，接下来就是施工投标和项目的施工过程了。以绿色建筑整体设计的理论而言，施工的总承包商应在团队组建时就已经确立。总承包商与项目团队在一起，从设计前期开始一直到住户入住，这不仅将设计与施工纳为了一个整体，更重要的是整个团队对高性能建筑的了解和涉猎的根本性和深入性，使项目的投资风险大大地降低了。

但是，当施工文件完成以后，某些承包商对高性能的绿色建筑的质量，以及标底价格的高低直接影响着最后施工总承包商的筛选。

1）如果项目需要公开招标，设计团队在这个阶段的主要任务包括：

（1）准备投标文件。与传统投标文件不同，所有的语言必须以绿色、可持续性建筑为标准。在资质要求（Request for Qualifications，RFQs）和方案要求（Request for Proposals，RFPs）的文件编写中，以绿色建筑经验作为对承包商选择的主要条件。

（2）与业主和项目经理一起参加投标前期的预备会议。在会议中，详细解释设计意图和绿色建筑的目标；强调整体建筑过程的核心内容是团队间的紧密配合和协助；强调施工是项目设计思想的延续和目标的真正实现，所以施工梯队之间、施工团队与设计团队之间的紧密配合和协助是完成项目的根本所在；强调建筑的环境和人类健康的目标。在投标过程中，对设备和产品的选择，力争以加强本地经济为出发点，做到产品的本地化，其目的是减少运输所造成的能源消耗和减弱对环境所造成的破坏。

（3）与业主和项目经理一起，参加中标后的总承包商会议。在会议中，重温项目的总体目标和高性能的绿色建筑的目标，解释设计中的革新技术和此技术的设备及人力要求；强调最大限度地使用可再生能源和材料，选择对人类和环境有益的设备和产品；完成施工过程中所要求的绿色建筑评估积分，如施工废料的回收和利用，施工场地的洪水侵蚀和沉积规划等。

（4）与项目经理和总承包商参加定期举行的施工现场会议。在此会议中努力加强施工团队与专业团队之间的配合，以降低设计和施工之间的不同步所造成的成本浪费。同时通过定期的施工现场会议，及时解决施工期间的技术问题，以及设计期间的一些技术漏洞。

（5）参与审阅由承包商提供的施工大样图（Shop Drawings）、产品样本（Samples）和产品技术数据（Product data），确认它们与设计意图相匹配[16]。

2）在此阶段总承包商的任务主要包括：

（1）除了与设计团队和分承包商们紧密配合，按照项目的设计目标完成施工任务之外，在施工期间应详细计划施工进程，详细记录系统安装、设备测试等重要事件的过程、结果和具体时间，为绿色高性能建筑的测试工作提供重要的论据和技术数据。

（2）在施工完成以后，保留一套完整的建成图纸（Record drawings or As-built drawings）和所有与变更有关的文件、产品和材料的样品，以及产品和设备的大样图和其详细性能指标。

（3）在施工结束和在确定了建筑的整个系统运作符合设计意图之后，应向业主提供一份详细的、综合性的系统和设备运作及维修手册。手册中应清楚地描述系统和设备的操作方式及过程，描述有关系统和设备需要维修的状态、时间、方式和办法，常见的问题及解决方法。对操作和维修系统的人员的培训作出有价值的建议，并根据合同要求，与业主配合对操作和维修系统人员进行培训。

（4）总承包商应派专人对施工阶段的绿色建筑评估积分进行质量控制，确保所使用的设备、产品和材料符合施工文件的要求，并对所有产品和材料的性能表现和绿色证书进行标准化检测及管理，确保能够达到施工过程中的评分积分的要求。

3）绿色建筑性能测试专家的任务主要包括：

在施工阶段对系统和设备进行部分测试，在施工结束后对它们进行全面测试。在施工结束后，提供一份综合性的性能测试报告。报告中对系统的能量消耗、设备的节能效率进行叙述，并确定所有的性能测试结果与设计初衷相符合。也就是说，施工结束并不意味着工程真正的结束，只有在确定安装后的系统和设备的性能指标完全符合设计要求之后，才能说施工是真正意义上的完成。所以这种测试过程是防止承包商草率交工、住户仓促入住，并保证施工所安装系统和设备的性能与设计相符合的一个极好的手段[17]。

6. 建筑的运作 Building Operation

这个时期的主要任务是将建成的建筑正确移交给业主和使用者。其移交过程完全以建筑性能测试专家的综合报告为依据。如果一切与设计相符，建筑将顺利移交。若系统与设计有出入，其性能表现不佳，移交过程必须在问题解决之后进行。

1）在此阶段建筑性能测试专家的任务主要包括：

必须对建筑的机械通风、暖通、制冷、照明、供水和排水系统，以及一些绿色建筑的设备，如太阳能光伏发电（Photovoltaics）、地热能（Geothermal Energy）或风能（Wind Power）等进行全面的性能表现测试，确信所有性能都达到了长期投资目标下的高效节能、节水的要求。

2）在此阶段，业主、专业人员和总承包商的任务主要包括：

业主有责任组织对建筑的操作者和维修者的培训。在此阶段尽可能召开一次由主要专业代表、总承包商、建筑操作者、维修者和住户代表一起参加的会议，在会议期间：

（1）由专业人员介绍建筑的主要特点，包括各种系统、设备的节能性能和环境性能。

（2）由总承包商（或系统及设备的提供商）对建筑的主要系统、设备的操作和维修进行详细介绍。必须强调正确的操作和维修能够延长建筑的高性能表现，降低建筑对人类和环境的影响，提高居住使用者的劳动生产率和居住环境质量，并且降低能源使用费用和维修费用。

（3）结合总承包商提供的系统的操作和维修手册，建立一个系统的操作和维修培训计划，以及一个完善的运行和维修责任计划书，做到从时间和人员上科学的管理和定位。

3）在此阶段建筑评估系统的专业协调人士的任务主要包括：

在确定了室内空气质量符合设计标准之后，正式上交绿色建筑评估认证申请表[16]。

7. 入住 Occupancy

以传统设计方法而言，当建筑顺利移交、使用者开始使用建筑以后，此项目已宣告结束。但从总体设计过程方法而论，此项目还并未完成，因为建筑使用后的性能表现的好坏，是证实此项目成功与否的关键。所以，此时建筑性能测试专家的任务还在继续，他们必须最少保持一年的数据统计与监测，以给业主和项目设计团队最后一个全面的建筑性能质量的反馈，并证实建筑对社会、经济和环境全方位的影响程度。在此阶段他们的任务主要包括：

1）建立一个能量与水的消耗的按月统计与分析计划。计划的目标是进行数据的对比。

2）记录和评估建筑系统的功能和运作。

3）通过建立各种反馈网站，或直接采访建筑的使用者，对室内环境质量、空气质量的满意度进行调查。这样可以从住户和使用者中得到最直接的信息反馈。

4）通过对使用者的工作和生产效率的调查，对建筑的性能作出评估。通常采用对办公室的布局、装修、热舒适度、空气、灯光、声控、清洁性和建筑的维护的调查，作出判断。

5）为建筑系统的定期检查建立一个具有保护性的维修计划。

其实，通过这样全方位的跟踪、采访和测试，可以在短期内发现和确认建筑的问题所在，并及早提出问题的解决方案。

业主或建筑使用管理人员有责任对使用者进行绿色建筑知识的教育和培训，让他们知道节水、节能的各种手段和策略，以及对人类和环境的重要性；有责任对建筑内的可回收性消费品进行收集和储存。

在建筑使用一年以后，业主可以考虑申请现有建筑的绿色建筑认证，使建筑继续保持高性能的运营并对环境和人类产生最小的影响[17]。

参考资料 Reference

1. Lechner，Norbert.（2001）*Heating，Cooling，Lighting-Design Methods for Architects.* 2nd Edition. John Wiley and Sons，Inc.
2. REN21 Renewable Energy Policy Network for the 21st Century.（2009）. *Renewables Global Status Report 2009 Update*
   Retrieved on May 20，2010 from http：//www.unep.fr/shared/docs/publications/RE_GSR_2009_Update.pdf
3. Energy Information Administration，DOE.（2004）. *Renewable Energy Trends 2003.*
   Retrieved on May 22，2010 from http：//www.eia.gov/cneaf/solar.renewables/page/rea_data/trends.pdf
4. Energy Efficiency and Renewable Energy，US Department of Energy.（2008）. *20% Wind Energy by 2030-Increase Wind Energy Contribution to US Electricity Supply. Washington* D.C. July 2008.
   Retrieved on May 22，2010 from
   http：//www.osti.gov/bridge
   http：//www.nrel.gov/docs/fy08osti/41869.pdf
5. Windpower Monthly.（2010）*Windicator.*
   Retrieved on May 25，2010 from http：//www.windpowermonthly.com/go/windicator/
6. National Energy Edicaiton Development Project.（2008）. *Intemediate Energy Infobook*
   Retrieved on May 25，2010 from http：//www.need.org/needpdf/infbook.activities
7. Amatruda，John.（2010）Evaluating and Selecting Green Products. *Whole Building Design Guides.*
   Retrieved on May 25，2010 from http：//www.wbdg.org/resources/greenproducts.php?r=env_perferablepro-ducts
8. EPA.（2005）. *Emission Facts：Average Carbon Dioxide Emissions Resulting from Gasoline and Diesel Fuel.*
   Retrieved on June 20，2010 from http：//www.epa.gov/otaq/climate/420f05001.htm
9. EPA.（2010）. *Green Power Equivalency Calculator Methodologies.*
   Retrieved on June 20，2010 from http：//www.epa.gov/greenpower/pubs/calcmeth.htm#railcars16m
10. Kim，Jone-Jin. Rigdon，Brenda.（1998）. *Sustainable Architecture Module：Qualities，Use，and Examples of Sustainable Building Materials.* Retrieved on June 20，2010 from
    http：//www.umich.edu/~nppcpub/resources/compendia/ARCHpdfs/ARCHsbmIntro.pdf
11. Busby Perkins & Will and Stantec Consulting .（2007）. *Roadmap for the Integrated Design Process：Part one*

Summary Guide. Retrieved on July 10， 2010 from

http：//cascadiapublic.s3.amazonaws.com/Large%20Cascadia%20Files/RoadmaptotheIDP.pdf

12. Prowler， Don. Revised and updated by Vierra， Stephanie. (2008) . Whole Building Design. *Whole Building Design Guide.*

Retrieved on July 10， 2010 from http：//www.wbdg.org/wbdg_approach.php

13. Lewis， Malcolm. (2004) Integrated Design for Sustainable Buildings. *Building for the Future.*A Supplement to *ASHRAE Joural.* 09/2004.

14. Barnett， D. Lopez . Browning， William D. (2008) A Primer on Sustainable Building .Rock Mountain Institute. Colorado.

15. Bureau of Planning and Sustainability， City of Portland. (2003) *Green Investment Fund， Grants for Affordable Housing.* Retrieved on July 20， 2010 from

http：//www.portlandonline.com/bps/index.cfm?c=42134

16. Busby Perkins & Will， Stantec Consulting. (2007) *Roadmap for the Integrated Design Process：Part Two：Reference Manual.* Retrieved on July 20， 2010 from

http：//www.jordaninstitute.org/uploads/Part%202%20–%20Phase%201.pdf

17. Harvard University Office for Sustainability–Green Building Resource. (2010) *Design Phase Guide.*

Retrieved on July 20， 2010 from http：//green.harvard.edu/theresource/new–construction/design–phase

第四章
绿色建筑的体系及构成

绿色建筑是指建筑实践过程中有效使用自然资源和减少对环境破坏的整体做法，是针对选址、设计、建造、运行、维修、更新到拆除这一建筑的整个过程而言的。绿色建筑在整体设计上通过有效地使用能源、水和其他资源，保护居住者的健康，提高建筑使用者的工作效率，降低废物输出和污染来达到全面消减建筑对环境和人类的负面影响。基于这一理念，从建筑设计的角度来看，绿色建筑的体系及构成包括场地和景观、建筑用水、能源、建筑材料和产品，以及建筑物的室内环境等5个部分。这一章共分5节，分别对绿色建筑的5个部分进行了详细论述。

可持续发展的场地和景观：选择适当的场地以减少建筑对环境的影响程度；用“理性的增长”原则来指导一个健康的社区发展；认真进行场地分析，做到最有效地利用能源和保护生态环境；用可持续性的发展理念作为场地和景观建筑设计的原则和设计交通体系。在景观绿化中采用本地植物和降低草地面积。控制场地上的水土流失，降低场地的热岛效应和光污染。

水的有效性使用：建筑物用水效率的不断提高得益于用水标准。1992年国家能源政策法奠定了全国用水效率标准，也为用水标准的发展提供了法律依据。其他三个重要的用水效率标准包括美国国家环保署水意识项目标准，能源之星有关设备用水标准和能源效率联合会的标准。此外，建筑物还可以通过采用各种室内、外节水措施来达到节约用水的目的。

能源的有效使用和可再生能源的利用：提供适应于本地气候的高性能建筑能源设计体系和使用可再生能源是绿色建筑的核心。绿色建筑采用能源使用强度指数来衡量建筑物的能源使用。美国取暖、制冷和空调工程师学会90.1系列标准和国际法规委员会的国际建筑节能法规是绿色建筑设计所奉行的重要规范。建筑物通常采用不同节能技术从设计、使用方面减少能源消耗，同时通过大量使用可再生能源来达到节能减排的目的。现代建筑物采用多种功能的能源管理和控制系统来达到减少能源使用的目的。在设计阶段通过采用计算机辅助设计来模拟和分析建筑物的能源使用。

对环境有益的建筑材料和资源：绿色建筑离不开有益于环境和对环境产生最少影响的绿色建筑材料和产品。各种建筑材料、结构和产品的损耗能量不同。选择正确的绿色产品不仅可以在建筑物的整个生命周期中达到节能减排的目的，而且节省建筑物的生命周期成本、减少浪费和对环境的不良影响。

室内环境质量：提供良好的室内空气质量、音响质量和视觉质量，控制空气污染物在室内的传播，保证使用者的健康从而提高劳动生产效率是绿色建筑的另一个重要目标。同时绿色建筑物推崇易于使用者进行个别调控的设计概念来最大限度地提高建筑物室内照明、通风、视觉、声学和热舒适度的质量。

Part Ⅳ
Green Building Systems and Components

Green building is a whole building practice that utilizes natural resouces efficiently and minimizes the negative impacts on the environment through its entire life cycle including siting, design, construction, operation, maitenance, renovation and demolition. Through an intergrated eco−design approach, green buildings are designed to use energy, water and other resources very efficiently, to protect the health of inhabitants, increase the productivity of occupants, minimize emission and waste so that to achieve net−zero negative impacts on human beings and environment. From the design point of view, green buildings consist of five systems and components including building siting and landscaping, water and energy useage, building materials and products and indoor environmental quality. This chapter is composed of five sections and each focuses on one component of green building as follows:

Sustainable Sitting and Landscaping: Select appropriate sites and reduce the environmental impact of building. Use "Smart Growth" as site selecting principle to develop livable community. A comprehensive site analysis is the prerequisite of efficient utilization of energy and achieving environment conservation. Use sustainable development concept as guideline for site design, landscaping, building and transportation system design. Use native plants and minimize the turf area in landscaping. In site development, efforts should be provided to manage stormwater runoff, control site erosion and sediments, mitigate heat island effect and reduce light pollution.

Water Efficiency: Thanks to increasing water efficiency standards, water use in USA has been constant since it peaked in 1980. The Energy Policy Act of 1992 and subsequent rulings by DOE established the baseline water use for green building and also provided foundation to the introduction of other water efficiency standards. Currently there are three other standards in addition to those established in EPAct 1992, inlcuding EPA Water Sense Program Standards, Energy Star Appliance Water Use Standards and Consortium for Water Efficiency Standards. In addition, building can still employ various indoor and outdoor water conservation practices to reduce water use.

Energy Efficiency and Renewable Energy: Implement climate responsive and high efficiency building design and make full use of renewable energy to achieve energy conservation is the crux of green building practice. Green building industry also uses building Energy Use Intensity (EUIs) index to measure energy performance of green building. ASHREA 90.1 Standards and the International Energy Conservation Code (IECC) are governing green building energy codes. Green building utilizes various energy conservation techniques in desing, operation to reduce energy consumption and at the same time uses various forms of renewable energy to reduce the greenhouse gas associated with fossible fuel. Energy Management and Control System (EMCS) helps building managers complete numerous tasks. Computer is also widely used in design process to simulate the building's energy performance. The section provides the information regarding various energy analysis tools.

Materials and Resources: Green building material, product and stucture choices affect the environment significantly because the embodied energy of the materials and resources varies greatly during a building's entire life cycle. Right selection not only reduces the building's energy consumption and CO_{2e} emission, but also saves on building's life cycle cost, reduces waste and minimizes impact on environment.

Indoor Environmental Quality: Provide good indoor air quality, acoustic and visual environment, control air pollutants to ensure health of the inhabitants and increase the productivity of the occupants is another important goal of green building. To allow individually control of lighting, ventilation, acoustics and thermal comfort to improve indoor environmental quality to the extent possible is an essential green building concept.

第一节
可持续发展的场地和景观
Sustainable Siting and Landscaping

建筑物对环境的影响从建筑物选址开始。建筑物选址之所以是绿色、可持续发展概念中最重要和关键的一步，是由于建筑物一旦建成，其影响是长期的、持续的。好的建筑场址和建筑项目应该不占用或减少占用耕地、环境敏感用地（Environmentally sensitive areas），并减少对野生动物栖息地的不良影响，尽可能地减少场地雨水径流和及由其造成的水土流失，改善现有社区，强化交通网络，充分利用现有基础设施。好的建筑场址和建筑项目不仅有利于自然环境，也能为业主节省大量的运行和维护成本。

1. 建筑场地的开发给自然环境造成的影响 Environmental Impacts of Building Projects

建筑对环境的影响是多方面的。最近加泰罗尼亚理工大学（Polytechnic University of Catalonia，UPC）的一个研究小组发展了一种测试建筑施工对环境影响的方法，该方法首先将其影响的范围分成了9个类别：1）进入大气的气体排放量（Emissions into the air），2）水的泄露（Water spills），3）废物的产生（Waste generation），4）土壤的污染（soil pollution），5）资源的消耗（Resource consumption），6）对当地环境的影响（Local impacts），其中包括7）对交通的影响（Impacts associated with transportation），8）生物多样性的影响（Effects on biodiversity），9）紧急情况等（Emergency situations and incidents）。为了确保测试的准确性，他们又在此分类的基础上进一步细分。例如，进入大气的气体排放量可再分为温室气体排放量（Greenhouse gas generation，主要来自于工地上的机械和车辆），以及其他的一些挥发性有机化合物（Emissions composed of volatile organic compounds，VOC）和氯氟碳（Chlorofluorocarbons，CFC）等[1]。

经该研究小组证实了的建筑施工对环境影响的条款共达到37项。其实，建筑对环境的影响不仅存在于施工阶段，从建筑物场地选址开始就对环境有着不可忽略的影响。

首先，如果某建筑的选址是在一片从未开发的自然地段上，那么场地的平整和开发将破坏土壤的表层结构（topsoil）。土壤的表层结构蕴含着丰富的有机物质，供植物生长，供生物存活。植物的生长需要水的滋润，所以大量的植物根茎不但始终吸收着大量的水分，而且维持着土壤的稳定性。一旦由于建筑开发失去了表层的这片沃土，就意味着失去了维持当地植物生长的根基。缺少有效保护的土壤不仅不能有效地将水分保持在土壤中，而且伴随水的流失而形成的对土壤的侵蚀和冲刷，也将使土壤流失。这样的水土流失直接对该地段的自然生态环境产生了破坏。例如，对于一个健全的自然生态环境而言，它能很好地维持多种植物、微生物和昆虫的共存，而起到防止病虫害暴发的作用。一个受到了破坏的环境通常减少了土壤栖息者的生物多样性，这不仅影响了景观植物的生长，而且较容易引发病虫害的袭击。而如果该地段是某种濒临危机的植物或动物（Endangered wildlife and plants）的栖息地，那么该建筑项目的开发和发展，就直接破坏了这种栖息地的生态环境，而导致这种植物或动物的最终灭绝。

其次，由于大型项目在施工阶段的土方挖掘，以及施工活动所产生的土壤表层的破坏，一旦暴雨来临，洪水冲刷土方所形成的沉积物，将直接排放到周围的自然河流水体或雨水聚集的湿地（Wetland）中。由于这些冲刷的泥水包含着污染物、沉积物和过剩营养物质，如氮和磷，一旦它们流入周围的自然河流或湿地中，会引起一些水生植物（Aquatic Plants）的迅猛生长，如水藻中的黑藻（Hydrilla verticillata）、金鱼藻（Ceratophyllum demersum）和狐尾藻（Myriophyllum spicatum）等。这些藻类的过度茂盛和无限蔓延，在很大程度上会限制本地鱼类、植物和动物种群生长的多样性，直接影响这些河体或湿地的生态环境。被冲刷的沉积物汇集到河道之中，会导致河流速度减慢、河道水生环境恶化以及河道周围洪水蔓延等现象的出现。淤泥的秽浊降低了河水的清澈度其混沌的遮光性（Turbidity），在很大程度上限制了水生植物的光合作用（Photosynthesis in aquatic vegetation），最终将导致一些水生植物由于缺氧死亡。同样，在配套工程如室外停车场修建后，原来大面积自然可渗透的地面（Natural Pervious Areas）被巨大的硬质地面所代替，暴雨来临时，来自不可渗透的停车场的大量雨水径流（Stormwater Runoff）将迅猛汇集到周围的自然河流或湿地中，这同样也破坏了自然河流的生态环境，而且容易造成水体周围地带的洪水泛滥。

再次，来自停车场和建筑本身的太阳辐射热因热岛效应（heat island effect）而反射到四周，增加了周围地区的温度。同时改变了本地的气候条件。一般来说，与未开发的自然地带相比，在夏天，热岛效应能使周围地区的温度升高4~5℃，也就是说无形中增加了周边地区建筑的制冷负荷（cooling loads）和用电需求，同时也增加了温室气体和其他一些污染成分的排放。动植物对温度的变化非常敏感，温度升高导致这些地区的野生动物生活环境发生改变，有些甚至因为几度的温度升高而不能健康地存活。有些敏感物种，可能由于地区气候变暖，而将其生存分布区会向其他地区扩展和转移。相反，对于扩散能力较弱的敏感物种，地区气候变暖会导致其分布区缩减，甚至局部灭绝。

第四，建筑场地晚间的室外照明，虽然方便了来往的使用者，但由于质量低劣的照明设计所引起的通宵过度照射，会给生物世界晚间的生活带来光污染（Light Pollution）。例如，植物是按其体内的生物钟而有节律地生长的。如果夜间强烈的室外灯光长时间照射于植物之上，使其夜间休眠受到干扰，进而引起植物生物钟的变化，将导致植物叶子脱落、变黄，以至于枯萎致死。再如，由于昆虫具有趋光性，夜间室外灯光可吸引大量的昆虫来到此地区。如果来的是害虫，那将引起可怕的虫灾。而同样也是因为昆虫的趋光性，一些有益的昆虫将葬身于霓虹灯的高热度。

第五，场地的位置至关重要。若建筑的选址远离城市的公共交通系统，建筑使用者必须通过私人汽车往返于建筑与其他目的地之间，这将导致汽车尾气排放量的增加，造成空气污染和能源消耗。根据美国环境保护署的统计，美国平均每年一辆普通私人汽车所消耗的汽油为591加仑，所释放的二氧化碳含量为5.48t，[z] 由交通工具所造成的空气污染占全美总污染的27%，所以汽车是造成空气污染的一个主要原因[2]。另外，汽车尾气中含有一氧化碳、氧化氮，以及对人体具有负面影响的其他一些固体颗粒，其中尤其属含铅汽油对人体危害和空气污染的程度最大。汽油燃烧后产生的碳氢化合物以及一些悬浮颗粒，在太阳紫外线照射下将发生一定的反应，形成浅蓝色烟雾，这将会使城市居民患上头疼、偏头痛以及红眼病等病症。除了汽车的尾气，供汽车使用的所有公共设施、设备，如停车场、加油站、汽车服务站等所有配套服务设施，都需要进一步侵占土地资源，消耗能源，增加洪水径流和热岛效应。

2. 选择适当的建设场地 Selecting Appropriate Sites

选择适当的建设开发场地，可以从各方面降低场地以及建筑对环境的长期影响程度，同时提升人类健康的居住环境。避免选择未开发自然地段（Greenfield）和敏感地段，避免使用政府指定保护或受自然限制的土地类型；避免侵占太大的土地面积，尽量使用较小的场地，以减少大面积的建筑开发给自然环境带来的破坏；尽量选择对周围动植物原生态环境和水环境影响较小的地段，尽量做到人与自然共融。

1）避免选择未开发的自然地段 Avoid Selecting Previously Undeveloped Land

土地是一切陆地生态系统的生存根基。生态系统中的各主要构成因素，都为地球这个有机的生物共存体贡献着其特殊的价值。比如森林中的树，通过光合作用吸收二氧化碳而产生氧气，从而为吸收大气中过多的二氧化碳和净化大气环境作出了巨大贡献。据估算，一棵普通的25年的松树（Pine tree）平均每年吸收二氧化碳约6.82kg，平均每天产生的氧气大致与所吸收的二氧化碳量相仿。另外，森林中繁茂的树的根茎保育和固守着广博的土壤，其强大的吸水功能调节着周围自然水体的平衡度。森林包含着丰富的营养物质，它为生物的多样性建立了生存环境；森林生态系统不仅为人类的生存提供了不可缺少的物质，如氧气、木材等，而且在宏观尺度上具有调节气候、净化空气、降低污染、涵养水源、保护水土资源、防风固沙和保护生物多样性等功能，进而为人类提供了良好的生存与发展环境。

所谓未经开发的土地资源，也叫做“绿色地带”（Greenfield）简称“绿带”，一般包括未开发的开阔空间（Open spaces）、公园（Parklands）、显著的生态地带（Places of significant ecological areas）、有文化或历史价值的地带（Places with cultural，or historical value）以及有独特的视觉魅力的地方（places with unique visual appeal）。

在选择建设场地时，若选择了未开发的土地资源，就意味着需要铲除草地和砍伐森林。大面积的铲除、砍伐和土地开发，使场地及周围地区气候产生变化，洪水淤积，水土流失，盐碱化现象，草地和森林不断退化、湿地萎缩、生物多样性遭到破坏等严重的生态环境问题。所以防止侵占未开发土地是选择可持续的建设场地的基本要素。

2）避免选择受（政府保护或自然）限制的土地类型 Avoid Selecting Restrictive Land Types

根据LEED的新建筑和主要建筑物改造更新评价体系（New Construction and Major Renovations-NC 2009）[3]的选址要求，LEED的标准限制所有建筑、硬地、道路和停车场使用以下用地：

（1）主要的耕地（Prime farmland）。这类耕地应是物理和化学特性的最好结合，最适合生产粮食、饲料、（家畜）草料、纤维和油籽作物。这些土地的用途可又分为耕地、牧场草地、林地以及其他类型。一般它们从降雨或灌溉的过程中可以得到充足的供水，具有适宜的温度和良好的生长季节，有适合的酸碱度和可接受的盐和钠含量，很少或根本没有石头。这类耕地不容易遭洪水侵蚀或防洪设施保护。（定义来自美国农业部的美国联邦法规法典）

（2）以前未开发的土地（Undeveloped land）。其海拔高度不超过100年洪水高程之上5ft（约1.5m）。（由联邦紧急事务管理局规定）

（3）被联邦或州指定为受到威胁或濒临危机的物种的栖息地（Habitat for any species on federal or state threatened or endangered lists）

（4）距离湿地100ft以内的任何区域（Within 100 feet of any wetlands）和孤立的湿地，或为国家与地方法规特别关注的一些地区，或由国家与地方法规所规定的远离湿地一定范围内的地区（由地方或州的规则或法律定义），以更严格的规定为依据。联邦法规40 CFR（U.S Code of Federal Regulations 40 CFR，Parts 230-233 and Part 22）定义的湿地为：“湿地指的是那些时常和持续被水面或地下水淹没或浸透的土壤。在正常情况下，这种浸泡的土壤足够提供一种典型的植物正常生存所需的环境。”

（5）距离水体50ft内未开发的土地（Previously undeveloped land that is within 50 feet of a water body）。这些水体被定义为海洋、湖泊、河流、小溪和可以供鱼或不可以供鱼生长的支流，娱乐或工业用途的水体应与《清洁水法规》（Terminology of the Clean Water Act）中的术语一致。

（6）土地在收购以前是公园用地（Public parkland），除非在公共土地的拥有者进行土地交易时，其价值等于或大于公园用地的价值（公园管理局的项目除外）。

3）鼓励利用已经开发过的土地 Encourage Development on Previously Developed Land

从环境和经济学角度出发，建筑选址最好的策略是选择以前已经开发过的用地，这也是大家所说的“棕色地带”（Brownfield），简称“棕地”。这是相对于以前从未开发的“绿色地带”而言的。

已经开发过的用地类型包括4种用地，即：以前开发、现在空置的土地（Previously developed land which is now vacant）；空置的建筑物（Vacant buildings）；废弃用地和建筑物（Derelict land and buildings）；以前开发的、目前正在使用的土地或建筑物，但在新的规划中将进行重建（Allocated for development in the adopted plan）。

再利用已开发过的土地具备以下几个优点：

（1）再利用已经开发过的土地，对当地社区的环境和经济极其有利。因为对环境的开发范围缩小，就意味着对环境的破坏程度减少，同时意味着开发所需要的投入资金也相对减少。这不仅节约了其他的未开发的用地资源，同时使已被开发的土地得到了有效的再利用。

（2）一般开发过的土地多数都靠近城镇，或有可能就在城市当中。所以，利用这样的地段，不但可以使建筑用户方便地进出于城市之间，而且还可以利用城市公共交通系统作为主要的交通工具。这样既节省了用户使用私家汽车所消耗的能源，又为项目减少了开发用于服务私人机动车的各类设施的需求，节省了土地和投资资金，从而减少了对环境的污染。

（3）通过利用已经开发过的土地，可以修正已经污染过的土壤（Decontaminate the polluted soil）、水、空气和逐渐退化的植物。

（4）通过利用已经开发过的土地，帮助降低城市的扩张（Urban Sprawl），保护未开发的“绿带”资源的生态环境。

4）选择可以利用现成公共设施的地段 Select Sites Related Municipal Services

在选择建设场地时，应该尽量选择可以依附于城市公共设施的场地。这些地带一般靠近城市或在城市当中，它们可以充分利用现有市政的公共交通系统，电力、煤气系统，供水和废水排放系统，垃圾处理系统，以及周围的学校、托幼、餐馆、购物中心以及城市的风景点等。这样不仅可大幅度缩减项目配套设备的资金投入，节约土地，减少能源消费，更重要的是保护了自然生态环境和减少了对环境的污染。

3. 可持续发展的场地分析 Sustainable Site Analysis

详细分析场地以及周围的自然资源、场地与环境的关系以及场地的特殊约束条件（Site Constraints），可使设计人员最大限度地提高能源效率的使用，保护、恢复生态和文化资源。

1）分析本区域和当地的生态环境 Evaluate the Site's Ecological Context

分析当地的自然生态环境，能使设计团队更好地了解当地的自然条件，充分利用特殊条件给场地带来的价值和机会，并且可以比较所有限制因素给建设项目带来的利与弊（Disadvantages and advantages）。一般需要分析的因素包括以下一些：

（1）相关场地小气候的特征 Microclimate Characteristics

场地的气候资料对于项目建设来说有着举足轻重的作用。只有准确地掌握了气象资料，才有可能保证项目建设的可持续性发展。进行场地分析时，应考虑气温、风象、降水量、日照和云遮等因素。

①气温（Temperature）：需要知道历年每月最高、最低及平均气温。要知道极端气温、相对湿度的最大和最小值以及绝对湿度，气温日差、年差，最热平均温度和相对湿度。知道严寒日期数及冻土深度（这是基础的埋深和采暖设计的依据）。

②风象（Wind）：需要知道历年风向频率和静风频率（一季、一年或多年），以及年、季、月平均最大风速和风力等。需要测试地面主导风向资料（Prevalent wind information），考虑自然通风及局部环流的影响。

③降水量（Precipitation）：要求统计历年每月每日的最大和最小以及平均降雨量，知道一次性特大暴雨所持续时间及雨量，以及初、终雪日期，积雪时间、厚度和密度等。

④日照（Daylight）：需要知道日照的年、月、日平均数，以便确定建筑间距、朝向、日照标准、遮阳以及热工工程计算标准。

⑤云遮（Cloud Cover）：要求知道云遮的年、月、日平均数，从而确定日照标准以及热工工程计算标准。

（2）现有的空气质量 Existing Air Quality

空气质量的好坏直接反映空气污染的高低，空气中污染物浓度通常是判断空气是否遭到污染的标准。空气污染是一个综合现象。在相同的地点、不同时间，空气污染物浓度是不一样的。它们受到许多因素的影响，包括固定的污染源，如化工厂、炼油厂、垃圾焚烧场等，以及流动的污染源，如汽车、飞机的尾气排放等。这些人为的污染物排放是影响空气质量的主要因素之一。另外，城市的发展密度、人口分布、交通设施等也是影响空气质量的重要因素。

（3）土壤和地下水测试以及水文地质资料 Soil and Ground Water Testing，Data on Hydrological Features

对土壤和地下水进行测试，以确定土壤承载能力、污染程度和修复计划，以及地下蓄水层的水位、污染系数等。考虑哪种类型的肥料或土壤改良剂有利于栽种植物，并有计划地保留场地土壤的表层结构。

必须全面掌握建设用地的水文、地质资料。不仅要对周围河流、水库、湖泊及海域的常年、五十年、一百年的洪水淹没范围水位进行探测，而且要对水的流量、流速、方向、温度、冲积断面、含沙量等资料情况进行了解。同时也要了解当地水井、泉水的水量、最佳位置的深度、水位变化，水的物理、化学和生物的性能以及地下水的成分等，以便配合设计建筑的基础深度，并提供地基处理设计的质量，保证安全。

（4）调查现有植被和生态敏感地区 Survey on Existing Vegetation and Ecologically Sensitive Areas

对现有植被的调查，是为了了解本地区和周围地区所有植物群落种类的特征以及与生活在其中的多种生物体之间的关系。确定不同植被的类型、面积比例、种类组成、结构、年龄、长势和健康状态，确定它们在生态敏感地区的地位和重要性，以及它们的景观观赏价值，并确定特定植物群落与任何受威胁物种或重要栖息地的关系。分析现有的生态环境的合理性，并指出其自身结构的完整性。分析某些受破坏区域的特征，以及这些受破坏区域生态系统退化的原因。

生态敏感地区指的是一个地区具有独特的自然资源和独特的文化遗产，如一种稀有物种的栖息地、自然保护区、河流、湿地、湖泊、农田、防护林、地震断裂带、土地退化区域、软地基和土地沉降区域等。一般这些区域都受到政府法规的保护。

（5）地形地貌的分析 Topographic Survey

在进行基础用地的分析时，只有通过对高程、坡度、坡向的分析，才能做到对地形地貌自然条件的全面了解。只有通过对地形地貌状况的坡度分布与分级、坡向分布与分级，以及一些特殊地貌的结构和分布进行分析，才能全面揭示建设地区的地形地貌的自然特点与分布规律，做到最大限度地减少土石方量，保持场地排水通畅，并为景观功能设计提供空间布局基础研究资料。

一般场地太平则不利于排水，自然排水的场地坡度不宜小于 0.3%。选址较为理想的地形坡度是在 0.3%~0.5% 之间，而缓坡场地的坡度一般在 5%~10% 之间。当场地的坡度在 10%~25% 之间时，最好的办法是将场地划分为台地处理。当地形坡度达到 25%~100% 时，这已是陡坡，不适宜选择作为建设用地。

绘制自然灾害区的分析图，如强风和风暴、洪水、不稳定的土壤（Unstable soil）、陡峭的坡地、断层线（Fault lines）和曾经被水掩埋地区等，为建筑定位提供基础研究资料。

2）分析城市和历史背景 Analyze Urban and Historical Context

一般通过以下几项对场地所在城市的历史背景和周围社区的主要资源进行分析，以使本地区的文化内涵在建筑中得到有效反映。

（1）分析市政的基础设施和公用事业（Infrastructure and utilities）：市政公用事业包括城市供水、供气、供热、污水处理、垃圾处理及公共交通事业、文教、医疗保健等。

（2）分析交通系统（Analyze transportation system）：分析道路交通规划、交通运输方式、交通系统设施、城市交通服务及管理等。

（3）明确场地建设的限制条件（Identify construction constraints）：将建筑安排在具有最少限制的发展区域内。在确定场地建设的限制条件时必须考虑：是否有大于 30％的场地坡度、场地内是否有珍稀的树木和灌木植被、场地内是否有珍贵动物栖息地和活动走廊、场地的排水是否严重影响周围的河流系统、化粪池系统（Septic tank system）是否影响周围的河流和地下水系统、是否有地质滑坡的制约因素（包括活动断裂痕迹等）、场地内是否有严重的火灾危险区以及场地的太阳日照时间是否过短等自然因素。

（4）审查邻近地区的土地使用模式（Land use patterns）。

（5）分析本地区的建筑风格和文化特征（Cultural resources）：在分析本地区的建筑文化特征的同时，

分析可能恢复这种文化特征的手段和方式。

（6）考虑使用历史性和传统性的建筑材料与风格（Use vernacular styles and traditional materials），努力将本地区所特有的新材料整合到新建筑和改建项目中。

（7）分析附近地区居民活动的文化特色（Cultural features and activities），并将这种特色尽量结合到项目之中。

4. 可持续发展的场地设计 Sustainable Site Development

可持续发展的场地设计涉及很多方面，包括保护耕地和自然景观，尽可能少地占用开敞空间，增加开发建设的密度和提高公共服务设施，尽可能少地干扰自然栖息地，合理设计建筑的方位和形体，设计可持续性发展的交通体系，对场地雨水（洪水）进行有效管理以及控制场地的水土流失，设计可持续发展的绿化景观，降低场地的热岛效应，降低场地的灯光污染等。

1）保护耕地和自然景观，尽可能少地占用开敞空间 Preserve Farmland and Natural Beauty，Minimize Development of Open Space

通过利用已开发过的、被人类活动所破坏过的用地，以及通过改建现有的建筑物，来达到尽可能少地占用开敞空间的目的。

开敞空间（Open space）指的是任何未经开发或基本上未得到开发的土地。它们为植物和动物提供了重要的生存空间，是大量野生动物不可缺少的自然栖息地。开敞空间可以是公园，为人们提供休息和娱乐的空间，也可以是农业耕地或牧场；它们可以是历史、风景保护区或者是自然资源保护区，还可以是一个重要的环境区域，如湿地和森林等。

未开发的开敞空间影响着我们的日常生活，因而保护开敞空间对人类有很多有益之处[4]：

（1）保护开敞空间，可促进农业的持续发展。农业是国民经济的基础，耕地是农业生产的基础。农业不仅为人们提供了必要的农产品，是人们生存的生命线，而且还维持着国家大量的劳动力。随着基本农田转化为城市用地，农业耕地正在迅速消失。为了保持国家经济长远而平稳的发展，必须保护耕地，这是维持农业发展的关键所在。

（2）公园给人们提供了一个休息、娱乐和学习的场所。很大程度上降低了城市的热岛效应，是人类享受自然的绝好去处。

（3）开敞空间，如历史遗址和古战场，让我们记住了我们的过去，并帮助我们将过去的历史和现在联系在一起。

（4）开敞空间同时也过滤地表水和地下水资源，过滤化学污染物，有助于保持周围水体的清洁，为人们提供健康的饮用水资源。保护未开发的河流、湖泊和其他水体周围的缓冲区，是防止洪水造成生命和财产损失的重要步骤。这些开敞空间不仅使人们与一个随时膨胀的水域保持着安全的距离，而且诸如湿地还可以吸收多余的洪水，减少洪水的高度，避免由于暴雨而引起水灾。

（5）野生动物保护区为野生动物提供栖息地，为有机的生物共存体提供了特殊的生存环境，给人们提供了了解、学习和探索自然生态群落的机会。

（6）广袤的林区可洁净空气，减轻噪声，控制风速，调节气温，放松我们的神经，让人们感到自由、舒适。另外，开敞空间可支持经济发展。多项研究表明，在公园和专供人们骑车与散步用的林间小道（也称步道，Trails）附近的物业（Real estates）往往比同类物业有更高的地产价值，因为地产所获取的开敞空间提高了人们的生活质量。

（7）开放空间的保护提供了很多的财政收益，包括增加本地物业价值、旅游收入等。由于减少了新的基础设施建设的开支，意味着地方税收在增加。所有这些保护开敞空间的利益结合起来，提高了人们的生活质量，并且保护了环境和自然资源。

图 4-1 为行人设计的公共空间 Pedestrian Friendly Public Space

图片来源：http：//en.wikipedia.org/wiki/New_Urbanism

2）增加开发建设的密度和提高公共服务设施 Development Density and Community Connectivity

增加开发建设密度可以从根本上节约未开发的土地的使用，保护开敞空间，更加有效地利用土地资源。当人们居住地非常紧凑时，公共交通和公共服务设施的选择就变得更加可行。高密度的发展关键是降低能源消耗。在高密度的社区，人们的运行距离要比居住在郊区的人们运行的距离短得多，短途的交通工具减少了能源的消耗和温室气体排放。高密度还鼓励步行和骑自行车等健身活动。所以高密度的发展可以取得可持续发展的节能和保护环境的目标。

鼓励竖向的空间发展而不是横向的水平扩张，以及采用结构式的停车（Structure parking），而不是为了开辟停车场而占用大量的用地。这样社区的发展在减少新的土地开发的同时也保存了更多绿地。通过更有效的使用建设用地，减少对未开发土地的占用，这种方式既减少了开发新土地带来的洪水和雨水排放，又保持了现有绿地和开敞空间所特有的过滤和吸收雨水径流的能力，同时降低了对周围溪流、河流和湖泊的污染量。高密度的设计扩大了交通运输和运行方式的选择范围，人们可以选择行走、骑自行车、搭乘公共交通和使用私人汽车等不同的交通方式。高密度的开发建设最直接的好处是鼓励使用公共交通工具，这样不仅可减少空气污染和交通拥堵，而且为建设开发新的交通系统节省了土地和成本。很多地方政府发现，为高密度社区所提供的所有市政服务，包括用水、污水处理、下水道、电力、电话等服务，要比其他分散的居民区节省很多的能源和资金。同时，对一些房屋市场的发展分析表明，一个社区，一个好的高密度设计，包括不同的住宅类型和单元户型，其每平方英尺的收益要比郊区分散式的开发项目高。也许这就是为什么越来越多的社区建设采用高密度设计的原因。

LEED 的新建筑和主要建筑物改造更新评价体系（New Construction and Major Renovations-NC 2009）[3] 明确鼓励在具有完善的城市基础设施的城市建成区域内（Urban areas with existing infrastructure）进行开发建设，这样可以保护绿地、栖息地和自然资源（Greenfields，habitat and natural resources）。发展密度（Development Density）要求在以前开发过的建成区以每英亩 6 万 ft^2 的净密度发展新建筑或改建旧建筑，同时还对周围地区的密度提出要求以保证与相邻社区的相互联系（Community connectivity）。具体而言，在开发建设选址的半英里范围之内的居住区的开发密度不少于平均每英亩 10 个住宅单位的净密度（10 dwelling units per acre），并且至少有 10 个提供基本服务的设施和完整的人行道系统连接设施与建筑物。基本服务设施包括银行（Bank）、宗教设施（Place of Worship）、便利食品杂货店（Convenience Grocery）、托儿所（Daycare Center for Children）、洗衣店（Cleaners）、消防站（Fire Station）、美容沙龙（Beauty Salon）、五金店（Hardware）、干洗店（Laundry）、图书馆（Library）、医疗或牙科诊所（Medical or Dental Office）、老年护理中心（Senior Care Facility）、公园（Park）、药房（Pharmacy）、邮政局（Post Office）、餐厅（Restaurant）、学校（School）、超级市场（Supermarket）、剧场（Theater）、社区中心（Community Center）、健身中心（Fitness Center）和博物馆（Museum）等。

3）最大限度地减少对自然栖息地的干扰 Minimize Habitat Disturbance

地球是人类和野生动植物共同生活的空间。人类的聪慧和进化使今天的人类有了自己生活和工作的建筑空间，而自然界变成了野生动植物唯一的栖息地。人类的土地开发活动，很大程度上损害了开发用地及周围的生态群落，影响到本土植物和动物种群（Native plants and animal species）的数量和它们的生活质量。人类的开发建设活动将野生动植物自然状态的栖息地变成了城市景观，这是对野生动植物的栖息地最大的破坏。所有的野生动植物种群都需要在一定生态特征的栖息环境中生存，简单地说，人工性地改变这种自然环境，就是根本性地改变这种重要的自然特征的价值。我们知道，多样性的野生动物种群依靠多样性的自然植物种类而生存，而多样性的自然植物种类又是生存于未开发的原始地带。人类的开发往往改变了植物的生存环境，使许多本地物种难以生存，仅有少数适应城市环境的植物物种可以存活，而绝大多数的植物物种则会死亡、消失。于是一些野生动物种群被迫去寻找新的栖息地，甚至由于失去了特有的生态环境而失去了生存的机会。

人类的开发活动需要将大片的土地分割成小块（Subdivision），这种土地的分割导致野生动植物栖息地结构发生重大变化。因为小块的土地通常太小，有时它们之间相距甚远，这就在很大程度上影响了野生动物的基本生存条件和繁衍后代的环境。又由于同一种动物种群被分割几地，它们之间的交往产生了困难，这又给这种动物种群的交配和后代繁殖增添了困难。同时跟以前原始的大的自然栖息地相比，被分割的小空间使一些弱小的动物种群生存更加困难，它们更容易被捕猎，容易被食物链天敌所捕杀。所以许多稀有的动物种群，随着人类的无限制的土地开发而渐渐灭绝。

人类的土地开发也影响到了水生动植物栖息地的环境质量和数量。硬表地面代替了绿色自然的土地，减小了雨水渗入土壤的渗透率，雨水以较高的速度流入周围的水道之中，高流速减小了洪水回归地下水源的可能性，同时增加了河床的侵蚀和沉积作用。许多开发地区的径流也往往掺杂着污染与病原体，如细菌和病毒、家用化工产品、金属、化肥等污染物。土地开发所建造的不合适的排洪堤坝和渠道，也在某种程度上大大改变了水生动植物的栖息地结构。以上所有的因素导致了水生动植物物种的下降和灭绝。所以应尽量减少对原生态环境的破坏，保留地域性的植物，维护生物多样性和保护场地的一些自然因素，达到维护生态特性、保持或恢复场地生态环境整体性的目的。场地的生态特征除了本地区的植物以外，还包括一些自然山石、水体、裸露的地面以及具有历史意义的独特景观等。

维护场地的生态特征，除环境因素以外，经济因素也尤为重要。使用本土植物或使用适于本地土壤和气候的植物，可在整个生长生命周期中，减少水和化肥的使用量，并节约维护资金成本。

为了降低人类对自然栖息地的干扰和影响，必须做到以下几点：

（1）争取利用现有的资源，在已经开发过的土地上开发建设。在现有社区内发展建设，既能为野生动植物保留更多的生存空间，同时也可推动经济的发展，是最具成本效益的开发方法。这种方法不仅保留了更多的未开发资源和动植物栖息地，而且还提高了居民的生活质量。在现有社区内已经开发过的土地上进行建设，还可以缩小工作和服务范围，充分利用已建成的公共服务设施和现有的基础设施，降低绿色地带的发展压力，从而维护更多的休憩空间和自然空间。

（2）将对土地的破坏和对生态环境的干扰范围降到最低限度，保持尽可能多的本土植被。

（3）降低建筑和道路的占地范围，尽量考虑保留更多的自然区域，为多样性的动植物提供栖息地。

（4）将建设场地的干扰范围沿着建筑的周边限制到一个最小的区域，同时尽量使用现有的基础设施。

（5）尽量保留建设场地周围的开敞空间。

（6）尽量将地上和地下各种建筑的服务性设施的建设范围缩减到最小。

（7）提供最有效的停车方案，降低土地开发的范围和对环境的污染。做到设计尽可能少的停车面积，考虑与周围建筑共同使用停车（Shared parking）空间，鼓励尽量少的开发，减少由于大面积停车所产生的雨水径流。

LEED 的新建筑和主要建筑物改造更新评价体系（New Construction and Major Renovations-NC 2009）[3] 对保护和恢复自然栖息地的要求包括：

（1）在绿色地带（Greenfield sites）的开发建设尽可能地减少场地对自然环境的影响。具体而言，建筑场地的影响不能超过建筑物周边 40ft（12.2m），不超过人行道、庭院、地面停车场，直径小于 12in 的城市基础设施线路周边 10ft（3m）的范围，不超过主要道路路肩和主要服务设施铺设沟渠周边 15ft（4.6m），和不超过具有透水表面施工区（Constructed areas with permeable surfaces）周边 25ft（7.6m）的范围。

（2）在以前开发过的地点（Previously developed areas）或已经平整过的场地（Graded sites）内的开发建设，要求恢复和保护最少不低于 50% 的场地面积（不包括建筑的占地面积），或整个场地面积的 20%（包括建筑的占地面积）的用地，选两者之中的最大值。

4）合理设计建筑的方位和形体 Consider Energy Implications in Building Orientation and Configuration

建筑物的方位和形体对建筑整体能源消耗有很大的影响，同时也与建筑场地的平整密切相连。好的建筑方位和形体不仅能够节省建筑物夏天的空调制冷负荷和冬天的供暖需求，而且可以减少建筑场地平整过程中对自然环境的影响。

（1）建筑物的方位 Building Orientation

建筑物的方位与自然环境，如气候类型、阳光、风向、地形、景观和视野有着密切的关系。方位的设计直接影响到建筑物整个生命周期的节能性能。方位是一个建筑有效使用能源的关键组成部分。建筑物方位设计的科学与否直接影响夏季和冬季的阳光热负荷对建筑物的作用和影响程度。阳光热能通过建筑物的外围护结构进入建筑，如何科学地利用太阳热能，这与建筑物的方位有着密切的联系。设计者必须考虑场地中影响建筑方位的所有因素，包括以下一些：

①一般对于大多数地区来说（北半球），最科学的建筑方位是建筑沿着一条东西轴线展开，主要采光和采暖都充分利用南北方向来取得。通常南立面是建筑最佳的方向，它在冬季可以得到最大限度的太阳热能；而在夏季，由于太阳高度角较高，南立面通过遮阳系统很容易达到减少太阳能射入室内的效果。北方则是接受自然日光最理想的方位，从北方射入的自然光线均匀而温和，同时北向玻璃在夏季也接受最少的太阳热能。

②建筑的东立面和西立面在夏天吸收热能很快，而且早晨东边的太阳高度角和傍晚西边的太阳高度角都较低，所以进入室内的太阳眩光很难得到控制。因而从建筑使用能源的有效性和居住舒适度方面来讲，面向东、西的建筑朝向是最不理想的方位。

③将建筑中最重要的和居住者使用最多的空间布置在南向，这里的空间可以得到平均一天以及一年中最多的日光，有效降低使用者对照明的需求。因为它具有冬暖夏凉的绝好优势，所以减少了对暖通和制冷的热冷负荷额外需求。同时在南向使用遮阳系统，会大幅度降低夏天南向辐射热能射入建筑中。

④在建筑的南向种植落叶乔木树种，最适宜于温带和北方冬寒夏热的气候条件。因为冬季建筑主要需要解决的问题是取暖，脱落了叶子的树干可以让足够的太阳热能进入室内；而夏季，冠丰叶茂的乔木树荫具有绝好的南向遮阳效果。

⑤将建筑的纵长向立面尽量设计为面对场地的主导风向，这种垂直于主导风向的建筑能得到最好的自然通风，既可为室内机械通风（Mechanical ventilation）节省能源，又可提高居住者的舒适度。

⑥如果是坡地建筑，尽量将建筑的长向立面平行于斜坡，这样可以充分利用凉爽的上升气流，加强室内自然通风。

⑦在较寒冷的地区，最好将大面积室外停车场、室外休息空间和人行道设计在建筑的南边或东边，这里有足够的太阳日照，能使积雪很快融化，减少室外冰雪给建筑使用者带来的不便。在气候较炎热地区，则应该将室外停车场、室外休息空间和人行道设计在建筑的北边，这里有较少的阳光，不仅减少了停车场给场地环境带来的过多的辐射热，而且也给室外活动空间带来了阴凉，减少了汽车内的辐射热给人们带来的不便。

⑧建筑的功能需求和气候条件取决于机械工程师对冷负荷或热负荷的设计。总之，在寒冷地区，为了减少热损失（heat lost），紧凑的建筑表面比较可取，而东西轴线展开、坐北朝南的布局有利于最大限度获取太阳能。在气候炎热地区，充分利用自然通风，避开东面和西面的日照是方位设计的关键[5]。

（2）建筑的形体 Building Configuration

在设计一个建筑形体时，建筑师必须考虑选址、建筑功能、投资者的预算指标、审美、建筑的文化环境背景等综合因素，然后做出最令人满意的形体设计。在具体的形体设计过程中，建筑师会运用一些美学的设计原则，如体量、形状、比例、尺度、韵律、节奏、材料、纹理和色彩等，结合其他因素设计出具体的建筑形体。建筑形体与方位的关系、与地方气候的关系、与场地主导风向的关系，以及有多少建筑外表面积暴露于室外等因素都对一个建筑及其整个生命周期的能源消耗，以及该建筑所产生的温室气体排放量（GHG emission）有着重要的影响。

美国建筑师学会（AIA）的 SUSTAIANABILITY 2030–50 to 50 的报告中有一个有关建筑形体设计（其外表面积不同）与能量损耗之间关系的实例：3 座面积同为 2000ft^2 的建筑有着类似的窗、墙分布，它们分别是：

A：两层楼布局，具有 4210ft^2 的建筑外表面积；

B：一层楼布局，具有 5680ft^2 的建筑外表面积；

C：一层楼布局，其外形较 B 更复杂，具有 5994ft^2 的建筑外表面积。

在这 3 座具有不同外表面积的设计中，不同建筑物对能量的需求显示出极大的差别。建筑 A 对热能（Heating energy）的需求为 8580kWh，其能量增加（Energy increase）为 0.0%；建筑 B 对热能的需求为 9300kWh，其能量增加为 +8.4%；建筑 C 对热能的需求为 10640kWh，其能量增加为 +24.0%。这个例子说明，建筑形式不仅影响了建筑物的能源使用，而且一个好的形体设计可以降低建筑物整体的能源需求量[5]。

在考虑到自然环境的建筑形体设计中，要以整体的建筑构思（Holistic design concept）为先导，必须做到：

①尊重当地的自然、地理、气候和当地的地形、地貌。建筑形体设计必须综合考虑本土文化（Vernacular culture）、气候、地形、地貌以及本地建筑风格、建筑技术和材料特色，发展最具能源效率和成本效益的形体设计。

②利用自然资源，正确地将形体与建筑方位有效地结合在一起。将建筑形态与太阳能和建筑场地的主导风有机地融汇在一起。

③通过有利于建筑物环境和能源效率的设计手法，如较窄的南北向进深、庭院、植物景观、遮阳系统设计等，创造一个科学的建筑形体，并为居住者提供足够的自然通风和最大限度的自然采光（Daylighting）。

④将建筑外围护结构的设计与本地气候结合在一起。为了达到最少的能量损耗，必须取得最少的外墙面积和最封闭的外墙体设计。

5）设计可持续性发展的交通体系 Design for Sustainable Transportation

汽车是一个全球变暖的主要原因，由汽车造成的污染同样引起许多严重的健康问题。为了解决交通拥挤，美国每年的花费估计超过千亿美元，预计在未来几年内还将成倍增加。越来越多的汽车和与其相关的交通问题不仅消耗了大量的燃料和生产力，而且将造成空气质量日益恶化，严重影响全球的环境和气候。

汽车文化造成美国对进口石油的强烈依赖，而其中大部分都来自世界不稳定地区。20 世纪 70 年代，美国进口石油为 23%。90 年代，美国对进口石油的需求超过 54%，而这个数字到 2010 年则达到 60% 以上。美国消费者每年花费在进口石油上的费用总计约 500 亿美元[6]。

美国环境保护署的资料显示，2006 年，美国温室气体（GHG）排放总量的 29% 来自交通运输系统。在美国，由交通运输排放的温室气体增长速度最快，自 1990 年以来，其温室气体排放量占美国总排放量净增长的 47%。温室气体主要包括二氧化碳（Carbon dioxide，CO_2）、甲烷（CH_4）、氧化亚氮、氢氟氯碳化物（CFCs，HFCs，HCFCs）、全氟碳化物（PFC_3），六氟化硫（SF_6）六种气体，其中以前三种最为主要。交通运输的尾气排放是最大的二氧化碳排放终端之一。二氧化碳不直接损害人体健康，还造成了全球气候变暖。除二氧化碳之外，汽车尾气中所排放的有害气体还包括一氧化碳（Carbon monoxide）、碳氢化合物（Hydrocarbons）、氮氧化物（Nitrogen Oxides）和其他颗粒物（Particulate Matter）。一氧化碳这种有毒气体是美国许多城市的主要空气污染物。当碳在燃料中不完全燃烧时便会产生一氧化碳。在典型的美国城市中，95% 的一氧化碳污染源为机动汽车。碳氢化合物是另外一个导致美国城市空气污染严重的主要因素。碳氢化合物的排放，也是源自不充分的燃油燃烧和蒸发，它是造成城市烟雾（smog）和地面臭氧层（Ground-level ozone）的主要因素。地面臭氧是由于碳氢化合物和氮氧化物在阳光照射下反应所致，它给人类的健康带来严重的危害，如呼吸困难、肺损伤、心血管功能减弱等。达到一定量的碳氢化合物也可能会导致癌症或造成其他健康问题。氮氧化物在高温时形成，如在汽车发动机中的燃料燃烧中形成。它可以长途跋涉，形成远距离的污染，对远离排放源的环境和人类健康造成危害。所造成的污染包括臭氧和烟雾。在烟雾弥漫的日子里，你可能会感觉呼吸困难或无法看清远处的物体。颗粒物是指空气中的固体或液体颗粒。一些较大的颗粒如煤烟或烟雾可以被肉眼看到，但一些微小的颗粒是肉眼看不到的。从汽车尾气中排放出来的微粒主要是一些非常微小的粒子，它们的直径通常小于 2.5μm。细颗粒物对人类的健康危害非常大，因为很多细小颗粒可以深入肺的最深部位。它们对人类健康的影响包括气喘和呼吸困难，特别是对儿童、患有慢性病的老人和支气管炎患者影响极大。柴油废气排放的细颗粒物被认为是肺癌的罪魁祸首之一[7]。

所以，创建一个有效的、可持续的交通运输系统，减少对燃油的使用，减少温室气体排放和其他的环境污染是当今交通体系设计的关键。

一个可持续的交通体系的设计原则包括[6]:

（1）规划师应该将可持续发展的整体性土地使用规划 Sustainability integrated land-use planning）与交通和空气质量结合在一起。良好的土地利用规划，可以使社区减少对车辆单一性使用的依赖，并减少车辆行驶的里程数。减少这些因素都有助于实现改善空气质量和保护环境的目的。这种类型的规划往往将步行、骑自行车和乘坐车辆结合在一起。短距离的行走路线应保证目的地在 5~15min 步行距离之内。沿途的街道、步行线、建筑及绿化等都应设计精美，让人们充分享受徒步的旅程。

（2）公交导向设计 Transit-oriented designs，TOD: 公交导向设计是指在一个易于步行、居住和工作混合的环境中，通过公共交通系统（如公共汽车交通、电动汽车）、自行车和步行等多种交通方式的组合，来满足居民交通需求，使居民们方便地使用住宅、零售、办公楼和公共设施等。公交导向设计的主要目的是鼓励结合使用更广泛的交通方式，如步行、自行车等，减少对汽车的依赖。通过增加高品质的运输服务，创建具有弹性的和连通内外的道路网络，并确保与行人、自行车、汽车运输和道路设施相连接。总之，它是多种形态的运输方法和交通运输模式的组合。这类依托公共交通的设计和开发也已经被证明是一种经济实惠、振兴城市中心区和社区主要街道的新型管理发展模式。

（3）限制城市扩张 Limiting Urban Growth，将城市增长边界（Urban growth boundaries）保持在一个指定的区域内。美国有些城市政府已经划定城市增长边界，鼓励在旧城区内填充式发展并制止城市向外蔓延（Sprawl）。增长边界以内的领域是城市可发展区域，在这里城市可以容纳其预期的增长；增长边界以外的领域是农村，必须保持为农、林业用地或低密度住宅发展用地。

（4）最大限度地提高交通运输模式的选择范围（Provide a Variety Transportation Choices）

①使社区成为最适于行人和自行车行走的区域（Providing more bicycle and walkable communities）。吸引驾车人士走出汽车的最好办法，就是创建一个有吸引力的、为步行或骑自行车服务的（合伙用车和供合伙用车方便的停车）、可以方便到达目的地的环境。

②提倡使用公共交通系统（Public transit）。公共交通系统是最节能和最环保的运输方式。集体运输的好处是共同使用资源，节约能源和其他服务性资源，减少污染及其对环境的影响，同时减少交通阻塞。

③交通需求管理（Transportation Demand Management）。通过一些策略性的管理要求，例如通过重塑现有的交通运输系统，奖励使用公共交通、步行或骑自行车等交通方式。对私家车的停车时间和停车位的数量进行严格管理或实施惩罚措施，达到迫使人们走出私家汽车的目的。

④远程办公（Telecommuting）。远程办公是一种使员工在家办公的方法。每周允许员工在家工作一天或多于一天。远程办公可节省能源和时间，降低污染，并减少停车位的需求。

⑤汽车共享（Car Pools）。合伙用车是减少汽车污染和节约能源最好的方法。除了环境方面的考虑，还包括减轻上下班出行的费用、节省时间、减少每天驾车的压力和减少停车位的需求等。

（5）发展高性能节油和环保的汽车工业技术（Developing more fuel-efficient and low-emitting vehicles）

①用新的替代技术进行车辆的生产和开发。生产出可循环再用的、更加节能的、具有清洁燃料的环保型汽车。并且通过提供对这一类型汽车停车和服务设施的优惠政策，达到鼓励使用这类环保型汽车的目的。

②使用清洁燃料（Clean Fuels）的汽车。某些新型汽车采用清洁型燃油作为燃料，如使用氢、乙醇、甲醇、天然气和丙烷，与汽油相比产生较低的污染。这些燃料的废气排放较少，或没有排放任何碳氢化合物，它们减少了毒性气体和温室气体的排放量。此外，清洁燃料给消费者更多的选择，可以减少对外国石油进口的依赖。

③超级汽车（Hypercars）是新概念汽车。这是一种超轻型混合式动力汽车。这种车与传统的车辆相比将更安全舒适、更节油耐用。其费用却低于其他传统类型的汽车。这种新型汽车的出现将对我们的资源和环境产生巨大的影响。

④其他的除了传统使用汽油车辆以外的交通工具包括（Alternative Transportation）自行车（Bicycles）、电动汽车（Electric vehicle）、混合燃油汽车（Flexible fuel vehicle）——即可使用汽油与生物乙醇（Ethanol）相混合燃料（乙醇的含量高达85%）的车辆、油电混合动力汽车（Hybrid vehicle）（例如半油半电型汽车）、超级汽车（Hypercars）、轻型电动运输工具（Light electric vehicles，例如，可以放入公共汽车座位底下的电动滑板车和可以在高速公路上一个人驾驶的小型电动汽车）、电动自行车（Motorized bicycle）、辅助客运工具（Para-transit）、插入式混合动力电动汽车（Plug in hybrid electric vehicle，PHEV）、公共交通系统（Public transportation）、零排放汽车（Zero-emissions vehicle，ZEV）和搭乘分享（Ridesharing/Dynamic ridesharing，通过网络组织合伙用车）等。

6）雨水（洪水）管理以及控制场地的水土流失 Stormwater Management and Erosion Control

如果管理不当，建筑施工场地的雨水径流（Runoff）会将沿途污染物和施工淤泥一并冲入附近的河流和溪流中。施工场地雨水径流也可能导致洪水和侵蚀，严重破坏自然栖息地。

人们的日常活动产生的大量污染物都滞留在地层表面，如农药、化肥、动物粪便、沉积物和重金属等。雨水径流可以将这些地面的污染物冲刷到自然水体之中，严重影响地表水、地下水或湿地的水质。

雨水（洪水）管理系统（Stormwater management system），是通过将雨水纳入建设用地的整体发展之中，减少雨水对城市、自然河流和溪涧所造成的破坏性影响。例如断开施工场地的雨水排放与城市下水道以及自然河道的联系，将其连接排放到园林种植的排水系统、洼地和雨水花园之中，使带有淤泥的雨水径流经过自然过滤。

洪水管理和控制场地的水土流失的目的，是为了保护施工阶段场地的土壤和防止表层土壤的流失，有效地管理雨水径流，防止由于暴雨所冲刷的施工淤泥流入和沉积到附近的水体之中，防止由于施工产生的灰尘污染周围的空气和环境。

（1）雨水管理 Stormwater Management

大量失控的雨水径流是造成洪水泛滥的主要因。对雨水径流的有效管理可以大大降低一个地区洪水形成的几率。具体而言，对雨水管理具有以下一些目的：

①减少由于新的场地开发而造成的雨水径流增加所产生的水灾威胁，包括生命和财产损失；

②采取实际措施减少来自新的开发范围内的雨水径流的实际流量；

③减少任何发展或改建项目所产生的土壤侵蚀；

④维持地下水补给；

⑤在最大程度上预防任何污染的增加;

⑥控制侵蚀(Erosion control)和防止径流泥沙污染周围水体,维持河道生物功能和排水功能的完整性;

⑦尽量减少新的发展和改建项目对雨水径流的污染,维护和增强现有水域的化学、物理和生物完整性,维护鱼类和水生生物、景观和生态价值,保护公众健康。

①雨水径流与开发建设 Stormwater Runoff and Development

开发建设改变了土地的使用性质,同时普遍提高了场地的雨水径流量。雨水径流可以造成侵蚀和洪水灾害。新的开发不仅改变了雨水径流量,而且改变了渗透到土壤中水的流量,这会直接影响有多少水流量渗透到地下,进而影响到河流、湿地和地下水蓄水层的正常水位。由于来自施工场地的雨水径流携带着大量污染物,所以它们对周围河流的水质,对植物和水生动物将产生不利影响。

植被具有拦截雨水径流,同时吸收雨水的功效,而天然洼地也提供了临时存储雨量的空间。土壤被挖掘、暴露和夯实将导致土壤的沉积量增加和渗透功效的减弱。具有自然贮存雨水能力的植被和天然洼地被铲除,取而代之的大面积硬地可能会让降雨迅速成为地表径流。在开发过程中,具有透水性的植物和森林土表被不具透水性地面材料所取代(如混凝土或沥青地面),不具透水性的地表改变并转换了雨水径流的速度和流量。这在某种程度上彻底改变了本地自然径流和自然雨水排放的功能(图 4-2)[8]。

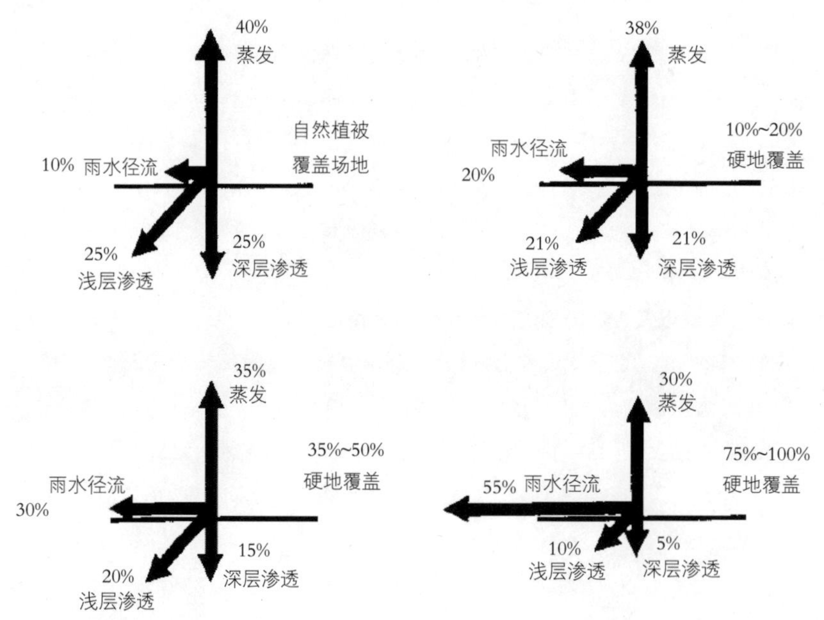

图 4-2 场地表面覆盖变化与雨水排泄的关系 Typical Changes in Runoff Flows Resulting from Paved Surfaces

资料来源：Minnesota Pollution Control Agency-MPCA 1989

②编制控制雨水的场地规划 Developing Site Planning for Stormwater

将一个综合的雨水管理设计纳入场地规划的全过程中,是最有效地减少和防止雨水径流污染和水灾侵袭的方法。早期的雨水管理规划通常会减少设施规模和成本花费,是利于环境和节约成本的双赢管理技术。

综合场地的规划至关重要,因为它可以消除不必要雨水径流并减少径流的泥沙沉积、侵蚀的问题。现代雨水管理(Stormwater Management)和沉积物、侵蚀控制 (Sediment and Erosion Control) 规划取代了以前将雨水作为废水、尽快以径流形式排放于场地之外的做法,并且更加关心对下游水域水质和长期排放以后附近水文和水资源质量所受的影响。雨水径流规划管理包括以下步骤:

a. 现场信息收集和分析 Site Inventory and Analysis：包括分析场地界线，地形图，土壤类型，植被格局，现存场地排水功能，后退、缓冲区，地役权，通道使用权，周围地区的土地使用，特殊栖息地限制，保护区。

b. 项目发展和概念规划 Program Development and Conceptual Planning：项目发展包括对预期的土地面积的要求和规划元素之间的相互关系的阐述。概念规划的任务是设计主要规划元素的位置和制定其配套使用，设计车辆和行人交通模式，以及其他所需元素，如退后红线、缓冲区要求等。以雨水管理为出发点，概念规划主要任务是确定污染物的潜在来源，并防止某些地区受雨水径流的影响。以这个概念性的方案防止或尽量减少产生不必要的径流。

c. 总体规划 Master Planning：总体规划是一个场地的整体规划，其设计比概念规划更加详细。总体规划用较大的比例显示出场地设计要素的尺寸、数量，各种表面材料和一些重要的控制雨水径流的特殊措施的位置和详细要求等。在设计雨水控制规划时，必须同时制定建筑施工期间和建设施工完成后所有的设计规划图和说明书。

d. 施工文件 Construction Documents：施工文件是用来施工的详细图纸和文件。施工文件一般包含两部分：施工图纸和施工说明书。施工图纸包括拆卸及清理（场地）平面图、场地设施平面图、建筑平面图、场地平整和雨水排水平面图、景观规划图、泥沙侵蚀控制计划图、施工大样。

e. 施工 Construction：严格按照施工文件要求和规范进行施工。

f. 操作和维修 Operation and Maintenance：严格按照设计要求进行系统和设施的操作和维修[8]。

③场地规划中控制雨水径流技术方法 Developing Site Planning for Stormwater

控制雨水径流的最好方法就是利用场地设计技术减少径流量。可以采用不同的控制方法来管理场地的雨水径流，如储存径流水，将雨水分流渗透到地下成为地下水，以及净化雨水径流中的污染物等。工程技术人员也可以设计一些排水系统或其他一些结构系统来减少径流量，诸如设计建造具有渗透功能的蓄水池和具有暂时蓄水功能的雨水排放盆地（Basins），预处理雨水污染的装置，或利用自然或人工洼地（swales）作为过滤污染物和排放雨水径流的手段等。再者利用一些非结构的办法（non-structural elements）也可以控制或减少雨水径流，例如降低建筑的占地面积，同时增加建筑物的高度。保留更多的自然植被和保存更多的透水性的地面，可以将雨水径流减至最低。

保持最少的不透水地表面积是最有利的控制雨水径流的技术方法。用不透水的地表材料（impervious pavement materials）取代天然地表覆盖会导致增加雨水径流速度和数量增加，形成更大的污染负荷，破坏水生栖息地的生态环境，并可能导致洪水泛滥，造成不利影响。保持最小的不透水地表面积措施包括：

a. 在新开发的场地周围保持自然缓冲带和雨水排放系统；

b. 尽量减少出现陡坡的可能；陡坡（2∶1 的坡度）增加淤泥沉积；

c. 在开发建设时，最大限度地减少对可渗透或侵蚀性土壤的占用；

d. 尽量降低建筑和其他用地的占地面积；

e. 通过区域规划限制对未开发的开敞空间和用地的发展密度的控制；

f. 建立集群式（Cluster development）的建筑发展模式（一种节约发展用地的开发形式），最大限度地保护对未开发的开敞空间的使用；

g. 减少建筑物和停车场的发展用地；

h. 尽量减少带有硬地面的人行道；

i. 用浅草路边洼地（Swale）和带有拦砂坝的停车场分割岛代替用混凝土制作的路肩和雨水排水通道；

j. 用草皮、砾石或其他可能的、多孔的、具有渗透性的地面覆盖材料铺设人行道、车道、人行道之间的过渡区域和洼地；

k. 保留尽可能多的植被，特别是保护场地中较大的树木。植被能够减慢雨水冲打地面的速度，吸收大量的雨水，减少雨水径流量。

④控制雨水径流的污染 Controling Contamination of Stormwater

在场地中处理雨水径流的污染物，减少和消除其污染物给自然水体带来的破坏。在场地中处理雨水径流污染的方法包括：

a. 提供场地的雨水处理系统，清除悬浮物、磷和其他的污染物。

b. 考虑自然雨水排放系统，将雨水排放到自然植被、人工湿地、自然洼地等，促进场地的自然雨水渗透和过滤效果。

c. 通过使用植被缓冲区进行场地雨水排放，减少对人工排水渠和雨水管道的需求等。

（2）控制场地的水土流失 Sediment and Erosion Control

来自建筑工地的沉积物是导致周围水体污染的主要原因之一。控制水土流失的方法主要是将土壤控制在一定的范围之内，以防土壤（或沉积物）遭到雨水冲刷。最有效控制土壤侵蚀的方法是保留现有的植被，并在刚清理过的场地和裸露的地面及时栽种植物。

在进行场地侵蚀保护（Erosion Prevention）和土壤沉积（泥砂）控制规划（Sediment Control Plan）设计时，重要的是将场地受影响面积减少到最小，并且将其被开发土壤的暴露时间缩短到最短。一个好的防止水土流失的泥砂控制规划，是首先减少引起水土流失的被开发区域的面积，同时通过使用一些有机植物的碎片作为地面覆盖物，或利用一些人工覆盖物进行场地覆盖，控制土壤流失。一个有效地防止水土流失和土壤沉积的控制规划应该包括：

①最小的开发面积（Minimized the Areas of Disturbed Soils）：利用场地特有的地形减少对场地的开发。通过利用缓冲带／退让将场地开发面积降至最少。

②分阶段施工（Construction Phasing）：场地的施工开发应该分阶段进行，这样分阶段的小面积开发，可以减少一次性大面积开发所带来的大量的水土流失和泥砂径流。分阶段进行最初的场地清理、初级场地平整、场地的发展和最终场地平整，并在场地清理和发展时将坡长和坡度减到最少。这种分阶段的设计也必须与不断变化的场地雨水径流的模式相匹配。随着场地平整的变化，雨水径流的模式发生了改变，于是与之相应调整控制措施。

③防止雨水径流冲刷场地裸露的地面（Preventing Runoff from Flowing across Construction Bare Soils）：使用场地外围堤防、自然或人工洼地，过滤污染物和排放雨水径流。

④稳固场地内的裸露土壤（Stabilizing Construction Bare Soils on the Site）：利用防止土壤侵蚀的垫子覆盖场地和建造挡土墙，是稳固场地裸露土壤的好方法。应尽量保留场地自然植被的原始状态，如果无法保持自然植被，应尽量保留表层土壤，将表层土壤储存于现场，避免雨水的侵蚀，并在最后场地平整时加以利用。表层土壤的铲除、分级和回填的整个过程增加了雨水的径流量，同时减低了土壤的质量，对植物的生长造成不利影响。此外，表层土壤的移动抑制了生物活性，减少了土壤的有机物质和可供应给植物的营养成分。同样，场地建筑设备无限制地碾压土壤也会导致土壤板结化。所以，尽量降低场地开发面积，尽可能保留更多的自然植被，是减少水土流失的最有效方法。

⑤有效地防止水土流失和土壤沉积控制的做法包括但不仅限于：临时和永久性的草皮覆盖（Sodding），播种（Seeding），干性植物覆盖（Mulching），地膜覆盖（Plastic covering），使用控制水土流失纤维材料和垫子（Erosion control fabrics and matting），也可以铺设砂砾来控制施工沙尘。在施工期间，实施土壤稳定的具体措施应在适当时间，根据场地条件预计好其时间长短并具体定夺。储存于场地上施工所需的土壤和砂灰也必须加以保护，其位置必须远离雨水的下水设施（Storm drain inlets），远离水体（Waterways）和排水渠道（Drainage channels）。

控制水土流失规划的五个重要组成部分包括：

①位置图（来自美国地质调查局）（Location Map），包括：

a. 项目地界范围；

b. 关键的自然或人为的场地特征，包括溪流、水道、池塘、湿地、道路、建筑物和公用设施。

②场地现状图（Existing Conditions Site Plan），包括：

a. 现状地形图；

b. 现状场地排水特征和水的景观特性；

c. 在水景 200ft 内的植被覆盖类型，如阔叶林、草等；

d. 被开发区域内和施工现场雨水径流所经过区域的所有植被类型；

e. 土壤类型图；

f. 限定敏感地区（如陡峭的斜坡，土壤侵蚀、潮湿的地方）；

g. 构筑物、道路、公用设施。

③场地平整规划图（Grading Plan），包括：

a. 现状地形图和规划地形图；

b. 土地开发影响范围和确定这种影响范围的方法；

c. 施工的分阶段顺序；

d. 新规划的构筑物、道路、公用设施；

e. 表层土壤的储存位置、分期区域、设备存储和维修区域的位置；

f. 处置回填后所剩余的土壤的位置（包括场地以外的位置）；

g. 场地中不受干扰的缓冲区的界限。

④防止水土流失和土壤沉积控制的场地规划图和时间表（Erosion Prevention and Sediment Control Site Plan and Timetable），包括：

a. 土地开发影响范围；

b. 缓冲带（如湿地和溪流）保护范围和方法；

c. 所有控制场地侵蚀和土壤沉积工程结构的细节和位置；

d. 所有需要播种和需要用地膜覆盖区域的位置；

e. 雨水流经的路线；

f. 在大于 3∶1 坡度的坡地上铺盖控制侵蚀的在铺垫；

g. 不要在地形线相贯穿的地方和水流较集中的地方放置干草包或淤泥屏障；

h. 雨水的下水道口要得到充分的保护（提供细部要求）。

⑤以上四部分的文字说明包括：

a. 项目一般性描述；

b. 场地的调查与分析：场地排水现状的特点；场地中的所有渠、水道、水体系统；现状地形，现有道路，建筑物和公用设施；植被；土壤结构；自然或人工的水景特色；

c. 场地平整规划和时间计划表：描述场地平整规划和季节对场地平整的限制；所有的主要建设和与之相关的土地挖掘行动的时间表；

d. 防止水土流失和土壤沉积控制的场地规划图和时间表：描述控制方案的实施策略，为什么它可有效保护水资源；描述播种和覆盖计划，包括所有需要播种区域的位置、适应于场地土壤的种子混合物、探讨干性植物/覆盖材料的类型、每项措施所适应的土壤类型及地形特点、覆盖率、覆盖时间等；描述所有控制场地侵蚀和土壤沉积工程结构的细节和位置，以及所有这些临时和长期的工程结构的设计计算；描述对所有控制措施方案的检查、维修和记录方法[9]。

7）降低场地的热岛效应 Reduce Heat Islands

热岛效应指的是在建成区，包括市区和郊区，由于建筑物、混凝土、沥青、人力和工业活动所造成的这些地区的气温比附近农村地区的温度高出 1.8~7°F（1~3℃）；在晚间，这种气温的差距可以高达 22°F（12℃）[10]。

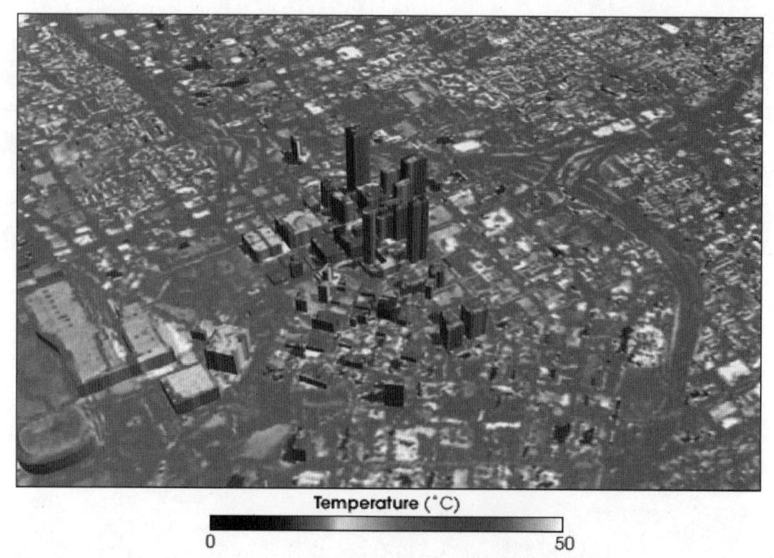

图 4–3 亚特兰大市中心热岛图 Heat Island of Downtown Atlanta，GA.

图片来源：Scott，Michon.（2006）. *Beating the Heat in the World's Big Cities.* Published on NASA（2006）. Earth Observatory. Retrieved on June 10，2010 from http：//earthobservatory.nasa.gov/Features/GreenRoof/

（1）热岛效应产生的原因和后果 The Causes and Impacts of Heat Island

城市的气温高出附近农村的原因归结为能量得失之间的不平衡。有许多因素导致了城市的热岛效应。

在农村，白天所接受到的太阳热能能够通过大量的植物和土壤的水分蒸发而散发。因此，虽然太阳能在这里是一个净增值，但植物的水分蒸发这个冷却过程却得到了释放。而在城市，由于较少植被覆盖，更多的是建筑物、街道和人行道，因此绝大多数的太阳能被吸收而无法释放。

城市与农村相比水资源较少，大部分路面、广场都是不可渗透的混凝土和沥青，大面积不可渗透的地面无法吸收水分，因此在城市中雨水径流量增加，水的蒸发过程比农村少了许多，这是导致城市气温比农村气温高的又一原因。来自城市的建筑、汽车和火车等设备所排出的废热是另一个导致城市气温较高的原因。这些物体排出的废热是来自太阳热能的三分之一，它们最终进入了大气层。建筑物的热性能（Thermal properties）通过热传导增加了空气的温度。城市里面的焦油、沥青、砖和混凝土的热传导效应要比农村地区的植被高出许多倍。白天，城市中的高层建筑物经过相互间的多次反射，将太阳能滞留在建筑物之间，这也是导致城市气温较高的原因之一。热岛效应能够直接影响当地的气候，改变当地的主导风向，产生更多的云和雾，增加雷电袭击的次数，影响当地的降雨量。

热岛效应助长了全球变暖的现象。它不但能够直接影响高峰期的能源使用（Peak energy demand），增加空调的使用费用和空气污染，并且产生一些与热有关的疾病。我们知道，气温的升高造成空调和其他制冷设备的使用量加大，这些设备所使用的能源和它们所释放的温室气体加剧了全球气候变暖。同时由于增加了能源的使用量，直接破坏了当地的空气质量，对在该地区生活的居民的健康造成了很大程度的影响。例如，污染的空气加重了哮喘和其他呼吸系统疾病的增加。因此，降低热岛效应可以直接降低能源的使用，减少温室气体排放量，提高空气质量，减少臭氧所产生的光化学烟雾以及对植物和人类所产生的危害。

（2）减少热岛效应的措施 Measures of Reducing Heat Island

减少热岛效应的措施主要应用于屋顶和路面铺地两个方面，即通过采用高反射的材料或植被来降低热辐射能的吸收。

①安装“冷”屋顶（Installing Cool Roofs）：为最大限度地节约能源、减少热岛效应，屋面材料必须

表现出高反射率（High Reflectivity）的特征。太阳反射指数（Solar Reflectance Index，SRI）反映的是一种材料抵御太阳热能的能力。有较高的太阳反射指数的屋顶是吸收太阳热能最少的屋顶材料，也就是所谓的“冷”屋顶。有两种类型的“冷”屋顶：一种类型是低坡度（坡度≤ 2∶12）或平屋顶，另一类是坡度较陡的坡屋顶（坡度≥ 2∶12）。大多数“冷”的低坡度屋顶应用有一个光滑、明亮的浅白色表面，以反射太阳的辐射热，减少热能传入室内，从而减少对夏季空调的需求。较陡峭的坡屋顶则采用较冷的色调屋顶来反射太阳的直射热能。

LEED 2009 年新建建筑和重要建筑装修项目标准（LEED 2009 for New Constrcution and Major Renovations）对减少热岛效应 – 屋顶的要求如下[3]：

如果是低坡度屋顶（坡度≤ 2∶12），至少 75％的屋顶面积，其屋顶材料必须具有太阳反射指数（SRI）等于或大于 78 的反射性能；如果是陡坡度屋顶（坡度≥ 2∶12），同样至少 75％的屋顶面积，其材料必须具有太阳反射指数（SRI）等于或大于 29 的反射性能。

②营建绿色屋顶（Installing Green Roofs）：在美国大城市中，屋顶平均占城市总土地覆盖面积的 20%~25%。尽管我们不可能将所有的建筑屋顶都营建成绿色，但使用绿色屋顶确实是来缓解城市热岛效应的最有利的途径之一。绿色屋顶除了有用植被覆盖屋面起到遮阳的作用以外，还通过植物和土壤蒸发水分起到冷却空气的作用。植物通过根部吸收水分，然后通过它们的叶子向空气中释放水蒸气，这种从液体转化为气体的水的运动过程被称为蒸散（Evapotranspiration）。植物在吸收热能后通过向空气中蒸发水蒸气而达到冷却空气的作用。

绿色屋顶的温度取决于屋顶的组成、植物类型所拥有的水分含量的多少和其地理位置等具体条件因素的限制。绿色屋顶通过遮光和蒸散，其屋顶表面的温度要比常规屋顶的表面温度低很多。例如夏季的芝加哥，绿色屋顶表面温度与周边一般建筑屋顶相比较：8 月中的一个午后，气温在 90°F（32℃）左右，绿色屋顶表面温度为 91~119°F（33~48℃），而相邻的、暗黑色的常规屋顶为 169°F（76℃）；绿色屋顶上方空气温度要比常规屋顶的凉爽 7°F（4℃）左右。在佛罗里达州类似的研究发现，一个绿色屋顶的平均最高表面温度是 86°F（30℃），而相邻的浅色常规屋顶为 134°F（57℃）。

加拿大多伦多的一个模拟研究所的研究表明，如果将市中心区现有屋顶表面的 50% 加盖成绿色屋顶，这将使全市的温度降低 0.2~1.4°F（0.1~0.8℃）。如果用水灌溉这些屋顶，可进一步将全市温度降低约 3.5°F（2℃），并可以在更大的地理区域范围内将温度降低 1~2°F（0.5~1℃）。模拟表明，如果有充足的水分蒸发冷却，绿色屋顶可以大大降低城市的热岛效应[11]。

③种植树木和植被（Planting Trees and Vegetation）：最大化的保持现有的树木和种植多种类型的植被，这既能为人行道、停车场以及其他开放地区提供大面积的遮阳，又可以通过植物吸收太阳热能、蒸发水分而达到冷却空气和消耗热能的效果。

④使用“冷”的铺地材料（Using of Cool Paving Materials）：使用“冷”的路面铺地（Cool Pavements）材料，不但可以保持较低的路表温度，而且可使路面具有较低的热吸收率和较低的保温性。“冷”路面的其他好处在于增加了路面通透性，例如，通过使用多孔和开放式的路面铺地材料（Porous and Open Grade Pavements）（图 4–4），让路面铺地具有透水性能，允许雨水径流和空气透过路面，通过空气流动和水的蒸发达到冷却周围空气的作用。一些可以较好地降低热岛效应的路面铺地材料如将一层橡胶沥青涂于混凝土路面之上，橡胶路面被认为是比相邻的混凝土表面更容易在夜间降温。在白天和夜晚，橡胶路面的温度都比标准沥青路面低得多。再者像砖、石以及石砾等，还有一种压缩的混凝土产品，经模块分割后具有惊人的强度和耐久性，这种混凝土制成的压缩砖也具有较好的透水性能。

图 4–4 多孔和开放式的路面铺地 Porous and Open Grade Pavements

8）可持续发展的绿化景观 Sustainable Landscape

可持续发展的绿化景观是以保护有限的自然资源，防止空气、水和土壤遭受污染，减少废物的产生作为宗旨，其目标是尽可能减少整个绿化过程对环境所产生的影响，最大限度地保护自然资源。可持续的绿化景观中，植物的寿命更长，对农药和化肥的依赖程度更少，需要很少的水产生最少的废物，同时要求较少的维护。由于它们不依赖于人工化肥，因而减轻了对地下水和空气的污染。

（1）传统绿化的启示（Implications of Traditional Landscaping）

①引起空气、噪声和水资源的污染（Contributing to Air，Noise and Water Pollution）：美国环境保护署（EPA）1990 年对首都华盛顿和巴尔的摩两个城市的调查显示：一台割草机一个小时割草所消耗的油可以供一辆普通汽车行驶 20 英里（32km），同时释放 5 % 的臭氧有机挥发物（Ozone-forming VOCs）。这两个城市在 1990 年，为了维护草坪和花园，其绿化设备共释放出 55t 臭氧有机挥发物。而各种花园维护设备所发出的噪声（在 85~110dB 之间——85dB 的噪声可能使人失去听力），也给城市带来了噪声上的严重污染。

由于维护草坪和花园需要施加许多农药，而农药可能直接污染地下水源和周围的水资源系统。美国绿色建筑委员会（USGBC）的统计资料显示，每英亩草坪每年所用的农药是同样面积农田的 20 倍。农药随着灌溉和雨水的冲刷流入地下水源和周围的水道。美国环境保护署在他们的调查范围之内，发现水井中有 5%~10% 的农药污染物，地表水和地下水的含氮量高达 40%~60%。

②防止洪水的危害和侵蚀（Flood Damage/Erosion）：一般花园草坪的根系比较浅，往往只能吸收 1/10 的降水。如果遇到暴雨侵袭，草坪可能无法稳固河岸，泥沙冲入河道将造成水土流失和土壤沉积污染。

③对生物多样性产生危害（Harm to Biodiversity）：美国每年有 60~70 万只鸟类，由于食用绿化所施的农药而中毒死亡。杀虫剂所杀死的动植物只有 1% 为害虫或有害植物。以这样的速度，在 50 年内，有 1/4 的物种濒临灭绝的危险。农药冲刷到周围的水道和湖泊，将严重影响水生物的生态环境。

④消耗自然资源（Consuming Natural Resources）：水是维护绿化健康和美观不可缺少的源泉。USGBC 的资料显示，美国平均每个家庭在绿化上所用的水是全部家庭用水的 50%。在美国西部，绿化所消耗的水是全部用水量的 60%，而在东部，30% 的用水是在绿化方面。由于各类割草机、绿化维护设备需要消耗大量汽油及柴油，所以传统的绿化种植和维护是一种不可持续发展的绿化方式。

⑤影响公众健康和安全（Impacting to Public Health and Safety）：美国地质调查局报告说，农药污染了几乎所有美国的河流和溪流，直接引起人类的癌症、出生缺陷、神经系统等各种疾病。化肥中的硝酸盐引起藻类植物生长过快，使鱼类窒息至死。美国每年有 110000 人由于绿化中的杀虫剂而生病，全世界则有 300 万人受此影响。

⑥花费成本和需要更多的劳动力（Cost and Labor Intersive）：在美国，维护 1 英亩草坪每年要花费 400~700 美元，而房主每年平均花费 40h 来维护自家的绿化和花园。

⑦单调景观（Monotonous Landscapes）：人们常常花费很多精力、资源和成本来种植和维护这种传统式的绿化，可其单调景观并不令人满意[12]。

（2）可持续发展的绿化景观：

①可持续发展的园林绿化的益处：

a. 与传统绿化相比，大幅度降低污染，减少废物的产生和降低噪声。

b. 需要较少的化肥和农药，清洁水体，有利于居民饮用，更好地保护自然资源。

c. 维护野生动物的栖息地，有益于自然生态环境的正常运行。

d. 不需要太多的维护，降低景观维护的成本。

e. 看起来更有吸引力，并更有季节性的变化。

f. 节约用水有益于房主，减少城市用水压力，有利于资源的有效利用。

g. 减少洪水和雨水的径流量及其管理成本。

h. 减少城市垃圾的收集和处理工作。

i. 种植方法科学，遮阴和防风功效显著，降低建筑的能源需求（平均每个家庭供暖节省 30%，空调节省 50%[USDOE]）。

②可持续发展的园林绿化的设计原则：

进行可持续园林绿化设计时必须考虑三个主要因素：总图设计（Site Design）、植物的选择（Plant Selection）和园林绿化的管理（Landscape management）。

a. 场地设计 Site Design

首先分析当地的气候、地质、水文、土壤、海拔／地貌、植被、野生动物和其他生物特性。分析土壤和气候的目的是确定采用适当的景观类型。分析现存的地质和地貌，是为了了解场地自然排水的模式、土壤的蓄水能力、土壤类型、日晒长短和方位，了解周围水体与场地的关系等。

场地的排水设计可以容许雨水径流通过场地而不破坏场地。在自然水体和湿地周围或边缘保持自然植被和河岸缓冲区，使用现场小型洪水蓄滞区，其目的是减缓雨水径流的流速，同时增加雨水的渗透过程，避免雨水直接排入河流或下水道系统。设计恰当的植被缓冲带，可高度拦截和过滤径流中的污染物，提高植物和野生动物物种生态环境的多样性，或为野生动物走廊提供足够的栖息地。在场地设计时，注意留有一些原生的灌木和植被作为场地的缓冲区，减少人工草坪的面积，可以将场地的渗透率提高 1/3 到 1/2。这些自然环境包括溪流、自然洼地、湿地和森林等。为了让雨水滞留，场地可设计适当的坡地和可渗透的地面砖，增加雨水渗透，减少径流，补充地下水。减少雨水径流也可以通过在人行道、车道设计中使用碎石和有机植物的覆盖层（Mulch）的方式以吸收雨水。在场地中创建洼地和浅地表蓄水绿化地段，可达到储存雨水和滞留雨水的目的。在高起的小丘陵地带设计护堤洼地和梯田斜坡，使之具有适当的排水和滞水的作用。通过设计一些引水系统，将来自车道、人行道、屋顶檐口排水沟的水直接排入具有良好植被的地段，如洼地、浅地表蓄水绿化地段或干井。为了使绿化地段的土壤更具渗透力，该地区的土不能过多夯实，以最大限度地减少土壤板结，同时增加土壤的有机物质含量。

b. 植物的选择 Plant Selection

降低草皮的面积（Reduce Lawn Area）：美国人民热爱他们的草坪就像热爱他们的汽车一样。草坪的保养和维护需要很多的水、农药和化肥，因此草坪不仅消耗大量的自然资源，而且引起空气和水资源的严重污染。草坪的根系很浅，也不利于雨水径流的渗透。

在许多情况下，如陡峭的山坡地带、阴暗潮湿地区或土壤较容易被雨水侵蚀的地段，草皮并不是植被覆盖的最佳选择。合理地选择地面覆盖植被，可以很大程度提高土壤的渗透性，减缓雨水径流的流速，减少雨水径流量，降低绿化景观维护需求。常绿的地面覆盖植被，如英国常春藤（English Ivy）、长春花（Vinca）和弗吉尼亚爬山虎一旦成长，不需要太多的护理。矮生灌木，如刺柏，也不需要太多的维护。许多物种如多年生植物玉簪（Hosta）、黄花菜（Daylilies），不但提供良好的地面覆盖，而且具有极好的观赏性能。如果场地中有自然的树木和灌木，如常绿白松和落叶树，由于灌木落叶可以提供自然地面植被覆盖，这将节约用水和减少维修。

使用抗旱和自然的植物景观（Utilizing Xeriphytic Plants – Xeriscaping）：所谓抗旱的、自然的植被（Xeriscape Landscape）来源于本土植物（Indigenous Plantings）的概念。本土植物的生长过程不需要人工灌溉和化学施肥。它们在无人类帮助的情况下，甚至能存活上千年。它们所需要的唯一水源为自然降雨。它们本身有适应本土气候的自然特性，即使无雨的旱季，也无碍于它们的生长和存活。

由于本土植物不依赖水、肥料、农药，而且能提供一个美丽、自然的景观，它们已经成为可持续绿色景观首选的植物品种。在干燥和多风的地段，矮的针叶树是最好的选择。例如，与玫瑰相比，来自沙漠的原生植物就不适应于潮湿和含有机土壤较高的环境。另一个选择乡土树种的原因就是它们具有吸引有益昆虫、鸟类和动物并能给它们提供栖息地的能力，这样可以帮助控制自身被害虫侵袭的可能，减少维护景观过程对农药的需求和依赖。

侵袭性的非本土外来植物可能损害当地的生态环境。例如，具有侵略性的外来的紫色珍珠菜就能够轻易压倒原生植物，使后院成为一个沙漠，成为野生动物关注的对象。本土植物的多样性可以抵御外来植物的侵袭。通过本土植物与其他宜于本地环境的不同物种的搭配种植，可建立和保护本土生态环境领域的生物多样性。另外，将本土地面覆盖与耐旱草皮混合使用，既能够增加土壤的吸收能力，又能够达到促进雨水渗透的目的。

使用抗虫抗病的植物（Utilizing Disease and Insect Resistant Plants）：传统上，树木和灌木的选择是以其开花的季节性，开花时间的长短或各季节植物的颜色特征依据。虽然这些特征仍然重要，但今天我们提倡的可持续的绿化景观是以无害环境、保护环境、选择耐旱、抗病性、便于维护和无需人工灌溉植物类型为前提的。

真正不容易受到虫害和疾病袭击的植物是很少的，但有一些植物不容易受到病虫害的威胁。举例来说，灌木类物种，如杨梅（Babyberry）、高丛蓝莓（Highbush Blueberry）、乔基伯里（Chockberry）、橡木绣球（Oak Leaf Hydrangea），蓝冬青（Blue Holly），树种如桧柏（Hinoki Cypress）、白色条纹树（White Gringe Tree）、银杏树（Ginkgo）、蓝阿特拉斯雪松（Blue Atlas Cedar）、阿穆尔枫（Amur Maple）、长臂猿杉木（Concolor Fir）、黎巴嫩雪松（Cedar of Lebanon）和桂树（Katsura Tree）等都是不容易受到病虫害威胁的树种[13]。

减少使用的植物（Reduce the Use of Plant Species）：减少使用需要经常维护的植物物种，特别是避免使用需要使用化学方法维护，尤其是以农药作为保养方式的植物类型。避免使用容易通过建筑的排风口或空气对流的操作窗口引起过敏的植物类别，减少使用需要过多人工灌溉用水的植物类别，减少使用生命周期过短的植物类别。

c. 园林绿化的管理 Landscape Management

使用低流量、滴灌或微喷灌系统和技术，避免雾化喷头，减少水的损失。 使用以传感器控制的自动关闭喷头和智能灌溉作为灌溉系统。尽量利用雨水桶、落水管和排水管直接收集雨水，用于植物灌溉。

定期进行监测和评估，以确定使用合适的土壤肥料，尽量使用有机物和缓释营养物，最低程度地使用毒性化学物质作为肥料。尽量使用本土和耐旱植物作为植被覆盖，以保持土壤的湿润度。如需人工灌溉，限制使用饮用水，最好用雨水、中水和 / 或冷凝水进行灌溉。尽量利用缓释肥料。在草皮生长季节，缓释肥料能为草皮提供一个非常缓和的生长环境，能使草坪均匀发展。因为缓释，所以不但草根能够充分吸收肥料，而且保持最少的有毒化学物质污染环境。

9）降低场地的灯光污染 Light Pollution Reduction

建筑场地上由于采用大大超过场地基本照明需要的人工照明（Artificial lighting），而导致的对邻近用地的光侵入（Light trespass）、场地夜间天空闪耀（Sky glow）的现象被称为光污染。光污染又称照明污染（Luminous pollution，photopollution）。国际夜空学会（International Dark-Sky Association，IDA）将光污染定义为任何过度人工照明，包括夜间天空闪耀、眩光（Glare）、光入侵和灯光杂乱（Light clutter）所带来的负面影响，如降低夜间可视性和照明能源浪费现象[14]。在实际生活中，一个场地的光污染源可以同时产生眩光、光入侵和灯光杂乱等，而整个城市的光污染，则可导致城市夜空闪耀，如纽约市夜空的光污染（图 4-5）。与没有污染的乡间小镇夜空相比，纽约市夜空没有任何星星。

（1）光污染所产生的危害 Adverse Impacts of Light Pollution

场地的灯光污染产生很多危害，包括浪费能源，对人类和动、植物的健康造成不良影响，破坏生态系统并使得天文研究无法进行。

①浪费能源 Waste Energy：根据美国 2009 年建筑能源资料统计数据（2009 Buildings Energy Data Book），商业建筑的照明用电居所有能源使用之首，为商业建筑总能耗的 24.8%[15]。而在居住建筑中，照

图 4-5 受光污染的纽约市夜空和没有污染的乡间小镇夜空比较 A Comparasion of the Skyglow of New York City and the Night Sky from a Small Rural Town

图片来源：wikipedia

明用电量也占总能源用量的 11.6%，仅次于供暖、空调和热水的能源用量 [16]。约有 8% 的照明用于室外照明，过度的室外照明浪费了大量能源。

②对人类和动植物的健康和心理造成不良的影响 Detrimntal Impacts on Animal and Human Health and Psychology：很多医学研究表面，过度的光线对人体的健康造成不良的影响。与光污染或过度照明有关的健康问题包括头痛、疲劳、烦躁等。对动物而言，光污染对动物的情绪有负面影响（Adverse effect），常常引起焦虑。而对在夜间出没的动物，光污染常常对其警觉性和情绪（Alertness and mood）都产生负面影响 [17]。

③破坏生态系统 Disturbs Ecosysytem：光污染对野生动物造成危险，同时对动植物的心态也产生不良影响。光污染常常混淆动物的导航能力，改变动物物种之间的竞争关系以及捕食动物和被捕食动物之间的关系（Predator-prey relations），最终造成生理伤害。自然界的昼夜交替（Natural diurnal patterns of light and dark）是所有生命遵循的基本规律，光污染会将此规律打乱，造成整个自然界生态规律的混乱。国际夜空学会（IDA）的研究表明，光污染对哺乳动物、水陆两栖动物、昆虫、鸟类和爬行动物等都有破坏性影响。以鸟类为例，很多鸟类都在夜间迁徙，光污染造成迁徙的鸟类偏离飞行轨道（Wander off course）而无法抵达迁徙目的地。光污染还造成北美每年约有 1 亿只鸟因与照明的建筑物和塔相撞（In collisions with lighted buildings and towers）而死亡 [18]。

④妨碍天文研究 Inhabits Astonomy：天文研究的很大一部分工作就是对夜间的天空进行观察，而由光污染造成的城市夜间天空闪耀对天文观测影响极大。夜间天空闪耀导致星光消失，必须采用特殊的望远镜来过滤多余的光线。除了夜间天空闪耀外，光侵入（Light trespass）还直接影响观测的质量。当人工照明光线（Artificial light）进入望远镜的观测筒、由非光学表面反射到目镜上时，过多的光线将造成视野眩光，从而降低对比度，使得物体可视性下降，因此越来越多的天文观测站只能建在远离城市的郊野。

（2）减少光污染的办法 Ways to Minimize Light Pollution

绝大多数光污染现象都可以在设计和使用阶段进行预防。绿色建筑各种标准和评级体系都对建筑、场地在设计和使用中如何减少光污染提出详细规定。减少光污染的办法有以下一些：

①光亮度研究 Photometric Study：光亮度研究是美国地方政府进行商业开发项目的场地设计总图审批（Site plan review）过程中必须提供的材料，其目的在于了解具体项目室外照明情况是否会对邻近用地造成光入侵 （Light trespass）。光亮度研究主要通过计算机模型根据具体场地的照明设计和灯具类型、照明输出功率等信息进行模拟，并绘制出以烛光英尺为单位的场地室外照明亮度分布线图（Footcandle contour line）作为研究成果。一般要求在场地边界线（Site property line）处的亮度读数为零。

②夜间照明 Night lighting：夜间照明只在需要时使用。不需要时，应该将灯具关闭。例如，LEED 商业建筑室内照明提供两个任选要求。其一是将室内照明度在晚间 11 时至清晨 5 时之间降低 50%，或在同样时段将所有开窗遮挡，仅允许少于 10% 的光度泻到室外 [19]。调低亮度和采用开窗遮挡等操作都可以使用定时器或调光器（Timer or dimmer）进行自动控制。

③顶部完全遮挡灯具 Full Cut-off Lighting Fixtures[20]：使用上部完全遮挡灯具可以将照明的光线投向需要光线的地方。采用上部完全遮挡灯具可以取得最佳的照明控制（Excellent lighting control）。同时采用适当照度的灯具可以减少眩光、光入侵、光污染并降低照明能源用量。

④低压钠灯 Low-Pressure Sodium[21]：低压钠灯的使用寿命一般为 12000~18000h，其光视效能为 60~150lm/W（Lumens per watt）。虽然该类型灯的显色指数比较差，但却是一种非常节省能源、适于室外使用的灯具，是对天文观测影响最小的光源之一。低压钠灯特别适用于做路灯（Street lighting）、停车场照明、安全照明（Security lighting）和其他对显色要求（Color rendering）不高的室外照明。

第二节
用水效率
Water Efficiency

与能源工业相比，在美国的水行业历史上从来没有出现过类似 1973 年阿拉伯石油禁运那样的重大事件。美国水利资源丰富，用水只有在很少几个州出现过季节性危机。然而，近年来随着人口的增加以及对能源、粮食需求的提高而导致的热电厂用水和农业灌溉用水的增加，加上全球变暖的影响，美国各地区，特别是南部、中西部以农业和畜牧业为主的各州，如得克萨斯州和新墨西哥州等地旱情频率，旱情程度（Drought intensity）持续恶化，全美国受到干旱影响的区域正在不断扩大（图 4-6）。

在城市一级，缺水的情况也越来越普遍，而且远比人们想象的情况严重。特别是在美国的几个大

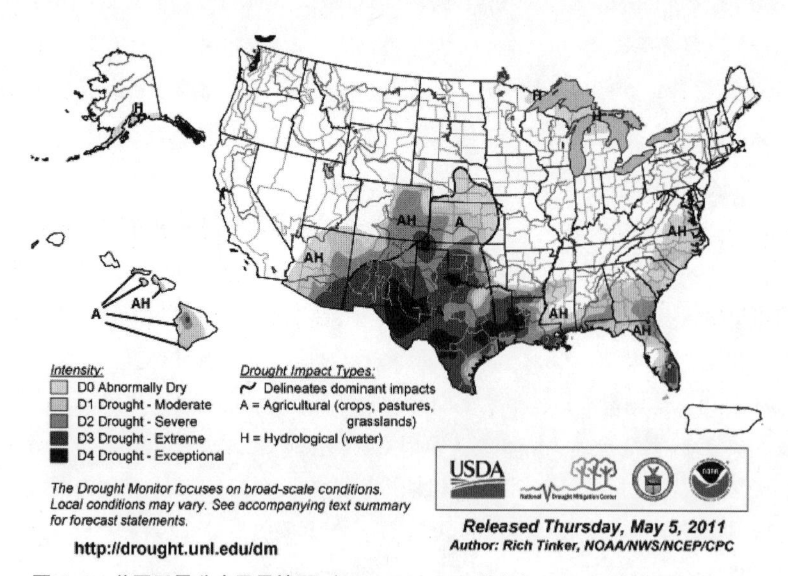

图 4-6 美国干旱分布及旱情图（May 5，2011 发布）Drought Distribution and Intensity

资料来源：美国农业部（USDA）、美国国家海洋气象局（NOAA）

注解：旱情程度（intensity）D0：超过一般缺水；D1：干旱—中等程度干旱；D2：干旱—严重干旱；D3：干旱—极度干旱；D4：干旱—罕见干旱。

干旱影响类型：A= 农业（包括农作物、草场、牧场）影响；H= 水利影响

城市，缺水情况已经时有发生。根据 CERES 和国家资源保护委员会（The National Resources Defense Council）2010 年的研究报告，美国的 10 个大城市将在近期出现严重的城市用水短缺。这 10 个大城市，根据用水短缺严重程度的排名顺序是洛杉矶（Los Angeles，CA）、休斯顿（Houston，TX）、凤凰城（Phoenix，AZ）、圣安东尼奥（San Antonio，TX）、旧金山湾区（San Francisco Bay Area，CA）、沃思堡（Fort Worth，TX）、拉斯维加斯（Las Vegas，NV）、图库圣（Tucson，AZ）、亚特兰大（Atlanta，GA）和奥兰多（Orlando，FL）[1]。

以城市用水短缺严重程度排名第十位的奥兰多市为例，其城市水源主要为佛罗里达地下水层（Floridian Aquifer）。该城市人口自 2000 年以来增长了 26.8%，最近十几年干旱不断发生。为了满足用水需要，该城市估算日均取水量将从 1995 年的 52600 加仑增加到 2020 年的 86600 万加仑。该市采取了非常严厉的用水分配政策（Aggressive water-rationing policies），同时严禁用城市自来水灌溉草地（Lawn-watering bans）。到 2013 年，城市从地下水层日均取水量将不能够再增加。根据奥兰多市长在城市网址上发布的信息，到 2014 年，如果不采取更加有力的措施，奥兰多市城市供水设施将不能满足城市用水的需求[2]。

自 20 世纪 80 年代末起，美国就开始注意节约用水。特别是自 1992 年美国全国能源政策法（1992 EPAct）发布以来，国家不断推出提高用水效率的法案和标准，导致用水效率大幅度提高。美国用水在 1980 年达到高峰，全国日均取水量高达 4400 亿加仑，到 2005 年全国日均取水量降到 4100 亿加仑，但是经济却从 6 万亿美元增长到 13 万亿美元[2]。

绿色建筑中有关用水效率的要求就是在认识到人类行为对水资源有着巨大影响、水资源日益不断短缺的现状以及提高用水效率可以产生巨大节水效益的前提下提出的。提高建筑物和场地用水效率的主要目的在于减少总的用水消耗量，进而减轻对城市供水和排水系统（Municipal water supply and wastewater systems）的压力，最终达到减少人类行为对自然水资源影响之目的。绿色建筑中提高用水效率的要求虽然主要应用于商业和居住建筑[3]，但是其节约用水的基本理念却适用于各个行业，其中一些节约用水措施，包括采用不同层次的水表（Metering and sub-metering）来检测用水量、减少水输送系统中的渗漏率（leakage rates）等，则是针对目前用水行业中普遍存在的问题而提出的，适用于各种用水户。

节水就是节能。目前美国能源消耗的 8% 用来处理、输送和加热水。如果将这些能源用来供居住建筑使用，可以供应 500 万家庭一整年的能源用量。家庭热水能源消耗占整个家庭能源使用量的 19%，所用电费占全部费用的 13%[4]。每年用来处理饮用水和污水的费用高达 40 亿美金。如果通过提高用水效率（Through better efficiency），可以将用水量减少 10%，则可以每年节省 4 亿美金[5]。

1. 美国用水概况和趋势 Water Use in the USA：A Summary and Trends

自 1950 年起，美国国家地质调查局（U.S Geological Survey）就开始科学统计美国全国用水情况。每隔五年发布一份全国用水情况报告。最新的全国用水报告是 2009 年颁布的有关 2005 年全国用水情况的汇总。根据这一报告，2005 年美国全国每日用水 4100 亿加仑，其中 80% 为地表，其余为地下水。在所有的用水中，85% 是淡水。在全国每日用水 4100 亿加仑中，热电厂用水（Thermoelectric power）为 2001 亿加仑，占全部用水的 49%；农业灌溉用水占全部用水的 31%；其他用水中，公共用水（Public supply）占 11%，家庭用水（Domestic）占 1%，牲畜用水（Livestock）占少于 1%；水产业用水（Aquaculture）占 3%，工业用水（Industrial）占 4%，采矿用水（Mining）占 1%。

加利福尼亚州、得克萨斯州、爱达荷州（Idaho）和佛罗里达州四个州的用水占全国用水的四分之一以上。加利福尼亚州和得克萨斯州每天取水量为 20~46 亿加仑，据全国各州取水量之首[6]。

从 1950 年到 2005 年的 55 年间，美国人口从 15000 万增加到 2005 年的 3 亿多，总用水量在 1975 年和 1980 年达到最高峰（图 4-7），这时也是热电厂发电用水和农业灌溉用水量总最大的时期。2005 年的用水量比 2000 年用水量降低约 1%。从 1980 年开始，农业灌溉面积虽然没有变化，但由于用水效率提高，

图 4-7 2005 年美国全国各州取水分布图 （每天百万加仑） Distribution of Total Water Withdrawals in the US
资料来源：USGS. Estimated Use of Water in the United States in 2005. P40.

总的灌溉用水量持续下降。而热电厂发电用水也从 1980 年开始下降，但近年来又回升到 1975 年的总用水量。公共用水量 (public supply) 随着人口的增长不断增加。家庭用水 (domestic water use) 也持续增长。唯一不断下降的是工业用水，2005 年的工业用水量比 2000 年下降 8%。地下水的用量从 1950 年到 2005 年没有特别大的变化 [6]。

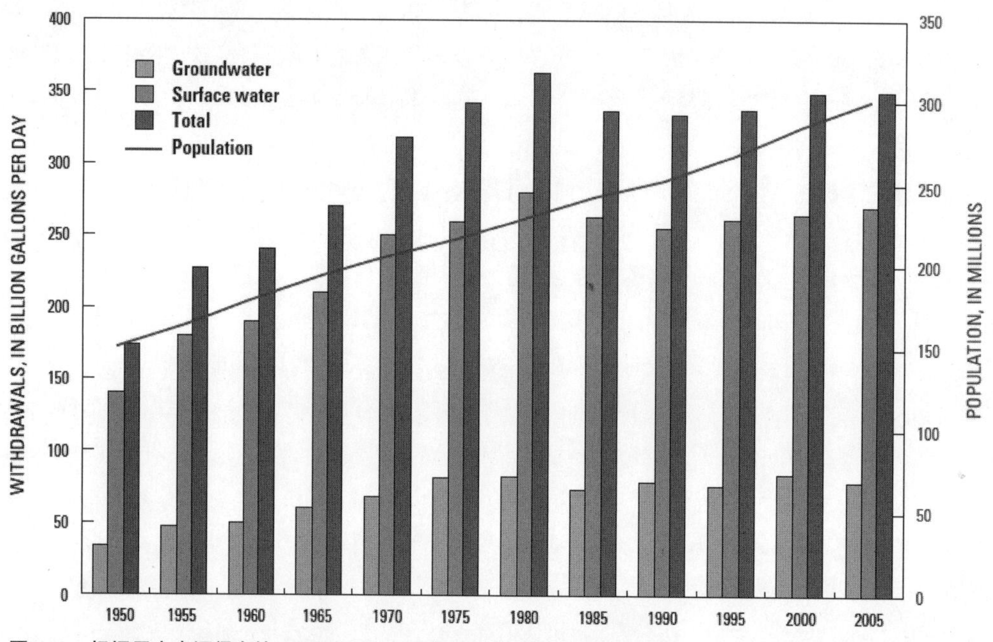

图 4-8 根据用水来源得出的 1950-2005 年美国淡水用水和人口发展趋势
Trends in population and freshwater withdrawals by source，1950-2005.
资料来源：USGS. Circular 1344. Estimated Use of Water in the United States in 2005

在家庭用水方面，美国家庭平均年用水量为 12.74 万加仑（约为 482259.9L），美国家庭室内每天人均用水量为 69.3 加仑（约为 263L）。根据美国水工程学会（American Water Works Association）的统计，大约有一半的水用于冲厕所和洗衣物。具体家庭各类用水情况如表 4-1。通过安装更加节水的设施，并定期检查是否有水管渗漏（Checking for leaks），家庭人均用水量可以减少约 35%，相当于将每天人均用水量降低到大约 45.2 加仑[7]。如果所有的美国家庭都采取节水措施（Water-saving Features），可以减少 30% 的用水，相当于每天节约 54 亿加仑（约为 204.4 亿 L）用水，每天节约水费 1130 万美元。

人均室内每日各类活动用水量及百分比 Per Capita Indoor Water Uses by Sources　　表 4-1

用途	人均加仑数 Galloons per Capita	占每日总用量的百分比
淋浴 Showers	11.6	16.8%
洗衣物 Clothes Washers	15.0	21.7%
洗碗 Dishwashers	1.0	1.4%
盥洗室 Toilets	18.5	26.7%
盆浴 Baths	1.2	1.7%
渗漏 Leaks	9.5	13.7%
水龙头 Faucets	10.9	15.7%
其他 Other Domestic Uses	1.6	2.2%
总用量 Total	69.3	100%

资料来源：American Water Works Association

http：//www.drinktap.org/consumerdnn/Home/WaterInformation/Conservation/WaterUseStatistics

在美国家庭居住所有的用水中，室外用水约占 30%。而室外用水中，大部分用水主要应用于浇灌草地（Watering lawn）。一般的郊区草地（Typical suburban lawn） 每年要消耗比年降雨量多 10000 加仑（约为 3.78 万 L）的水[8]，而这些灌溉用水都是来自城市自来水管道中可以直接饮用的水[9]。据美国水工程学会的研究显示，仅 1988 年美国家庭安装节水设施一项措施，就为美国每天节省 4400 万加仑（约为 16632 万 L）的用水，其直接经济效益为每年节约 3360 万美元[7]。随着节水意识的不断加强，各级政府节水要求的不断提高，用水的绝对数量将会不断降低。

在商业建筑用水方面，以加利福尼亚州的用水情况为例，有约 35% 的水为场地景观用水，另外 32% 的水用于冷却（Cooling，15%）和加工工艺（Processing，17%），商业建筑物的卫生间使用约 16% 的用水，洗涤用水仅为 2%，其他用水为剩余的 9%[10]。与居住用水情况相类似，多达 1/3 的水用于景观绿化。

1）用水效率和节约用水 Water Efficiency and Water Conservation

提高用水效率是为了减少某一用水产品或用水活动的用水，最终达到节约用水的目的。在日常生活中，提高用水效率和节约用水这两个用语常常被等同起来使用，但是，两者在概念上有着根本的区别。提高用水效率（Water efficiency）是指使用少量的水资源来完成更多的用水活动，即以少做多，同时不影响人们的舒适度或影响用水产品的性能表现（"Do more with less" without sacrificing comfort or performance）。用水效率规划是一项水资源专业管理工作（Water resource management practice），要求通过分析用水的成本和用量、选用节约用水的策略、安装节水设备、跟踪认证节水（Verification of savings） 等步骤来最大化地实现水资源的成本效益（Maximize the cost-effective use of water resources）。用水效率主要注重技术层面（Technology-oriented），强调技术创新等。节约用水（Water conservation）则强调少用水，在某些极端的情况下甚至不惜牺牲舒适与健康。节约用水常常涉及很多人为方面的、教育方面的因素。在实际应用中，提高用水效率并不等于就会少用水，有时反而增加用水的数量。例如，人们在刚开始使用高效节水马桶（Low-flow or high-efficiency toilet）时，由于与传统马桶相比每次冲洗使用很少的水，因此习惯性地要多冲几次才感觉到干净，最终导致使用更多的水。

提高用水效率和节约用水应该根据不同的用水情况有所侧重。在管理基本用水（Essential water uses）时，应采用提高用水效率的途径来减少用水，同时在非用水短缺、用水需求低于供给等情况下采用提高用水效率的管理方法。在管理非基本用水（Non-essential water uses）时，通过节约用水宣传有条件用水或甚至禁止用水，同时，在用水短缺、用水需求低于可能的供给或存在其他环境问题发生时，采用节约用水的管理方法[11]。

绿色建筑主要强调设计，因此主要采用用水效率的概念和方法，强调在技术层面将高效节能设备和构件设计到建筑各种系统中去，包括用水设备和产品。但是，高效节水的设备必须正确使用才能达到节水的目的。

2）绿色建筑评价体系中有关水效率的要求 Water Efficiency in LEED Green Building Rating Systems

用水效率是绿色建筑评价体系中仅次于能源效率的主要概念之一，在 LEED，即能源与环境设计先导（Leadership in Energy and Environmental Design）的绿色建筑评价体系中占有举足轻重的地位。截至 2011 年，LEED 的绿色建筑评价体系共有 9 个[3]，分别适用于以下建筑和施工的情况，即：新建筑和主要建筑物改造更新（New Construction and Major Renovations，NC）；现状建筑物使用和维修（Existing Buildings：Operations and Maintenance，EB：O&M）；商业建筑室内（Commercial Interiors，CI）；建筑核心及维护结构（Core and Shell，CS）；学校建筑（Schools，SCH）；零售商业建筑（Retail）；医疗保健建筑（Healthcare，HC）；住宅（Homes）和社区发展（Neighborhood Development，ND）。

在 LEED 绿色建筑的 9 个评价体系中，用水效率主要通过提高用水设备和产品的用水效率、减少饮用水的用量和提高雨水、废水回用量等方面进行管理。美国除了对用水设备制定用水效率标准外，对其他的用水如雨水回用、废水利用等无任何国家标准。LEED 绿色建筑评价体系中用水效率指标有关用水设备和产品部分，均以国家标准为基本参照标准（Baseline）来计算用水量。而在其他用水方面，各个评价体系有不同标准。在具体指标设置方面，现有建筑物使用和维修（LEED EB：O&M）、住宅（LEED Homes）和社区发展（LEED ND）三个评价体系由于评判的主题特殊，其评价标准与其他 6 个系统相异。

（1）6 个评价系统的用水效率指标

在 6 个评价系统，即新建筑和主要建筑物改造更新（LEED，NC）、商业建筑室内（LEED-CI）、建筑核心及维护结构（LEED-CS）、学校建筑（LEED-Schools）、零售商业建筑（LEED-Retail）和医疗保健建筑（LEED-HC）中，所有项目必须满足减少用水的先决条件（Water reduction prerequisite）才有资格使用相应的绿色建筑评价体系。对于医疗保健建筑（LEED-HC）项目，还必须满足额外的先决条件，即减少医疗设备冷却中可饮用水的使用。采用节水的园林景观设计（Water efficient landscaping）可以获取 2~4 分，采用创造性的废水处理和利用技术（Innovative waste water technology）的项目可以获打 2 分，而减少用水量（Water reduction），根据减少量的不同，可以分别获打 2~6 分不等（表 4-2）。

LEED 绿色建筑评价体系用水效率指标 **表 4-2**

评价体系 LEED Rating Systems	Prerequisite-1 先决条件—减少用水	Prerequisite-2 先决条件—减少医疗设备冷却可以用水的使用	Credit 1 高效节水的园林景观设计	Credit 2 创造性的废水处理和利用技术	Credit 3 减少用水量
新建筑和主要建筑物改造更新（LEED-NC）	X		X	X	X
商业建筑室内（LEED-CI）	X				X
建筑核心及维护结构（LEED-CS）	X		X	X	X

续表

评价体系 LEED Rating Systems	Prerequisite-1 先决条件—减少用水	Prerequisite-2 先决条件—减少医疗设备冷却可以用水的使用	Credit 1 高效节水的园林景观设计	Credit 2 创造性的废水处理和利用技术	Credit 3 减少用水量
学校建筑（LEED-Schools）	X				
零售商业新建筑和主要零售商业建筑物更新改造（LEED Retail-NC）	X		X	X	X
零售商业建筑室内（LEED Retail-CI）	X		X	X	X
医疗保健建筑（LEED-HC）	X	X	X		X

（2）住宅 LEED Home 的用水效率指标[12]

用水效率指标在 LEED 住宅评价体系中稍有不同。该体系没有确定必须满足的前提条件（Prerequisite），但是每个项目至少有 3 分必须在用水方面取得。用水指标主要涉及三个方面：水资源再利用（Water reuse），灌溉系统（Irrigation system）和室内用水（ Indoor water use），最高得分可达 15 分。

①水资源再利用 Water Reuse。水资源再利用包括：雨水收集系统（Rainwater harvesting system），共计 4 分；中水回用系统（Graywater reuse system），共计 1 分；采用市政废水回用系统（Use of municipal recycled water system），共计 3 分。目前，美国很多地方政府的安全法规禁止中水回用，因此，中水回用系统非常少。

②灌溉系统 Irrigation system。灌溉系统包括：采用高效节水的灌溉系统（High efficiency irrigation system），共计 3 分；第三方检测（Third party inspection），共计 1 分；将整体灌溉用水需求减少至少 45%（Reduce overall irrigation demand by at least 45%），共计 4 分。

③室内用水 Indoor Water Use。室内用水方面包括：采用高效节水设备和配件（High-efficiency fixtures and fittings），共计 3 分；采用更加高效节水设备和配件（Very High-Efficiency Fixtures and Fittings），共计 6 分。

（3）社区发展 LEED ND 的用水效率指标[13]

用水效率指标在 LEED 社区发展评价体系中设置在绿色基础设施和建筑物（Green Infrastructure and Buildings，GIB）一节之中，适用于四层及以上的非居住建筑物、混合使用建筑物（Mixed-use buildings）和多户住宅建筑物（Multifamily residential buildings）。而一个社区中新建住宅和少于三层楼的多户住宅建筑物至少有 90% 的建筑物必须使用住宅 LEED Home 的评价指标并至少获打 3 分。下面的用水设施、配件和设备（Fixtures，fittings，and appliances）不在用水量缩减（Water reduction）的计算范围之内：

①商业用蒸汽电饭锅 Commercial steam cookers；

②商业用洗碗机 Commercial dishwashers；

③自动商业用制冰机 Automatic commercial ice makers；

④商业用（家用规模）洗衣机 Commercial （family-sized） clothes washers；

⑤住宅用洗衣机 Residential clothes washers；

⑥标准和紧凑型住宅用洗碗机 Standard and compact residential dishwashers。

使用 LEED 社区发展评价体系中用水效率指标的项目，必须满足建筑物最低用水效率标准（Minimum building water efficiency）， 即绿色基础设施和建筑物一节的先决条件三（GIB Prerequisite 3）。新建和主要建筑物更新改造项目的室内用水必须比参照建筑物（Baseline buildings）室内用水至少节省 20%。而参照建筑物用水量的计算则以 1992 年国家能源政策法及美国能源部后来对其进行的修改（Energy Policy Act of 1992 and subsequent rulings by DOE）、 2005 年国家能源政策法（Energy Policy Act of 2005）和 2006 年版的统一建筑物水暖规范（2006 editions of the Uniform Plumbing Code）以及国际建筑物水暖规范（International Plumbing Codes）对用水设备和配件的标准为基础。用水量的计算主要依据使用人数及用量，只包括抽水马桶（Water closet）、小便器（Urinals）和盥洗室水龙头、淋浴头、厨房洗涤池龙头和洗碗机预冲洗阀门（Prerinse spray valves）。

在满足建筑物最低用水效率标准的前提之下，如果建筑物能够通过采用更加高效节水的上述室内用水设备和配件再节省 20% 的用水，即比参照建筑物室内用水量节省至少 40% 的用水，则可以在绿色基础设施和建筑物一节建筑物用水效率指标下（GIB Credit 3 Building Water Efficiency）额外获打 1 分。在绿色基础设施和建筑物一节高效节水景观绿化指标下（GIB Credit 4 Water-Efficient Landscaping），如果将室外景观绿化用水比参照建筑物室外夏天景观绿化用水量节省 50%，则项目可以获得另外 1 分。最后，在绿色基础设施和建筑物一节废水管理指标下（GIB Credit 14：Wastewater Management），如果一个项目能够每年收集 25% 的废水，并将废水回用以替代 25% 的饮用水，则可以获得 1 分。如果能够将每年产生的 50% 的废水加以回收和利用，则项目又可以获得另外 1 分。

（4）现状建筑物使用和维修 LEED EB：O & M 的用水效率指标 [14]

现有建筑物使用和维修评价体系采用 LEED 评价指标通用结构，即一个项目必须首先满足用水效率先决条件，然后才能使用该评价体系。具体而言，现有建筑物使用和维修评价体系的先决条件是必须满足室内水暖设备和配件的最低用水效率（WE Prerequisite 1：Minimum Indoor Plumbing Fixture and Fitting Efficiency）。其目的是减少建筑物室内水暖设备和配件的可饮用水量（portable water use），从而减轻供水和污水系统的压力。这一前提条件假设建筑物室内水暖设备和配件全部达到 2006 年版的统一建筑物水暖规范（2006 editions of the Uniform Plumbing Code）或国际建筑物水暖规范（International Plumbing Codes）。建筑物室内水暖设备和配件包括抽水马桶、小便器、淋浴头、水龙头以及替代常规水龙头的曝汽水龙头和计量水龙头等。

在满足室内水暖设备和配件的最低用水效率的前提下，如果对建筑物的用水通过安装水表的方式进行计量，可以获得另外 1~2 分。对建筑物用水情况进行监测（WE Credit 1：Water Performance Measurement）的目的是了解建筑物用水的类型和规律，以便发现进一步节约用水的机会。在这一评价指标下设有两种得分办法：1. 如果安装永久性水表来对整个建筑物及其所属场地的所有可饮用水的使用（Total portable water use）进行检测，水表资料定期记录与按月与年进行整理和记录，则可获打 1 分。2. 在满足上述方法 1 的前提下，又对以下一个或多个用水子系统（Water subsystems）通过安装永久性水表进行检测的可以额外获打 1 分。建筑用水子系统包括：

①景观灌溉用水 Irrigation：安装水表的灌溉系统必须灌溉 80% 以上的室外景观面积。灌溉面积的计算为有计量用水系统灌溉的面积除以建筑场地总的需要进行浇水灌溉的面积。建筑场地上由耐旱景观或本地植被（xeriscaping or native vegetation）覆盖、不需要经常性浇水的部分除外。

②室内水暖设备和配件 Indoor Plumbing Fixtures and Fitting：必须有 80% 的水暖设备和配件在计量检测的用水系统中。

③冷却塔 Cooling Towers：对服务建筑物的冷却塔的所有替换水量（Replacement water use）进行计量。

④室内热水 Domestic Hot Water：至少对建筑物热水量的 80% 进行计量，包括热水锅炉和即用即供的热水器（Tanks and on-demand heaters）。

⑤其他设备用水 Other Process Water：对至少 80% 的日常设备类型如建筑加湿系统（Humidification systems）、洗碗机、洗衣机、游泳池的用水进行计量。

水表主要计量可饮用水，但是也鼓励对中水和回收再利用的水量（Gray or reclaimed water use）进行计量以满足这一评价指标的要求。计量必须是连续的，并按月和年进行整理和汇总，从而发现建筑物用水规律。

近年来，不断发展的用水产品技术和 LEED 用水效率评定指标极大地提高了建筑物用水产品的效率，使得建筑物用水大量减少。例如，LEED 的新建筑和主要建筑物改造更新（LEED-NC）评定指标体系在 2009 年以前的版本中（包括 v2.0、v2.1、和 v2.2），如果建筑能够达到美国国家能源政策法案 1992（EPAct 1992）的基本参照用水标准（baseline），就可以获打分数。而在 LEED-NC 2009 年版中，上述基本参照用水标准则是一个项目可以使用该评定指标体系的前提条件（Prerequisite）。根据 LEED 2009 的前提条件，所有的私人用的水龙头和充气器（Faucets and aerators）在水压为每 60psi 的情况下，必须不高于每分钟 2.2 加仑的要求，而对于公用的水龙头和充气器则必须降到每分钟 0.5 加仑的要求。根据这一新的用水标准，纽约市布莱恩特公园一号楼（New York City's One Bryant Park）每年节约 150 万加仑(约为 581 万 L)的用水[15]。纽约市布莱恩特公园一号楼是一栋 180 万 ft^2 的商业建筑物，是全美第一个获 LEED 绿色建筑白金级认证的高层建筑物（first skyscraper to receive LEED Platinum Certification）。

2. 美国国家用水设备效率标准体系 National Water Efficiency Standards and Specifications for Water-using Fixtures and Appliances

美国目前的国家用水设备效率标准体系由三部分组成：即 1992 年美国国家能源政策法案所规定的商业和居住建筑室内用水设备最低的用水标准体系，及后来在 2005 年国家能源政策法案等一系列法规中所进行的修改和补充；美国国家环保署水意识项目标准；美国国家环保署和美国能源部联合推出的能源之星有关设备的用水标准等。

1）1992 年和 2005 年美国国家能源政策法案 EPAct 1992 and EPAct 2005

1992 年美国国会通过 1992 年国家能源政策法（Energy Policy Act -EPAct 1992）。该法案对 1987 年通过的国家能源保护政策法（National Energy Conservation Policy Act，NECPA）进行修改，确定了全美能源管理的目标。该法案设定的能源要求涉及多个能源领域，包括节约用水（Water Conservation）、联邦能源效率基金（Federal Energy Efficiency Fund）、电力公司奖励计划（Utility Incentive Programs）、财务奖励计划（Financial Incentive Program）、新技术展示（Demonstration of New Technology）、联邦综合设施管理局联邦建筑基金（General Services Administration Federal Buildings Fund）、能源节约奖励计划（Energy Savings Performance Contracts）、能源使用检测项目（Energy Audit Teams）、高效节能产品采购（Energy-efficient Product Procurement）、美国邮局和国会建筑物管理条例（United Postal Service and Congressional Building Regulations）和政府机动车队管理（Fleet Management）。该法案在节约用水要求中为所有的商业和居住建筑用水设备，如厕所、小便器、水龙头和淋浴龙头等建立了最低的用水标准[16]。自 1992 年实施以来，所有低于最低用水标准的产品都被勒令停止生产。根据美国水利工程学会（The American Water Works Association）的估算，由于上述用水标准的实施，到 2025 年，全美国每天节约 65 亿加仑水（6.5 billion gallons）[7]，相当于 252 亿升。

2005 美国国家能源政策法案（EPAct 2005）是继 1992 年美国国家能源政策法案以来最重要的能源法案。该法案对 1978 年通过的国家能源保护政策法（NECPA）和 1992 年国家能源政策法案（EPAct 1992）进行修改，为美国联邦能源管理在多个领域确定了能源使用要求。这些领域包括能源计量和报告(Metering and Reporting）、高效节能产品采购（Energy-efficient Product Procurement）、能源节约奖励计划（Energy Savings Performance Contracts）、建筑性能标准（Building Performance Standards）、可再生能源使用要求（Renewable Energy Requirement）和替代燃料的使用（Alternative Fuel Use）等。虽然，2005 年美国国家能源政策法案主要侧重产品的能源使用，但是在为设备制定最低能源消耗标准时，也同时规定了最低用水标准。例如，商业制冰机（Commercial Ice Maker）的能源消耗和用水指标。1992 年和 2005 年美国国家能源政策法案所规定的用水产品用水效率标准要求见 4-3。

2）美国国家环保署水意识项目标准 EPA Water Sense Program Standards[18]

建立于 2006 年的美国国家环保署的水意识项目是一个由国家环保署领导的合作伙伴项目（EPAsponsored partnership)。该项目旨在通过促进提高用水效率，改善高效用水产品、项目和实践市场的方式来保护国家未来的供水安全。具体而言，水意识项目将供水公司(Water utilities)、政府相关部门、用水产品制造商、零售商、产品用户和其他用水行业部门和个体联合起来，共同实现以下目标：

(1)通过采用更高效的节水设备和实践来减低室内外非农业用水(Non-agricultural water use)；

(2)帮助用户在市场中选用高效节水产品和服务，并在日常生活中减少各种用水；

(3)鼓励用水产品制造业中的创新；

(4)建立标准化、高标准的用水产品认证指标(Rigorous certification criteria)，确保认证的用水产品在效率、性能和质量方面的可靠性。

水意识项目帮助用户辨别达到用水效率和性能标准的产品和项目(Water efficient products and programs)。具有水意识项目标签(WaterSense Label)的用水产品性能可靠、帮助用户节省资金并鼓励产品创新。水意识项目与用水产品制造商、零售商、分销商和供水公司合作，将具有水意识项目标签的用水产品共同推向市场，方便用户购买高性能的节水产品。同时，水意识项目还与灌溉行业人员和灌溉产品认证部门合作，共同推广高效、节水的景观灌溉方法。

贴有水意识项目标签的用水产品比没有经过认证的产品节水性能优越，一般比同类产品用水效率高20%，希望使用水意识项目标签的生产厂家首先必须与国家环保署签订合作伙伴关系协议(Partnership agreement)。该协议规定双方各自的责任和义务，以及在产品、包装、广告和产品促销中正确使用水意识项目标签的规定。然后，相关产品必须通过第三方独立认证，在相关数据指标达到规定的要求后方能使用该标签。目前，水意识项目标签认证的内容包括：新的住宅(New home)、浴室水龙头和其他用水附件(Bathroom sink faucets and accessories)、淋浴龙头(Showerheads)、抽水马桶(Toilet)和小便器(Urinals)等。水意识项目认证的用水产品用水效率标准要求见表4-3。

截至2009年，经过水意识项目认证的产品类型达1620个，项目合作伙伴共有850个。采用贴有水意识项目标签的用水产品每年节约的用水量达360亿加仑(约为1362亿升)，减少供水和污水费用达26700万美元，所节约的用水量相当于39万个家庭一年的用水量。同时由于用水量的减少，用于处理供水和排污的电力也随着减少。2009年节水的用户共节约49亿千瓦时电[18]。

3)能源之星有关设备用水标准 Energy Star Appliance Water Use Standards

能源之星是美国环境保护署(EPA)和美国能源部(DOE)的一个合作项目，旨在通过高效节能的产品和实践来保护环境(Protect the environment through energy efficient products and practices)，节省能源及使用费用。能源之星项目最初在1992年由美国环保署作为志愿认证标签项目(Voluntary labeling program)发起，通过认证和推广高效节能产品来达到减少温室气体排放(Greenhouse gas emissions)的目的。计算机和显示屏是该认证项目的第一个电子产品。到了1995年，美国环境保护署将认证标签项目推广到其他的办公设备和家用暖通和空调设备(Residential heating and cooling equipment)。1996年美国环境保护署(EPA)和美国能源部(DOE)合作开始将认证标签项目推广到特殊的产品种类(Particular product categories)。目前能源之星认证标签可以在所有主要电气设备和电子产品、办公用品、照明和家用电器等产品上见到，所认证的产品多达60多大类，包括几千种型号(More than 60 product categories and thousands of models)。与能源之星合作的公共和私人机构多达20000多家，仅2010年一年，能源之星项目就为各商家、企业机构和消费者节约180亿美元[19]。

美国环境保护署(EPA)还将认证标签项目扩大到新的住宅、商业和工业建筑物。截至目前，全美国共有超过100万栋经过能源之星认证的新建住宅。在过去的一年中，居住在能源之星认证住宅的家庭共节约27000万美元的电费，减少了相当于37万辆汽车排放的温室气体。与其他根据2004年国家住宅规范建设的住宅相比，经过能源之星认证的住宅至少节能 15% 以上。如果再加上其他的节能、节水特色，经过能源之星认证的住宅要比普通住宅节能效率高出 20%~30%[20]。

能源之星项目虽然主要注重产品的能源效率，但是对一些用水产品也提出最少的用水指标。能源之星项目认证的用水产品包括家用洗衣机（Residential clothes washers）、家用洗碗机（Residential dishwashers）、商用洗衣机（Commercial clothes washers）、商用洗碗机（Commercial dishwashers）、自动商用制冰机、预洗喷雾阀门（Pre−rinse spray valves）、商用蒸锅（Commercial steam cookers）等。能源之星项目认证的用水产品用水效率标准要求见表 4−3。

4）能源效率联合会 Consortium for Energy Efficiency[21]

能源效率联合会是一个非盈利公益机构（Non−profit public benefit corporation），致力于推广节能产品的生产和使用，以及节能技术和标准（Energy efficiency technologies and standards）的推广和普及。

能源效率联合会的成员包括电力公司、供水公司、州和区域能源市场转型管理部门、环境组织、能源科研机构及美国和加拿大州一级能源办公室（State Energy Offices），同时成员还有生产厂家、零售商和其他政府机构。该机构的特殊性在于它直接与美国能源部和国家环保署进行技术合作并获得两个部门的大量资助，因此很多美国国家能源效率标准都有能源效率联合会的直接参与和组织。由能源效率联合会组织研发和推广的、与节约用水有关的活动有以下一些：

2006 年商用厨房倡议（Commercial Kitchen Initiative），旨在筛选一组高效节能、节水商用厨房设备，通过能源效率联合会向选定的食品服务市场推广。

2004 年国家城市供水和污水处理设施倡议（National Municipal Water and Wastewater Facility Initiative），旨在促进公共供水和污水处理设施，包括由城市、郡县、供水区或部门和市镇运行设施的能源使用效率。

2003 年高效玻璃门、走入式电冰箱（High−efficiency Glass−door，Reach−in Refrigerators）2002 年高效商用制冰机（High−efficiency Commercial Ice−makers）和 2002 年高效商用、走入式实门电冰箱（High−efficiency Commercial Reach−in，Solid−door Refrigerators and Freezers）都被并入 2006 年商用厨房倡议。

1998 年商用、家庭尺寸洗衣机倡议（Commercial，Family−sized Washer Initiative），旨在在洗衣店、多户居住建筑物和机构建筑物（Institutions）中推广高效、节能的洗衣机。

1997 年超高效家用电器（Super−efficient Home Appliances），旨在通过向消费者宣传超高效家用电器的优点来促进和使用超高效节能家用电器，包括洗衣机、电冰箱、洗碗机、房间空调器等。

大多数上述倡议都被进一步发展为相关指标和国家标准。能源效率联合会有关家用洗衣机、洗碗机、商用洗衣机和洗碗机、商用自动制冰机，清洗之前喷淋阀门、商用蒸锅等设备的用水标准见下表 4−3。

商业和居住用水装置和设备国家用水效率标准和规范 National Efficiency Standards and Specifications for Residential and Commercial Water−Using Fixtures and Appliances 表 4−3

用水装置和设备 Fixtures and Appliances	1992 年和 2005 年能源政策法案国家设备节能法 EPAct 1992 EPAct 2005 or NAECA		水意识或能源之星 Water Sense or ENERGY STAR		能源效率联合会 Consortium for Energy Efficiency	
	现行标准	建议修改 / 新标准	现行标准	建议修改 / 新标准	现行标准	建议修改 / 新标准
居住建筑卫生间	每冲一次 1.6 加仑		水意识 每冲一次 1.2 加仑 至少冲出 350g 粪便		无标准	

续表

用水装置和设备 Fixtures and Appliances	1992 年和 2005 年能源政策法案国家设备节能法 EPAct 1992 EPAct 2005 or NAECA		水意识或能源之星 Water Sense or ENERGY STAR		能源效率联合会 Consortium for Energy Efficiency	
	现行标准	建议修改 / 新标准	现行标准	建议修改 / 新标准	现行标准	建议修改 / 新标准
居住建筑浴室和水龙头	每分钟 2.2 加仑及水压为 60psi		水意识 每分钟 1.5 加仑及水压 60psi（不少于 0.8gpm 及 20psi）		无标准	
居住建筑淋浴头	每分钟 2.5 加仑及水压 80psi		无标准		无标准	
家用洗衣机	MEF≥1.26ft^3/kWh 每一洗涤周期	MEF ≥ 1.26ft^3/kWh 每一洗涤周期 WF ≤ 9.5 加仑 /ft^3 每一洗涤周期	能源之星（DOE） MEF ≥ 1.72 ft^3/kWh 每一洗涤周期 WF ≤ 8.0 加仑 /ft^3 每一洗涤周期	能源之星（DOE） 2009 年 7 月 1 日起实施 MEF ≥ 1.8ft^3/kWh 每一洗涤周期 WF ≤ 7.5 加仑 /ft^3 每一洗涤周期 2011 年 1 月 1 日起实施 MEF ≥ 2.0 ft^3/kWh 每一洗涤周期 WF ≤ 6.0 加仑 /ft^3 每一洗涤周期	1 级 Tier One MEF ≥ 1.8 ft^3/kWh 每一洗涤周期 WF ≤ 7.5 加仑 /ft^3 每一洗涤周期 2 级 Tier Two MEF ≥ 2.0ft^3/kwh 每一洗涤周期 WF ≤ 6.0 加仑 /ft^3 每一洗涤周期 3 级 Tier Three MEF ≥ 2.2ft^3/kWh 每一洗涤周期 WF ≤ 4.5 加仑 /ft^3 每一洗涤周期	
家用洗碗机	标准机型 EF ≥ 0.46 每洗涤周期 /kWh 经凑机型 无具体用水标准 （2007 能源政策法案，截至 2010 年 1 月 1 日） 标准机型 每年 355kWh 电 WF ≤ 6.5 加仑每一洗涤周期 经凑机型 每年 260kWh 电 WF ≤ 4.5 加仑每一洗涤周期	标准机型 每年 355kWh 电（0.62 EF 加 1W 待机用电） WF ≤ 6.5 加仑每一洗涤周期 经凑机型 每年 260kWh 电 WF ≤ 4.5 加仑每一洗涤周期	能源之星（DOE） 标准机型 EF ≥ 0.65 每洗涤周期 /kWh 经凑机型 EF ≥ 0.88 每洗涤周期 /kWh 无具体用水标准	标准机型 每年 324kWh 电（0.68 EF 加 1W 待机用电） WF ≤ 6.5 加仑每一洗涤周期 经凑机型 每年 234kWh WF ≤ 4.0 加仑每一洗涤周期 第二阶段（DOE 计划在 2011 年 7 月 1 日实施） 标准机型 每年 307kWh 电 5.0 加仑每一洗涤周期 经凑机型 每年 222kWh 电 3.5 加仑每一洗涤周期	标准机型 1 级 EF ≥ 0.65 每洗涤周期 /kWh；最多每年 339kWh 电耗 2 级 EF ≥ 0.68 每洗涤周期 /kWh；最多每年 325kWh 电耗 经凑机型 1 级 EF ≥ 0.88 每洗涤周期 /kWh；最多每年 252kWh 电耗 无具体用水标准	在 2006 年，能源效率联合会宣布将在今后洗碗机标准中增加一个用水指标
商业建筑卫生间	每冲一次 1.6 加仑		无标准		无标准	
小便器	每冲一次 1.0 加仑		无标准		无标准	

续表

用水装置和设备 Fixtures and Appliances	1992 年和 2005 年能源政策法案国家设备节能法 EPAct 1992 EPAct 2005 or NAECA		水意识或能源之星 Water Sense or ENERGY STAR		能源效率联合会 Consortium for Energy Efficiency	
	现行标准	建议修改 / 新标准	现行标准	建议修改 / 新标准	现行标准	建议修改 / 新标准
商业建筑水龙头	每分钟 2.2 加仑及水压为 60psi 注解：由国家水暖规范 (UPC、IPC 和 NSPC) 取代，对于所有的公共盥洗室，最大流量为每分钟 0.5 加仑；对于有水表的水龙头，每个周期流量为 0.25 加仑		水意识项目的用水标准适用于私人盥洗室（例如，旅馆的卫生间）每分钟 1.5 加仑及水压 60psi（不少于 0.8gpm 及 20psi）		无标准	
商用洗衣机（家庭尺寸）	MEF ≥ 1.26ft³/kWh 每一洗涤周期 WF ≤ 9.5 加仑 /ft³ 每一洗涤周期	新标准正在制定中	能源之星（DOE） MEF ≥ 1.72ft³/kWh 每一洗涤周期 WF ≤ 8.0 加仑 /ft³ 每一洗涤周期	2009 年 7 月 1 日开始实施 MEF ≥ 1.8ft³/kWh 每一洗涤周期 WF ≤ 7.5 加仑 /ft³ 每一洗涤周期 2011 年 1 月 1 日开始实施 MEF ≥ 1.8ft³/kWh 每一洗涤周期 WF ≤ 6.0 加仑 /ft³ 每一洗涤周期	1 级 MEF ≥ 1.8ft³/kWh 每一洗涤周期 WF ≤ 7.5 加仑 /ft³ 每一洗涤周期 2 级 MEF ≥ 2.0ft³/kWh 每一洗涤周期 WF ≤ 6.0 加仑 /ft³ 每一洗涤周期 3 级 MEF ≥ 2.2ft³/kWh 每一洗涤周期 WF ≤ 4.5 加仑 /ft³ 每一洗涤周期	
商用洗碗机	无标准		能源之星（DOE） 安装在柜台下 高温≤ 1.0 加仑 每加仑 / 每架≤ 0.9 kWh 低温≤ 1.7 加仑 每加仑 / 每架≤ 0.5 kWh 固定单罐门 高温≤ 0.95 加仑 每加仑 / 每架≤ 1.0 kWh 低温≤ 1.18 加仑 每加仑 / 每架≤ 0.6 kWh 单罐传送带式 高温≤ 0.70 加仑 每加仑 / 每架≤ 2.0 kWh		无标准	

续表

用水装置和设备 Fixtures and Appliances	1992 年和 2005 年能源政策法案国家设备节能法 EPAct 1992 EPAct 2005 or NAECA		水意识或能源之星 Water Sense or ENERGY STAR		能源效率联合会 Consortium for Energy Efficiency	
	现行标准	建议修改 / 新标准	现行标准	建议修改 / 新标准	现行标准	建议修改 / 新标准
商用洗碗机	无标准		低温≤ 0.79 加仑每加仑 / 每架≤ 1.6 kWh 多罐传送带式 高温≤ 0.54 加仑每加仑 / 每架≤ 2.6kWh 低温≤ 0.54 加仑每加仑 / 每架≤ 2.0 kWh		无标准	
商用自动制冰机	无标准	2010 年 1 月 1 日起实施 压缩机能耗和用水效率因设备类型不同而变化。具体指标见注解 a.	无标准	能源之星 2008 年 1 月 1 日起实施 能耗和用水效率因设备类型不同而变化。具体指标见注解 b.	能耗和用水效率分级和不同设备类型不同而变化。具体指标见注解 c.	
清洗之前喷淋阀门 Pre-rinse Spray Valves	流速≤每分钟 1.6 加仑（无压力和性能指标）		无标准	用水项目标准正在研究之中	无标准 （项目大纲建议每分钟 1.6 加仑及 60psi 和清洁要求）	
商用蒸锅 Commercial Steam Cookers	无标准		能源之星 用电型：50% 炊事能源效率；待机 400~800W； 燃气型：38% 炊事能源效率；待机每小时 6250 ~125000 英热单位 无具体用水指标		用电型：50% 炊事能源效率；待机 400~ 800W； 燃气型：38% 炊事能源效率；待机每小时 6250~125000 英热单位 用水指标（适用于用电和燃气型） 1A 级 ≤每小时 15 加仑 1B 级 ≤每小时 4 加仑	

资料来源：WaterSense Program. EPA.（2008）. National Efficiency Standards and Specifications for Residential and Commercial Water-Using Fixtures and Appliances. Retrieved May 15，2011，from http：//www.epa.gov/WaterSense/docs/matrix508.pdf

注解：DOE—美国能源部；EPA—美国国家环保署；EPAct 1992—美国 1992 国家能源政策法案；EPAct 2005—美国 2005 国家能源政策法案；EF—能源因子；MEF—修正能源因子；MaP—最佳性能；psi—磅每平方英寸；NACEA—National Appliance Energy Conservation Act 国家设备节能法案；WF—水因子。

a.Automatic Commercial Ice Maker Standards：http：//www.eere.energy.gov/buildings/appliance_standards/pdfs/epact2005_appliance_stds.pdf（Page 18）

b.Automatic Commercial Ice Makers

http：//www.energystar.gov/index.cfm?c=new_specs.ice_machines

c.Commercial Ice-Makers http：//www.cee1.org/com/com-ref/ice-main.php3；Spec Table：http：//www.cee1.org/com/com-kit/ice-specs.pd

3. 绿色建筑节约用水的成功经验 Green Building Water Conservation Best Practices

绿色建筑物采用多种节水技术和策略来减少总的用水量。这些节水策略包括对整个水系统进行优化（System optimization），如检测渗漏、采用高效节水设备等，采用节约用水措施（Water conservation measures），如废水回用、循环用水等方法来减少可饮用水量。具体而言，绿色建筑物主要通过三个方面的措施来减少总的可饮用水使用量。这些措施包括室外节水、室内节水和工业节水策略。

1）室外节水策略 Outdoor Water Conservation Strategies

目前，室外用水占美国用水量的 1/3，而室外用水中的绝大部分用于景观园林绿化。因此如何减少景观绿化用水、减少可饮用水在景观园林绿化中的使用是室外节水的主要策略。具体来讲，室外节水策略包括采用高效节水的景观设计、收集雨水用于景观绿化使用、直接采用城市提供的回收利用废水来进行景观绿化灌溉等[22]。

（1）高效节水的景观设计 Water-efficient Landscaping

高效节水的景观设计又称旱生园艺、节水型花园（Xeriscape）等，最早由丹佛市水务局（Denver Water Department）在 1981 年提出。旱生园艺是指采用本地或适合当地气候的植物（Native or climate appropriate plants），并在景观设计中尽可能减少草地等灌溉面积，不需要或仅需要很少日常维护的园林绿化方法。本地或适合当地气候的植物具有较强的抗旱性能，同时不容易受到病虫害的影响（pest and disease tolerant）。旱生园艺（Xeriscape）一词来源于希腊语，由两部分组成，“Xeros”意为“干燥”，“Landscape”意为“景观”，两个词在一起为“干燥景观”。旱生园艺遵循以下的基本原则：

①好的景观规划和设计 Proper Planning and Design：成功的旱生园艺重要的第一步是高质量的景观设计和规划。景观设计应虑到区域和当地气候条件、现有植被、地形、场地的用途等。最重要的是将植被根据用水要求进行组合（Grouping of plants by their water needs），同时考虑植被的采光和遮阴要求，以及最佳土壤条件（Preferred soil conditions）。

②场地土壤分析 Soil Analysis and Improvements：不同场地的土壤情况各异，因此，在进行景观设计时，必须了解土壤的酸碱性（即 pH 值）、肥沃程度（即氮、磷和钾的含量），以及土壤的砂、淤泥、黏土和有机物质的含量（Organic matter content），并提出改进土壤性能的建议。

③正确选择植被 Appropriate Plant Selection：植被的选择必须考虑当地的气候和土壤条件。应该注重保护现有的树木和植被，因为长成的植被和树木需要较少的水和保养。而本地植被（Native plants）一旦成活，除了每年的正常降雨以外，较少或不需要额外的灌溉，并且抗虫害。

④适当的草地面积 Practical Turf Area：草地面积对室外景观用水量的多少有很大的影响。将草地集中在一起可以提高用水浇灌的效率，同时减少用水由于蒸发和径流而造成的损失。选择抗旱的草种。如果可能，则不设计任何草地，可以进一步减少室外用水量。

⑤高效节水的灌溉系统 Efficient Irrigation：选择高效节水的灌溉系统直接减少景观绿化用水。目前的灌溉系统技术可以根据土壤湿度、降雨量等自动控制灌溉用水量，并且可以自动控制灌溉时间。

⑥使用有机覆盖物 Use of Mulches：由树皮、死树枝等植物粉碎物做成的有机覆盖物可以减少植物根茎部分水分蒸发，控制野草的生长，调节土壤温度和控制水土流失。有机覆盖物会自然腐败形成肥料，不会对环境产生不良影响。

⑦正确的维护 Proper Maintenance：仅在需要时给植物浇水和施肥。过多的用水和施肥反而不利于植被的健康成长。高效节水的绿化景观也要求经常性的修剪、除杂草、施肥、虫害控制（Pest control）和灌溉，然而在植被成活后，则需要较少的维护和用水。对于草地而言，必须保留适当剪草高度，以促进根茎生长（Promote deeper root growth）和提高抗旱能力。剪草高度因草种不同而异。避免在干燥季节给草地施肥，减少因施肥而造成的需水增长。

（2）雨水收集 Rainwater Harvesting

雨水收集是指截获、输送和储存雨水以供应不同需求。虽然收集的雨水可以有很多用途，在极其缺水的国家甚至可以将收集的雨水处理后供人饮用，但在美国收集的雨水主要用于景观园林绿化，用来替代可饮用水在园林绿化中的使用。雨水收集主要应用于居住建筑和小型商业建筑中。

雨水收集系统包括汇水面积（Catchment surface）、檐口雨水沟和排水管（Gutters and downspouts）、叶屏（Leaf screens）、初水冲洗分流器（First-flush diverters）和屋顶用水过滤箱（Roof washers）等用来过滤雨水的装置，以及一个或多个蓄水罐（Storage tanks or cisterns），雨水输送系统将所收集到的雨水供给用户。如果将所收集到的雨水供人饮用，则还必须有处理或净化系统（Treatment and disinfection），包括过滤器、消毒器等[23]。（图 4-9）

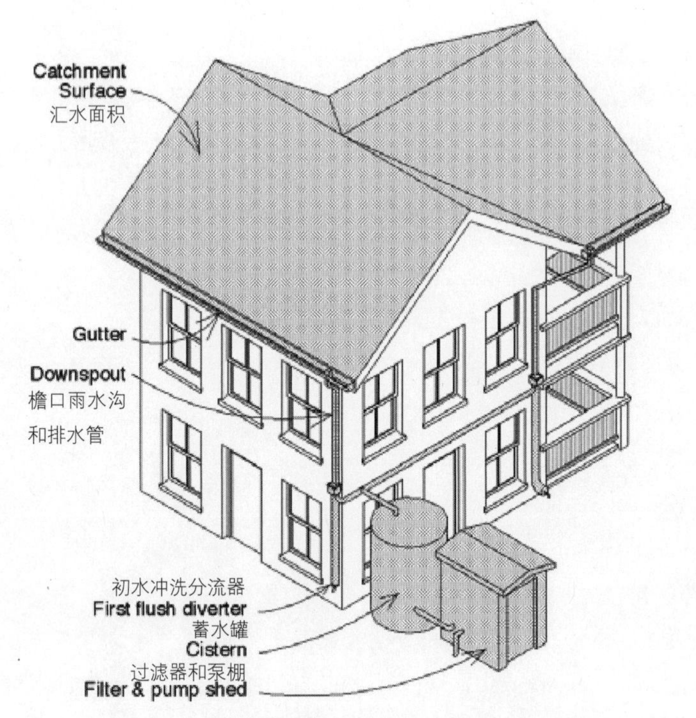

图 4-9 独立式住宅雨水收集系统 Typical Rainwater Harvesting Installation

图片来源：Texas Water Development Board. The Texas Manual on Rainwater Harvesting. The 3rd Edition

从理论上讲，每英寸降雨（Per inch of rainfall）量，在每平方英尺的汇水面积中可以收集到 0.62 加仑（约 2.35L）的雨水。确定用水收集系统尺寸大小的基本原则是收集和储存的雨水量必须等于或多于所需用水量。一般是以 3 个月的用水量为依据来确定雨水储存容量和雨水输送系统的大小。

雨水收集是绿色建筑设计中广泛使用的方法，是各个评价体系中水效率（Water efficiency）部分的一个基本要素。然而目前尚无国家级统一的雨水收集标准。各个地方政府根据当地情况制定，很多地方没有任何标准。由于雨水目前主要由于景观绿化灌溉，少量用于冷却水的补充水和水暖器件的冲洗，因此只需要一定的过滤和最基本的消毒处理，成本极其低廉，雨水收集的经济效益因此相当可观。前面提到的纽约市布莱恩特公园一号楼利用 8 万 ft^2 的屋顶面积收集雨水，每年节约 2300 万加仑（约为 8700 万 L）的可饮用水[15]

（3）利用其他非饮用水水源 Alternative Water Sources-municipal Reclaimed Water

集中式的城市污水处理设施是非饮用水的主要来源。近年来，随着水资源的不断短缺，特别是在美国缺水的干旱、半干旱和部分海岸地区（Arid，semiarid and coastal areas）如内华达州（Nevada）、加利福尼亚州（California）和佛罗里达州（Florida）等，回收利用的污水和废水正在成为一个重要的水源。以加利福尼亚州为例，截至2002年，全州每年回用水量达525000英亩英尺（525000acre-feet），相当于17000万加仑（约为66000万L），其中农业用水占46%，景观绿化灌溉和蓄水占21%，地下水回灌占10%，工业用水占5%，其余的回用水用于娱乐性蓄水（Recreational impoundment）、野生动物栖息地（Wildlife habitat enhancement）、防止海水回灌（Seawater barrier）等[24]。

回用水必须经过三级处理，并且要通过严格的细菌密度测试和特定时间的监测。目前，美国污水、废水回用没有全国统一的标准。美国国家环保署（EPA）2004年组织编撰了全国污水回用指南（Guideline for Water Reuse）供各个州编制各自的标准时参考。加利福尼亚州由于缺水情况出现较早，利用回用水的历史悠久，其农业利用污水灌溉可以追溯到20世纪，已经形成完善的回用水的监测和使用标准法规体系。加州的回用水标准和法规体系已成为美国其他各州和世界各地引用的标准。美国国会在1972年颁布清洁水法（Clean Water Act，CWA），该法案第一次从法律上限制对国家水体的污染。1991年加州水循环法案（California Water Recycling Act），即加州水法（California Water Code 13577）颁布实施。该法案同时为加州污水回用设立了以下目标：到2000年全州利用回用水为70万英亩英尺（700000acre-feet），到2010年，全州利用回用水量将增长到100万英亩英尺（1 million acre-feet）[24]，相当于32500万加仑。近年来加州政府不断颁布新的法律，加大污水回用的力度，同时对回用水的用途及污水处理级别进行详细的规定。

加州目前实施的是2000年颁布的回用水标准，即加利福尼亚州第22法典（Title 22 California Water Recycling Criteria）。根据该法典，四类回用水可以再使用，即经过三级处理并消毒的，经过二级处理并消毒的、细菌密度不超过每100mL最大可能的细菌数量2.2个（2.2 MPN/100mL），经过二级处理并消毒的、细菌密度不超过每100mL最大可能的细菌数量23个（23 MPN/100mL），以及经过二级处理、未经消毒的回用水。最后一类回用水的用途非常有限（附录4-2-2）。与可饮用水的成本相比较，回用水的成本价格仅为饮用水的1/5~1/6。在佛罗里达州的丘比特（Jupiter，Florida），每1000加仑的回用水仅需26美分，而每1000加仑的饮用水则需花费1.70美元[25]。

2）室内节水策略 Indoor Water Conservation Strategies

室内的主要用水器件有抽水马桶、小便器、盥洗室水龙头、淋浴头、洗衣机、洗碗机等。与传统的非节水设备相比较，今天高效的节水型室内用水设备至少节约30%以上的用水。根据美国最大的室内用水设备制造商Kohler的统计，一个具有四个成员的家庭，如果选用安装节水型曝气机的水龙头（Faucets with water-saving aerators），每年可以节约14700加仑（55600L）用水；如果选用节水型淋浴头（Water-conserving showerheads），每年可以节约7700加仑（29200L）用水；如果选用高效节水抽水马桶（High-efficiency toilets，HET），每年可以节约16500加仑（62400L）用水[26]。

（1）抽水马桶和小便器 Toilets and Urinals

抽水马桶和小便器用水约占室内总用水量的1/3，提高抽水马桶和小便器的用水效率也是达到节约用水最简单和最经济的策略之一。1992年的美国能源政策法（EPAct 1992）规定居住和商业建筑物使用的抽水马桶每次抽水不得超过1.6加仑（约6.2L），而小便器每次冲洗不得超过1加仑（约3.875L）。1997年1月1日后生产的抽水马桶和小便器都必须满足上述标准。为了满足上述法定用水标准，抽水马桶制造商随即推出超低水量冲水马桶（Ultra-low flush-ULF toilets）。早期的超低水量冲水马桶有很多操作上的问题，经常堵塞或需要再次冲洗。新的超低水量冲水马桶克服了上述问题，其顾客满意率达到80%[27]。

目前，美国市场上的超低水量冲水马桶有三种类型，即冲水阀门型（Flush valve）、压力型（Pressure-assisted）和重力型（Gravity）。总体而言，冲水阀门型和压力型冲水马桶由于在冲洗过程中借助供水系统压力，因而比重力型冲水马桶使用性能优良。超低水量小便器（ULF urinal）有四种类型，即虹吸喷射型（Siphonic jet）、冲洗型（Washout and washdown）、喷水型（Blowout）和无水小便器（Waterless）。根据使用频率、使用人数不同选用不同的小便器。无水小便器近年来随着除尿表面（Trap containing liquid）的使用和不需要手动冲洗，基本上不需要使用水，因而得到广泛的应用。无水小便器采用一种特殊的液体将尿液与室内环境隔离，该种液体需要定期更换。另外节约抽水马桶和小便器用水的方法是采用非饮用水进行冲洗（图 4-10）[27]。此外，双冲水马桶（Dual-flush toilet），即根据不同使用采用不同水量冲洗的马桶，特别是在居住建筑中的使用，也大大节约了这方面的室内用水。

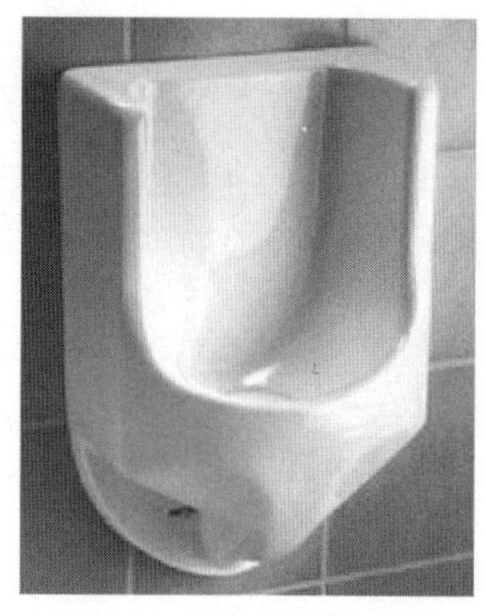

图 4-10 无水小便器（Waterless Urinal）和美国标准超低水量冲水马桶（American Standard ULF Toilet）

图片来源：http：//www1.eere.energy.gov/femp/program/waterefficiency_bmp.html

（2）淋浴头和水龙头 Showerheads and Faucets

1992 年的美国能源政策法（EPAct 1992）规定居住和商业建筑物使用的淋浴头的水流量为每分钟 2.5 加仑，水龙头的水流量为每分钟 2.5 加仑。与传统的龙头相比较，满足上述标准的节水龙头将喷水面积缩小（Narrower spray area），将更多的空气与水混合，其结果是水的用量减少，但是使用者却感受不到质量和舒适感方面的差别。新的节水淋浴头和水龙头普遍水流速度低，并具有以下特点：

①采用喷雾器（Atomizer）将水喷射成足够的小水珠来覆盖较大的面积；

②采用波轮器（Pulsators）来变换喷射方式，在强弱喷水间隔直接进行瞬时停顿；

③采用曝气机（Aerators）将水珠（Water droplets）与空气混合来覆盖特定龙头表面。

低流量水龙头还使用曝气技术（Aeration technology）和感应器来节约用水，同时保持与传统用水器件同等的舒适度。新的低流量水龙头节水技术特点包括：水表阀水龙头（Metered valve faucets），该类水龙头仅供应预先设定的水量，然后自动关闭，目前该类水龙头用水量的联邦标准是每个周期 0.25 加仑（约为 0.95L）；自锁式水龙头（Self-closing faucet），该类水龙头安装有弹簧，在水龙头开启几秒钟内自动关闭；超声和红外线感应器水龙头（Ultrasonic and infrared sensor faucets），该类水龙头在探测到人手时自动将水龙头开启，在人离开后，自动将水龙头关闭。为保证上述各类低流量水龙头正常工作，供水系统的水压必须保证在每平方英寸 20~80 磅（20~80psi）[25]。抽水马桶、小便器、淋浴头和水龙头的节水效果如表 4-4：

室内各类用水设备节水效果一览表 A Summary of Indoor Water Conservation Technologies 表 4-4

用水设备	特定技术 Spc. Type	用水量		节水潜力 Savings Potential	注解 Comments
		传统设备	新的节水设备		
水龙头 Faucets	曝气式	每分钟 3 加仑	每分钟 0.5~2 加仑	大约每天 1~6 加仑	简单、经济
	自锁式	每分钟 3 加仑	取决于曝气机，最低可达每分钟 0.5 加仑	大约每天 1~6 加仑	使用一段时间后容易产生滴漏
	带感应器类	每分钟 3 加仑	取决于曝气机，最低可达每分钟 0.5 加仑	大约每天 1~6 加仑	过分敏感造成浪费
淋浴头 Showerheads	超低流量类 Ultra-low flow	每分钟 3.5~5 加仑	每分钟 1.5~2.5 加仑	每次使用节水 8~28 加仑（以每次淋浴时间为 8min 计算）	长时间使用后，淋浴头水流速度会不断减缓
抽水马桶 Toilets	重力型	1980~1991 年每次冲洗 3.5~5 加仑	每次冲洗 1.6 加仑	每次冲洗 5.4~1.9 加仑	早期产品容易造成多次冲洗
	压力式	1980~1991 年每次冲洗 3.5~5 加仑	每次冲洗 1.6 加仑	每次冲洗 5.4~1.9 加仑	供水系统必须保持特定水压

续表

用水设备	特定技术 Spc. Type	用水量		节水潜力 Savings Potential	注解 Comments
		传统设备	新的节水设备		
抽水马桶 Toilets	冲水阀门式	1980~1991 年每次冲洗 3.5~5 加仑	每次冲洗 1.6 加仑	每次冲洗 5.4~1.9 加仑	阀门减缓水流
小便器	超低流量类	每次冲洗 1.5~3 加仑	每次冲洗 1 加仑	每次冲洗 2~0.5 加仑	技术已经成熟
	无水式	每次冲洗 1.5~3 加仑	每次冲洗 0 加仑	每次冲洗 3~1.5 加仑	有日常维护和被使用者接受的问题

资料来源：Stoughton，K.L，Solana，A.E，Elliott，DB，Sullivan，G.P，Parker，G.B. *Update of Market Assessment for Capturing Water Conservation Opportunities in the Federal Sector.* August 2005. Prepared for Federal Energy Management Program，U.S. Department of Energy. Pacific Northwest National Laboratory
http：//www.pnl.gov/main/publications/external/technical_reports/PNNL-15320.pdf

（3）减少暖通空调系统用水 Reduce Water Use in HVAC Systems

暖通空调系统需要使用大量的水来满足建筑物的供暖和制冷需求。大多数供暖和制冷设备用水效率普遍不够高，或是不循环用水，或是用水循环次数不够。因此，提高暖通空调系统的用水效率可以大大降低系统的总用水量。暖通空调系统的节水措施包括以下几个方面：

①冷却塔管理 Cooling Towers Management[27]：冷却塔通过使用大量的水来排除空调系统的热量或通过冷却发热设备的方式来帮助调节建筑物的温度。其水冷却系统的热效率（Thermal efficiency）、正确运行（Proper operation）和寿命（Longevity）的长短都取决于所用水的质量及其再利用和循环的潜力。

冷却塔的用水主要通过蒸发、冲杂质放水（Bleed-off）、渗漏等方式损失。为了弥补那些在运行过程中损失的用水，冷却塔的用水需要不断补充。为了减少使用可饮用水作为补充水（Make-up water），有时可以将建筑物中其他使用过的水经过处理后用于冷却塔。这些用水包括：单通制冷设备的一次性用水（Water used in a once-through cooling system）；经过处理的其他建筑物内的用水，但前提是上述水中所含的化学物品必须与冷却塔系统相协调；在条件允许情况下，利用城市污水处理厂经过三级处理后的回用水。其他冷却塔节水设施还有：安装侧流过滤系统（Sidestream filtration system），将溢出的水进行过滤后再回放入冷却塔；安装冷却塔盖，避免阳光对水体直接照射，从而减少水体蒸发和抑制藻类的生长；在超过100t 的大型冷却塔系统中安装自动化学物品投放系统，这类系统可以减少水和化学药品的使用，同时最大限度地控制冷却塔中水渍沉淀、腐蚀和微生物的滋生。这些措施不但可以节省可饮用水，同时也减少能源和化学药品的使用。

②单通制冷系统 Single-pass Cooling System[27]：单通制冷系统也称为一次通过式制冷设备，水循环一次性通过特定构件并将其冷却，然后将水排到下水道。单通制冷系统通常包括 CAT 机（CAT scanner）、除油机、液压设备（Hydropic equipment）、压缩机、空气压缩器、电焊机、真空泵（Vacuum pumps）、制冰机、X- 光设备和空调机等。将水仅使用一次而后排放掉的做法造成很大的浪费，然而，这种用水浪费现象可以避免，具体的节水策略包括：采用多次、封闭循环（Multi-pass，closed loop）制冷系统或使用空气制冷方式；安装自动关闭用水阀门（Automatic shut-off valve），在制冷系统不使用时自动关闭；将单通制冷系统排放的用水用于其他用途，如用于景观绿化灌溉，以及冷却塔补充水、冲厕所等。

③锅炉和蒸汽系统 Boiler and Steam System[25]：锅炉和蒸汽发动机用于大型供暖系统、大型机构的厨房和需要供应大量蒸汽的设施。上述很多系统需要使用大量的水来生产热水和蒸汽。用水消耗率根据系统容量、对蒸汽的要求及冷凝水回流量（Amount of condensate return）等而有不同。补充水的成本与用来加热和处理水的能源和化学药品成本相比相对较小。但是，这些附加成本的节省本身也很可观。锅炉和蒸汽系统的节水和节能策略和具体设备与其使用地点密切相关（Highly site specific），锅炉和蒸汽系统的

节水策略包括以下一些：正确选定锅炉和蒸汽系统容量，在可能的情况下，通过减少建筑物的供热和蒸汽需求量，将系统容量适当缩小，从而减少补充水需要量；选用生命周期成本最节省的设备（Most life-cycle cost effective system option），而不是选用初始成本最经济的设备（Lowest first cost option）；安装专供夏季使用的小容量锅炉和输送系统用以再加热或除湿（Reheat or dehumidification），以避免使用仅有部分荷载的大系统；对于供暖需求不高的地区，可以采用热泵系统（Heat pump）等来替代大型的锅炉和蒸汽系统。

3）其他节水策略 Other Water Conservation Strategies

建筑物和大型设施还可以通过其他管理和使用措施来达到节水的目的。其他的节水策略有对输水系统进行用水审计、漏水检测和修理，建筑物中水的再利用和循环，安装多级水表等。

（1）输水系统用水审计、漏水检测和修理 Distribution System Audit，Leak Detection and Repair

对输水系统进行用水审计不应仅限于现有的旧建筑物，因为漏水的现象在新建建筑物中也很普遍。产生漏水的原因很多，除了用户使用方面的原因以外，在旧建筑物中，输水系统的漏水主要由于输水管道和配件老化、失修，而在新建筑物中，往往由于输水管道和配件的不正确安装或建筑施工过程中对输水管道造成的损害。根据美国水利工程学会（AWWA）的统计资料，全国供水系统输水管道渗漏率（Percent of Unaccounted for Water）介于15%~25%之间[28]，漏水现象非常严重。如果渗漏没有被及时发现和修理，损失的水量惊人。以家用水龙头为例，如果每秒漏一滴水，即每分钟60滴，那么每天将损失8.6加仑（约为33L），每个月的损失为259加仑（约为990L），每年的损失则为3153加仑（约为11081L）[29]。因此，在绿色建筑的设计过程中，建筑物用水的一个很重要的要素就是制定用水预算（Water budget），并将建筑物输水系统的测试（Commission the water distribution system）纳入总的建筑物系统测试过程（Overall building commissioning process）中。如果用水量超过设计过程中确定的基线参照用水量（Baseline water budget）的10%，则有必要进行输水系统的渗漏测试。

有很多技术和手段可以来进行用水审计和漏水检测。加利福尼亚州奥克兰东湾供水区（East Bay Municipal Utility District，Oakland，California）曾经采用自动水表读数技术（Automatic Meter Reading，AMR）为主，其他多种手段并用的方式，成功地在两个不同水压区找到漏水的原因。东湾供水区进行用水审计和漏水检测的步骤和手段包括[30]：

①用水需求资料 Demand Data：每小时的用水资料从用户装有自动水表读数技术的水表上下载；

②水需求量计算 Demand Calculation：对每小时的自动水表读数技术的用水资料进行汇总，计算出用户水需求量；

③供水量资料 Supply Data：每小时的水泵房（Pumping plant）和水库运行资料从过去用水监控和资料获取（Supervisory control and data acquisition，SCADA）记录中分离后输入资料库。两个水压区都没有设立二级水表，因无特别的耗水大户；

④供水量计算 Supply Calculation：每小时的供水量根据每小时水泵房供水和水库蓄水情况计算；

⑤资料校核 Calibration：对SCADA资料修正以发现系统异常、信号损失和校对错误等。再次验证系统的准确性；

⑥时间微调 Time Shift：必要时适当调整一下时间段来配合夏时制，同时与SCADA的记录相吻合；

⑦平均化 Averaging：三小时滚动用水量平均值（3-hr rolling average）用来与SCADA和AMR技术测出的用水量相比较；

⑧数理统计分析 Statistical Analysis：建立统计资料来计量供水损失百分比（Loss percentage）作为各种变量的函数。这些变量包括月份、水泵房运行时间、总的用水需求等；

⑨水表测试 Meter Testing：取用几个用过的和新的水表，在实验室中测试不同水流速，包括高于或低于设计流速的情况下的准确性；

⑩水管渗漏测试 Pipeline Leak Detection：采用声学渗漏探测设备来查找输水管和阀门泄漏；

⑪审计 Audit：用户审计来证实所有的用水都用水表计量。

东湾供水区进行用水审计和漏水检测的方式和方法非常有效。经过检测，最终发现输水系统本身在两个水压区均无较大渗漏。渗漏主要发生在用户方面（Customer-side leaks），特别是大型水表的渗漏。然而，东湾供水区模式的最大难点在于资料分析颇为费时，特别是如果自动水表读到的资料与 SCADA 资料不匹配时，手工资料整理和组织需要更多的时间。

（2）建筑物中水的再利用和循环 Water Reuse and Recycling

许多建筑物和设施的用水要求都可以通过使用非饮用水来满足。建筑物通过使用非饮用水，可以不需要购买可饮用水，也不必支付污水处理费用（Sewerage costs），因此大大降低建筑物的运行成本。实践证明，如果在建筑物设计阶段就能够明确非饮用水的用途，将为建筑物建成后的运营节省大量开支。建筑物和设施可以利用以下水的再利用和循环措施来节省可饮用水的用量[27]：

①建筑物中水的再利用和循环 Water Reuse and Recycling：这一节水过程依赖于对同一使用目的和地点的用水的再利用，通常仅需要进行简单的过滤或处理。例如洗车和洗衣过程中的冲洗用水，仅需要进行简单的过滤就可以在另外一个冲洗过程中使用。

②中水 Gray Water：中水是指淋浴、水池和洗衣过程中使用的水（但不包括冲洗婴儿屎布、尿布和食品加工用水）经过过滤，除去固体物后的水。中水可以用来地表下（Subsurface）灌溉用水和马桶冲洗用水。

③取水系统 Water Catchment System：包括收集雨水和从河流、湖畔、池塘和水井等水源取水。这类用水可以用于景观灌溉、冲洗马桶和单通制冷系统等。

④污水回用 Reclaimed/ treated Water：前面已经讨论过的污水回用水也可以用于很多建筑物内。具体用途包括冷却塔补充水、冲洗马桶、建筑物防火喷淋系统（Fire sprinkler systems）和其他工业用途等。

（3）安装多级水表 Water Meter and Sub-metering

安装水表本身不是一项节水技术，但是水表却是衡量建筑物所有用水系统长期以来用水表现（Water performance over time）、了解建筑物和设施用水规律、发掘节约用水潜力的重要手段。水表计量必须连续、规律记录数据，并按月和年进行汇总，以便进行用水使用趋势分析。一般安装水表主要用来计量可饮用水的使用量。越来越多的地方鼓励使用水表来计量中水和回用水等非饮用水。

随着绿色建筑、节水意识的不断推广，安装多级水表来更精确地了解建筑物的各种用水的做法已经被广泛接受。具体而言，安装建筑物一级水表（A building-level water meter）来计量和跟踪建筑物总的可饮用水的消耗量，再安装各个系统一级的水表（Subsystem-level water meter）来计量和跟踪某个具体系统，如暖通空调系统、建筑热水系统等的可饮用水用量。一般情况下，优先在用水量较大的系统如室外景观绿化灌溉系统等安装水表。

安装水表是 LEED 绿色建筑标准中的一个重要因素。例如，在 LEED 2009 现状建筑运行和维修评估体系（LEED 2009 for Existing Buildings：Operations & Maintenance）中，安装水表可以获打 1~2 分。要取得 2 分必须满足以下条件[14]：

①永久性地安装可以计量建筑物和场地总的可饮用水用量的水表。水表资料必须连续，并按每月和年汇总。鼓励对建筑物使用的中水或回用水也进行水表计量。

②除了满足第一个条件外，还必须为以下一个以上系统安装水表。这些系统包括：

园林绿化灌溉（Irrigation），至少 80% 的场地中园林绿化灌溉用水必须有水表计量；

室内水暖设备及配件（Indoor plumbing fixtures and fittings），至少 80% 的室内水暖设备及配件的用水必须有水表计量；

冷却塔（Cooling towers），对所有建筑物中使用的冷却塔的补充水（Replacement water use）进行水表计量；

室内热水（Domestic hot water），对至少80%的室内热水装机容量，包括热水锅炉和热水器进行水表计量；

其他的机械、程序用水（Other process water），对至少80%的日常机械、程序用水如除湿系统、洗碗机、洗衣机、游泳池等的用水安装水表进行计量。

除了上述设计和技术手段外，争取建筑物使用人员（Participation of building inhabitants）广泛参与节约用水的过程常常是关系节水项目成功与否的关键，也是达到减少建筑物用水量最简单和最经济的（Most cost-effective strategy）策略。

公众参与节水和教育、信息项目（Public information and education program）的重要一步是培训建筑物使用人员正确使用各种新型节水设备，以及培训物业管理人员正确使用和维护相关设备的程序（O&M procedure）。此外，成功的用水教育和信息项目还包括以下一些内容：

①设立公共热线电话或其他的举报机制用来供公众报告管道、设备漏水和用水浪费行为等；

②在新设备上张贴正确操作和使用示意图；

③建立奖励和建议机制；

④通过散发节水宣传品来提高人们对设施用水管理计划的认识，同时向建筑物使用人员宣传正确用水的方法（Wise water use practices）；

⑤举办用水管理展览来展示建筑物所采用的各种节水措施和所取得节水量和经济效益等。

美国国家水法和与水有关的行政命令一览表

A Summary of U.S Water Acts and Water-related Executive Orders　　附录 4-2-1

年份	法规标题	法规概要
1972年	洁净水法 The Clean Water Act-CWA	该法案为美国地表水质量保护的基石，但不涉及地下水和水量问题。该法案采用各种法规和非法规手段（Regulatory and non-regulatory）来限制污染物直接排放入河道，为城市污水处理设施提供资助，管理污水排放等，旨在保护国家自然水体的健康，利于水生动植物和野生动物的繁衍
1973年	濒危物种法 The Endangered Species Act	该法案旨在保护濒危动植物及其栖息地
1974年	安全饮用水法 The Safe Drinking Water Act- SDWA	该法案是保证美国饮用水质量的最主要的联邦法律。根据该法案，国家环保署负责制定饮用水质量标准，并负责监督各个州、地方政府和供水公司实施相关饮用水质量标准
1990年	海岸地区法再授权修正案 CZARA	该法案主要管理海岸地区水体的 nonpoint 污染。要求各州和领地制定海岸地区 nonpoint 污染控制方案，并说明任何进行实施。
2000年	海滩环境评估和海岸健康法 BEACH	
2002年	公共健康安全和生物恐怖活动预防和反应法的第四部分 Bioterrorism Act	该法案的第四部分关于饮用水安全问题。要求任何供应3300人以上用水的供水系统必须进行是否容易遭受恐怖袭击的评估
	行政命令标题	行政命令概要
1999年	13123号行政命令	即通过有效的能源管理建设更加环保的政府的行政命令。要求所有联邦机构必须减少用水及与水有关的能源消耗，必须达到由能源部设定的节水目标。各个机构必须建立可靠的用水参照基线标准，并签订节能责任合同
2007年	13423号行政命令	关于加强联邦环境、能源和交通管理的行政命令。要求所有联邦机构实施提高用水效率措施，包括选用、购买和安装高效节水产品和实践，到2015财政年度末，总的节水量与2007年的基线用水量相比较必须减少16%。

续表

年份	行政命令标题	行政命令概要
2009 年	13514 号行政命令	关于联邦政府在环境、能源和经济活动中领导地位的行政命令。该命令为所有联邦机构设立可持续发展的目标并注重改进联邦机构在环境、能源和经济方面的表现。具体节水目标有：1）减少可饮用水的用量，以每年减少 2% 的速度，或到 2020 财政年代末，与 2007 年基线用量相比总共减少 26%；2）减少各个机构的工业、景观和农业用水，每年节水 2%，或到 2020 财政年代末，与 2010 年基线用量相比总共减少 20%；3）识别、推动和实施与各个州法律一致的水再利用和消耗策略，减少可饮用水量
2010 年	建立国家海洋委员会的命令	即关于海洋、海岸和五大湖管理的行政命令。该命令第一次为管理海洋、海岸和五大湖确定一个全面、完整的国家政策来推动全面规划、保护和可持续利用这些水体

资料来源：U.S. Environmental Protection Agency　http：//www.epa.gov/lawsregs/laws/esa.html

注解：行政命令，即由美国总统颁布的命令（Presidential Executive Orders），对所有联邦部门具有法律约束作用，必须无条件地予以执行。

加利福尼亚州污水回用允许的用途[①] Recycled Water Uses Allowed in California　　附录 4-2-2

<table>
<tr><td rowspan="2">允许的用途</td><td colspan="4">污水处理级别 Treatment Level</td></tr>
<tr><td>三级处理并消毒</td><td>二级处理并消毒、细菌密度不超过 2.2 MPN/100mL</td><td>二级处理并消毒、细菌密度不超过 23 MPN/100mL</td><td>二级处理、未经消毒</td></tr>
<tr><td colspan="5">用于以下各种灌溉 Supply for Irrigation</td></tr>
<tr><td>食品作物（Food crops），回用水接触到作物的可食部分，包括所有根茎作物。
公园和游戏场
学校
居住区景观绿化
对公众开放的高尔夫球场
其他加州相关法规不特别禁止的用途</td><td rowspan="3">允许使用</td><td>不允许使用</td><td rowspan="2">不允许使用</td><td rowspan="3">不允许使用</td></tr>
<tr><td>食品作物、地表灌溉、地上可食部分，不与回用水接触</td><td rowspan="2">允许使用</td></tr>
<tr><td>墓地
高速公路景观用水
不对公众开放的高尔夫球场
对公众开放的观赏性园林苗圃和草皮农场（Sod farms）
饲养供人饮用的产奶动物牧场
不对公众开发的非食用植被（Nonedible vegetation）区，禁止作为公园游戏场或学校游戏场</td><td>允许使用</td></tr>
<tr><td>果园，回用水不接触到食用部分
葡萄园，回用水不接触到食用部分
非食品生产树木，包括圣诞树，采伐之前 14 天不灌溉回用水
饲料和纤维作物（Fodder and fiber crops）以及饲养非产奶动物的牧场
非食用种子作物
食品作物，食用之前经过商业化病原体破坏处理（Pathogen-destroying processing）
装饰性苗圃作物、草皮农场，采集之前 14 天不灌溉回用水</td><td></td><td></td><td></td><td>允许使用</td></tr>
</table>

续表

<table>
<tr><td></td><td colspan="4">污水处理级别 Treatment Level</td></tr>
<tr><td>允许的用途</td><td>三级处理并消毒</td><td>二级处理并消毒、细菌密度不超过 2.2 MPN/100mL</td><td>二级处理并消毒、细菌密度不超过 23 MPN/100mL</td><td>二级处理、未经消毒</td></tr>
<tr><td colspan="5">用于以下各种蓄水 Supply for Impoundment</td></tr>
<tr><td>对公众开放娱乐蓄水，并对病原微生物进行监测</td><td rowspan="3">允许使用[2]允许使用</td><td>不允许使用</td><td rowspan="2">不允许使用</td><td rowspan="3">不允许使用</td></tr>
<tr><td>限制性娱乐蓄水和对公众开放的鱼孵化场（Fish hatcheries）</td><td rowspan="2">允许使用</td></tr>
<tr><td>景观蓄水，无装饰性喷泉</td><td>允许使用</td></tr>
<tr><td colspan="5">用于冷却或空调用水 Supply for Cooling or Air Conditioning</td></tr>
<tr><td>工业或商用冷却或空调用水，包括冷却塔、蒸发性冷凝器和喷雾</td><td>允许使用[3]</td><td>不允许使用</td><td>不允许使用</td><td>不允许使用</td></tr>
<tr><td>工业或商用冷却或空调用水，不包括冷却塔、蒸发性冷凝器和喷雾</td><td>允许使用</td><td>允许使用</td><td>允许使用</td><td>不允许使用</td></tr>
<tr><td colspan="5">其他用途 Other Uses</td></tr>
<tr><td>地下水回灌</td><td colspan="4">允许使用，但必须经过 RWQCB[4]进行个案审批、发放特殊许可证（Special case-by-case permits）</td></tr>
<tr><td>冲洗厕所和小便器</td><td rowspan="9">允许使用</td><td rowspan="9">不允许使用</td><td rowspan="9">不允许使用</td><td rowspan="9">不允许使用</td></tr>
<tr><td>排水管启动水（Priming drain traps）</td></tr>
<tr><td>工业加工过程用水（Industrial process water），可能接触工人</td></tr>
<tr><td>建筑物消防用水</td></tr>
<tr><td>装饰性喷泉</td></tr>
<tr><td>商业洗衣店</td></tr>
<tr><td>可饮用水管周围回填材料夯实</td></tr>
<tr><td>商业室外用途人工降雪</td></tr>
<tr><td>商用洗车，用水不加热，清洗过程不对公众开放</td></tr>
<tr><td>工业加工过程用水，不与工人接触</td><td rowspan="9"></td><td rowspan="9">允许使用</td><td rowspan="9">允许使用</td><td rowspan="8"></td></tr>
<tr><td>工业锅炉补充水</td></tr>
<tr><td>非建筑物消防</td></tr>
<tr><td>非饮用水管周围回填材料夯实</td></tr>
<tr><td>土壤夯实</td></tr>
<tr><td>搅拌混凝土</td></tr>
<tr><td>清洗街道和道路灰尘</td></tr>
<tr><td>清洗道路、人行道和室外施工场地</td></tr>
<tr><td>清洗污水管道（Sanitary sewers）</td><td>允许使用</td></tr>
</table>

资料来源：The Department of the State of California Department of Public. *Title 22：California Water Recycling Criteria of the California Administrative Code.*

注释：Most probable number–MPN/100mL 为每 100mL 最多可能的细菌数量。

①参阅 2000 年 12 月 2 日加州水处理标准全文（Title 22 California Water Recycling Criteria）。上述表格仅为处理标准的概括。

②常规污水三级处理。外加两年或更长时间的监测，并直接过滤。

③如果公众或雇员有可能暴露在喷雾中，则需要除风器或 / 和杀虫剂（drift eliminators and/or biocides）。

④参阅加州健康服务部（California Department of Health Services）的地下水回灌指南（Groundwater Recharge Guidelines）。

第三节
能源的有效利用和可再生能源的使用
Energy Efficiency and On-site Renewable Energy

在美国，约有500万栋商业建筑和11500万栋居住建筑，每年消耗全国40%的能源，其中建筑消耗约全美国电力的70%。截至2007年，全国每年用于照明、供热、制冷和热水等其他建筑服务所产生的二氧化碳的重量约251700万吨，约占全美国二氧化碳排放总量的40%和全世界排放量的8%[1]，建筑能源的用量远远超过工业、交通业等行业而居全美国各个行业之首。如何减少建筑的能源消耗一直是美国节能减排领域的重要课题。

自20世纪70年代世界性石油危机以来，美国政府不仅在立法方面加大建筑节能减排力度，而且还在经济、税收等政策方面予以引导，促进节能技术的发展。此外，很多专业及民间组织，如美国取暖、制冷和空调工程师学会及一些非营利机构等都在推动建筑节能技术的推广方面做了大量的工作。目前，全美国已形成完善的建筑节能技术和法规标准体系，节能减排已成为各个行业的规范。各个地方政府都在当地的建筑法规中规定最低的建筑节能标准，并认真执行。根据美国能源政策法（1992 Energy Policy Act）的要求，各个地方政府还必须定期对建筑节能标准进行修改，并不断提高最低的建筑节能标准。

美国能源部最近的一次调查研究显示，如果将2006年国际节能标准（Internatinal Energy Conservation Codes 2006，IECC）和由美国国家标准研究院（American National Standards Institute，ANSI），美国取暖、制冷和空调工程学会（ASHREA）以及北美照明工程师（The Illuminating Engineering Society of North America，IESNA）学会联合编制的90.1-2004标准（ANSI/ASHRAE/IESNA Standards 90.1-2004）的最低建筑能源消耗要求提高30%~50%，到2015年，每年全美建筑能耗将减少50万亿英热单位（Btu），而到2030年全美每年则减少350万亿英热单位，相当于260个中等电厂一年的发电总量。此外，由于建筑能耗的降低，到2015年将为业主节约约40多亿美元的能源费用，到2030年，全美国总的二氧化碳的排放量将比预测的排放量减少3%。从此可以看出建筑节能减排的巨大潜力。

1. 建筑能源有效利用的指标和技术标准 Energy Efficiency Indicator and Standards

建立对建筑能源有效利用进行测定的指标和有关的技术法规指标体系是实现建筑节能减排各项目标的第一步。目前全美统一使用界定建筑能源有效利用的指标是建筑能源使用强度指数（Building Energy Use Intensities，EUIs）。该指数在建筑业广泛使用，作为各地法规、指标和节能奖励项目目标的依据，并用此指数评估各种建筑物的节能表现。

除了建筑能源使用强度指数外，全美广泛使用的两个基本建筑能源使用技术标准体系分别是由国际标准委员会编撰的国际节能标准和由美国取暖、制冷和空调工程师学会（ASHREA）和北美照明工程师（IESNA）学会联合编制的90.1系列标准（ANSI/ASHRAE/IESNA Standards 90.1 Energy Standards for Buildings except Low-rise Residential Buildings）。其中，国际节能标准适用于所有的建筑，而90.1系列能源标准主要用于低层居住建筑外的所有建筑类型。

1）建筑能源使用强度指数 Building Energy Use Intensities，EUIs

建筑能源使用强度指数的一般定义是指每年建筑能源的总用量（英热能量单位或兆焦耳）除以建筑物的总面积（平方英尺或平方米）。建筑能源使用强度指数为设计建筑能源消耗模型和掌握建筑物使用能源的情况提供了极为有价值的评价指数[2]。

然而，如何计算计算建筑能源使用强度指数直接影响对不同建筑节能评估的精确性。目前，建筑节能行业在计算能源使用强度指数时存在对建筑面积和能源类型定义上的分歧。例如，建筑面积到底如何界定，是建筑净面积还是建筑的总面积，建筑中的停车库是否计算在内等，都对整个建筑能源使用强度指数产生直接的影响。在能源类型方面，能源的消耗传统上有两种计算方式，即建筑总的能源消耗（Primary Energy）和建筑实际的能源消耗（Site Energy）。建筑总的能源消耗是指建筑用户所消耗能源的总和，包括能源在产生、传输和运送过程中损失的部分。建筑实际的能源消耗则指建筑用户本身所使用的能源。不包括能源在产生、传输和运送过程中损失的部分。使用不同的能源消耗量进行计算则往往影响建筑能源使用强度指数值。还有的建筑能源使用强度指数仅计算化石燃料而不计算建筑物其他可再生能源的消耗。例如，美国政府颁布的高性能联邦政府建筑能源有效利用评估标准（EISA. Section 433: Fossil Fuel Reduction Goals，Federal Building Energy Efficiency Performance Standards）就只计算建筑物所使用的化石燃料。加利福尼亚州的能源标准（Ttile 24 Energy Standards）则是依据建筑总的实时（Site time-dependent valued energy）能源消耗量为基础制定的。美国取暖、制冷和空调工程师学会的大多数技术文件都以建筑物全年总的能耗和每年的能源使用费用为依据制定。因此，对不同技术标准中所使用的建筑能源使用强度指数进行比较之前必须了解其定义。

美国能源部和其下属几个国家实验室以 16 种不同类型的商业建筑的能源使用为基础，建立了一系列的能源使用强度指数参照值模型。商业建筑模型包括新建建筑和现有建筑两类。现有建筑模型又分为 1980 年前和 1980 年后建成的建筑物。位于 16 个不同气候区的新建筑物年度能源使用强度指数参照值如下表 4-5。建立这些参照值的主要目的是为 90.1 系列标准发展过程中某一特定时间段建立定量标准，并为将来的新参照值提供参照。这些不同气候区、不同建筑类型的能源使用强度指数符合 90.1 系列 2004 年用量标准（Standard 90.1-2004）。

美国能源部商业建筑能源使用强度指数参照值—新建筑（2009 年 10 月）

DOE Recommended EUIs for Commercial Buildings-New Construction　　表 4-5

单位：千英热单位 / 平方英尺 / 年（$kBtu/ft^2/y$）

城市	迈阿密	休斯顿	凤凰城	亚特兰大	洛杉矶	拉斯维加斯	旧金山	巴尔的摩	阿尔布开克	西雅图	芝加哥	丹佛	明尼阿波利斯	海伦那	杜蕾斯	菲尔邦克	加权平均值
气候区	1A	2A	2b	3A	3B	3B	3C	4A	4B	4C	5A	5B	6A	6B	7	8	
大的办公室	38	40	38	38	32	34	35	40	34	37	43	36	46	40	47	39	39
中型办公室	39	42	40	41	33	37	38	45	38	42	48	41	54	48	57	77	43
小型办公室	44	44	43	41	33	39	35	46	41	42	51	45	57	51	61	83	45
仓库	30	19	19	18	14	18	15	21	20	18	24	23	29	27	33	52	21
独栋零售建筑	62	63	60	61	44	56	50	72	61	65	81	69	93	83	104	145	69
沿街商城	56	58	57	62	44	57	53	74	64	69	85	72	99	89	111	156	70
小学	57	57	55	55	46	52	51	61	54	54	65	58	75	66	79	113	60
中学	56	57	55	57	42	54	50	68	58	61	76	64	89	77	97	141	66
超市	158	167	159	170	153	158	166	184	168	181	195	179	208	197	223	266	179
快餐店	535	549	538	561	496	541	524	609	567	575	657	604	713	663	765	949	596
饭馆	404	423	409	440	374	418	415	488	447	467	527	481	570	532	617	763	471
医院	145	147	138	142	137	135	142	148	127	139	148	130	153	137	155	185	145
门诊设施	280	279	278	274	254	277	241	278	274	247	271	271	280	275	279	324	273
小型旅馆	71	71	69	71	62	68	64	75	70	69	80	74	87	80	92	112	73
大型旅馆	99	108	100	116	105	105	113	127	119	124	138	131	150	144	163	196	122
多层公寓	39	39	38	38	31	36	33	42	37	38	47	41	54	48	59	76	n/a

资料来源：http：//cms.ashrae.biz/EUI/

2）美国取暖、制冷和空调工程师学会 90.1 系列标准（ASHREA 90.1 Standards）[3]

1973 年阿拉伯国家石油禁运对美国社会造成了巨大的影响。同年，美国建筑法规及标准州联合会（the National Conference of States on Building Codes and Standards，NCSBCS）要求当时的美国国家标准局（NBS）即现在的美国国家标准和技术研究院（The National Institute for Standards and Technology）制定建筑节能评价标准供各州采用。1974 年 2 月，美国国家标准局颁布了新建筑节能设计和评价标准（NBSIR 74-452 Design and Evaluation Criteria for Energy Conservation in New Buildings）。该标准侧重对建筑各个组成部分的节能表现的评估，而缺乏对整个建筑物整体的节能情况的评价标准。在美国国家标准局的推荐下，美国建筑法规及标准州联合会请求美国取暖、制冷和空调工程师学会在 1974 年新建筑节能设计和评价标准的基础之上，制定一份全国性的建筑能源标准。1975 年 8 月，美国取暖、制冷和空调工程师学会推出新建筑设计中的建筑节能标准（ASHRAE 90-75 Energy Conservation in New Building Design）。该标准在短短的一年时间内得到全美整个能源行业的认同。1977 年该标准得到进一步修改，其适用范围扩展到居住建筑和商业建筑设计。1980 年 5 月，ASHRAE 90-75 标准由美国国家标准研究院联合美国取暖、制冷和空调工程师学会和北美照明工程师学会（Illuminating Engineering Society of North America，IES）充实并分成三个文件：90A-1980（包括 ASHRAE 90-75 标准的第 1-9 节）、90B-1975（包括 ASHRAE 90-75 标准的第 10-11 节）和 90C-1977（包括 ASHRAE 90-75 标准的第 12 节，于 1977 年 2 月发表）。

1982 年美国住房与城市发展部（U.S. Department of Housing and Urban Development）要求全美居住建筑行业建立更高的建筑节能标准以取代住房与城市发展部的最低建筑节能标准。为此，美国取暖、制冷和空调工程师学会成立专门的商业建筑节能标准委员会来修改 90A-1980、90B-1975 和 90C-1977 标准中商业建筑的节能标准，并将所有商业建筑节能标准编制成为目前广泛使用的 90.1 系列标准。而另一个专门委员会则主要编制有关居住建筑节能标准，并形成 90.2 系列标准。1989 年第一部全国商业建筑节能标准（Standards 90.1-1989）诞生。该标准对建筑围护结构和照明节能标准进行了重要变革，大幅度地提高了相关节能标准 [2]。

1992 年全美能源政策法（Energy Policy Act）第一次要求各个州制定商业建筑和高层居住建筑节能法规，并要求所有节能法规的节能标准不低于 90.1 系列标准的节能要求。全美能源政策法还进一步规定，各州还必须在新的 90.1 系列标准颁布后，经能源部认证新标准比现有标准更节能的前提下，修改各自的建筑能源法规以满足新法规的要求。在全美能源政策法颁布之前，各州可以自由选择各自的节能标准。全美能源政策法设施以后，全美的能源标准得到了统一。1998 年，美国取暖、制冷和空调工程师学会宣布 90.1 系列标准将每三年按期进行一次修改，这一修改周期与国际法规委员会（International Code Council）的法规修改周期一致。90.1 系列节能标准意在为新建筑和翻修的建筑物建立最低的能源有效利用要求（表 4-6）。目前正在编制当中的 90.1-2010 标准将比 90.1-2004 标准进一步节约 30% 的能源。

90.1 系列 2007 年标准由 12 个章节组成 Standards 90.1-2007 Table of Contents　　表 4-6

1. 目的	7. 服务热水
2. 适用范围	8. 供能
3. 定义	9. 采光
4. 管理和实施	10. 其他建筑设备
5. 建筑的维护结构	11. 能源成本预算法
6. 供暖、通风和空调	12. 引用标准

除上述 12 个章节外，90.1 系列 2007 年标准与其他 90.1 系列标准类似，都有几个附录，其中附录 G

90.1 系列标准还推荐四种达到节能标准的途径，即规定性的达标方法（Prescripive option）、综合平衡的达标方法（Trade-off Option）、能源成本预算法（Energy-cost budget）和直接满足当地能源法规要求的节能标准的简化达标法（Simplified option）。

3）国际法规委员会的国际建筑节能法规 The International Energy Conservation Code

国际建筑节能法是由国际法规委员会颁布的多种法规中的一个。由国际法规委员会颁布的其他法规还包括国际建筑标准（International Building Code）、国际居住建筑标准（International Residential Building Code）和国际管道标准（International Plumbing Code）等。

国际法规委员会是设立在美国的非营利、非政府组织的专业协会组织，其宗旨在于促进世界各地政府机构和其他相关机构与组织相互合作，共同编制各类建筑有关的法规和标准。由国际法规委员会颁布的国际建筑节能法规与美国取暖、制冷和空调工程师学会编制的 90.1 系列的标准一样，都是一种示范法规（Model Code）。法规的编制是由国内有关领域的专家们组成编写委员会，通过公众参与和听证的过程取得共识，并在国际法规委员会的指导下完成。国际建筑节能法规目的在于有效地节省建筑用能，推广新的建筑材料、建筑产品和先进的建筑施工方法，减少建筑成本，并消除对特定建筑材料、产品和施工方法的过分依赖。

1992 年的全美能源政策法除了要求各州选用由美国取暖、制冷和空调工程师学会编制的 90.1 系列的标准外，还鼓励各地方采用由国际法规委员会颁布的 1992 年示范能源法规（Model Energy Code）。在 1992 年示范能源法规的基础之上，国际法规委员会于 1998 年推出第一个国际建筑节能法规（International Energy Conservation Code，IECC）。该法规在 2000 年得到进一步修改。此后，国际建筑节能法规每三年修改一次，并先后发行 2003 年版、2006 年版和 2009 年版，在法规的修订周期上与美国取暖、制冷和空调工程师学会编制的 90.1 系列的标准取得一致。以 2009 年版为例，国际建筑节能法规共用 6 个章节如表 4-7：

国际建筑节能法规组成部分 IECC Table of Contents **表 4-7**

1．法规的管理	4．居住建筑能源利用效率
2．术语定义	5．商业建筑能源利用效率
3．气候分区	6．参数标准

居住建筑能源利用部分又分四节，即：总论；建筑热能围护结构；建筑其他系统，包括供暖、制冷、空调、热水等；最后一节讨论各种模拟能源消耗方式。商业建筑能源利用部分包括六节，即总论、建筑热能围护结构、建筑机械系统、服务热水、电能及采光系统及整个建筑物的能源使用。

目前，美国国家标准研究院，美国取暖、制冷和空调工程师学会，美国绿色建筑委员会和北美照明工程师学会正在联合制定全新的建筑节能标准 189.1 系列标准。该标准建立在 90.1 系列标准基础之上，同时增加额外的建筑能源利用有效性措施和对可再生能源利用要求的新标准体系。该标准进一步提高对建筑选址可持续性、节水和室内环境质量的要求，减少建筑物对大气、材料和各种其他资源的影响，其最终目标是实现建筑物净零能耗，即建筑物总的能源消耗包括场地外面输入和场地上现场产生的能源净用量为零。与以往节能标准不同，189.1 系列标准将用建筑法规语言编写 [4]，并将被纳入由国际建筑法规委员会即将颁布的国际绿色开发建设法规（International Green Construction Code）中，成为全美各行政区评估建筑物是否达标的重要方法之一。

2. 建筑能源有效利用 Energy Efficiency

能够有效地利用能源的高效能的建筑物不仅最大限度地为业主节省运营成本，改善建筑使用者的舒适、健康和安全感，而且能减少建筑物二氧化碳的排放量，减轻对自然环境的其他不良影响。与传统上只注重建筑物各部分的节能不同，现代高效能建筑物在设计之时就对整个建筑物进行考虑，并采用建筑物生命周期的理念来选择各种设计策略。新的建筑物能源利用有效性的概念不仅要优化建筑物各组成部分本身的能源使用，而且还充分协调建筑物各能源消耗系统之间的能源利用，从而达到建筑物总体能源使用的最优化和整个生命周期内的节能。根据联邦标准 10 CFR 435（10 CFR−Code of Federal Regulations，Part 435 Energy Conservation Voluntary Performance Standards for New Buildings；Mandatory for Federal Buildings），采用整体建筑能耗和生命周期节能概念设计的建筑物比一般的建筑物至少节能 30% [5]。

高性能建筑物在能源利用理念上首先尽量有效利用非传统的能源资源，例如太阳能、风能、地热能等。其次则是通过各种节能的设计策略和提高能源利用率的手段来使用传统的化石能源（Traditional fossil fuels）。高性能建筑物的整体能耗设计考虑整个建筑物能源使用的影响及各建筑物组成部分之间能源利用的相互影响。这些建筑组成部分包括建筑场地，建筑物围护结构（包括基础、墙体、窗户、门和屋顶），建筑物取暖、通风和空调系统，及建筑照明、各种自动控制和其他建筑设备等。

此外，在整个建筑物能源利用设计过程中还充分利用计算机来模拟各个建筑组成部分能耗和对整个建筑能耗进行评估，为确定最佳的设计方案提供科学、准确的技术支持。

1）建筑场地 Building Site

高性能建筑整体能耗设计最先开始于对建筑场地因素的考虑。因为如果能对建筑所在场地的特征和小气候加以充分利用，将会减少建筑物供暖和制冷所需要的能源，从而减低建筑物总的能源使用量。事实上，传统人类聚居地中普遍使用的建筑场地组织手段也是设计高性能建筑所遵循的原则。这些基本原则包括对建筑朝向、主导风向、场地景观组织和地形条件的充分利用和考虑。

（1）建筑、场地朝向与主导风向 Lot and Building Orientation and Prevailing Wind

建筑和场地的朝向应最大限度地利用太阳光照。合理的建筑、场地朝向能够使建筑物在冬季得到充足的日照，而在夏季最大限度地减少对太阳热能的吸收进而降低建筑制冷的费用。在建筑总图设计时，应该遵循以下几个原则：

①将建筑物的长边面向南北向；

②通过场地和道路组织来尽量减少建筑物的东西朝向；

③将建筑开窗尽可能朝向南向，并减少北向的开窗数量；

④正确利用建筑物的遮阳设计，最大限度地在冬季获取充分的日照，而在夏季为建筑物提供良好的遮阳；

⑤将建筑物组合成群体布局来减慢冬季主导风速从而节省供热成本；增加夏季主导风速，并充分利用自然风为建筑物通风。

阳光控制装置（Sun control devices）在东西向的墙体上的遮阳作用不如南北向墙体上那么明显，而且容易产生大量眩光，因此，高效节能建筑物设计采用减少东西向门窗的面积，降低门窗玻璃太阳热能增益系数（Solar Heat Gain Coefficient），使其低于 0.25，或结合使用以上两种方式达到东西向建筑的节能目标。

（2）建筑场地景观设计 Tree Location and Other Landscaping

建筑场地的景观设计与组织是节能中的另一重要因素，特别是场地上大的树种的位置直接影响建筑物的暖通空调成本。具体影响建筑物能耗的景观设计方法有以下几种：

①在建筑场地上种植和保护本地树种能够对建筑物的能源消耗产生巨大的影响。根据宾夕法尼亚州蒙特马利县的统计，如果在建筑场地的适当位置种植遮阴树种，能够减少建筑物夏季制冷费用的 25% 左右。种植落叶树效果最好，因为落叶树在夏季能够为建筑物提供遮阳，而在冬季则容许太阳照射到建筑物。

②利用常绿树或灌木丛来遮挡冬天北风对建筑物的渗透，能够每年节省供热成本的10%~20%[6]。

③利用植物和其他景观要素在夏季遮阳或冬季遮挡主导北风的同时，还必须考虑利用风或太阳能资源的可能性。用来遮挡冬季主导风的景观植被不应当阻挡夏季主导风，而在夏季提供遮阳的植被也不应当对任何太阳能设备造成阻挡。

④对建筑物屋顶进行绿化（Green roof）是近年来随着绿色建筑不断普及而采用的一种新的节能方法。绿化后的建筑屋顶不仅能够减少建筑物场地上的雨水径流量（Stormwater runoff），而且能够降低建筑对太阳能的吸收，从而减少建筑制冷所需要的能耗。但是绿化屋顶对建筑物结构有新的需要，在景观植物的选择上也有特殊的要求。

（3）建筑场地地形条件的利用 Topographic Modification

利用和改进场地现状的地形条件，进而最大限度地利用地形创造出对建筑保温和隔热有利的条件，也是绿色建筑广泛采用的设计方法。具体来讲就是在有坡度的建筑场地，利用地形条件将建筑物尽可能地埋在场地之中（Earth-sheltered building）。这种设计方法特别适用于气候干燥、昼夜温差较大的地区。

2）建筑物的外部围护结构 Building Envelope

建筑的外部围护结构将建筑的室内与室外环境分开。作为一栋建筑物的外壳，建筑围护结构体系保证建筑物室内空间不受外界自然环境的影响，并帮助调节室内温度。建筑围护结构体系包括墙体、屋顶、门窗和基础等建筑要素。建筑的围护结构体系代表着巨大的节能潜力。对建筑围护结构体系采取诸如增加墙体绝缘性、防止空气渗透、增加密封性及提高门窗的节能性能等改进措施后，能够减少约50%的建筑能源用量[7]。从建筑物节能角度讲，建筑围护结构体系主要起到控制建筑物内部湿热条件、控制建筑物能源流失的作用。好的建筑围护结构体系还能够通过有效地使用太阳能和自然采光来有效地利用自然资源。

高效节能的建筑围护结构能够减少建筑暖通空调等机械系统的能源消耗。这是由于建筑围护结构保证了室内温度和湿度的稳定，暖通空调系统不需要经常调节室内的温湿度，因而减少这些系统的能源用量，节省建筑的供热和制冷费用。

近年来，随着对建筑围护结构节能重要性认识的不断深化，地方政府也开始更新建筑法规，大幅度提高对建筑围护结构的节能要求。以弗吉尼亚州为例[8]，规定所有的郡县都在2008年采用改进的州建筑法规（Revised State Building Code），其中对新建建筑或改建建筑物的围护结构提出了新的节能要求，而其中最重要的建筑围护结构节能评判指标就是R值。

（1）R值 Resistance to Heat Flow Value

热量一般通过辐射、对流和传导（Radiation，Convection and Conduction）的方式从温度高的物体流向温度低的物体。热的辐射通过电磁波的形式传播。一般深颜色的建筑屋顶在日照充足的晴天大约吸收70%~90%的太阳能，并将其反射进入建筑物。如果居住建筑的屋顶阁楼没有好的通风和绝缘（Without adequate attic ventilation or insulation），这些被吸收的太阳热能将增加空调制冷负荷的40%[9]。由于温度差异而导致的空气流动则产生热能传播的对流效应，对流是建筑围护结构通过各种空隙损失能量的主要原因，而传导则是热能通过物体从高温一方传递到低温一方的传送方式。评定建筑材料阻止热能通过传导方式传播的指标是R值。一种建筑材料的R值越高，则代表该材料的绝缘性能（Insulating properties）越好，更能有效地利用能源。R值是评定建筑围护结构，特别是地板、墙体、基础和屋顶，防止建筑热能损失性能的重要指标。

美国的各种节能指标都根据不同气候区规定最低的R值。例如，美国能源部的建筑节能绝缘数据资料对住宅的建筑围护结构推荐各种R值（表4-8），而各地的建筑法规也规定各种建筑围护结构要素的最低的R值。

住宅建筑推荐 R 值（美国能源部推荐在六个绝缘区新建建筑 R 值）

Recommended R–Value for Residential Buildings 表 4–8

					天花类型						地下室	
气候区	燃气	热泵	燃油	电火炉	阁楼	吊顶	墙体①	楼板	夹层②	混凝土板边	内部	外部
1	X	X	X		R–49	R–38	R–18	R–25	R–19	R–8	R–11	R–10
1				X	R–49	R–60	R–28	R–25	R–19	R–8	R–19	R–15
2	X	X	X		R–49	R–38	R–18	R–25	R–19	R–8	R–11	R–10
2				X	R–49	R–38	R–22	R–25	R–19	R–8	R–19	R–15
3	X	X	X	X	R–49	R–38	R–18	R–25	R–19	R–8	R–11	R–10
4	X	X	X		R–38	R–38	R–13	R–13	R–19	R–4	R–11	R–4
4				X	R–49	R–38	R–18	R–25	R–19	R–8	R–11	R–10
5	X				R–38	R–30	R–13	R–11	R–13	R–4	R–11	R–4
5		X	X		R–38	R–38	R–13	R–13	R–19	R–4	R–11	R–4
5				X	R–49	R–38	R–18	R–25	R–19	R–8	R–11	R–10
6	X				R–22	R–22	R–11	R–11	R–11	③	R–11	R–4
6		X	X		R–38	R–30	R–13	R–11	R–13	R–4	R–11	R–4
6				X	R–49	R–38	R–18	R–25	R–19	R–8	R–11	R–10

注释：① R–18、R–22 和 R–22 的外墙系统可以通过中空绝缘或中空绝缘外加绝缘板（cavity insulation with insulating sheath）的方法来达到。对于 2inch × 4inch 的外墙，采用 3.5inch 玻璃纤维绝缘和 3.5inch 玻璃纤维外加绝缘衬板。对于 2inch × 6inch 的外墙，或采用 5.5inch 厚 R–21 的玻璃纤维绝缘或采用 6.25inch 厚 R–19 的玻璃纤维绝缘。

②地基和楼板之间的夹层墙（crawl space wall）如果采用绝缘处理，那么该夹层必须全年都比较干燥，其上面的楼板没有绝缘，并且夹层本身不通风。在夹层的地面应安装防潮薄膜以免地上湿气进到夹层中。

③不建议采用板边绝缘处理（slab edge insulation）。

（2）建筑物的门窗 Windows and Doors

与其他建筑围护结构不同，建筑物的窗户除了保护室内不受外界天气影响外，更重要的功能是为建筑物的使用者提供自然采光。建筑物的门窗面积一般占居住建筑外墙面积的 10%~30%，而商业建筑物的门窗面积占外墙面积的比例则更高。经过这部分围护结构而吸收的热量或损失的能量一般占到居住建筑总的能源消耗量的 30% 左右 [10]。如何提高建筑门窗的能源有效性是整体建筑物节能的主要方面。

通过门窗的热量流失有三种情况：一是通过门窗玻璃和框架的直接传导损失，二是通过门窗周围空气对流造成的热量损失，三是通过人体或物体的热辐射将热量从室内的高温区传到室外低温区的热量损失。因此，对门窗的节能评价往往采用与其他围护结构完全不同的评判指标体系。门窗能源效率评价指标包括 U 值、太阳热能增益系数、可见光透光率、漏风率和抗结露率。

（3）U 值 U Factor

窗户的独特功能使其受太阳能辐射及其周围的空气流动的影响较大。一般的绝缘指标不能很好地评定一种窗户的好坏，因此，门窗制造业建立了专门评价热传导（Thermal transmission）的指标类型 U 值。该指标是 1993 年由美国国家建筑门窗评定委员会（National Fenestration Rating Council）广泛征求业内意见后确定的评价指标。U 值是目前美国评定建筑门窗和天窗产品的统一指标，它为消费者提供了更为准确、统一和可靠的产品性能信息。U 值是指热量通过一种产品的速度，因此，U 值越低，热量损失就越少，产品就更好地为建筑物提供热绝缘。与 R 值最大的不同是，U 值测量的是热量传输或损失的速度，而不是阻止热量传输。R 值的大小与 U 值的大小成反比。U 值一般在 0.2~1.2 之间，U 值越低，其阻止热量流失的性能越好。

与R值相比，U值考虑比传导性能更多的因素，如窗户周围的空气流动和窗户玻璃的发射率（Emissivity）。发射率是指一种产品吸收特定类型的能量，特别是红外能量（Infrared energy）并将其辐射通过自身和室外的能力。例如，一扇透明玻璃可以将84%的红外能量从暖和的房间传输到较冷的室外[11]。玻璃的传导性和放射性能越低，通过该玻璃的热量的流失率越低，则其U值也越低。近年来，低发射率玻璃涂料技术（Low–e coatings）发展很快。Low–e涂料是一种金属涂料，具有阻止红外能量但允许可见光通过的功能。两面涂有Low–e涂料的玻璃又称Low–e玻璃，在夏天能够阻止热量进入建筑物，而在冬天又能够阻止室内的热量散发到室外。Low–e玻璃被广泛地应用到高效节能建筑中。

（4）太阳热能增益系数 Solar Heat Gain Coefficient

太阳热能增益系数用来评价一种门窗产品阻止太阳热能的性能。太阳热能增益系数一般介于0~1之间，太阳热能增益系数越低，表示该产品在阻止不需要的太阳热能的性能越好。阻止不必要的太阳热能进入建筑物在夏季制冷期间尤为重要。好的玻璃门窗能在炎热的夏季阻止不必要的太阳热能进入建筑物，降低建筑物总的能源消耗量。除了采用太阳热能增益系数低的门窗外，对建筑物吸收太阳热能最有效的控制方法是在建筑物室外提供有效的遮阳，在太阳光线进入建筑物室内之前将其阻挡。

（5）可见光透光率 Visible Transmittance

可见光透光率用来评估有多少太阳光线透过窗户。可见光透光率值一般介于0~1之间，数值越大，窗户的采光性能就越好。

（6）漏风率 Airleakage

漏风率用来评价有多少室外空气通过窗户进入建筑物。漏风率值介于0.1~0.3之间，漏风率值越低，该窗户的气密度越好。由于漏风率是一种非强制性的评价指标，窗户制造商可以不在窗户产品上标注漏风率。

（7）抗结露率 Condensation Resistance

抗结露率用来评价一种门窗产品的抗结露性能。抗结露率的数值在1~100之间，数值越高则表示该产品抗结露性能越好。与漏风率一样，抗结露率也是一种非强制性的评价指标，窗户制造商可以选择不在产品上标注。

（8）其他建筑围护结构节能技术 Other Building Envelope Energy Conservation Techniques

除了上述提高建筑围护结构绝缘性能指标、增加门窗能源利用有效性技术之外，其他增加建筑围护结构节能的方式还有采用高反射性的凉爽屋顶和提高整个建筑围护结构的密封性能，从而减少因空气渗透而造成的建筑能源损失。

① 高反射性的凉爽屋顶 High Reflective Cool Roof

凉爽屋顶是指屋顶材料具有将太阳光线有效地反射到大气中的性能，有效地减低屋顶表面温度的屋顶类型。根据加利福尼亚州能源委员会的实验数据，凉爽屋顶至少可以将建筑屋顶的表面温度降低100 ℉，从而减少热量传入建筑内部，减少空调使用量，改善建筑使用者的舒适度，降低建筑物的维护成本，提高建筑屋顶本身的使用寿命。更重要的是凉爽屋顶还将大幅度地降低城市建成区的热岛效应（heat island effect）。

凉爽屋顶的建筑材料必须具有较高的反射率（High reflectance）和高的热量散发率（High thermal emittance）。美国目前用来反映上述屋顶性能、统一使用的指标为太阳能反射指数（Solar reflectance index）。在美国气候分区1~3区的凉爽屋顶，太阳能反射指数必须高于78（根据美国测试和材料学会1980年标准）。反射指数的计算必须以3年的平均值为准，考虑到屋顶老化和损害对反射指数值的影响。具体的屋顶评定必须以美国凉爽屋顶认证委员会（The Cool Roof Rating Council）认可的实验室数据为准[12]。

② 防止空气渗透 Sealing Air Leaks

根据美国能源部的预测，由于建筑围护结构密封性能差引起的空气渗透而造成的建筑能源损失约占建筑全年能源费用的 10% 左右。建筑物围护系统各个构件之间的衔接部分都有可能导致空气渗透。约有 1/3 的空气渗透是由顶棚、墙体和楼板之间的空隙而产生的。独立式居住建筑中各个部位空气渗透所占的比例如表 4–9。

独立式居住建筑中各个部位空气渗透所占的比

Single–family Detached House Air Leakage **表 4–9**

建筑物各个部位	空气渗透所占的百分比 %
穿透墙体的水暖管道	13
窗户	10
门	11
电扇和出气孔	4
壁炉	14
楼板、墙体和顶棚	31
电插座	2
其他管道	15

资料来源：DOE Energy Savers booklet. http：//www.eere.energy.gov/energy–savers

堵缝（Caulking）和使用膨胀泡沫胶（Expanding foam sealant）是处理不移动的表面如墙体之间空隙空气渗透的主要方法。堵缝的方法主要用于小于 1/4in 的空隙，而较大的空隙则采用膨胀泡沫胶来添堵。而安装门窗挡风条（Weatherstripping）则较适宜处理可移动表面如窗户和门等的空气渗透。比较常用的挡风条有两种，一种是压缩型（Compression type），另外一种是 V 字形挡风条。

然而，在空气密封较好的建筑物内，必须注意到室内良好的通风。如果一栋建筑物空气密封性太好而没有良好的通风设计，那么建筑围护结构系统构件如墙体的结露不能够很快挥发出去，就会导致墙体遭受水或霜冻的破坏，并导致霉菌的滋生。

3）建筑取暖、通风和空调系统及室内设备 Heating，Ventilation，Air–Conditioning System and Appliances

建筑取暖、通风和空调系统及室内设备对建筑物的室内环境质量和舒适度具有举足轻重的影响。根据美国供暖、制冷及空调工程师学会的定义，建筑取暖、通风和空调系统必须达到的目标是控制室内空气温度、控制空气湿度、控制空气流通和控制空气质量。建筑取暖、通风和空调系统设备的体积都比较大，占据很多建筑面积，而且还都需要与建筑物室外环境连接，在建筑外立面上都有相应的出口设计，因而对整个建筑物的外观有影响。在某些情况下，取暖、通风和空调系统的设计往往决定一栋建筑物的外部造型。此外，建筑取暖、通风和空调系统设备成本较高，是建筑物施工预算中的重要项目之一。

从建筑能源使用的角度讲，建筑物的取暖、通风和空调系统往往要消耗一栋建筑物总的能源使用量的 30%~50%，因而具有巨大的节能潜力。与传统的节能概念不同，今天的节能模式不是以牺牲建筑室内舒适度（Thermal comfort）为代价的，而是在提高建筑室内环境质量和冷热舒适度的基础之上尽可能地减少能源使用，进而减少二氧化碳的排放量和对环境的负面影响。

建筑物的取暖、通风和空调系统包括以下要素：阻尼器（Damper）、供气扇和换气扇、过滤器、加湿器、除湿器、加热和制冷盘管、各种送风管道和各类传感器等。对于新建的建筑物，系统节能潜力主要在设计阶段通过选择安装高效能的设备来实现。与新建筑相比较，现有建筑物的取暖、通风和空调系统改造往往比较困难，而且成本较高。如果是商业建筑或工业建筑物的相关系统，其改造还会造成对服务和生产的影响。然而，近年来随着绿色建筑概念的不断普及，包括美国联邦政府在内的各级政府都纷纷更新法律法规，提高建筑物和各种建筑系统和设备的节能标准。

（1）建筑取暖、通风和空调系统设备能源效率指标 HVAC Equipment High Energy Efficiency Indicators

美国联邦政府和地方政府通过设立最低的取暖、通风和空调系统设备能源效率指标来推动建筑设备节能工作。目前美国统一使用的制冷设备能源利用有效性指标主要有季节能效比（SEER）、能源效率比（EER）及综合部分负荷值（IPLV），而供暖设备的评价指标主要有年度燃料利用率（AFUE）、供热季节性能指标（HSPF）和性能系数（COP）。

① 季节能效比 The Seasonal Energy Efficiency Ratio

季节能效比是用来评价一个空调设备系统性能的重要指标。它的数值表明一个热源泵（Heat pump）或空调器在寒冷气候下制热季节的工作效率。高的季节能效比意味着设备能源利用效率高，从而节省制冷费用。季节能效比的计算是利用设备制冷每小时输出的英热单位（Cooling output in British thermal units or Btu）除以制冷设备在特定季节条件下设备使用的能量（以瓦为单位）。

季节效能比是在实验室中模仿美国能源部规定的室内及室外气候条件测试而来。由于所有的制冷设备的季节能效比都在同样的实验室条件下测出，因而季节能效比被用来评估比较不同制冷设备的性能。设备制造商可以通过使用新的或更好的技术来提高季节能效比的数值，因此一种设备的季节能效比对设备的成本造价影响较大。对于目前在美国市场上销售的制冷产品，政府规定的最低的季节能效比为 13.0。采用季节能效比为 8.0 的制冷设备制冷每花费 100 美元的制冷费用，如果采用季节能效比为 14.0 的制冷设备制冷的话，则只需要 58 美元（节约 42% 的费用）。季节能效比用来评估制冷装机容量小于 65000 英热单位的制冷设备。

② 能效比 The Energy Efficiency Ratio

与季节能效比相似，能效比也是评估建筑制冷设备节能性能优劣的重要指标，其计算方法和数值与季节效能比基本相同。所不同的是，能效比是在室外 95 ℉的温度、设备满负荷条件下对制冷设备的能源利用进行的测试。能效比一般用于评估机械容量大于 65000 英热单位的制冷设备。美国供暖、制冷及空调工程师学会推荐制冷设备容量在 66000~135000 英热单位之间的制冷设备的能效比必须达到 10.0。与季节效能比一样，能效比值越高，设备节能效果越明显。例如，将能效比值从 10.0 提高到 12.0，可以减少制冷所需要的费用 15% 左右，而将能效比值从 10.0 提高到 15.0，则可以将制冷费用减少 30% 左右[13]。

③ 综合部分负荷值 The Integrated Part-load Value

综合部分负荷值由美国空调和制冷研究院（The air-conditioning and refrigeration institute）在 1998 年提出，用以评估空调设备在不同条件下的能源使用效率。具体来讲，综合部分负荷值测试空调设备在不同设计负荷下运行的效率，包括在 25%、50%、75% 和 100% 设计容量及不同温度情况下的运行结果。综合部分负荷值仅用于评估非居住用的中央空调设备。

④ 年度燃料利用率 The Listed Annual Fuel Utilization Efficiency

年度燃料利用率是评定燃气和燃油火炉（Gas and oil-fired furnaces）有效性的标准指标。该指标以百分比为单位，代表设备所消耗的能源有多少真正用于取暖和有多少被浪费。年度总燃料利用率数字越大，说明所使用的火炉设备越节能。目前美国最省能源的火炉年度燃料利用率高达 96.7%，仅有 3.3% 的燃料在取暖过程中被浪费。年度燃料利用率只用来评价火炉装置设备的燃料利用有效率（Unit's fuel efficiency），并不代表具体设备的用电量。美国能源部规定从 1992 年 1 月 1 日起，所有在美国国内销售的燃气和燃油火炉的年度燃料利用率至少不低于 78%，而可移动房屋的火炉年度燃料利用率值必须不低于 75%[14]。

⑤ 供热季节性能指标 Heating Seasonal Performance Factor

供热季节性能指标用来评定空气源热泵（Air source heat pump）的供热效率（供热泵的制冷效率用季节能效比来评判）。供热季节性能指标值越高，则供热泵的能源利用有效性越好，越能够节约供热成本（Cost-savings）。供热季节性能指标是一个供热季节内设备性能的平均表现，其计算方法是用总的年度供热要求，包括所有的能量投入，除以总的用电电能（Total electrical energy consumed）。能源消耗及投入采用英热单位，而电能则以瓦为单位。3.4 英热单位的能源相当于 1W 的电能。2005 年后生产的热泵供热季节性能指标不低于 7.7。目前最节能的空气源热泵的供热季节性能指标高达 10.0[14]。

⑥ 性能参数 Coefficient of Performance

另一个评定空气源热泵能源利用有效性的指标是热泵热量输出与输入能量之比值，即性能参数。其产生热量的单位为英热单位，除以输入电能千瓦数，再除以常量 3415。如果一个热泵生产了 60000 英热单位的热量，消耗了 9kW 的电能，则该热泵的性能参数为 1.95。性能参数越高，则热泵的供热性能越好。

（2）建筑取暖、通风和空调系统设备的节能策略　Energy Conservation Strategies

建筑取暖、通风和空调系统设备的能源利用情况与建筑物围护结构和建筑物的采光密切相关。建筑物围护结构保温绝缘和空气密实性的好坏、不同的采光照明系统的设计与运营（Lighting system design and operation）情况直接关系到建筑取暖、通风和空调系统设备容量的选定和整个系统的节能潜力。

在取得高效节能的建筑围护结构体系和采光系统的前提下，建筑取暖、通风和空调系统仍然具有很大的节能潜力。目前广泛采用的节能技术主要集中在以下几个方面：选用高效能和装机容量适当的供暖和制冷设备，降低制冷和加热荷载，安装节能器、变速驱动器和其他节能系统，采用能源使用管理和控制系统，并进行预防性的维修。

① 选用高效能和装机容量适当的供暖和制冷设备

能源之星项目（Energy Star Program）对绝大多数设备和产品制定最低的能源利用标准。各级地方政府相关法律和法规中采用的最低设备能源利用标准大多也选自能源之星标准。与建筑物的取暖、通风和空调系统设备有关的最低节能标准如表 4-10。

空气源热泵和中央空调设备指标 Air-source Heat Pump and Central Air Conditioners[14]　表 4-10

设备类型	主要技术指标
空气源热泵	
分体系统	HSPF ≥ 8.2　SEER ≥ 14.5　EER ≥ 12
气 / 电单体设备	HSPF ≥ 8.0　SEER ≥ 14　EER ≥ 11
中央空调设备	
分体系统	SEER ≥ 14.2　EER ≥ 12
气 / 电单体设备	SEER ≥ 14　EER ≥ 11

a. 房间空调器 Room Air Conditioner：要求至少比联邦政府标准节省 10%。能源之星标准房间空调器具有以下特点：采用高效率的空气压缩机（High-efficiency compressors），高效率的风扇马达（High-efficiency fan motors）及改进的热传递表面（Improved heat transfer surfaces）（表 4-11）。一部空调机将室内不需要的热量从室内传输到室外。压缩机通过线圈送入冷却用的制冷剂（Refrigerant），制冷剂在空气通过热线圈时从中吸收热量，风扇将室外的空气吹过热的线圈，将热量从制冷剂传输到室外空气。热量从室内空气中被吸出，室内温度因而降低。通过采用先进的热传输技术（Advanced heat transfer technologies），能源之星认证的标准房间空调器与传统的空调器相比更能有效地将室内空气中更多的热能送入线圈，从而节省压缩制冷剂的能量（表 4-11）。

标准房间空调器主要技术指标[14] Room Air Conditioner Specifications 表 4-11

装机容量（英热单位 /h）	联邦标准能效比 有百叶窗	能源之星能效比 有百叶窗	联邦标准能效比 无百叶窗	能源之星能效比 无百叶窗
< 6000	≥ 9.7	≥ 10.7	≥ 9.0	≥ 9.9
6000 ~7999				
8000~13999	≥ 9.8	≥ 10.8	≥ 8.5	≥ 9.4
14000~19999	≥ 9.7	≥ 10.7		
≥ 20000	≥ 8.5	≥ 9.4		
逆循环式 Reverse Cycle				
< 14000	n/a	n/a	≥ 8.5	≥ 9.4
≥ 14000			≥ 8.0	≥ 8.8
20000	≥ 9.0	≥ 9.9	n/a	n/a
≥ 20000	≥ 8.5	≥ 9.4		

b. 锅炉 Boilers：能源之星认证的锅炉的年度燃料利用率必须达到 85% 以上。与达到联邦最低标准的锅炉相比，能源之星认证的锅炉将节约 6% 的能量。与其他的锅炉相比较，经能源之星认证的锅炉具有以下特点：采用电子打火，不需要保留火种，从而节省更多能源；采用新的内燃技术，使用同等数量的燃料产生更多的热量；密封的内燃烧器，从而减少漏气保证安全。

c. 火炉 Furnaces：能源之星认证的火炉，其功率小于每小时 225000 英热单位，仅用于居住建筑。能源之星认证的火炉具有较高的年度燃料利用率评级并采用高效的吹风机马达，比其他非认证的同类火炉节约 15% 的能源（表 4-12）。

火炉的主要产品性能指标[14] Furnace Specifications 表 4-12

设备类型	技术指标
燃气火炉	年度燃料利用率大于 90%
燃油火炉	年度燃料利用率大于 85%

d. 空气源热泵 Air-source Pumps：能源之星认证的空气源热泵具有较高的季节能效比和能效比。与其他的非认证的同类型号的空气源热泵相比较平均节约 9% 的能源。现有的标准从 2009 年 1 月起开始实施，其性能指标见表 4-10。

e. 地热源热泵 Geothermal Heat Pumps：地热源热泵是采用目前最有效和舒适的供暖和制冷技术，利用地热来提供供暖和制冷服务的设备，它常常用来加热建筑用水。经过能源之星认证的地热源泵比一般的热泵节省 45% 的能源。地热源泵有三级要求：第一级要求于 2009 年 12 月 1 日生效，第二级要求于 2011 年 1 月 1 日起实施，第三级要求则将于 2012 年 1 月 1 日起实施（表 4-13）。

地热源泵主要技术指标[14] Geothermal Heat Pump Specifications 表 4-13

第一级要求（2009 年 12 月 1 日起实施）		
产品类型	能效比（EER）最低值	性能参数（COP）最低值
水—气型 Water-to-Air		
封闭水—气型	14.1	3.3
开敞水—气型	16.2	3.6
水—水型 Water-to-Water		

续表

第一级要求（2009 年 12 月 1 日起实施）		
产品类型	能效比（EER）最低值	性能参数（COP）最低值
封闭水—水型	15.1	3.0
开敞水—水型	19.1	3.4
地热直接置换型 DGX	15.0	3.5
第二级要求（2011 年 1 月 1 日起实施）		
水—气型 Water-to-Air		
封闭水—气型	16.1	3.5
开敞水—气型	18.2	3.8
水—水型 Water-to-Water		
封闭水—水型	15.1	3.0
开敞水—水型	19.1	3.4
地热直接置换型 DGX	16.0	3.6
第三级要求（2012 年 1 月 1 日起实施）		
水—气型 Water-to-Air		
封闭水—气型	17.1	3.6
开敞水—气型	21.1	4.1
水—水型 Water-to-Water		
封闭水—水型	16.1	3.1
开敞水—水型	20.1	3.5
地热直接置换型 DGX	16.0	3.6

② 选择正确的取暖、通风和空调系统设备的装机容量 Right Size HVAC System

选择正确的取暖、通风和空调系统设备的装机容量，不仅能节省建筑物的能源用量，而且能够改善室内环境舒适度（Thermal comfort），有效地控制室内的温度和湿度，减少系统的初始成本和长期的维护费用。

空调系统制冷能力的大小，对提高系统的能源利用有效性和室内舒适度尤为重要。当空调系统装机容量过大（Oversized equipment）时，将导致整个制冷过程缩短，设备起步停止较多，不利于机械设备长期使用。同时，空调系统的最初购买和安装成本均会较高。而制冷能力不足，则会使机械设备过度运转，导致系统的功率受到影响，能源用量增加，室内的舒适度也会受到影响。

在湿热气候条件下，选择正确的设备装机容量更加重要。如果空调系统容量过大，制冷过程太短不容易控制室内温度，整个系统包括空调器、火炉和热泵的功率将下降。装机容量过大的系统吹风机常采用大功率的电扇，这容易产生较高的管道压力（Duct pressure），导致更多的管道渗漏。装机容量过大的空调和热泵将大大增加夏天炎热日的高峰能源用量。佛罗里达州的一项研究表明，大约有 13% 的夏天高峰期用电量是由于空调系统装机容量过大造成的[15]。

与建筑面积相适应的取暖、通风和空调系统设备的装机容量受很多因素的影响和限制。目前广泛采用的行业标准是由美国空调承包商协会（Air Conditioning Contractors of America，ACCA）制定的各种类型建筑物正确的装机容量选择方法。该标准分别规定居住建筑和商业建筑选择正确的取暖、通风和空调系统设备装机容量的程序，并被很多地方政府纳入当地的建筑机械标准中。以居住建筑为例，其取暖、通风和空调系统设备的装机容量的确定方法主要记录在手册 J 和 S 之中。根据手册 J 选择程序的要求，设计的取暖和制冷荷载（Heating and cooling loads）主要依据建筑物墙体、顶棚、窗户、楼板的数量和绝缘值，以及建筑围护结构系统和管道系统的气密标准（Building envelope and duct sealing standards）来确定。建筑物的朝向（Building orientation）、屋顶表面的颜色和建筑物的使用状况也对正确选择设备装机容量有一定影响。此外，对于新建筑的设备装机容量的选择还必须考虑各种节能措施的使用。随着建筑物的整体能源利用率的提高，整个建筑物的取暖、通风和空调系统设备的装机容量也应该作相应的下调。

美国空调承包商协会取暖、通风和空调系统设计过程包括六个步骤，分别适用于居住建筑和商业建筑。每一个设计步骤采用相应的设计手册。这些步骤和相应的设计手册如下[16]：

a. 系统概念（System Concept）：居住建筑采用手册 RS，商业建筑采用手册 CS；

b. 负荷计算（Load Calculation）：居住建筑采用手册 J，商业建筑采用手册 N；

c. 气量分配（Air Distribution）：居住建筑采用手册 T，商业建筑采用手册 Q；

d. 设备选择（Equipment Selection）：居住建筑采用手册 S，商业建筑采用手册 CS；

e. 风管尺寸计算（Duct Size Calculation）：居住建筑采用手册 D，商业建筑采用手册 Q；

f. 调整、测试、平衡（Adjust，Test，Balance）：居住建筑和商业建筑均采用手册 B。

③采用变速马达驱动器提高建筑暖通空调系统的能源利用率 Boosting the Energy Efficiency of HVAC System with Variable Speed Drives

根据美国能源部的统计，建筑物暖通空调系统的离心式泵（Centrifugal pumps）和电扇的电动马达（Electric motos）消耗了整个系统用电量的 64%[17]。采用变速马达驱动系统比常规的匀速系统节约大量的能源，这是因为大多数的暖通空调系统装机容量的设计都要求在全年最热的季节保证室内凉爽、在全年最冷的季节保证室内温暖，而每年仅有 10 天左右的最热和 10 天左右的最冷日子，也就是说，仅在这 20 天左右，暖通空调系统必须满负荷（Full capacity）工作，而在全年约 345 天之中，只需动用部分荷载（Reduced capacity）。如果系统设计采用恒量空气驱动器系统（Constant-volume air handling system），则整个暖通空调系统总是全速运转（Full speed all the time）。虽然阻尼器可以机械性地调节空气流量，但它不能控制驱动马达的速度（Speed of the motor），从而也达不到节能的目的。而变速驱动器（Variable speed drives），又称变频驱动器（Variable Frequency Drives，VFD）系统可以根据实际的供暖和制冷需要（Heating and colling demands）自动配送室外空气量（Outside air flow），并可根据暖通空调系统不同的荷载水平变换驱动速度，而不需要一直满负荷运转，因此可达到节约能源的目的。

美国供暖、制冷及空调工程师学会 90.1 系列 2004 年标准（ASHREA Standards 90.1-2004）特别作出了以下关于采用变速驱动器的规定：暖通和空调系统总的电扇负荷大于 5 马力的必须采用变速空气扇控制器；单独、变速空气扇（Variable air-volume fans），如果马达功率大于或等于 15 马力的必须使用变速驱动器。由变速驱动器控制的暖通空调系统不仅能够帮助新建筑和现有的建筑物节约能源，同时还有助于增加建筑室内的舒适度，减少整个系统的维护费用和停机维修的次数，使建筑物更加环保。

④ 安装暖通空调系统的节能器 HVAC Economizer

节能器是由一系列阻尼器、传感器、驱动器和其他逻辑控制器件（Logic controller）组成一起来调节、管理和优化从室外输入室内的空气流量，为建筑空调和通风服务的系统的简称（图 4-11）。由于上述构件都位于靠近室外的位置，并直接接触从室外进入室内的空气，因此节能器又被称为空气侧节能器（Air side economizer）。

节能器通过传感器来监测建筑内、外温度和湿度，用二氧化碳传感器测试建筑内部二氧化碳的浓度。上述监测的结果用来控制逻辑单元 / 电机驱动器（Logic module/motor actuator），从而自动调整阻尼器片（Damper blades）的角度，控制进入建筑物空气的流量。

节能器根据室内外空气温度不同，利用自然通风控制温度，因而可减少机械制冷（Mechanical cooling）的使用时间，达到节约能源的目的。与不安装节能器的暖通空调系统相比较，安装节能器的系

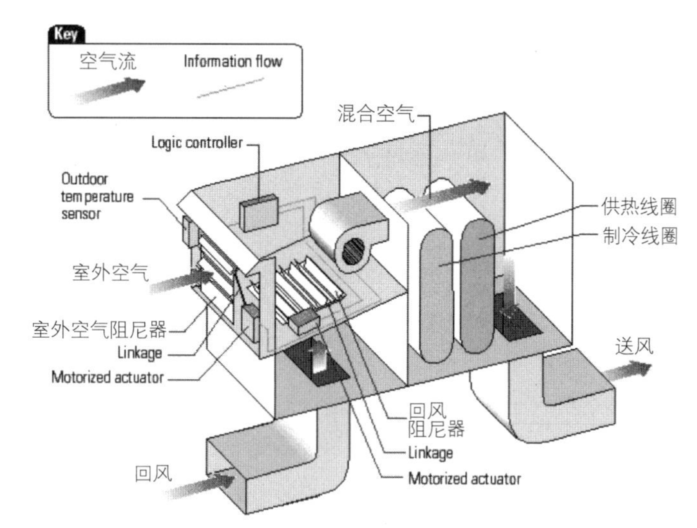

图 4-11 节能器的工作图 How Does an Economizer Work

资料来源：Platts，a Division of The McGraw-Hill Companies，Inc.（2004）. *HVAC: Economizers*. Retrieved May 12，2011 from http：//www.reliant.com/en_US/Platts/PDF/P_PA_8.pdf

统平均节约 30% 的能源费用 [18]。此外，节能器的使用还帮助降低建筑物室内二氧化碳的浓度，进而增加工作人员的生产效率。

⑤降低暖通空调的荷载 Heating and Cooling Loads Reduction

降低暖通空调的荷载能够使现有建筑的系统减少运行次数，使新建筑的系统装机容量减小，降低总的运营成本，达到节约能源的目的。通常降低暖通空调荷载的设计和施工阶段的主要做法包括：

a. 提高建筑物围护结构的绝缘标准（Insulation standard）、减少围护结构的空气渗透；

b. 采用节能、高效窗户（Energy efficient windows），例如满足能源之星标准的窗户；

c. 提高照明系统的能源利用率。高效能的照明系统（Energy efficient lighting system）与传统的照明系统相比散热减少；

d. 尽可能采用自然采光（Daylighting）；

e. 在炎热的地区，通过采用凉爽屋顶（Cool roof）、屋顶绿化（Green roof）和 Low-e 窗户等做法减少对太阳热能的吸收；但在寒冷的地区，则尽可能地增加对太阳热能的利用；

f. 采用根据实际需要进行通风（Demand-controlled ventilation）的方法来增加室内舒适度。这种通风方式特别适用于人员数量变动较大的办公空间、报告厅、会议室和餐厅等。在使用人数较少时，减少空调的送风量将大大降低系统的荷载。

暖通空调荷载的大小还与很多系统使用、维护中（System operation and maintenance）人为因素有着密切的关系。很多系统使用和维护方面的节能措施，包括室内其他设备的使用和维护措施，不仅成本低或无成本，而且见效快。设备使用和维护方面的节能措施可以分为三种类型：

a. 将设备的电源关闭（Power off）：在设备不使用时将其电源关闭将会节省相当数量的能源。这些设备如灯具、计算机和其他办公设备、加热器等。可以在以上设备中安装遥感器和计时器，在设备不使用时将它们的电源关闭。也可以在插座板（Power strip）上安装使用传感器（Occupancy sensor），根据负荷情况控制设备电源的关闭（表 4-14）。目前美国市场上出售的所有办公设备都有低能耗睡眠模式（Low-power sleep mode），在停止使用一段时间后，设备进入低能耗模式或自动关机。

计算机电源管理节能情况 Power Management（PM）Energy Savings for Computer 表 4–14

使用情况	24/7	办公室正常使用（48h/每周）		不常使用（10h/每周）	
状态	电源管理关闭（PM off）	电源管理开启 (PM Enabled）	不使用时关闭 / 使用时开启	电源管理开启	不使用时关闭 / 使用时开启
每年能源用量（kWh/h）65W 台式机	567.84	80.37	67.89	43.68	27.25

资料来源：Rocky Mountain Institute（RMI），Home Energy Briefs #7 Electronics.

b. 将所需的温度和亮度小幅下调（Power down）：很多设备不能够完全将电源关闭，但如果将其设定的温度和亮度进行局部下调，可以节省大量能源，从而降低整个建筑物总的荷载水平。例如，居住建筑室内温度的设定对暖通空调系统的荷载水平有着直接的影响。根据威斯康星州麦迪森市电力公司的调查显示，在夏天将室内温度每调高一度，平均节约 15% 的能源用量 [19]。推荐在冬天设定为 68℉，而在睡眠或无人时，设定为 55 ℉（12.78℃）；在夏天设定为 78 ℉（25.6℃），而在睡眠或无人时设定为华氏 85 ℉（29.4℃）（表 4–15）。

不同温度设定和使用情况下节约能源的幅度
Energy Conservation at different Temperature Settings 表 4–15

下调温度度数（℉）	每天使用 8h 节省幅度	每天使用 16h 节省幅度	每天使用 24h 节省幅度
5	5%	10%	15%
7	7%	14%	21%
11	11%	22%	33%
13	13%	26%	39%

建筑物公共走廊等公共空间的照明，在晴朗的白天可以将人工照明的亮度减少至 30% 以下，仍然可以满足正常的照明要求。另外，其他的家用设备如洗衣机等，如果将洗涤所需的热水温度下调 20 ℉（6.6℃），每桶洗涤的能源用量将有很大的不同（图 4–12）。

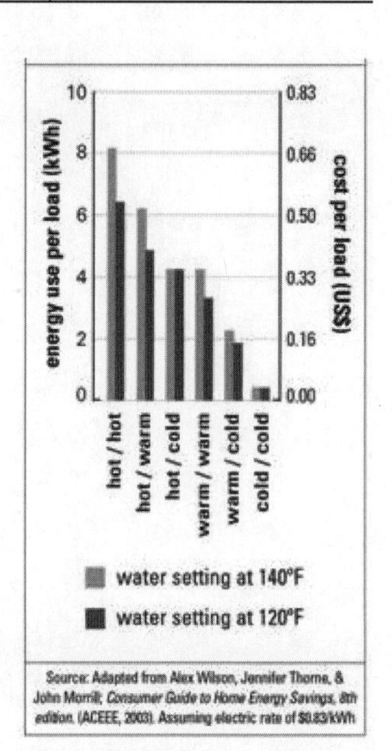

图 4–12 水温在 140 ℉和 120 ℉时每桶洗涤的能源用量 Washing Machine Energy Consumption at Different Water Temperatures

资料来源：Cosumer Guide to Home Energy Savings，8th Edition，2003.

c. 对设备和系统构件定期保养和清洁（Scheduled Cleaning and Maitenance）：对暖通空调设备进行定期的维护和清洁保养将有助于降低系统总的荷载量。需要定期保养和清洁的设备和构件有以下：

- 暖通空调系统的各类过滤器（Filters）必须每月清理或更换。堵塞的过滤器将增加排气管的风压，导致系统负荷增加；
- 定期检查节能器（Economizer）。空调系统的空气阻尼器担负着调节系统、吸收室外新鲜空气量的功能。如果发生阻尼器操作故障，特别是不能按规定关闭时，将造成在制冷季节放入室内大量热空气，而在供暖季节放入室内大量冷空气，进而造成系统负荷大幅度上升，可增加高达 50% 的能源费用。因此，节能器至少每年进行一次保养，包括检查、清洁、润滑和测试；
- 检查系统出气孔（Register）的空气流。用手放在出气口的上方，检查是否有足够的空气输出，从而确定出风管道是否需要清洁；
- 清洗冷凝器的线圈（Condenser coils）。冷凝器的线圈必须每 3 个月检查一次，并在制冷季节开始和结束时彻底进行清洗；

● 检查屋顶空调器周围的密封板（Cabinet panels）。每 3 个月检查一次，保证密封板不致脱落或松散。所有的垫片和密封条都妥善安装，无任何空气泄漏；

● 检查空调温度（Air-conditioning temperatures）。用温度计测试空调器回气的温度，然后再检查从空气孔出气的温度。如果两种气体温度相差少于 14 ℉（10℃）或是大于 22 ℉（5.5℃），则应对空调器进行检查。

4）照明 lighting

照明设计在建筑中占有重要的地位，不仅是由于照明对建筑物本身的外观、内部布局和建筑物的使用者都有着直接的影响，而且因为建筑照明用电在建筑总的能源用量中占相当大的比重。根据美国 2009 年建筑能源资料统计数据（2009 Buildings Energy Data Book），商业建筑的照明用电居所有能源使用之首，为商业建筑总能耗的 24.8%[20]。而在居住建筑中，照明用电量也占总的能源用量的 11.6%，仅次于供暖、空调和热水的能源用量[21]。由于照明用电量较大，在绿色建筑设计时必须先设计照明体系，然后再设计供暖、通风和空调系统。

充分利用自然采光是绿色建筑照明设计的基本原则之一。这不仅是由于太阳光线是一种取之不尽的可再生的资源，符合绿色建筑可持续发展的原则，更重要的是全光谱的（Full spectral）自然光线对人类有着生理和心理的益处。科学研究表明，光疗法（Light therapy）可以有效地治疗冬天由于缺少阳光而造成的抑郁症[22]。这种抑郁症又称为季节性情感紊乱症（Seasonal Affective Disorder），光疗法有助于减轻与该种病症有关的心情阴郁和身体乏力等症状。加拿大阿尔伯塔省教育部（Alberta Department of Educaiton，Canada）的研究表明，自然光线还影响学生的表现。在自然采光学校上学的学生比在非自然采光（Non-daylit）学校的学生学习成绩平均好 5%~14%，学生的出勤率也普遍较高[23]。其他的研究还表明，有效的自然采光手段还有助于工人生产效率的提高、商场销售量的上升等。

为了获取高质量的照明环境，在选择照明灯具时，必须既考虑到功能又考虑到美观方面的要求。照明设备的选择还必须平衡设计要求，限制不同类型灯具的数量，以减少未来维修及维护费用。一般灯具的选择主要考虑到照明功率（Efficacy）、色温（Color temperature）、显色指数（Color rendering index）、寿命和照明持久性（Life and lumen maintenance）、供货情况（Availability）、开关功能（Switching）、明亮度调节能力（Dimming capability）和成本等因素。此外，一些灯具构件如荧光灯的镇流器（Ballast）对照明效果有着重要的影响，必须在设计时予以考虑。高频率电子镇流器（High frequency electronic ballasts）对于视觉表现也非常重要，因为这类新型镇流器能够减轻眼压和疲劳。此外，高频率电子镇流器还有利于产生较好的灯光效果，延长灯具的使用寿命和改善灯光色彩特征。

（1）美国照明标准系统和技术指标 American Lighting Standards and Technical Indicators

美国的照明工程行业采用与国际照明体系略为不同的照明度量标准。美国体系采用英制而国际体系采用公制，另外一个主要的不同之处在于对照度的度量标准。美国衡量照明水平的单位是英尺烛光（Footcandle），即在一平方英尺的表面所接受的一个流明（Lumen）的光量。国际照明系统则采用勒克斯（lx）来衡量光的照度。一英尺烛光约等于 10.764lx。美国照明标准与国际照明标准的比较见表 4-16。

美国照明标准与国际照明标准的比较[22]

American Lighting Standards and International Lighting Standards　　表 4-16

照明属性	美国照明标准	国际照明标准	换算因素
光源 Supply of light	流明 Lumen（lm）	流明 Lumen（ln）	1
照度 Illuminance	英尺烛光 Footcandle (fc)	勒克斯 Lux（lx）	1fc =10lx
照明强度 Luminous intensity	坎德拉 Candela（cd）	坎德拉 Candela（cd）	1
亮度 Luminance	坎德拉 / 平方英尺 cd/ft²	坎德拉 / 平方米 cd/m²	1 cd/ft² =0.09cd/m²

北美照明工程学会（IESNA）作为照明领域的专业权威机构，为各种场所的照明亮度提出了相应标准。在过去的25年当中，推荐的照度标准显示出不断下调的趋势。由北美照明工程学会推荐的照度标准代表业内专家的共识，是准确、舒适地完成某一任务所需要的照明亮度。对于一些特定的地点如工作场所（Workplace），北美照明工程学会除了推荐相关照度标准数值外，还建立特定的程序用来根据不同情况确定照明所需要的亮度[24]。

除此之外，美国照明工程行业还采用与国际照明体系相同的几个技术指标，包括照明功率、色温和显色指数（Color rendering index）。

①照明功率（Efficacy/Efficiency）：照明功率用来比较灯具光输出与能源消耗之间的关系。其计量单位是流明每瓦（lm/W）用电量。一个100W的光源产生1750lm的光，其照明功率为17.5流明每瓦（lw/W）。由爱迪生发明的第一盏灯（Edison's first lamp）的照明功率仅为1.4 lw/W；而理论上最大的白光的照明功率为225 lw/W。

②色温（Color Temperature）：色温是用来描述光源冷暖的一项指标。光的色彩温度系统为Kelvin。一般而言，光源的温度值低于3200K为暖光、偏黄色和红色，而高于4000K为冷光，更偏白色和蓝色。例如，温度值为2700K的光源，一般给人以友善、私密的感觉，常用于家庭、图书馆、饭店等场所。温度值为5000K的光源，一般使人感到明亮、警觉、真实的色彩，主要用于图形、珠宝店、医疗检查和摄影等场所[22]。

③显色指数（Color Rendering Index）：显色指数用来测量灯具发光颜色的准确性。显色指数以某一光源与标准的白光源比较的结果而定。一种光源所产生的光的颜色与标准白光源完全吻合（Perfect match），则该光源的显色指数为100。如果一种光源的显色指数为90，则该光源为很好的光源。如果一种光源的显色指数为70，则该光源一般还可以接受[22]。

（2）照明系统设计 Lighting System Design[25]

高效能建筑物的照明系统设计在最大限度地利用自然采光的同时，将人工采光（Electric lighting）与建筑工程设计紧密结合，通过利用最有效的照明技术和控制手段来维持建筑室内所需要的照明。根据不同照明目的，人工照明分为四大类型。

① 室内环境背景照明 Ambient Lighting

该种照明主要应用背景和一般目的的照明，来取得特定室内空间的照明基调，这是所有照明系统设计的基础。背景照明很容易与自然采光相结合，如果在建筑设计中充分考虑自然采光，包括采用根据亮度对人工照明进行调整的自动控制装置，那么建筑的人工背景照明在白天可以基本不使用，从而大大节约建筑物的照明能耗。根据洛斯阿拉莫斯国家实验室可持续设计指南（Los Alamos National Laboratory Sustainable Design Guide），背景照明设计包括以下几个步骤[25]：

a. 确定自然采光区域 Define the Daylighting Zones：考虑窗户的位置，将自然采光区与窗户的位置平行设置，并将采光区分别以5ft、10ft和20ft的间隔从窗户的位置不断向建筑物内部延伸。在建筑物变换朝向的转角处设立采光区隔断（Zone separations）。根据自然采光区域测定的亮度指标（Light levels）来决定人工照明的水平，以补充自然采光的不足。

b. 确定建筑物使用区域 Define the Occupancy Zones：建筑物内部的使用区域一般为各种房间或开敞的办公空间等。建筑物使用区域在大多数情况下不能完全与自然采光区域吻合。建筑物使用区域安装传感器（Sensors），在自然采光光亮度不足并有人使用的时候，自动开启人工照明以达到设计的照明标准（Prescribed luminance level）。

c. 确定最低的背景照明亮度 Determine the Minimum Ambient Lighting Levels：背景照明的亮度取决于空间的用途。具体的不同空间用途所需要的最低背景照明亮度标准可参见北美照明工程师学会推荐的标准。良好的自然采光设计可以大幅度减少背景照明的照度标准，但仍然可以取得同样的亮度感觉

(Equivalent feeling of brightness)。背景照明系统的负荷密度 (Lighting system power density) 应该低于 0.7W/ft^2。此外，在确定背景照明标准时还要遵循几个原则：

a. 在办公室和其他主要依靠人工照明来完成大多数工作的区域，背景照明亮度标准应该尽可能降低；

b. 在人员密度较高的工作区采用较高的背景照明标准。背景照明光线的发布应该尽可能地均匀，其投射角度应避免对工作台面产生眩光和反射 (Glare and reflections)。例如，将工作台放在屋顶上的两排灯具增加，使得光线从两侧照入从而减少面纱反射 (Veiling reflection，即光线直接照射在光滑表面产生反光和反射) 的可能。

c. 在利用自然采光的走廊、过道等辅助空间，只需提供最低照度的背景照明以保证人员行走的安全。所有上述空间都必须安装传感器，根据自然采光和空间使用的情况自动开启或关闭人工照明灯具 (Electric lights)。

d. 照明灯具的选择 Select Lighting Fixtures：选择高效率的灯具来提供良好的背景照明，同时尽量减少能源的消耗。选用可调节光亮度的灯具，其光亮度可以根据自然采光情况进行调节，作为自然采光的补充照明。与直接照明的灯具 (Direct light fixtures) 相比，间接照明的灯具 (Indirect lighting fixtures) 一般要多消耗 15% 左右的能源才能达到同样的背景照明亮度。但是，间接照明可以得到非常均匀的光线 (Uniform light level)，不会造成太多的桌面反光，并能减少阴影。目前，应用广泛、备受欢迎的做法 (Best practice) 是同时采用直接 / 间接照明的灯具 (Direct/indirect lighting fixtures) (图 4-13)。

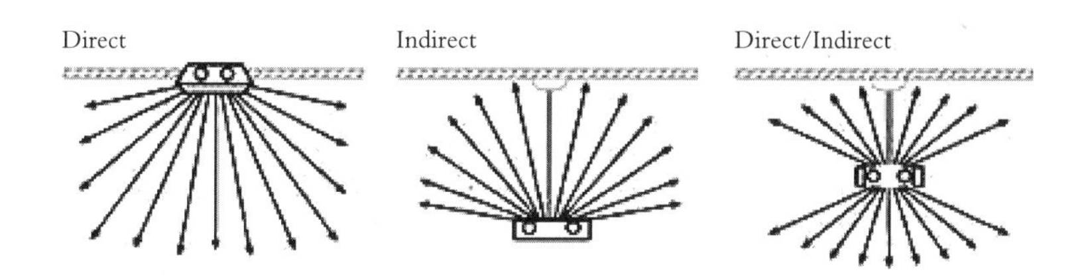

图 4-13　直接 / 间接照明的灯具位置 Direct/Indirect Lighting Fixtures
资料来源：LANL Sustainable Design Guide

具体做法：将该灯具固定在顶棚下方 18ft 处，就可以获得均匀的照明。采用这种灯具的不足之处在于建筑物必须有足够的层高 (Ceiling height)。选用直接 / 间接照明灯具的其他优点在于直接照明部分能够提供一定的亮度，而间接照明部分不会产生供热形象或在顶棚上过度照明。一般情况下，最好的直接照明部分提供 20%~50% 的光线，其余部分由间接照明部分提供。采用直接 / 间接照明灯具允许空气在灯具表面流通，还能够防止灯具上灰尘的积攒 (Dirt accumulation)。

②任务照明 Task Lighting

任务照明是在特定的区域为建筑物使用人员完成特定视觉工作，如实验室的工作等，提供额外的照明。与上述背景照明设计相似，任务照明设计分为以下三步：

a. 确定任务照明的区域 Determine Where Task Lighting Is Needed：为了最大限度地节约能源，采用不同的照明灯具为需要额外亮度的区域提供任务照明，避免使用背景照明来替代任务照明。

b. 平衡背景照明和任务照明的光亮度 Balance Task and Ambient Lighting Levels：为了保证建筑物使用者的视觉舒适度 (Visual comfort)，任务照明的亮度不能超出背景照明亮度的 3 倍。

c. 提供自动和手动控制 Provide Automatic and Manual Control：好的任务照明系统必须即能够通过空间使用传感器 (Occupancy sensors) 进行自动控制，也能提供用户根据需要进行调节。

③重点照明 Accent Lighting

重点照明用来突出室内某些美学特征，为室内环境提供特定的气氛。重点照明系统的设计应注意以下原则：

a. 限制重点照明的使用 Limit the Amount of Accent Lighting：由于重点照明使用比背景照明和任务照明更多的能源，因此应该限制该类照明的使用。从美学角度上讲，室内重点照明过多，往往达不到突出重点的目的。

b. 利用空间占用传感器来控制重点照明 Use Occupancy Sensors to Control Accent Lighting：采用空间占用传感器对重点照明进行控制可以保证重点照明在有人时开启，无人时关闭。

c. 选用设计规范所允许的最低瓦数 Select Low-energy Fixtures。

d. 平衡背景照明和重点照明的光亮度 Balance Accent and Ambient Lighting Levels：将重点照明所在区域的背景照明亮度调低以增加对比度。

④ 紧急或疏散照明 Emergency or Egress Lighting

紧急或疏散照明有时又叫安全照明（Safety lighting），它允许人们进入和使用一个建筑物或空间，在其中走动和进出而不会造成伤害。建筑法规（Building Code）要求在可能出现危险的地方、交通区域、出入口都必须提供紧急或疏散照明。建筑物一般有多个出口，出口处紧急疏散照明应消耗少于 2W 的电源。在进行紧急或疏散照明设计时应该注意以下设计原则：

a. 选择低能耗的安全照明灯具，提供建筑法规所要求的最低安全照明亮度。

b. 采用使用传感器和影像传感器（Use occupancy and photo sensors）来控制安全照明，只有在需要时才启用。

c. 安全照明应该使用单独的照明线路，这样可以在不需要时将其关闭。

（3）常用的节能灯具 Energy Efficient Lamps Commonly Used

目前美国常用的节能灯具主要有荧光灯（Fluorescent lamps）、高强度气体释放灯（High-intensity discharge lamps）和白炽灯（Incandescent lamps）。发光二极管灯（Light-emitting diodes lamps，LED）作为新兴的高效节能灯具正在取代白炽灯，并被消费者普遍接受。根据美国能源部 2009 年度建筑能源资料集（2009 Buildings Energy Data Book），在美国 620.06 亿 ft^2 的商业建筑面积中，采用荧光灯照明的占 96%。其他灯具照明所占比例如表 4-17。

2003 商业建筑面积不同灯具类型照明情况 [26]

Types of Lamps and Lighted Floorspace of Commercial Buildings 表 4-17

灯具类型	照明的建筑面积（10 亿 ft^2）	照明的建筑面积百分比
标准荧光灯	59.7	96%
白炽灯	38.5	62%
紧凑型荧光灯	27.6	44%
高强度气体释放灯	20.6	33%
钨灯（Halogen）	17.7	29%

注释：①购物中心不再包括在建筑能源资料集统计表格。因此有些资料不能与过去的建筑能源资料集相比较。

②照明的建筑面积总的百分比超过 100%，主要由于大多数照明的空间采用多种灯具类型。

资料来源：EIA，2003 商业建筑能源消耗调查：建筑物特征统计表，2006 年 6 月，表 B44，p.22.

① 荧光照明 Fluorescent Lighting

荧光灯比白炽灯少用 25%~35% 的能源，但提供相同的照度，照明功效为 30~110W/lm。荧光灯的使用寿命也比白炽灯约长 10 倍。荧光灯管产生的光是由电流通过水银和惰性气体而产生。荧光灯需要由镇流器（Ballast）来控制电流和通过很高的启动电压（High start-up voltage）。电子镇流器（Electonic ballasts）可以在很高的频率运行而不会产生标准电磁镇流器（Electromagnetic ballasts）常有的噪声和闪光（Noise and flicker），同时更加节省能源。但可进行光亮度调节的荧光灯需要特殊的镇流器。荧光灯一般分为两大类：紧凑型荧光灯和管状与环线型荧光灯。

紧凑型荧光灯（Compact fluorescent lamps）有各种形状和尺寸，具有荧光灯的能效又有常见的白炽灯的特点。一般白炽灯的功率是荧光灯的功率的 3~4 倍，但荧光灯可以节省高达 75% 的初始照明能源（Initial lighting energy）。紧凑型荧光灯虽然比白炽灯的成本高 3~10 倍，但是其使用寿命要比白炽灯长 6~15 倍。紧凑型荧光灯主要设计为室内使用的灯具，因为如果温度低于设计温度范围，其输出功率将受到影响。紧凑型荧光灯适用的温度范围一般标注在包装盒上。紧凑型荧光灯最适用于长时间需要照明的地点和建筑物中不利于经常更换灯具的地方。紧凑型荧光灯还可作为嵌入式灯具、墙体和顶棚上的灯具，甚至用于轨道照明和任务照明。荧光灯漫射光线的特点使得紧凑型荧光灯成为壁灯（Wall lighitng）和筒灯照明（Downlighing）的首选。

管状荧光灯（Fluorescent tube lamps）是仅次于紧凑型荧光灯而备受欢迎的灯具。它比一般的白炽灯更能节省能源。传统的管状荧光灯根据灯管的直径分为 T12 和 T8 两种。这种灯管都有内置的镇流器（Built-in ballasts）并安装在特定的灯具之中，最常用的是 40W、4ft（1.2m）和 75W、8ft（2.4m）的管状荧光灯。管状荧光灯主要用于室内大型空间的背景照明。由于其亮度较低，与白炽灯相比，管状荧光灯产生较少的眩光。

环线型荧光灯（Circular lamps）为环形管状荧光灯，主要用于可携带式的任务照明（Portable task lighting）。

② 高密度气体释放灯 High-Intensity Discharge Lighting，HID

高密度气体释放灯仍然是供大面积和远距离照明用的最佳灯具。与其他照明灯具相比，高密度气体释放灯可以提供最高的照明效率和使用寿命。与白炽灯比较，高密度气体释放灯可以节省高达 75%~90% 的照明用电。高密度气体释放灯不适合与自然采光或遥感器等自动控制装置共同使用，主要由于其启动和再点火的时间较长（Long starting and restrike times），一般用于无自然采光的、需要长期照明的大空间和室外照明。高密度气体释放灯有三种类型：水银气灯、金属卤化物灯、高压钠灯和低压钠灯。

水银汽灯（Mercury vapor lamps）是高密度气体释放灯最早的一种，主要由于路灯照明（Street lighting）。水银汽灯的照度为 50lm/W，光线颜色为冷的蓝 / 绿白光（Cool blue/green white light）。绝大多数用于体育馆场的水银汽灯正在被金属卤化物灯所取代，因为金属卤化物灯的显色较好并且功效较高。但是水银气灯与高压钠灯一样具有较长的使用寿命（Lifetimes，16000~24000h）。

金属卤化物灯（Metal halide lamps）是所有的高密度气体释放灯中显示最好的一种灯具，产生明亮的白光，主要用于大型室内体育馆场和室外场所如停车场的照明。金属卤化物灯在形状和构造上与水银气灯很相似，但是其额外的金属卤气比起单独的水银气体有更高的输出功率，每瓦产生更多流明（Lumens per watt），显色更好。金属卤化物灯与水银气灯和高压钠灯相比具有较短的使用寿命（5000~20000h）。

高压钠灯（High-pressure sodium lamps）是最常用的一种室外照明灯具，其功率为 50~140lm/W，产生暖色白光。与水银气灯一样，高压钠灯显色不如金属卤化物灯，但其使用寿命较长（16000~24000h）。

低压钠灯（Low-pressure sodium lamps）是比一般高密度气体释放灯更节省电力的室外照明灯，但是这种灯显色非常差，常用于显色不是很重要的场所。低压钠灯典型的应用有高速路和安全照明。与其他高密度气体释放灯一样，低压钠灯需要多达 10min 的时间来点亮，而且必须冷却后才能再开启。因此低压钠灯不能与运动探测遥感器一起使用。

③ 白炽灯 Incandescent Lighting

白炽灯是住宅室内最为普遍使用的一种灯具。白炽灯不需要镇流器，可以立即点亮。其光线偏暖，具有最好的显色指数（Excellent color rendition）。白炽灯也能进行调光，但是具有最低的照明功效，每瓦仅能够产生 10~17lm，平均使用寿命仅有 750~2500h。虽然白炽灯零售价钱不高，但是由于其功率不高、使用寿命短，因此白炽灯使用起来比其他各种灯具要昂贵。白炽灯有三种类型：标准白炽灯、卤钨灯和反射型灯。

标准白炽灯（Standard incandescent lamps）是螺丝口的 A 类电灯泡，原理为电流通过灯具内的钨灯丝产生光线。大瓦数的白炽灯（Larger wattage bulbs）比小瓦数的白炽灯功效高，但大瓦数的白炽灯不节省能源。近年来生产的粗钨灯丝的白炽灯比一般的白炽灯使用寿命长，但消耗更多的电。

卤钨灯（Tungsten halogen lamps）是一种改进型白炽灯，比标准的白炽灯更节省能源。卤钨灯内充气并有内部涂料层（Inner coating）反射热量，以保持灯丝的热度从而较少电力的使用。该种灯具有很好的显色。虽然其零售成本价格高，但使用成本比较低。

反射型灯（Reflector lamps）又称 R 类灯，可以为特定区域提供扩散和直接照明。主要用于泛光照明、聚光照明和筒光照明（Floodlighting，spotlighting and downlighting）。

2007 美国能源独立和安全法（The Energy Independent and Security Act of 2007）要求提高照明灯具的能源利用有效性（Energy efficiency）。该法案要求从 2012 年 1 月 1 日开始逐步禁止一定瓦数的白炽灯的生产。目前有四种瓦数的白炽灯将被禁止生产，其具体日期如表 4-18 所示。

白炽灯的瓦数及禁止生产日期

Phase-out Dates and Wattages of Incandescent Light Bulbs **表 4-18**

现有白炽灯的瓦数	日期（从此日期后不再生产）
100W	2012 年 1 月 1 日
75W	2013 年 1 月 1 日
60W & 40W	2014 年 1 月 1 日

④ 发光二极管灯 Light-emitting Diodes，LED

发光二极管灯是与传统光源完全不同的光源，主要由半导体装置（Semiconductor devices）在电流通过时，引起电子从正极流向负极而产生光线。LED 灯常用作各种电器的指示灯（Indicator light）。由于其使用寿命相当长，并非常省电，LED 正迅速在居住、商业建筑和室外设施中广泛采用。

各种常用灯具性能比较如表 4-19 所示。

各种常用灯具性能比较 Comparison of Lighting Fixtures **表 4-19**

灯具类型	功效（lm/W）	寿命（h）	显色指数（CRI）	色温（K）	室内 / 室外
荧光灯 Fluorescent					
直管式 Straight tube	30~110	700~24000	50~90（较好到好）	2700~6500（暖到冷）	室内 / 室外
紧凑型	50~70	10000	65~88（好）	2700~6500（暖到冷）	室内 / 室外
环型灯	40~50	12000	-	-	室内
高强度气体释放灯 High-intensity Discharge					
汞气灯 Mercury Vapor	25~60	16000~24000	50（差到较好）	3200~7000（暖到冷）	室外
金属卤化物灯 Metal Halide	70~115	5000~20000	70（较好）	3700（冷）	室内 / 室外
高压钠灯 High-pressure Sodium	50~140	16000~24000	25（差）	2100（暖）	室外
低压钠灯 Low-pressure Sodium	60~150	12000~18000	-44（非常差）		室外
白炽灯 Incandescent					
标准 A 型 Standard "A"	10~17	750~2500	98~100（最好）	2700~2800（暖）	室内 / 室外
卤钨灯 Tungsten Halogen	12~22	2000~4000	98~100（最好）	2900~3200（暖到中性）	室内 / 室外
反射型 Reflector	12~19	2000~3000	98~100（最好）	2800（暖）	室内 / 室外

续表

灯具类型	功效（lm/W）	寿命（h）	显色指数（CRI）	色温（K）	室内/室外
发光二极管 LED– Light–Emitting Diodes					
冷白二极管灯 Cool White LEDs	60~92	3500~50000	70~90（较好到好）	5000（冷）	室内/室外
暖白二极管灯 Warm White LEDs	27~54	3500~50000	70~90（较好到好）	3300（中性）	室内/室外
低压钠灯 Low–Pressure Sodium	60~150	12000~18000	–44（非常差）	–	室外

资料来源：Energy efficiency and Renewable Energy，Department of Energy. *Energy Savers*：*Lighting and Delighting*. Retrieved March 12，2011，from

http：//www.energysavers.gov/your_home/lighting_daylighting/index.cfm/mytopic=11970

（4）节能照明的新技术 New Advances in Energy–efficient Lighting Technologies

近年来，随着绿色建筑运动的不断深入，能源价格不断上涨，人们越来越多地关注高效率的照明技术的发展，各级政府也在不断推广照明节能技术的发展。美国能源部最近宣布，根据美国复兴和再投资法案（The American Recovery and Reinvestment Act），联邦政府将投资 3700 万美元用于扶持和发展高效、固体照明项目（Solid–state lighting projects）如发光二极管（LED）照明技术。根据 2005 年能源政策法（Energy Policy Act of 2005），联邦政府的减免税等经济奖励政策范围已扩大到包括商业建筑在内，采用高效节能照明技术的减免税额高达 1.80 美元 /ft^2[27]。近年来的节能照明的新技术主要集中在灯具和照明自动控制两大领域。在灯具领域，除了 LED 技术外，电子刺激发光技术（Electron stimulated luminescence lighting technology）正在展现出巨大的前景。在照明自动控制领域，各种照明控制和节能策略不断将自然采光融入人工照明系统。

① 发光二极管感应照明技术 LED Induction Lighting Technology

发光二极管是一种将电转换成光的半导体装置（Semiconductor device）。发光二极管照明技术在 20 世纪 60 年代就已经问世，但在近年来才开始进入居住建筑照明市场。每个二极管的直径约为 1/4 ft，约用 10mA 来启动产生 0.1W 的电。LED 灯很小，但是可以组合在一起用于高强度照明。LED 灯具需要一个类似于荧光灯镇流器的驱动器（Driver）。该驱动器一般都是内置式（Built–in）或带有一个电压转换器供便携灯具使用。转换器使得灯具可以使用 120V 交流电（120 volt alternating current）。

一般居住建筑使用的 LED 灯具的功效约为 20lm/W，在实验室条件下的功效可以高达 100lm/W。白炽灯泡的功效约为 15lm/W，而达到能源之星要求的紧凑型荧光灯的功效为 60lm/W。

LED 灯的单一角度照明性能（Single directional lighting）优于白炽灯和荧光灯。LED 的条形灯（LED strip lights）可以安装在走廊、楼梯间等地点，聚束灯（Concentrated arrays）可以用于室内照明。目前市场上也有用于室外、防水的 LED 灯具。LED 灯具与白炽灯和紧凑型荧光灯相比更加耐用和不易损坏（Damage resistant），而且没有荧光灯开启时的闪烁（flicker）。LED 照明技术还应用于任务和阅读照明，以及顶棚吸顶灯照明，室外、花园景观照明，吊灯等。

单独的 LED 灯非常有效，但是 LED 灯具的功效受到驱动器和电器的影响而有所减弱。然而，与白炽灯和荧光灯相比，LED 灯具的使用寿命相当长。LED 灯具没有像传统灯具那样烧坏（Burn out like traditional lighting）的情况发生，但是灯具的光亮输出会逐渐减少。根据固体照明系统和技术联盟（The Alliance for Solid–State Illumination Systems and Technologies，ASSIST）的定义，LED 的可用寿命（Useful life）是指灯具开始使用到其照明输出得到最初输出光亮的 70% 的时间，约为 50000h。

LED 灯具超长的使用寿命和高效的节能特点，使其成为美国各地用来替换陈旧公共照明系统的最佳灯具。在阿拉斯加州的安克雷奇（Anchorage，Alaska）市政府决定采用 LED 路灯来取代现有的灯具，因为 LED 灯具仅需要现有城市路灯用电量的一半，仅用电量一项就为城市每年节省 36 万美元的照明电费。整个改造工程将替换 15700 盏路灯，工程完工后将为该城市每年节约 170 万美元[27]。

② 电子刺激发光技术 ESL Lighting Technology[28]

电子刺激发光技术是一种全新的节能照明技术。该技术采用加速的电子（Accelerated electrons）撞击金属磷（Phosphor）来产生光，使整个灯泡表面炙热发光。根据 ESL 技术制造的灯具产生与白炽灯同样质量的光线（Light quality），但是比白炽灯节约高达 70% 的能源，使用寿命高达白炽灯的 5 倍以上，大大减少了温室气体的排放。更重要的是 ESL 照明技术在整个照明过程中不需要使用神经毒素汞（Neurotoxin Mercury Hg），符合各个州的环保要求。

电子刺激发光照明技术生产的灯具与现有各类照明技术相比有以下一些特点：

a. 节省能源：ESL 灯具与白炽灯相比，节省高达 70% 的能源。

b. 优质的光线：ESL 灯具具有优质灯光，并且能够在瞬间开启，同时能够进行光亮度调节（Fully dimmable），可以与各种照明控制器 / 感应器（Lighting controls/sensors）搭配使用。

c. 无汞：ESL 灯具无需使用汞，因此用过的灯具可以按一般居家垃圾一样处理，不会产生任何健康隐患。

d. 售价低：ESL 照明技术采用目前市场上大多数灯具的形状，不需要像 LED 灯那样由于散热的需要而增加特殊的定型成本。

e. 低碳排放：与 LED 和紧凑型荧光灯（CFL）照明技术相比，ESL 照明灯具在整个使用寿命中（lifecycles）产生较少的碳。ESL 已获得美国保险商实验室（Underwriters Laboratories，Inc.，UL）的认证，并将通过能源之星认证。

f. 制造成本低：与 LED 和 CFL 照明技术相比，ESL 灯泡的制造和用后垃圾处理成本都较低。

电子刺激发光技术由总部设于纽约市的 Vul 公司发明。第一个根据 ESL 照明技术制造的灯具 R30 ESL 灯泡于 2010 年 10 月问世，并得到 UL 认证。R30 ESL 灯将用来直接取代 65W 的白炽灯。实际上，R30 ESL 灯在外表上与 65W 的白炽灯无任何差别。ESL 灯与其他的灯具，包括紧凑型荧光灯在内的最大的不同在于不使用汞（Mercury-free）。除了 R30 外，该公司正在竭力开发其他高效、节能、高发光品质的无汞灯泡。在 2011 年和 2012 年，该公司计划生产 A- 型螺丝口灯泡供应美国和欧洲市场、R40 供应美国商业建筑照明市场和 R25 供应欧洲商业建筑照明市场。

③ 照明控制 Lighting Controls

对照明进行自动控制在商业建筑中非常普遍。照明控制将照明水平、空间使用时间和照明亮度要求相匹配。由于照明控制能够大幅度地减少空间的照明能量使用而不影响照明质量（Wihout compromising the quality of lighting），即使是单独使用的照明灯具控制器（Stand-alone fixture controls），也能够节省高达 50% 的照明电力（Total lighting power），同时减少照明灯具的使用时间，从而降低灯具维护、替换的频率，延长灯具使用寿命（Product life span）。采用照明控制系统的建筑物最初的建筑施工成本会增加约 0.5~1.0 美元 /ft^2[27]，但是照明控制系统具有良好的成本效益，特别是考虑到其全生命周期成本（Life-cycle costs），所增加的施工成本会很快收回，因此近年来照明控制在居住建筑中也广泛开始使用。

照明控制更是绿色建筑照明系统设计中不可缺少的要素。照明控制被广泛用于多层次（Layered）、与自然采光结合的照明控制系统（Daylight-integrated lighting and control system）中以创造高品质、高效节能的照明系统。具体来讲，照明控制从以下几个方面达到节能的目的：

a. 通过自动调节光亮度或在灯具不使用时自动将其关闭的办法来减少照明电力使用；

b. 减少每年灯具使用的小时数，进而延长灯具使用寿命；

c. 通过减少灯具使用，降低建筑内部热量的产生，从而缩小暖通空调系统整机容量，减少建筑制冷需求；

d. 能够使建筑使用者根据自身需要控制照明亮度，增加使用舒适度，提高工作效率。

照明控制器能够将灯具开启和关闭，或根据传感器（Sensors），包括简单的计时器（Timers）、空间占用传感器（Occupancy sensors）、人体红外探测器（Passive infrared sensors，PIR）、光敏传感器（Photosensors）等发出的信息来调节光亮度（Dim lights），也有的传感器通过声音来控制灯具。很多照明控制器还能通过电话、计算机或标准远程控制器来进行遥控。照明控制器可以是有线的，也可以是无线的。目前市场上仅有少数产品可以通过标准的居家线路传递信号，因此不需要额外的连线。有的控制器一插上即可工作（Plug and play），也有的需要设计和编程。

空间占用传感器包括被动红外线（Passive infrared）、超声（Ultrasonic）和红外、超声双重技术（Dual technology）的传感器。它提供三项基本服务：当一个房间被占用时，自动开启灯具；不间断地为占用的空间提供照明；在预先设定的时段内（Preset time period）自动将不再使用的房间内的灯具关闭。被动红外线传感器由进入其视线内的（Field of view）产生热量的人体触发。安装在墙上的盒式被动红外线占用传感器最适用于小型、封闭式空间，如单间办公室。在这种小型空间内传感器用来替代开关，不需要额外的线路。这类传感器的视域（Line-of-site）不能有任何阻挡。超声传感器（Ultrasonic sensors）释放一种不为人们所听得到的声音，当声波碰到运动的物体时，将信号反回传感器。这类传感器适用于视域不太开阔的空间，与红外传感器相比较，超声传感器更能敏锐地探测微小的运动（Minor motion）。因为硬地板帮助反射声波，因此这类传感器适用于卫生间等硬地板空间。采用红外、超声双重技术的传感器（Dual technology sensors）能够最大限度地减少控制错误，如房间无人使用时灯具却被开启等现象的发生。采用双重技术的传感器性能更可靠，但是装置的体积相对较大，成本也较高。

空间占用控制器（Occupancy controls）可以与亮度调节或日光控制器（Dimming or daylight controls）配合使用，防止将一个空间的灯具在无人使用时完全关闭，或在自然采光充足，即使房间内有人使用时也将房间内的所有灯具关闭。这样的照明控制设计特别适用于大的空间，如实验室和开敞的办公空间，一般采用不同的占用传感器来控制一组不同的灯具（Luminaires）或不同的照明区。在这种照明控制情况下，室内光线可以在房间无人使用时调节到预先确定的亮度，从而节省大量照明能源。

光亮调节控制：近年来，随着自然采光在绿色建筑设计中不断普及和应用，与自然采光相关的光亮调节控制（Daylight dimming controls）也开始普及。光亮调节控制器能够在自然光线提供补充照明的情况下减少照明灯具的输出功率和能源消耗。其原理是使用光敏控制器（Photosensor controls）整合自然采光亮度和照明系统的输出光亮，提供所需要的照明亮度。

与开/关控制器相比较，调光控制一般更加节省能源，更适应人们的照明需要；并可延长灯具的使用寿命。调光控制也使用于具有太多人工照明的空间，在利用自然采光时，将室内人工采光亮度大幅度地调低。调光控制还可以用在报告厅，在利用电子设备作报告时，将灯具的照明亮度调低 50% 也不易为观众所察觉。研究表明，如果将一个灯具的亮度调低 25%，其能源消耗将减少约 20%，而灯具的寿命则增加 4 倍 [29]。

有两种方法来对一组灯具进行亮度调节。第一种方法为降低电源功率（Power reducing），即使用变压器（Transformer）来降低通过镇流器的电压，或采用电子控制器（Electronic controls）来改变电流波形。这两种方式都能达到调低光亮和节省能源的目的。降低电源功率的方法由于镇流器技术的不断发展而逐渐失去优势。第二种方法是采用可进行光亮调节的镇流器（Dimmable ballasts）。这一方法近年来随着节能、可靠、价格合理的调光镇流器的出现而逐步取代降低电源功率的调光方法。调光镇流器需要提供与电源线路分开的控制线路（Control wiring）。

根据自然采光的亮度来调节人工采光可以将照明成本降低 35%~70%。一般的成本回收年限少于 7 年。

调光控制还可以减少能源使用高峰期的用量，降低制冷负荷。在新建筑中，由于采用自然光亮调节控制，制冷设备的装机容量可以减少高达5%以上[29]。

照明控制的选择和调试：设计高效节能的照明控制系统正在逐渐成为一个独立的专业。目前有很多专业设计公司提供这方面的指导和服务。照明控制器制造商（Control manufacturers）也提供很多免费或象征性收费的服务，例如向用户提供控制器安装平面图（Controls layout on the building plans），有的甚至提供照明控制器安装电子设计图纸供建筑师、工程师和其他设计人员直接采用。一般的照明控制器制造商还雇佣专门的技术人员帮助个人用户挑选适当的控制方式和装置，因此对于个人用户而言，在与照明控制器制造商接触以前，应该准备一个控制顺序（Sequence of control）来阐明设计意图。但是大型商业用户则应该雇佣专业设计公司来进行照明控制系统的设计和安装。

照明控制的选择与空间类型和使用方式密切相关，同时还与照明方式、灯具类型、是否采用自然采光等因素相联系。照明控制使用效果也受到很多因素的影响。附录4-3-2中根据23种不同空间类型和空间的使用方式，以及是否利用自然采光等条件，按空间类型提出选用不同照明控制系统的建议，供项目管理人员、工程设计人员、业主和物业管理人员参考。

对照明控制系统进行调试是了解系统是否能够按照设计要求正常运行、达到最终节约能源的目的并为建筑使用者提供舒适照明环境的重要手段。照明控制系统进行调试是在整个控制系统的各个构件安装使用后，对系统进行的最后的调整和验证的工作。这一过程需要设计与施工方面的所有有关人员参与。具体参加照明控制系统进行调试的人员必须包括业主或其代表、调试人员（Commissioning agent）、照明系统设计师、电子工程师、照明设备制造商代表和建筑物所有维护物业管理人员等。实践证明，如果对建筑物的照明控制系统没有进行仔细的调试，建筑物的最终能耗可能比没有安装照明控制的建筑物还要高。这对采用比较复杂的、多种控制装置共用的照明控制系统尤其重要。

照明控制系统调试的具体内容因照明系统、空间所有类型的不同而异。简单的可以是对可调光的荧光灯（Dimmable fluorescent lamps）根据工作日、周末和节假日的不同使用时间段的模拟使用（Burning in），或根据空间占用情况观察其调光表现等，复杂的调试包括对照明控制系统疑难问题的发现和解决等。照明控制系统调试完毕，所有调试记录及有关照明控制系统正常运转的文件必须全部移交物业管理和系统操作人员。

3. 场地上可再生能源的利用 On-site Renewable Energy

可再生能源是指从自然过程和自然资源中产生的能源，例如阳光、风、潮汐、植物生长、地热等产生的能源。与传统化石能源相比，可再生能源能够在相对较短的时间内不断地自然补充（Naturally replenished），并对自然环境基本上不造成负面影响。可再生能源具有各种形式，或直接来源于太阳，或产生于地球深处的热量。根据这一定义，可再生能源包括从太阳、风、海洋、生物质（Biomass）、地热源（Geothermal resources）中产生的电能和热能，以及从可再生资源（Renewable resources）中生产的生物油和氢能（Biofuels and hydrogen）。

利用水体的运动能量（Kinetic energy）而产生的水能（Hydropower）是一种人类最早使用的、不需要消耗化石燃料的清洁能源。在利用水能进行水电生产的过程中不对大气层产生任何污染，也不产生固体废物（如核废料，必须采用特殊的方式进行处理后才能返回自然）。作为一种再生能源，水电占全世界发电量的20%。在美国，高达81%的可再生能源为水电[30]。然而，开发水电，特别是大型的水电项目常常必须对人员进行搬迁，对自然、生态环境造成巨大的破坏和负面影响，因此，水电不包括在这里讨论的可再生能源形式之中。根据美国水能学会（The National Hydropower Association）的一项研究，近年来美国各级政府不断增加的政策文件、法律、法规以及各级法院的裁决（Court decisions）使得水电项目的执照资质审查过程（Hydroelectric licensing process）越来越费时和昂贵，一般一个水电项目需要8~10年的时间才能够完成所有的审批并取得项目执照 [31]。

与水电艰难发展形成鲜明对比的是近年来美国联邦和各级地方政府对可再生能源发展的大力扶持和投资。例如，2008 年能源改进和延续法（Energy Improvement and Extension Act of 2008）和 2008 年紧急经济稳定法（Emergency Economic Stabilization Act of 2008）的税务条款分别将使用可再生能源的居住和商业税务减免的有效期延长，对居住建筑购买和安装太阳能光伏系统的税务减免不设上限，新增加一项热电联产（Combined heat and power，CHP）商业投资税务减免，对小型风力发电系统、商用地源热泵(Commercial ground-source heat pumps)分别给予税务减免，并增加对从再生原料(Recycled feedstock）生产的生物柴油和可再生柴油（Biodiesel and renewable diesel）的税务减免额度等。2009 年签署的美国复兴和再投资法（American Recovery and Reinvestment Act of 2009）又为刺激在能源利用有效性和可再生能源领域的投资提供重要的联邦资助（Federal funding）、贷款担保（Loan guarantee）和税务减免 [32]。在政府的大力扶持和资助下，美国可再生能源的生产和利用经历了较快的发展。从 2000 年到 2009 年（表 4-20），非水电类可再生能源（Non-hydro renewable energy）占全部能源的比例由 4.8% 上升到 7.0%，总计达 5.138 万亿英热单位（Quadrillion Btu）。风力和太阳能光伏发电为所有可再生能源中发展最快的两个领域。到 2009 年，风力发电的装机容量比前一年增长了 39%，而太阳能光伏发电则比前一年增长 52%[30]。

2000~2009 年度美国不同类型的能源产量 U.S. Energy Production by Energy Source（%） 表 4-20

	煤炭	天然气	原油	核电	水电	非水电可再生能源	能源总产量（万亿英热单位）
2000	31.8%	31.2%	17.3%	11.0%	3.9%	4.8%	71.5
2001	32.8%	31.6%	17.1%	11.2%	3.1%	4.3%	71.9
2002	32.0%	31.0%	17.1%	11.5%	3.8%	4.5%	70.9
2003	31.4%	31.4%	17.1%	11.3%	4.0%	4.7%	70.3
2004	32.5%	30.6%	16.3%	11.7%	3.8%	5.1%	70.4
2005	33.3%	30.0%	15.7%	11.7%	3.9%	5.3%	69.6
2006	33.5%	30.1%	15.2%	11.6%	4.0%	5.5%	71.0
2007	32.8%	31.0%	15.0%	11.8%	3.4%	6.1%	71.7
2008	32.5%	31.7%	14.3%	11.5%	3.4%	6.7%	73.5
2009	29.7%	33.0%	15.3%	11.3%	3.6%	7.0%	73.4

资料来源：Office of Energy Efficiency and Renewable Energy，U.S Department of Energy. *2009 Renewable Energy Data Book.* Washington D.C. August 2010.

在 7% 的非水电可再生能源中，生物质能源约占 5.4%，地热能约占 0.5%，太阳能仅占 0.1%，而风能约占 0.9%。

目前，美国的可再生能源的开发和利用正在四个领域明显替代传统的化石能源，这些领域包括发电（Power generation）、交通燃料（Transportation fuels）、供热及热水（Heating and hot water）以及生物产品（Bioproducts，如用来制造塑料的化学物质和其他一般必须依靠石油来生产的产品）。虽然美国可再生能源资源蕴藏丰富，但由于生产规模和技术成本的限制，其总的生产成本仍然较高。以可再生电力为例，传统燃煤发电每千瓦的平均化能源成本（Levelized Cost of Energy，LCOE）约为 10 美分 [33]，而可再生能源的发电成本是传统能源发电成本的两倍以上。较高的能源成本大大限制了可再生能源的广泛使用（表 4-21）。

不同来源可再生电力的平均化能源成本 LCOE of Renewable Electricity by Technology 表 4-21

	光伏 PV	集光太阳能 CSP	生物质 Biomass	地热 Geothermal	离岸风力 Offshore	海岸风力 Onshore	大型水电 Large Hydro
美分 /kW	18~43	19~35	8~12	6~13	8~13	6~12	4~13

注释 能源成本价格为 2009 年实际价值。目前美国商业光伏发电电力公司的规模为 500 万 W 以上。集光太阳能发电无储藏。地热技术为水利地热（Hydrothermal）。

资料来源：AEO 2009，http：//www.eia.doe.gov/oiaf/archive/aeo09/index.html

EPRI MERGE Study 2009，http：//my.epri.com/portal/server.pt?space=CommunityPage&cached=true&parentname=ObjMgr&parentid=2&control= SetCommunity&CommunityID=404&RaiseDocID=000000000001019539&RaiseDocType=Abstract_id

Data used in the EPA IPM model 2009，http：//www.epa.gov/airmarkt/progsregs/epa–ipm/index.html

Data used in the EPA IPM model 2009，http：//www.epa.gov/airmarkt/progsregs/epa–ipm/index.html

McGowin C.，（2007）. "Renewable Energy Technical Assessment Guide–TAG–RE：2007，" EPRI，Palo Alto，CA

DeMeo，D.A. and J. F. Galdo（1997）. "Renewable Energy Technology Characterizations，" EPRI–TR109496，EPRI，Palo Alto，CA

1）各种形式的可再生能源

各种可再生能源形式在美国各州的分布情况及其利用成本存在着很大的差异。总的来讲，西部阳光带的太阳能和地热能比较丰富，东西两岸及中部平原的风力资源丰富，而东北部地区和西北部地区由于分别背靠洛基山脉、阿帕拉齐山脉（Rocky Mountains and Appalachian Mountains）两个巨大山脉，生物质资源丰富。目前，美国可再生能源的研发和利用主要集中在太阳能、风能、生物质能、地热能和氢能五个领域，可再生能源的利用以发电为主。截至 2008 年，加利福尼亚州在采用太阳能光伏、生物质、地热和聚光太阳能开发利用可再生电力方面遥遥领先，得克萨斯州在风力发电方面领先其他 50 个州，而华盛顿州则在水力发电方面局全美之首（图 4–14）。

与美国其他州相比较，上述各州在开发利用可再生能源方面除了大力推动联邦可再生能源政策外，还都提供很多经济方面的奖励措施（State incentives）和设立可再生能源构成标准（Renewable portfolio standards），用以规定可再生能源占供电公司总的年度供电量的百分比，从而有效推动了该州可再生能源

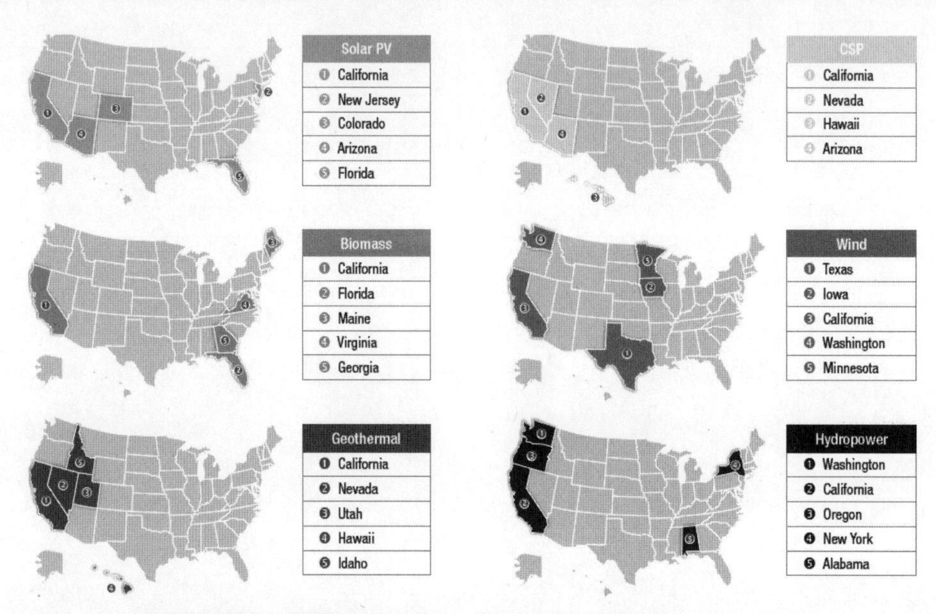

图 4–14 全美国各州根据不同能源利用形式的可再生电力装机总量排名

Top States for Renewable Electricity Installed Nameplate Capacity（2009）

资料来源：Office of Energy Efficiency and Renewable Energy，U.S Department of Energy. *2009 Renewable Energy Data Book*. Washington D.C. August 2010.

的开发和利用。

（1）太阳能 Solar Power

太阳能技术利用太阳的热能来为建筑物和工艺过程提供热水、供热、发电、采光甚至制冷服务。虽然美国太阳能资源丰富（图 4-15），但是太阳能的利用目前仅满足了不到 1% 的能源需求。虽然阳光本身是免费的，但是用来存储太阳能的电池（Solar cells）和将电流转换的设备非常昂贵。目前太阳能发电的成本仍然是化石能源发电成本的两倍以上。根据美国国家可再生能源实验室（NREL）的研究，太阳能的利用主要集中在聚光太阳能发电系统、被动式太阳能采暖、光伏（太阳能电池）系统和太阳能热水四个领域。

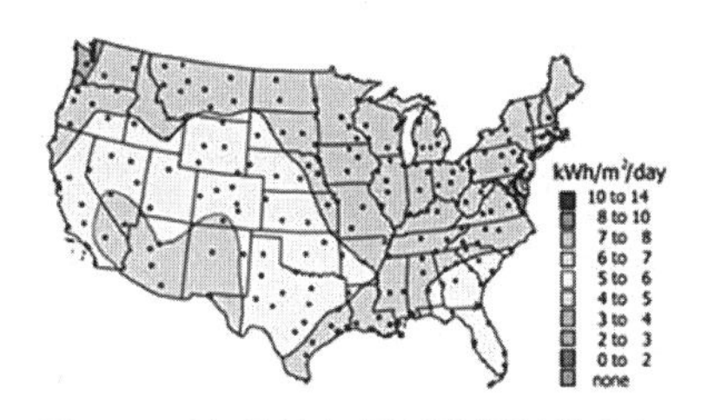

图 4-15　年平均每月日照辐射量 Solar Energy Resources（kWh/m²·d）

资料来源：NREL

① 聚光太阳能发电系统 Concentrating Solar Power-CSP：利用光反射的原理，采用反光表面如镜子、抛物槽等将太阳光的热量集中到某一点，并将在该点所搜集到的所有热量送入一个热量转换器（Heat exchanger）来产生大量的蒸汽，蒸汽驱动涡轮机，涡轮机再来运转发电机进行发电。目前，最具潜力的 CSP 系统采用的是抛物槽（Parabolic troughs）。抛物槽是一种大型"U"状镜子，CSP 系统将抛物槽首尾相连构成一条直线，以跟踪太阳的走向，不间断地产生热量（图 4-16）。抛物槽产生的热量可以存储，这样在没有太阳时也可以进行发电。

图 4-16　抛物槽聚光太阳能发电系统 Solar Parabolic Troughs

图片来源：美国能源部（DOE）

聚光太阳能发电厂（Concentrating solar power plants）可以在短短的几年内建成，一个电厂每年可以生产 250MW 或更多的电，可以供应 9 万个家庭使用[34]。

②被动式太阳能 Passive Solar：即采用不同的建筑设计手段，最大限度地利用太阳光线来产生热量和采光。建筑物的南面往往接受到最多的太阳光线，因此采用被动式太阳能的建筑物通常采用大面积的南向开窗，并以能够吸收和存储太阳能热量的建筑材料作为接受太阳照射的楼板和墙体（Sunlit floors and walls）的材料，这样楼板和墙体在白天吸收太阳热量，到了晚上室内需要热量的时候，又逐渐将热量散发出来。

其他被动式太阳能采暖的设计方法还有类似于温室（Greenhouse）的太阳房（Sunspace）和特朗伯墙（Trombe wall）。太阳房一般建在一栋建筑物的南向，当太阳光通过玻璃照射到房间内时将，整个空间温度升高，再通过适当的通风系统（Proper ventilation）将太阳房的热空气运送到建筑物的其他空间。特朗伯墙则是一种很厚的南向墙体（South-facing wall），往往采用能够吸收并保留大量热量的深颜色建筑材料如砖和石材等。一般在特朗伯墙前方几英寸的地方建一个玻璃或有机玻璃板（A panel of glass or plastic glazing）帮助墙体保留更多的热量。特朗伯墙在白天不断吸收热量，到了晚上慢慢冷却并将其存储的热量逐渐释放出来。

采用被动式太阳能采暖设计的建筑物同时都利用自然采光（Daylighitng）。自然采光逐渐被越来越多的绿色建筑物所采用。然而，如何处理好建筑物西边朝向的采光和被动式太阳能采暖的设计（特别是在夏天气温普遍较高的情况下），是这一策略成功与否的关键。近年来以建筑玻璃涂料技术的飞速发展，为西向开窗在更好地提供自然采光的同时在夏天控制过多热量进入建筑室内提供了更多的选择。

③ 光伏（太阳能电池）技术 Solar Photovoltaic Technology：太阳能电池又称为光伏电池（Photovoltaic cells），它将太阳光直接转成电力。太阳能光伏的名称来源于将光子（Photons）转成电流（以伏特为单位）的过程，又称光伏效应（PV effect）。光伏效应最初是由贝尔电话公司的科学家们在 1954 年偶尔发现的。

科学家们注意到，当硅——一种从沙中提炼出的元素——暴露在太阳光下时会产生电荷（Electric charge）。很快太阳能电池（Solar cells）被用来为空间卫星提供电力。今天，独立太阳能光伏系统（Individual solar PV systems）正在为千家万户和商业机构提供电力服务。

太阳能电池板（Solar panels）由模块式太阳能电池组成。一般一个太阳能电池板大约有40个太阳能电池。一个标准独立式住宅的家庭需要用10~20个太阳能电池板来提供所需要的电力。太阳能电池板通常固定在南向特定的角度（A fixed angle facing south）或固定在一个太阳跟踪器上以最大限度地捕捉太阳光线。通常将很多太阳能电池板组合在一起，形成太阳能电池阵列（Solar array）。大型供电公司和工业设施常常需要将数百个太阳能电池阵列连在一起形成大型供电规模的光伏系统。

传统的太阳能电池采用硅做材料，通常为平板形状。第二代的太阳能电池采用由非晶态硅（Amorphous silicon）或非硅材料如镉碲化材料（Nonsilicon materials such as cadmium telluride）制成，又称为薄膜太阳能电池（Thin-film solar cells）。薄膜太阳能电池的半导体材料只有几微米厚（Micrometers thick），能够很灵活地用于建筑物的很多部位，如双层薄膜太阳能电池可兼作屋顶的挂瓦、建筑外墙甚至天窗的玻璃（The glazing for skylights）。第三代太阳能电池则由各种除硅以外的新型材料制成，包括采用传统印刷技术的太阳能墨（Solar inks）、太阳能染料（Solar dyes）、导电塑料（Conductive plastics）等。一些新的太阳能电池使用塑料透镜或反射镜（Plastic lenses or mirrors）将太阳光集中到一块非常小的高效率光伏材料上，形成高效的聚光太阳能发电系统（图4-17）。

图4-17 太阳能光伏系统 Solar Photovoltaics
图片来源：DOE

④ 太阳能热水 Solar Hot Water：即采用太阳热能直接将水加热供建筑物使用。建筑物太阳能热水系统一般由两部分组成，即太阳能集热器和储存罐（Solar collector and a storage tank）。最常见的太阳能集热器为平板式集热器，通常安装在建筑物屋顶上面向太阳。在平板式箱中安装有小型管，内装水体或防冻液作为加热媒介。管道又与一个深色或黑色的吸热板相连。储存罐用来存放加热的水。在加热管中采用其他非水体为媒介时，通常在储存罐中安装装满加热液体的线圈（Coil of tubing），当水通过线圈时被加热。

太阳能热水有主动和被动系统（Active or passive systems）之分，主动系统依靠泵（Pump）在集热器和储存罐之间来回循环加热液体，而被动系统则采用引力来循环水体。

（2）风能 Wind Power

利用风能发电是近年来美国可再生能源利用中发展最快的产业之一。从2000年到2009年，美国风力发电装机总容量增加了14倍。截至2009年，风力发电总量为70761万kW，约占全部能源的1%。由于风力发电规模的迅速发展，到2009年，风力发电累计发电容量平均电价包括生产税减免（Production tax credit）达到4.4kWh/美分，可以和化石燃料发电电价竞争[30]。美国风能资源丰富，除了东西两岸外，风力强大的地区还有阿拉斯加州、中西部平原地区和阿帕拉齐山脉（The Appalachians）（图4-18）。

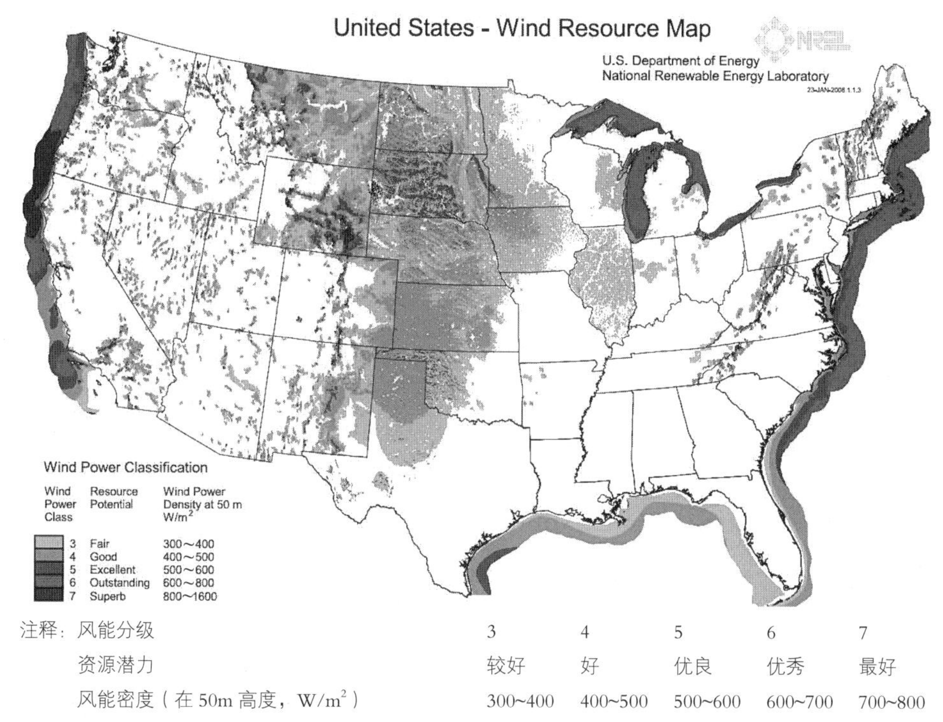

注释：风能分级	3	4	5	6	7
资源潜力	较好	好	优良	优秀	最好
风能密度（在50m高度，W/m^2）	300~400	400~500	500~600	600~700	700~800

图 4-18 美国风力资源发布图 Wind Resource Map

资料来源：NREL

风能发电是利用空气吹过涡轮机（Wind turbine）的扇片产生空气动力能来使转子（Rotor）和扇片转动，形成转动能量（Rotational energy）。每一个风力涡轮机都有一个发电机将机械转动能量转换成电流，再由电线或电缆将电流输送到电网。风能发电机产电量的多少与风速、涡轮机的装机容量以及涡轮机的布置有关。一般情况下，风速为 5.36m/s 时，风力涡轮机开始发电，风速在 12.52~13.41m/s 时达到最大电力输出。当风力达到 22.35m/s 时，风力会对涡轮机的扇片造成破坏而调整转动。由于风速变化不均，因此风能发电机产电量非常不均匀。风能的间隙性（Intermittency）决定风能只能是补充能源。

风力发电的电厂因子（Capacity factor）仅为 20%~40%。电厂因子是指特定时间段以内，实际发电量与理论上最大可能的发电量（Hypothetical maximum），即电厂在特定功率下、全速不停运转的情况下所生产的电量之比。水电发电厂的电厂因子通常在 30%~80% 之间，核电厂的电厂因子介于 60%~100% 之间，而大型烧煤的热电厂的电厂因子一般介于 70%~90% 之间不等[35]。

风能发电的技术近年来发展很快。根据风力发电厂（Wind farm）分布的地理位置，大体上分为岸上发电（包括内陆风力发电）和离岸发电（即海中风力发电）两种。截至本书成稿时（2011 年），美国尚无任何离岸风力发电厂。离岸风力发电机每小时比岸上发动机发电要多。这主要是因为海中风速较高，涡轮机的尺寸较大。离岸风力发电塔高达 80m，其转子扇片长达 90~107m。2009 年欧洲离岸风力发电机（Wind turbine）的平均装机容量为 3MW，将来可望增加到 5MW。与岸上风力发电不同的是其风力涡轮机还需根据不同的水深以不同的基座来固定（Base for stability）。单基座是一个直径约 6m 的柱子，可安装在水深达 30m 水域。在水深 20~80m 范围，风力发电涡轮机采用三脚基座或钢套（Tripod or a steel jacket for stabilization）来固定。目前正在开发中的还有漂浮风力涡轮机，主要用于水深在 100~400m 处（图 4-19）。漂浮风力涡轮机最深可以安装在深达 700m 处的水域，但目前尚无商业应用。一般的风力发电涡轮机的使用寿命为 20 年[36]。

根据马萨诸萨州立大学（University of Massachusetts at Amherst）可再生能源研究实验室的报告，目前美国岸上风力发电规模分为三级[37]：

① 居住区级：风力发电涡轮机装机容量低于 30kW（根据电力负荷实际需要来确定）

a. 直径：1~13m；

b. 高度：18~37m；

c. 发电量：20000kWh/year。

② 中等规模：风力发电涡轮机装机容量在 30~500kW（可以根据电力负荷实际需要来确定。一般情况下，是由于有大的用电负荷）

a. 直径：13~30m；

b. 高度：35~50m；

c. 发电量：600000kWh/year。

③ 商用规模：风力发电涡轮机装机容量 500~2000kW（主要用来为电网提供辅助电力。目前最大的为 3500kW，将来有望提高到 5000kW）

a. 直径：47~90m；

b. 高度：50~80 m；

c. 发电量：每年 4000000kWh。

图 4-19 不同水深离岸风力涡轮机的柱桩形式和深度 Different Offshore Wind Turbines

资料来源：Environmental and Energy Study Institute. *Offshore Wind Energy*. Washington D.C. August. 2010. P.2

发电量的估算根据以下一些数据：海平面平均风速为 7m/s，居住区级涡轮机装机容量为 7.5kW，中等规模涡轮机装机容量为 250kW，商用规模涡轮机装机容量为 1500kW。

近年来，随着风能相关技术研究的飞快发展，早期与风力发电有关的负面影响如噪声、风力涡轮机可能对鸟类产生的危害等问题和误解都得到解决和澄清。目前使用的风力涡轮机在 350m 处或更近的距离产生 35~45dB 的噪声（图 4-20），相当于厨房冰箱工作时产生的噪声 [38]。

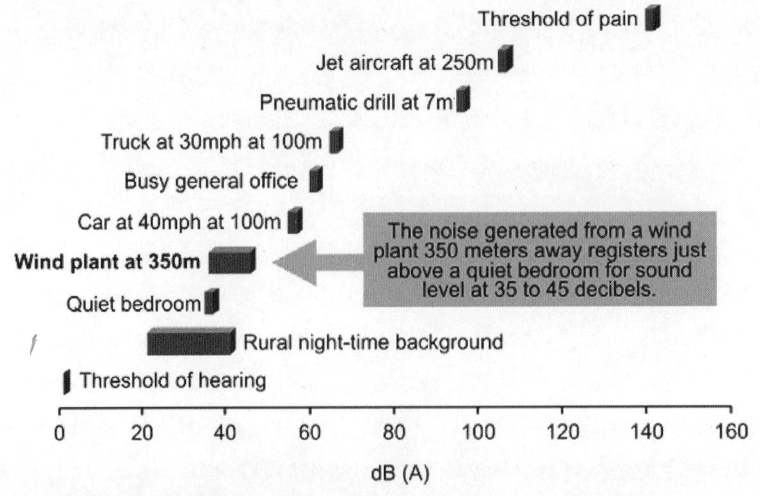

图 4-20 不同距离情况下的噪声水平 Noise Level at Various Distances

资料来源：BWEA（British Wind Energy Association）. 2007. *Noise from Wind Turbines: The Facts*. *London*: BWEA.

http: //www.britishwindenergy.co.uk/pdf/noise.pdf.

注释：听力可以听到的噪声必须在 0dB 以上。农村夜间的背景噪声在 20~40dB 之间。风力发电厂在 350m 处的噪声在 35~45dB 之间。每小时 40 英里时速的轿车在 100m 处产生接近 60dB 的噪声。繁忙的办公室产生超过 60dB 的噪声。每小时 30 英里时速的卡车在 100m 处产生接近 65dB 的噪声。距离气钻 7m 处的噪声为 100dB。在距离喷气式飞机 250m 处的噪声约为 110dB。140dB 以上的噪声将会造成耳膜疼痛。

野生动物，特别是鸟类不断受到人类活动包括由人类所引起的全球变暖的威胁。爱瑞克森等 2002 年的研究表明，每年由人类活动造成的鸟类死亡介于 1~ 10 亿之间（Bird fatalities range from 100 million to 1 billion）。其中每 10000 只死亡的鸟类，由风力涡轮机造成的死亡不足 1 只（图 4-21）[39]。而由国家研究委员会（National Research Council）在 2007 年的研究也得出相同的结论，即目前的风力发电所导致的鸟类死亡仅相当于由于人类行为所造成的鸟类死亡总数的 0.003%[40]。根据图 4-21，造成鸟类死亡的首要人为因素是建筑物 / 窗户，接下来是家养的猫（House cat）、高压电线、车辆、杀虫剂及电信通信塔等。

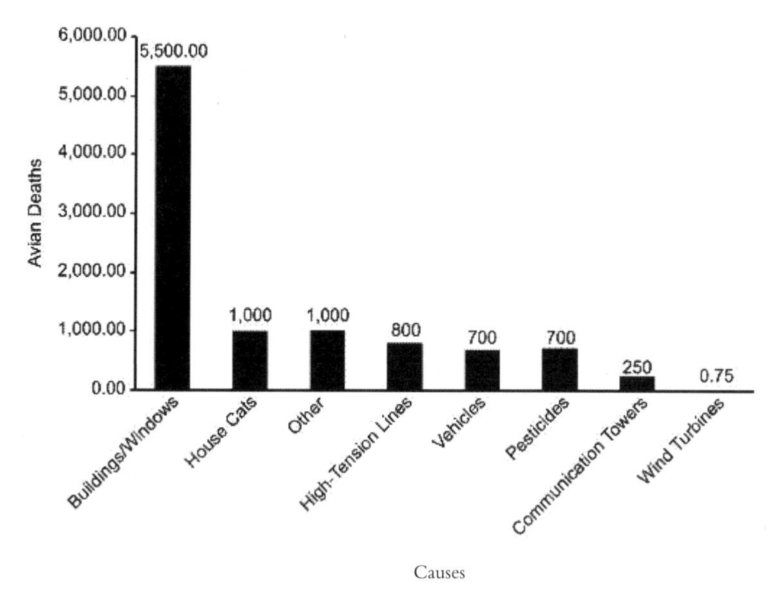

图 4-21 造成鸟类死亡的人为因素 Anthropogenic Cause of Bird Mortality

资料来源：Erickson，W.，G. Johnson，and D. Young. Summary of Anthropogenic Causes of Bird Mortality. Presented at Third International Partners in Flight Conference，March 20–24，2002. Asilomar Conference Grounds，CA.

风能作为最清洁、对自然环境影响最小的可再生能源之一，具有巨大的发展潜力。由美国能源部能源有效性和可再生能源办公室（EERE）主持的题为 2030 年 20% 的风能研究报告（20% Wind Energy by 2030–Increasing Wind Energy' s Contribution to U.S Electricity Supply）为美国的风能发展绘制了完整的规划蓝图。为实现风能占全国总发电量的 20% 的目标，该报告共分六个章节分别对风力发电涡轮机技术、制造材料和资源、电力传输及并入现有电网技术、风力发电厂的选址和环境影响以及风力发电市场情况进行了详细的论述[38]。此外，能源有效性和可再生能源办公室在其主持的风力和水电能源项目研究的大框架之下还专门对可再生能源系统的相互连接（Renewable System Interconnection）进行了研究，包括对风力的预测（Wind forecasting）、风力发电厂的运行特征（Wind plant performance characterization）、电网规划（Grid planning）、电网运行影响分析（Grid operational impact analysis）、以及进行风力发电的推广教育（Outreach and education）等内容。在风力和水电项目之下其他的专题研究还包括东部风力发电并入主电网和传输研究（Eastern Wind Integration and Transmission Study），西部风能、太阳能发电一体化（Western Wind and Solar Integration Study）等[41]。

（3）地热能 Geothermal Power

地球内部蕴藏着巨大的地热能资源。地热能资源形式多样，从地表的温泉到地表数公里以下的热水和岩石，甚至地球深处的融化的岩浆等都是可以利用的地热资源。与其他的可再生能源如风能和太阳能不同，地热能是一种基于特定地点的能源，可以不间断地加以利用。

美国在利用地热能发电方面领先于世界。2000~2009 年，美国地热能平均每年增长 1.2%，2009 年地热能发电达到 152 亿 kWh。地热发电的成本平均每度电在 5~10 美分之间[30]。主要的地热资源（包括地下热水水库）分布在美国的西部地区、阿拉斯加州和夏威夷（图 4–22）。地热能利用最多的州为加利福尼亚州，2009 年总的发电装机容量约为 260 万 kW；其次为内华达州，发电装机容量约为 426 万 kW[30]。

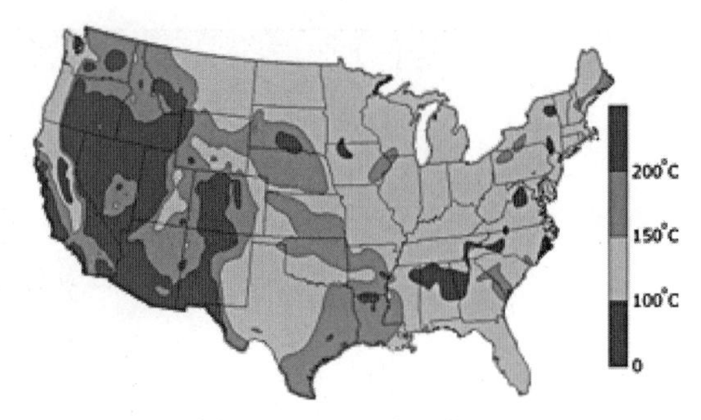

图 4–22 地表下 6km 处预测温度 Estimated Subterranean Temperatures at a Depth of 6 Kilometers

资料来源：EERE 美国能源部能源有效性和可再生能源办公室（EERE）

根据美国能源部能源有效性和可再生能源办公室和美国国家可再生能源实验室的分类，美国目前对地热能源的利用主要在三个方面，即利用地热能发电、地热直接利用和通过使用地热热泵来为建筑物提供取暖和制冷服务。

① 地热能发电 Geothermal Power Production：利用地热能进行发电是利用地热能的最主要方式。其基本原理是采用相关技术将地热能转换成蒸汽来驱动涡轮机，通过发动机产生电流。根据地热能的不同形式如地热水或地热蒸汽，以及不同的温度，地热能发电采用三种不同的技术：干蒸气发电技术、闪气发电技术和二次循环发电技术[42]。

a. 干蒸气发电厂 Dry Steam Power Plants：主要采用蒸汽来驱动涡轮机进而驱动发电机进行发电。从地下深井采集的热蒸汽不需要固体燃料进行加热而直接进行发电，节省了大量的能源。在整个发电过程中，只有少数气体释放出，对环境影响非常小（图 4–23）。发电流程如下：由产气井从地下将蒸汽直接输入涡轮机，使用后的气 / 液体由注射井返回地下，涡轮机驱动发电机产生电流。

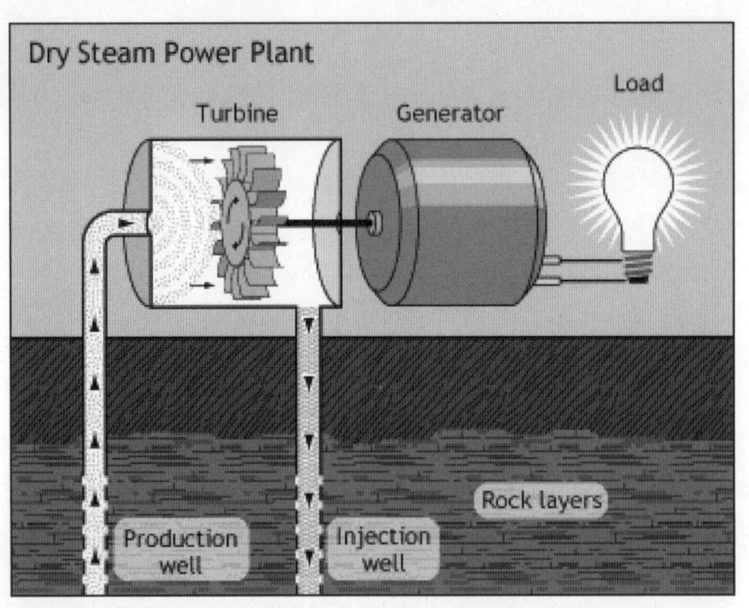

图 4–23 干蒸气发电厂发电示意图 Dry Steam Power Plant

图片来源：Geothermal Technologies Program，EERE DOE

b. 闪气发电技术 Flash Steam Power Plants：主要将高温（高于 360 ℉，相当于 182℃）、高压地热水送入一个低压容器——又称为闪蒸容器（Flash tank），使得液体迅速变成蒸汽提供给涡轮机，再由涡轮机驱动发电机产生电流（图 4–24）。发电流程如下：由产气井从地下将地热水直接输入闪蒸容器，液体迅速变成蒸汽进入涡轮机，使用后的剩余气 / 液体由注射井返回地下，涡轮机驱动发电机产生电流。

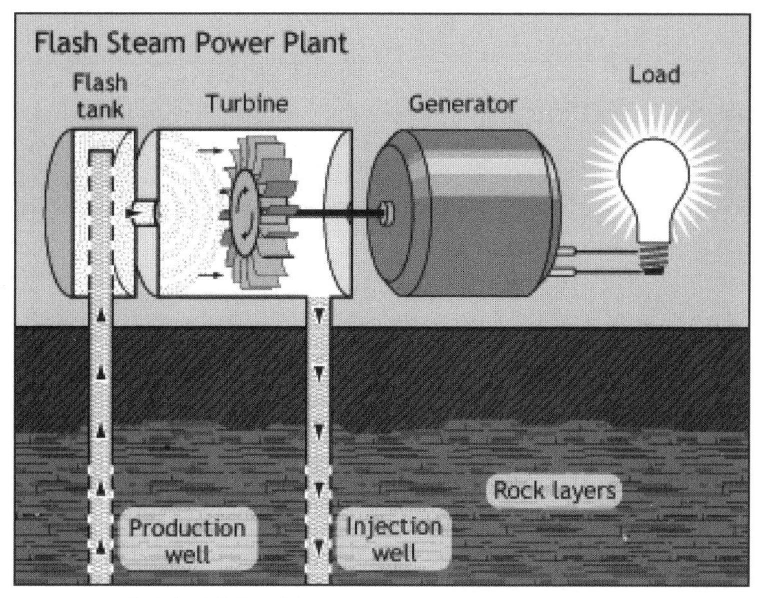

图 4-24 闪气发电厂发电示意图 Flash Steam Power Plant

图片来源：Geothermal Technologies Program，EERE DOE

c. 二次循环发电技术 Binary-Cycle Power Plants：主要利用中等热度的地热水进行发电。大多数地区的地热水都在 400 ℉以下，二次循环发电技术将比上述地热水熔点要低的液体与地热水放入一个热交换器（Heat exchanger），地热水的热量使得液体迅速蒸发。所产生的蒸汽进入涡轮机，从而驱动发电机产生电流（图 4-25）。发电流程如下：由产气井从地下将地热水直接送入热量交换器，地热水使得熔点降低的液体变成蒸汽进入涡轮机，使用后的剩余气 / 液体由注射井返回地下，涡轮机驱动发电机产生电流。

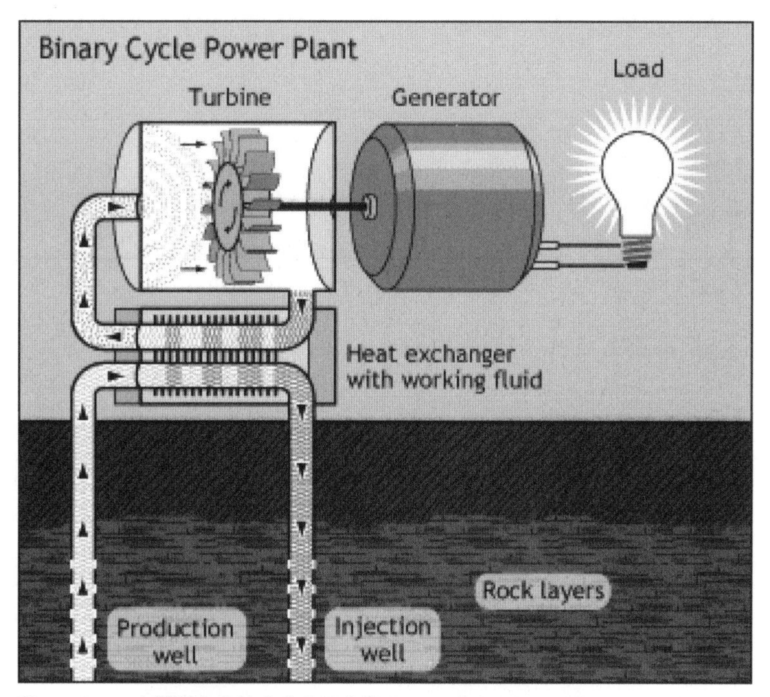

图 4-25 二次循环发电技术发电示意图 Binary Cycle Power Plant

图片来源：Geothermal Technologies Program，EERE DOE

② 地热直接利用 Geothermal Direct Uses：通常接近地表的地热水水库水温介于 68~302 ℉（20~150℃）之间，可以直接为居住、工业和商业设施等提供供热服务。地热直接利用的技术比较简单，一般的地热直接利用系统由三部分组成：生产设备（Production facility），一般是一口或多口深井，将地热水抽到地表，机械传输系统（Mechanical system），包括管线、热交换器和各种控制装置，将热水运送到使用地点；处理系统（Disposal system），一般为注射井或储藏池，以接收使用过的地热水。地热水直接利用的主要领域有[42]：

a. 区域供热系统（Geothermal District Heating System）。用于为多栋建筑物供暖。利用地热能供暖可以为用户节省 30%~50% 的燃料费用。

b. 温室和水产养殖（Aquaculture–fish Farming）。根据美国能源部的统计，在西部各州目前采用地热能进行温室种植蔬菜、水果、花卉、观赏植物和培育树种的，占地数英亩的商业性温室有 38 个。在全美 10 州中，有 28 个商业水产养殖场。据业主估计，采用地热能源大约节省 80% 的燃料费用，相当整个企业总的运营费用的 5%~8%。

c. 工业和商业中的应用。主要有食物烘干（Food dehydration）、洗涤、牛奶消毒、保健温泉等。

③ 地热源热泵 Geothermal Heat Pump：浅地表或地球 10ft 以上的部分保持较稳定的、介于 50~60 ℉的温度。这一温度在夏天比去上面的空气温度要低，而在冬天则比空气温度要高。地热源热泵就是利用这一恒定温度来调节建筑物的温度。

地热源热泵由三部分组成：地热交换器（Ground heat exchanger）、热泵（Heat pump unit）和空气传输系统（Air delivery system）。地热交换器是由一组管道形成环状，埋在离建筑物较近的浅地表下面。在管道中使用水或其他防冻液体循环来吸收或释放热量。冬天，热泵从地热交换器中将热量送入室内空调系统（Indoor air delivery system）。夏天，热泵又从室内空调系统中将热量送回地热交换器，从而达到调节室内空气温度的作用。

④改进地热能系统技术 Enhanced Geothermal Systems Technologies[43]：改进地热能系统技术不需要自然对流地热水能资源，而是通过钻井进入干热的、密实的岩石层，并使得液体能够在钻井之间流动。液体在流动过程中从岩石中吸取热量，从生产井中被送往地面发电站发电。使用完毕后的剩余水、气体再由注水井返回地下岩层（图 4–26）。

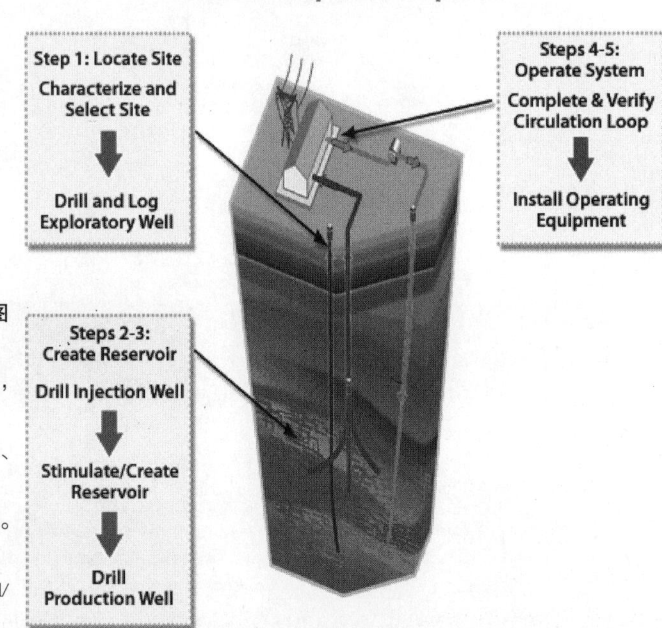

图 4–26 改进地热能系统技术实施次序图
EGS Development Sequence
注释：第一步，确定场地：记录场地特征和选址，打实验井并作详细记录；
第二、三步，建立蓄水池，钻打注水井。模拟、建立蓄水池。打生产井；
第四、五步，系统运行，完成并测试循环系统。安装操作设备。
资料来源：http：//www1.eere.energy.gov/geothermal/enhanced_systems.html .

根据美国能源部能源有效性和可再生能源办公室改进地热能系统技术项目的技术规范，该技术通过五个步骤来实施：选址，建立液体储蓄库，建立生产井和注射井，连接液体储蓄库和生产井，完成地表发电系统。如果把封闭环路二次循环发电技术（Closed-loop binary cycle power plant）与改进地热能系统技术配合使用，发电厂几乎不会释放任何温室气体。目前，在西部五个州的总的装机容量为 300kW。美国能源部预测，在距离地球表面 3~10km 的区域蕴藏着大量地热能，通过采用改进地热能系统技术在未来 50 年内可以利用的地热能约为 10000 万 kW[43]。

（4）生物质能 Biomass Power

生物质能又称生物能源（Bioenergy），是指从植物和植物性材料中得到的能源。这些植物材料包括粮食作物、草本和木本植物、农业和林业生产剩余物、富油的海藻（Oil-rich algae）、城市和工业废料中的有机物质等。甚至由垃圾填埋场中产生的气体，即甲醇（Methane）也可以作为生物能源来源。

使用生物质能可以减少温室气体的排放。这是由于燃烧植物燃料释放出的二氧化碳与植物生长过程中通过光合作用（Photosynthesis）所吸收的二氧化碳的数量基本相当，因此其对环境的影响很小。此外，生物质能所需要的原料均为农业和林业生产产业的剩余产品，因此利用前景非常广泛（图 4-27）。目前，生物质能源是美国可再生能源中最重要的能源形式。截至 2009 年，在占美国总能源产量 7% 的非水电可再生能源中，生物质能源的比例为 5.4%，为所有可再生能源之首 [30]。

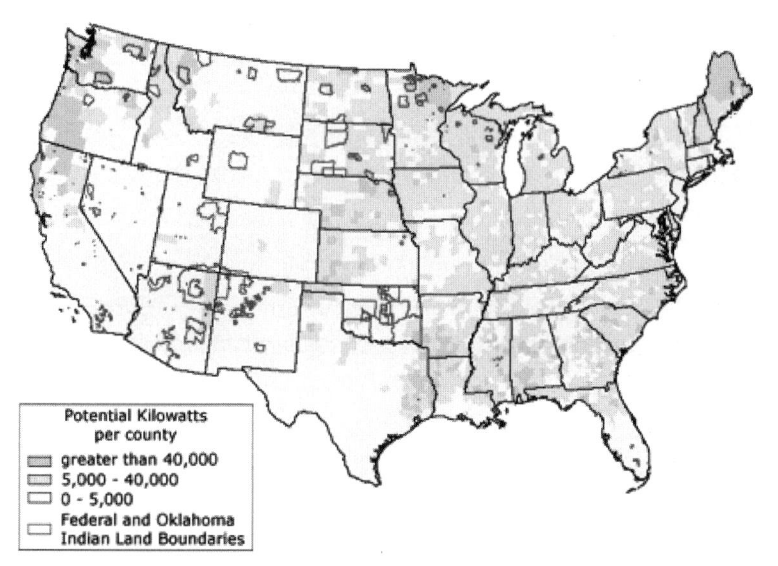

图 4-27 美国生物质和生物燃油资源潜力 Biomass and Biofuels Resource Potential

注释：深绿色代表每个县资源潜力大于 40000kW，中绿色代表每个县资源潜力介于 5000~40000kW 之间，浅绿色代表每个县资源潜力介于 0~5000kW 之间。红线范围内为联邦和俄克拉荷马州印第安保护区。

资料来源：Nationalatlas.gov.

对生物质能的开发和利用重要集中在三个领域 [44]：生物质能发电，即将生物质直接燃烧或转换成气体或用作燃料进行发电；生物燃料，即将生物质转换成液体燃料应用交通运输行业；生物质产品，即将生物质转换成化学物质，用来制造塑料或其他从石油所生产的产品。

①生物质能发电 Biopower：生物质电即由生物质能所产生的电力。美国的生物质能发电厂采用多种不同的技术，最为普遍的技术是直接燃烧生物质原料，其他的技术还包括混合燃烧、气化燃烧、热解、厌氧消化等。美国的纸浆和造纸业（Pulp and paper industries）为最大的生物质能发电行业，它利用纸张生产过程中的剩余物发电供生产用电。生物质能发电目前占所有可再生能源发电（除水电外）的 38%[30]。

a. 直接燃烧 Direct-firing：即直接燃烧生物质原料来产生蒸汽驱动涡轮机，带动发电机，将机械能转换成电流。热电一体系统（Combined heat and power system）极大地提高了系统的能源利用率，所生产的热量还可以用于工业生产或为建筑物供暖。

b. 混合燃烧 Cofiring：是指将生物质燃料与化石燃料在常规发电厂混合使用。混合燃烧发电厂（Co-firing power plants）可以采用混合燃烧系统来有效地减少有害气体，特别是二氧化硫的排放。

c. 气体化 Gasification：采用高温和缺氧环境将生物质原料转换成合成气体——一种氢气和一氧化碳的混合气体，然后采用化学工程将该气体转换成其他燃料或产品，在常规的锅炉在燃烧，或在燃气涡轮机中替代天然气来发电。

d. 热解 Pyrolysis：采用与上述气化工程相似的热化工过程，所不同的是完全在没有氧气的情况下将生物质热解成液体。与上述合成气体一样，生物质热解油（Pyrolysis oil）可以用来燃烧发电或作为化学原料生产燃料、塑料、添加剂或其他生物产品等。

e. 厌氧消化 Anaerobic digestion：生物质在厌氧的条件下产生沼气即甲烷（Methane）可以用来发电。在垃圾填埋场，可以通过打井来从腐烂的有机物中搜集沼气，然后利用管道将沼气输送到集中处理设施，通过过滤和清洁后再来燃烧发电。沼气还可以通过各种细菌和微生物在完全封闭的容器中进行厌氧消化来产生。

上述气体化、厌氧消化等生物质发电技术可以在小型和模块化、具有内燃机和其他发电设备的系统中使用，并为较偏僻、远离电网的地区提供电力服务。

②生物燃料 Biofeuls：与其他可再生能源不同，生物质可以直接转成液体燃料（Liquid fuels），即生物燃料用来满足交通运输燃料的需求。目前美国广泛使用的两种生物燃料是甲醇（Ethanol）和生物柴油（Biodiesel）。生物燃料还有一个附加的优点是碳汇（Carbon sink）功能，因为在植物生长作为生物燃料的过程中，植物从大气中吸收大量二氧化碳。

甲醇是一种酒精，与日常所饮用的各种酒类中所含的酒精相同，都是由富含碳水化合物的生物质经过类似啤酒发酵的过程而产生。甲醇主要的原料为淀粉和糖，目前仅从玉米中生产。美国国家可再生能源实验室正在研制从纤维和半纤维植物中生产甲醇。甲醇还可以通过对上述气体化过程中产生的混合气体进行化学处理来生产。美国甲醇的生产量在 2009 年几乎增长了 20%，达到每年 1075000 万加仑，约占全世界甲醇总产量的 62%[30]。

甲醇主要用作汽油的混合剂来提高燃料中辛烷（Octane）值，同时减少一氧化碳和其他形成烟雾气体的排放。甲醇在美国汽车燃料市场主要有两种形式：低比例混合（Low-level blends），简称 E10；高比例混合（High-level ethanol blends），简称 E85。

a. 低比例混合，E10：是指采用 10% 的甲醇与 90% 的汽油混合供车辆使用的油料。在美国 1978 年后生产的所有车辆都可以使用 E10 汽油[44]。目前，所有的加油站的各种型号的汽油中都添加约占 10% 的甲醇。

b. 高比例混合，E85：是指采用 85% 的甲醇与 15% 的汽油混合供车辆使用的油料。使用该种油料的车辆又称为灵活燃料车辆（Flexible-fuel vehicles），必须经过特殊制造。截至 2010 年，全美国共有约 800 万辆灵活燃料车辆。在全美国 44 个州有 1900 个 E85 加油站[45]。灵活燃料车辆主要集中在盛产玉米的中西部各州。

生物柴油是酒精，通常为甲醇和植物油、动物油或回收的食用油等混合而成，可用做添加剂（一般占到 20%）来减少车辆温室气体排放，较纯的生物柴油可以直接供柴油车辆使用。

目前，美国利用生物燃料的完整的产业链已经基本形成，包括生物质原料的生产、运输、生物燃料的生产、分配和终端生物燃料使用五个组成部分。到 2022 年，甲醇的产量将翻一番，达到 210 亿加仑[46]。

③生物产品 Bioproducts：石油化工产业从化石燃料中提取包括塑料、化学物品和其他与现代生活密不可分的各种产品。从生物质中提炼出的各种生物产品有望完全取代上述石油化工产品。

与化石燃料结构相似，生物质的组成成分除了包括化石燃料所有的碳、氢外，还包括氧。氧的存在使得有些产品的生产比较困难，但也使另外有些产品的生产更加容易。与石油化工生产程序相同，生物产品的生产也是将原料分解成基本化学元素（Base chemicals），然后组合成不同新产品。目前采用的主要技术有生物化学转换技术（Biochemical conversion）和热化学处理技术（Thermalchemical conversion）。其他如发酵（Fermentation）、化学催化（Chemical catalysis）等工艺也用来生产新产品。

可以从糖中制取的生物产品包括防冻剂、塑料、胶水、合成糖精和制造牙膏的胶状物等。可以从一氧化碳和氢（Carbon monoxide and hydrogen）的混合气体中提炼的生物产品有塑料和各种可用来制造照片薄膜、合成纤维、纺织品的酸类。可以从苯酚（Phenol）中提取生成的生物产品有木材胶粘剂、模压塑料（Molded plastic）和泡沫绝缘材料（Foam insulation）等。

（5）氢能 Hydrogen Power

氢能与其他可再生能源不同之处在于其既不能开采，也不能收集——因为氢能不以自然状态存在，而必须从其他能源形式中生产。目前美国绝大多数的氢能是通过将天然气（Natural gas）通过蒸汽重组（Steam reforming）获得。燃料电池（Fuel cells）作为一种能够有效地转换和使用氢能的能源装置（Energy conversion device），其技术发展仍然处于初级阶段，亟待在氢能利用率和耐久性方面进行改进和提高。尽管如此，截至 2010 年 4 月，美国仍约有 68 个氢能燃料站（Hydrogen fueling stations）、223 辆使用燃料电池的车辆（Fuel cell vehicles）[30]。

美国国家可再生能源实验室（NREL）对氢能的研究主要集中在三个方面：燃料电池、氢能的生产和氢能的存储与运输[47]。

① 燃料电池 Fuel Cells：燃料电池使用氢能的化学能量（Chemical energy of hydrogen）清洁有效地生产电力。燃料电池对环境无任何负面的影响，氢能发电仅有两种副产品：水和热量。燃料电池就像一个大的电池，可以为日常生活中任何使用电池的电子设备提供能源。固定式的燃料电池可用作后备电源（Backup power），为边远地区提供电力，作为分布式发电（Distributed power generation）来源等。燃料电池正在被广泛地用来为交通运输业提供能源。

氢能燃料电池不仅无污染，而且比传统的内燃技术（Conventional combustion technology）的能源利用率要高两倍以上。传统的内燃技术的发电厂一般发电的能源利用有效率为 33%~35%，而利用燃料电池技术的发电厂的能源利用率可高达 60%。在正常的驾驶条件下，利用汽油为燃料的传统车辆，将汽油中的化学能量转换成驱车动力的效率低于 20%。而利用燃料电池的车辆，因为采用电力引擎（Electric motors），其对燃料能源的利用率可高达 40%~60%，这意味着燃料电池车辆比传统汽油内燃发动机（Gasoline internal combustion engine）要少消耗 50% 的燃料[47]。

单一燃料电池由两个电极，即阳极和阴极（An anode and a cathode）中间夹放电解质（Electrolyte）组成。在电池两边的双极板帮助输送气体和收集电流。在一个聚合物电解质膜（Polymer Electrolyte Membrane，PEM）燃料电池中，氢气从管道送到阳极，由催化剂将氢气分子分裂为质子和电子（Protons and electrons）。聚合物电解质膜只让质子通过，质子通过薄膜后被传送到电池的另外一边。而负电荷的电子则通过一个外在电路被传到阴极。这一电子流就是电流，可用来提供电力如驱动车辆等。在电池的另一端，空气从管道送往阴极，当电子完成驱动后返回电池后，继续与空气中的氧和通过薄膜的质子在阴极形成水。这一结合释放出很多热量，可以在电池外使用（图 4-28）。

燃料电池发电的多少取决于电池类型、尺寸、温度和气体输入的压力等因素。一个单一的燃料电池所发的电极其微弱，为了提高电流强度，单一的燃料电池通常被组合成一系列电池，即燃料电池堆（Stack）。通常所说的燃料电池即指燃料电池堆，也可用来指单一的电池。燃料电池的可扩展性使得其可

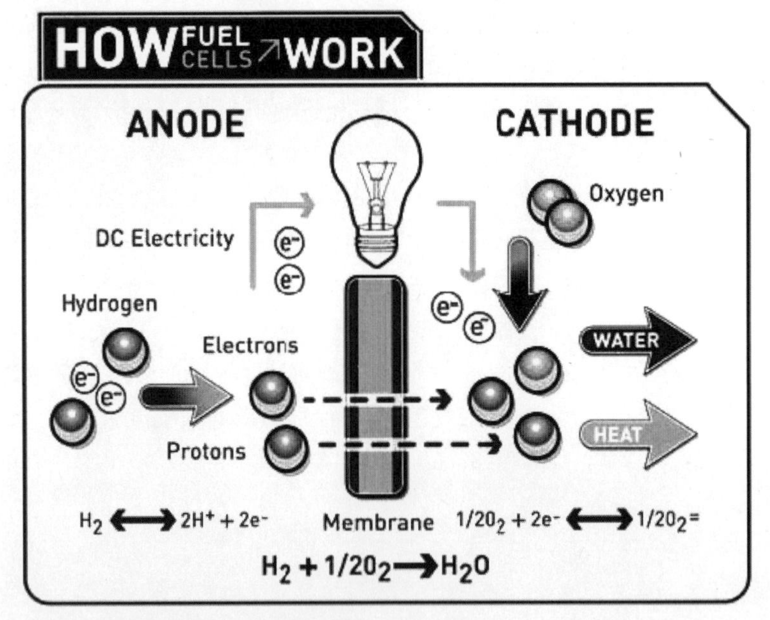

图 4-28 燃料电池发电示意图 How Fuel Cells Work

资料来源：http：//www.tech-faq.com

能的应用范围包括小到用电量只有 30~50W 的便携式电脑，到中等用电量为 1~5kW 的家庭，大到用电量为 50~125kW 的车辆以及 1~200MW 的集中式发电厂。

燃料电池由于采用不同的电解质而形成不同的技术类型。电解质的类型决定燃料电池内部化学反应的不同、电池运行的温度，最终决定一种燃料电池的实用性。不同燃料电池的性能比较如表 4-22。

不同燃料电池的性能比较 Comparasion of Fuel Cell Technologies　　表 4-22

燃料电池类型	采用电解质	运行温度	一般燃料电池堆装机容量	燃料利用率	用途	优点	尚未解决的难题
聚合物电解质膜电池（PEM）	全氟磺酸	50~100℃（122~212 ℉）	1~250kW	60% 交通运输；35% 固定式	后备电源 便携电源 分布式发电 交通运输 特种车辆	固体电解质减少腐蚀和电解质管理问题；温度低；启动快	昂贵催化剂；对燃料纯度比较敏感
碱性电池（AFC）	氢氧化钾水溶液浸泡矩阵	90~100℃（19~212 ℉）	10~100 kW	60%	军用 空间用	阴极在碱性电解质反应加快，导致性能提高；低成本构件	对燃料和空气中的二氧化碳比较敏感；对电解质的管理
磷酸电池（PAFC）	磷酸浸泡矩阵	150~200℃（302~392 ℉）	400kW 100kW 模块	40%	分布式发电（Distributed generation）	高温能够实现电热联产（CHP）；对不纯燃料容忍性提高	铂催化剂；较长的启动时间
融化碳酸盐电池（MCFC）	锂、钠或钾酸盐溶液浸泡矩阵	600~700℃（1112~1292 ℉）	300kW~3MW；300kW 模块	50%~60%	电力公司（Electric utility） 分布式发电	高效率；燃料灵活；可以使用多种催化剂；适合电热联产（CHP）	电池构件易受高温腐蚀、出故障；较长的启动时间；较低的电力功率密度

续表

燃料电池类型	采用电解质	运行温度	一般燃料电池堆装机容量	燃料利用率	用途	优点	尚未解决的难题
固体氧化物电池（SOFC）	钇，稳定的氧化锆	600~1000℃（1112~1832 ℉）	1kW~2MW	50%~60%	辅助电源；电力公司分布式发电	高效率；燃料灵活；可以使用多种催化剂；适合电热联产（CHP）和热、电、氢联产（CHHP）；固体电解质；混合、燃气涡轮机周期	电池构件易受高温腐蚀、出故障；高温操作需要较长的启动时间从而限制停机检修（Shutdowns）的频率

资料来源：http：//www1.eere.energy.gov/hydrogenandfuelcells/fuelcells/pdfs/fc_comparison_chart.pdf

②氢能的生产 Hydrogen Production：氢能无处不在，但是总是与其他物质组合在一起。目前美国使用的绝大多数的氢能都是通过对天然气进行蒸汽重组，对少量需要高纯度的氢能，则通过电解的方式生产。然而电解需要大量的电力，因此必须找到低成本的电力才可能进行规模生产。美国国家可再生能源实验室主要进行研究的氢能生产方式有以下几种：

a. 热化学氢能 Thermochemical Hydrogen：将生物质或化石燃料在无氧或有限的氧气供应之下加热会将其气化，形成一种氢和一氧化碳的化合物，也称为合成气（Synthesis gas or syngas）；也可将其热解后形成热解油或生物油（Pyrolysis oil or bio-oil）。合成气和生物油都可以进一步转换成氢能。

b. 电解氢能 Electrolytic Hydrogen：电解是以与燃料电池化学程序刚好相反的顺序将水分解成氢和氧。为了达到大规模生产，该过程必须采用廉价的电力供应。从目前的各种可再生能源发展情况来看，风能潜力很大。这不仅因为风力发电是目前成本最低的可再生能源，而且因为风能是不稳定的能源来源。风力发电多数情况下被用作辅助能源，在风力发电不需要供给电网时，可以用来生产氢能；而在风力发电过剩时，可以用来补充燃料电池用电。这一组合的另外一个优点是电解器（Electrolyzers）需要直流电（Direct current），而风力发电生产的电流为直流电，必须转换成交流电后才能进入电网。

c. 电化学光解氢能 Electrochemical Photolytic Hydrogen：光电化学（Photoelectrochemical，PEC）氢能生产是将电解器的一个电极用光伏半导体材料（Photovoltaic Semiconductor Material）取代，采用太阳能来发电进行水分解的化学反应。光电化学技术非常简单，但是找到既能用来分解水，又能在液体的环境下保持稳定的合适、耐久的光伏材料是目前尚不能解决的技术难题。

d. 生物光解氢能 Biological Photolytic Hydrogen：生物光解是利用太阳能生产氢能的另外一种技术。在自然界中，一些微藻和光合作用细菌（Microalgae and Photosynthetic Bacteria）有时利用光合作用来生产氢能而不是氧气和糖。该项技术的难题是诱发氢能生产的藻类酶（Algal Enzyme）受到氧气的抑制。另外一个生物研究的方向是利用微生物发酵糖和植物纤维质以产生氢能。

③氢能的存储与运输 Hydrogen Storage and Transportation：氢气的自然低密度特点需要较大的存储体积，因此限制了氢能的应用范围。目前采用压缩的办法将氢气装入高压罐中，但是存储的能量仅够车辆行驶非常有限的范围。由于较大的体量，氢气罐不适应于其他用途。液化氢气（Liquefying hydrogen）虽然可以将密度提高一倍，但是需要大量的能量来将温度降低到零下 253℃，同时需要非常昂贵的绝缘罐来保持上述温度。另一个高密度存储氢的方法是在天空中将氢存储在金属氢化物的晶体结构（Crystalline structure of metal hydrides）中，然后加热将氢释放出来使用，但是目前成本仍然非常高。美国国家可再生能源实验室的研究主要集中在采用碳纳米管来存储氢（Carbon-nanotube hydrogen storage）。在过去 20 年中，纳米技术发展很快，可以制造各种纳米形体，采用纳米容器来存储氢展现出非常光明的前景。

2）可再生能源证书 Renewable Energy Certificates，RECs

可再生能源证书，又称绿色标志（Green Tags）、可再生能源信用（Renewable Energy Credits）、可再生电力证书（Renewable Electricity Certificates）或可交易的可再生能源证书（Tradable Renewable Certificates，TRCs），是一种在美国可再生电力和绿色能源市场上的特殊商品。根据美国国家环境保护的定义，可再生能源证书代表着可再生电力发电环境和其他非能源属性（Environmental and non-power attributes of renewable electricity generation）。每一张可再生能源证书（REC）代表 1MW-h 的电力，相当于 1000kWh。证书在发电时产生，并有一个单独的可查询的号码（Tracking number）。购买者可以根据电力来源的不同，如风能、太阳能、地热能等，发电时间和可再生发电设施所在地的不同来选择购买可再生能源证书 [48]。

可再生能源证书提供有关可再生电力发电传输到电力网的重要信息。由于可再生能源证书仅代表可再生电力发电的环境和非电力属性，因此不受具体电力传输的限制。可再生能源证书所有的信息可以供购买者回答一些有关他们所用电力的环境方面的问题。可再生能源证书一般包括以下一些主要信息和特性：

①发电的可再生能源资源类型；

②可再生能源证书生产年度（Vintage）；

③可再生发电设备的建成年代；

④可再生发电设备坐落地点；

⑤可再生发电设备是否能够用来满足可再生能源来源认证或满足各州的可再生能源来源组合标准（Renewable portfolio standards）的要求；

⑥ 可再生发电设备与温室气体排放的关系。

目前，可再生能源证书已经逐渐成为美国可再生电力和绿色能源市场上（Renewable electricity and green power markets）通行的货币，可以被自由买卖和相互交换。目前可以满足可再生能源证书要求的可再生能源类型有光伏太阳能，风能，垃圾填埋场废气（Landfill gas），地热能，生物质能包括废木料、可燃烧的动物便粪等原料（wood waste，burnable animal waste），废热，潮汐发电，小型水电（Small scale hydroelectric power）。

可再生能源证书可以在两种市场上进行交易：一为满足各个州可再生能源来源组合标准规定的市场（Compliance markets），二为志愿购买可再生能源证书的市场（Voluntary markets）。

（1）满足各个州可再生能源来源组合标准规定的市场：可再生能源来源组合标准是美国各个州有关电力公司必须在特定期限内将其发电总量中可再生能源发电量所占的比例提高到特定百分比或发电数量的政策规定。目前，全美国共有 24 个州，外加哥伦比亚特区（District of Columbia）已经建立了可再生能源来源组合标准。前述各州代表着美国全国总用电量的一半以上。此外，还有 5 个州，即北达科他州、南达科他州、犹他州、弗吉尼亚州和佛蒙特州（North Dakota，South Dakota，Utah，Virginia and Vermont）建立了非强制性的可再生能源发电的目标。美国各个州的可再生能源来源组合标准规定的最低比例和必须达到的时限见表 4-23。由于上述各州允许电力公司通过购买可再生能源证书的方式来满足可再生能源占总的发电量的比例，而不需要安装可再生能源发电设备，因此为可再生能源证书的交易提供了一个巨大市场。

各州可再生能源来源组合标准一览表 State Renewable Energy Portfolio Standards　　表 4-23

州名 State	可再生能源占总发电量的比例 %	必须得到的年限
亚利桑那州 Arizona	15	2025 年
加利福尼亚州 California	33	2030 年

续表

州名 State	可再生能源占总发电量的比例 %	必须得到的年限
科罗拉多州 Colorado	20	2020 年
康涅狄格州 Connecticut	23	2020 年
哥伦比亚特区 District of Columbia	20	2020 年
德拉维州 Delaware	20	2019 年
夏威夷州 Hawaii	20	2020 年
爱德华州 Iowa	105 兆瓦 MW	—
伊利诺伊州 Illinois	25	2025 年
马萨诸塞州 Massachusetts	15	2020 年
马里兰州 Maryland	20	2022 年
缅因州 Maine	40	2017 年
密歇根州 Michigan	10	2015 年
明尼苏达州 Minnesota	25	2025 年
密苏里州 Missouri	15	2021 年
蒙大拿州 Montana	15	2015 年
新罕布什尔州 New Hampshire	23.8	2025 年
新泽西州 New Jersey	22.5	2021 年
新墨西哥州 New Mexico	20	2020 年
内华达州 Nevada	20	2015 年
纽约州 New York	24	2013 年
北卡罗来纳州 North Carolina	12.5	2021 年
北达科他州 North Dakota*	10	2015 年
俄勒冈州 Oregon	25	2025 年
宾夕法尼亚州 Pennsylvania	8	2020 年
罗德兰岛 Rhode Island	16	2019 年
南达科他州 South Dakota*	10	2015 年
得克萨斯州 Texas	5880 兆瓦 MW	2015 年
犹他州 Utah*	20	2025 年
佛蒙特州 Vermont*	10	2013 年
弗吉尼亚州 Virginia*	12	2022 年
华盛顿州 Washington	15	2020 年
威斯康星州 Wisconsin	10	2015 年

资料来源：http：//apps1.eere.energy.gov/states/maps/renewable_portfolio_states.cfm.

（2）志愿购买可再生能源证书的市场：该市场主要为个体消费者或公司出于保护环境的良好愿望，志愿购买可再生能源证书，从而减少温室气体的排放和由化石燃料发电的副产品如氮、硫、氧化物和矿物质等。与上述满足各个州可再生能源来源组合标准规定的可再生能源证书市场相比较，志愿购买市场不够规范，没有很好的认证和验证机制（Certification and verification mechanism）。截至 2007 年，全美国有超过 50% 的电力用户能够利用与绿色能源有关捆绑产品（Green power bundled products）。购买者还可以提供美国环境保护署的资料库查询和验证绿色能源供应商。资料库的网址是：http：//epa.gov/greenpower/pubs/gplocator.htm。

2004 年和 2010 年可再生能源证书的市场规模和价值

REC Market Size and Value in 2004 and 2010[49]

表 4-24

	2004 年市场规模（100 万 MWh）	2004 年市场价值（百万美元）	2010 年市场规模（100 万 MWh）	2010 年 市场价值（百万美元）
满足能源来源组合标准规定的市场	8~13	140	45	600
志愿购买可再生能源证书的市场	3	15~45	20	100~300
总计	11~16	155~185	65	700~900

资料来源：美国国家可再生能源实验室 National Renewable Energy Laboratory

可再生能源证书的售价无论是在志愿购买市场还是为满足能源来源组合标准规定的市场都有很大的差别。例如在缅因州（Maine），可再生能源证书在为满足能源来源组合标准规定的市场售价为每 REC 0.25 美元，而太阳能 REC 在新泽西州的售价为 280 美元每 REC。可再生能源证书的售价由于各个州有关不同的可再生能源发电厂的地理发布、REC 的有效期（Shelf life）和能源类型资格等的不同规定而显现出巨大的差异。在志愿购买市场，可再生能源证书的售价变化则相对较小，其价格主要受资源类型的影响，而和地理位置无关。太阳能 REC 一般比较昂贵，售价在 20 美元左右。接下来是风能 REC，售价约为 3.5 美元，地热能 REC 售价为 3.0 美元，水电 REC 售价为 2.5 美元，生物质 REC 售价为 2.0 美元 [49]。

4. 能源使用管理和控制系统 Energy Management and Control System

建筑能源使用管理和控制系统有各种不同的名称，如建筑自动控制系统（Building Automation System）、建筑管理系统（Building Management System）、能源管理系统（Energy Management System）和设施管理系统（Facility Management System）等 [50]。虽然建筑能源使用管理和控制系统名称各异，但都是由计算机控制的一系列传感器、控制器和传送器组成的建筑物综合自动控制系统。其功能是通过对建筑物和其各子系统使用运行资料的采集、分析和处理来帮助建筑设施管理人员优化整个建筑物的运营，为建筑物使用者提供舒适、安全的室内空间环境。

建筑能源使用管理和控制系统具有多种功能。其基本概念是根据传感器测定一个特定变量的数值，例如温度或空气流速等，然后通过一个可进行逻辑操作或发出信号的控制器和一个可接受控制信号的控制装置来完成对特定部件的控制，例如调节阻尼器和阀门的位置来控制室外空气的流量等。整个控制系统的各个部分由局域网相连接。该系统使得物业管理经理（Facility manager）能够掌握建筑物日常运行情况和每栋建筑物各组成部分或各种设备的工作情况。这些信息可以通过远程控制和分析来很快诊断出任何系统操作问题和设备缺陷。对于安装有可直接进行数字控制能力的建筑能源使用管理和控制系统来讲，还可以在设计时对建筑物特定的要求如温度、湿度、供气和排气管道的静态压力、设备的运行时间、特殊条件的监测和其他室内环境条件等进行调整。

此外，建筑能源使用管理和控制系统还设计有可自动恢复的机械和电子系统。一旦系统在正常运行时出现故障，自动恢复系统会立即启动备用设备。在大多数情况下，自动恢复系统可防止故障对建筑物日常运行造成影响，自动启动备用设备的功能一般在幕后进行。有的控制系统还有完全进行远程控制和监测的能力。特别是在建筑物遭受到严重的威胁，例如在建筑物中探测到炸弹等必须对整个建筑物或整个街区进行疏散时，这种远程控制和监测功能可以避免人员人身安全受到伤害。

建筑能源使用管理和控制系统具有多种功能。这些功能可分为基本功能和高级功能两大类。基本的功能包括调度功能、冷冻水和热水温度设定、温度计控制、设备开关优化、节能器控制、报警、输出遥感器和控制器的资料等。比较高级的功能有：根据建筑物能源使用需求控制和调整各个系统的能源负荷、设备运行周期控制、事件控制、监测避免制冷和供暖现象同时发生、优化多个制冷器和锅炉的操作程序、负荷平均、远程自动故障探测和诊断、能量使用追踪和整个建筑物优化等。

1）调度功能 Scheduling Function

建筑能源使用管理和控制系统的调度功能是指系统对各个主要设备如制冷机、锅炉、空调器、热泵和灯具等进行调度操作的能力。一栋不需要在 24 小时内都提供空调、通风和舒适照明的建筑，可以在下班后将上述设备关闭或将其设在最低水平运行，从而节省大量的能源使用。

大多数的建筑能源使用管理和控制系统还提供临时调度或覆盖功能（Temporary scheduling or override feature）来取消正常的调度功能以满足特殊事件（例如建筑物必须在正常上班时段以外开放）。临时调度功能可以启动所需要的建筑各个子系统以满足建筑使用要求。整个控制系统在几个小时或第二天又自动回到正常调度功能。调度功能还允许对整个系统进行程序上的调整以满足建筑物在周末和节假日期内使用的要求。

2）冷热水温度设定 Chilled-and Hot-Water Reset

建筑的供应冷却水水温一般保持在 38~44 ℉（相当于 3.3~6.7℃）之间，这对于系统满负荷或接近满负荷运行是可以的。然而，冷气机组大多数时间一般只在部分荷载情况下运行，因此，供应冷却水水温需要不断调整以适应建筑制冷负荷的变化，从而节省空调器的能源使用。一般而言，每提高 1 度水温，可以提高制冷效率 2%。供水温度的设定根据室外空气温度而定，室外空气温度降低，供水温度提高，最佳的供应冷却水温可以根据空气处理器阀门的现状和供气温度来计算。具体操作细节可根据 2003 美国供暖、制冷及空调工程师学会暖通空调手册（2003 ASHRAE Handbook for HVAC Application Chapter 41）规定[51]。此外，减少冷却器能源消耗、调整供应冷却水温度，将减少多区空调系统再加热的能源用量。在潮湿气候条件下，供应冷却水温不应调高太多，应与建筑物湿度控制相协调。虽然最高的供应冷却水温必须根据系统制冷容量和美国供暖、制冷及空调工程师学会暖通空调手册中其他因素而定，但一般在潮湿气候条件下，如中西部和南部，最高的供应冷却水温暖度不应超过 50 ℉（约 10℃）。而在干燥的气候区，该温度可以略高于 55 ℉（约 12.8℃）。根据根据 2003 美国供暖、制冷及空调工程师学会暖通空调手册，通过不断调整暖通空调系统供应冷却水温度可以节约建筑能源用量的 5%~20%[51]。

与调整供应冷却水温度节能相似，调整供应热水的温度也能够在锅炉部分荷载条件下运行时节约能源。除了根据系统荷载变化减少能源使用以外，调整供应热水温度还可以减少锅炉和管道系统待机时的热量损失（Standby losses of the boiler and piping systems）。然而，为了消除锅炉由于水温降低而造成的酸腐蚀（Damage to the boiler from acid formation），必须保持一个最低的水温，一般为 140 ℉（约 60℃）。

3）静压力复位功能 Static Pressure Reset Function

对于变风量空气处理器（Variable-air volume air-handling units）而言，供应空气静压力（The supply-air static pressure）可以根据各区条件进行调整。当空调区处于轻荷载状态时，调整供应气静压力将减少制冷和再加热的能源消耗。根据系统荷载变化，通过对静压力的调整可以使系统在运行荷载较轻的情况下节省大量能源。

4）温度计控制 Thermosmeter Controls

温度计用来控制室内环境的舒适度。在商业建筑中，一个典型的暖通空调区有数个子区域（Sub-zones），即所有房间都由同一个暖通空调设备服务，而暖通空调系统则由单一的温度计控制。如果室内荷载（例如设备、人员数目等）和外部建筑维护结构荷载（例如热量通过外墙的增加或损失）都不变，一个温度计就足够控制所有房间的舒适度。然而，在大多数情况下，即使同一个空调区，空调荷载都很难一成不变。为了避免各个房间冷热不均，需要在各个房间安装温度感应器。建筑能源使用管理和控制系统采用各个温度计探测到的温度平均值（Average value of the sensed temperature）来控制暖通空调设备。

从中央控制工作站远程调控温度计的功能对建筑能源使用和管理系统尤为重要。这种远程调控功能允许物业管理人员在夏天建筑物无人使用时调高室内温度，而在冬天无人使用时间段内调低室内温度。同时，也能够在能源短缺或限量供应时段（Supply shortages or during demand-limiting periods）减少能源用量。将温度计根据建筑空间使用情况作相应调整的做法可为供气扇（Supply fan）、空调整装设备（Packaged equipment）、冷却器、锅炉和空气处理器节省大量能源。

5）暖通空调系统起止优化 Start/Stop Optimization

系统起止优化（Start/Stop Optimization）和温度、时间优化（Temperature/time Optimization）功能比将温度计调高和调低的做法更进一步。对温度计的温度调整是以建筑物的使用时间为基础的（Based on time-of-day），而起止优化技术考虑到室外空气条件，包括建筑物对热量的存储来决定什么时候调低或调高暖通空调系统的温度。系统的起止优化能够使暖通空调系统中的某一部分，如制冷机组和锅炉，在建筑物关闭之前停止工作，但仍然能够使空调区的温度保持在舒适的水平。同理，起止优化使得空调系统在建筑物使用之前开机从而使室内温度达到舒适的标准。

6）节能控制器 Economizer Controls

在制冷模式下，数小时时间内室外的空气比返回气流（Return air stream）要冷。在室外空气温度较回风气温度低的情况下，免费为室内提供制冷服务是利用空气节能器的主要目的。建筑能源使用管理和控制系统通过对空气节能器运营周期的控制来充分利用免费制冷的时间。根据调查资料显示，利用节能器可以为制冷过程节约 15%~50% 的能源。具体的节能情况因采用不同的节能器类型和建筑物所处的气候分区不同而异。

节能控制器采用差异控制策略（Differential control strategies）是将室外空气条件（Outside-air condition）与回风条件（Return-air temperature）相比较，如果室外空气条件有利，就用室外空气来满足全部或部分冷却要求。采用干球温度控制（Dry bulb temperature control）的有利室外空气条件是室外空气干球温度低于回风温度。室外空气不能满足建筑物的制冷要求时，就用机械制冷来补充不足的部分。

节能控制器采用高限控制策略（High-limit control strategies）则是将室外空气条件与单设定温度点和固定设定温度点（A single setpoint or fixed setpoint）相比较，这些设定温度点又称为高限。如果室外空气温度低于设定温度点，则室外空气用来满足全部或部分制冷需要，不足部分则由机械制冷来补充。

控制节能器的运行周期的原理看似简单，但在实际操作中很容易失败。而且，节能器的故障或不当操作很难探测得到，因为暖通空调系统在节能器停止工作后会自动进行制冷补偿，并不会影响室内舒适度，但是建筑物能源消耗会大幅度增加。

7）报警功能 Alarming

建筑能源使用和管理系统的报警功能在监测建筑物内部异常情况发生时非常有用。例如，系统可以监测特定空间的温度变化，并可建立特定温度警报。当室内温度低于某一设定标准时，通过警报功能将情况反映到系统控制中心。物业管理人员能够及时作出相应的改进，从而避免用户投诉（Occupants complain）。特别是在建筑物关闭之后报警功能尤为重要，它可以使得建筑物的故障得到及时报告，使业主的利益和投资都得到很好的保护。报警功能是所有建筑能源使用和管理系统所必备的。这一功能在无人监护的情况下，可以将紧急情况信息自动发送到相关部门和人员，让他们及时采取必要行动。

8）读取传感器和设备运行资料 Access to Sensor and Equipment Performance Data

建筑能源使用和管理系统成功运行的关键是及时、简便地读取传感器和各种设备运行的资料，并将这些资料通过控制系统网络在整个建筑设备和建筑群网络中进行共享。为建筑能源使用和管理系统选择标准的资料传输和通信协议（Communication protocols）是成功进行资料共享的基本前提。目前的建筑能源使用和管理系统普遍支持的标准通信和资料信息交换协议有DDE/OLE、BACnet和LonTalk。

DDE（Dynamic Data Exchange）动态数据交换技术是一种在微软或OS/2操作系统之下多种程序之间的通信技术，是以文字为基础的程序[52]。

OLE（Object Linking and Embeding）目标链接和镶嵌技术，是以二进制数字为基础的通信协议。因为它以数字为基础，因此该程序比以文字为基础的DDE要快得多[53]。

BACnet（Building Automation and Control Networks）建筑自动控制网络，是美国供暖、制冷及空调工程师学会，美国国家标准协会研究院和国际标准组织的标准数据通信协议[54]。

LonWorks（Lon-Local Operating Network）是一种局部操作网络技术，由埃施伦公司（Echelon Corporation）研发并于1999年经美国国家标准协会研究院批准而成为控制网络标准（A Standard for Control Networking）[55]。

建筑能源使用和管理系统收集读取资料的能力有助于物业管理人员进行一些常规系统不具备的操作，如收集水表资料、读取设备运行时间或其他需要输出到别的软件中的一些数据。因此，在选用控制系统时只应考虑支持上述标准资料信息交换协议的系统。

9）限制能源需求（能源荷载自减/荷载转移）Demand Limiting（Load Shed/Load Rolling）

在美国的一些地区，能源电力公司对超出一定限额的供电要求增收高额的能源费用（Excessive demand charges），以减少高峰使用时间段的用电要求。建筑能源使用和管理控制系统中的能源需求限制功能在整个系统用电量达到设定标准（Preset level）时，自动进行荷载裁减。建筑能源需求控制监测必须保证预先设定的能源用量在每个月或不同季节中的任何时间都不会被超过。为达到这一目的，要求建筑能源使用和管理控制系统能够实施一套独立、自动化的负荷裁减软件（Load shedding software）。该软件在程序中设定三种状态：高峰期（On-peak）、半高峰期（Partial-peak）和非高峰期（Off-peak）。例如，在夏季（5~10月）高峰期为星期一到星期五的12：00~18：00，不包括公共假日；半高峰期为星期一到星期五的8：30~12：00和18：00~21：30，公共假日除外；而非高峰期为21：30至第二天早上8：30之间，包括星期六、星期天和所有公共假日。

建筑能源使用和管理控制系统在每天11：00时就开始逐步减少能源使用，而在高峰期开始之前进入负荷裁减。在高峰期，系统将整个建筑物的能源用量控制在高峰期时段限定的千瓦数内。在半高峰期，则控制在半高峰期时段限定的千瓦数内。以此类推，在其他的非高峰期时段，则将建筑物的能源用量控制在非高峰期用量数值以下。

一般的自动裁减软件将能源使用分成10个不同的用量组和4个阶段（4 control stages）的用量控制。为达到每一用量组的控制目标，计算机还必须将各个用量组内没有用完的负荷转移到其他用量水平以达到整个建筑各种水平用量平衡，从而达到总的控制目标。这一功能属于建筑能源使用和管理控制系统的高级功能，一般在高峰期能源用量成本（Demand charge）达到总的能源成本（Total energy cost）的20%以上的地区采用。

10）设备运行周期控制 Duty Cycling

设备运行周期控制功能是对建筑设备的启动和停止周期进行控制从而达到对建筑物高峰期能源消耗（Building peak energy）的控制，同时保证建筑物室内环境的舒适度。设备运行周期控制是一种控制建筑物能源需求的办法，也是一种控制和改变系统所控制的设备（如空调器、热泵、火炉等）运行周期，即设备运行期占整个设备运行周期比例（The ratio of o-period to total cycle time）的办法。建筑能源使用和管理控制系统对设备周期的控制覆盖温度控制器的自然系统运行周期，其目的是减少高峰期建筑物能源的使用量。与上述限制能源需求功能相似，该功能一般建议在高峰能源使用成本达到总的能源使用成本 20% 以上的地区使用。这一功能属于建筑能源使用和管理控制系统中的高级功能，必须通过自行开发或第三方专门提供。另外，类似控制高峰期能源使用量的功能还有对事件启动的控制（Event initiated controls）和负荷替换（Load shifting）等。对事件启动的控制即当外部事件如建筑物发生火灾时，系统随即采取一系列相应的措施；负荷替换是一种需求方面的管理办法，即将高峰荷载替换到非高峰期（Peak-consumption periods to non-peak period）。

11）对多个冷却机组 / 锅炉排序和启动 Sequencing and Loading Multiple Chillers/Boilers

当一栋建筑物有多个冷却机组时，机器的启动一般根据制冷负荷、现有的制冷容量等因素确定。然而，这种启动方法并不一定最节省能源。虽然开动每个制冷机组的顺序应以最少的能耗为基础，但是同时也应考虑到让各种设备运行大致相同的时间（Even run times）。优化制冷机组排序和启动需要掌握制冷机组、泵和冷却塔等设备在部分荷载下的运行情况（Part-load performance）。当制冷荷载少于设计容量的 30% 的情况下，泵和冷却塔扇的能耗可能超过冷却机组的能源用量。

锅炉优化排序（Optimal sequencing）和启动的原理与上述冷却机组相似，其目的是将总的能耗降低到最低限，同时产生满足需要的热量。这一功能也属于建筑能源使用和管理控制系统中的高级功能。排序和启动功能程序必须另外开发。

12）能源负荷平均 Load Aggregation

为了取得比较优惠的电费（Utility rates and tariffs），并保证用电量不超过规定的合同量，建筑能源使用和管理控制系统必须平均单栋建筑物能源使用量，同时获取各建筑物能源需求基本资料（Demand profiles）。负荷平均（Load aggregation）主要是将现有计表器或遥感器读取的资料转换成实时资料（Real time data），由物业管理人员进行分析。对不同建筑和设施能源使用实时资料平均和监控（Aggregating and monitoring real-time data）能够尽快发现能源用量是否接近或超过合同规定的数量，进而决定是否采取相应的措施来减少能源使用。

13）自动故障探测和诊断 Automated Fault Detection and Diagnosis

有效利用建筑能源使用和管理控制系统的诊断功能（System diagnostics）可帮助物业管理人员降低建筑物的运行维护费用，减少资源的消耗，同时改善建筑使用者的安全和舒适感。对建筑和设备连续地进行故障监测能及时发现和修正很多与建筑和设备运行有关的问题，从而大大增加建筑物的运营效率。高级诊断功能（Advanced diagnostic tools）还能够探明问题的原因，提出解决问题的建议，甚至还能就不能解决的问题所造成的损失进行估算。

虽然自动故障探测和诊断（Automated fault detection and diagnosis）一直是各种科研活动的焦点，但真正能够进行建筑和设备探测和诊断的软件还不多。相似的功能还必须通过自行研发或由第三方提供。

14）监测同时制冷和供暖 Monitoring Simultaneous Heating and Cooling

在一个具有多个空调区的暖通空调系统中，如果一个区要求供暖而其他区要求制冷的话，那么进入供暖区的空气将会被冷却然后再被加热。这种情况一般发生在以制冷为主要荷载的中央式制冷（Central chiller plant）的暖通空调系统中。而预热空气的情况常发生在变空气量（Variable air volume）或恒定空气量（Cconstant air volume）系统终端箱（Terminal boxes）中。因为在空气释放之前，其温度将在终端箱提高系统设定的温度数。建筑暖通空调系统同时供暖和制冷的情况也会因为空气处理控制器发生故障（Faulty air-handling unit controls）或由于阀门的泄漏（Leaky valves）而产生。在大多数情况下，系统不会发生这种异常，因为系统会自动进行温度补偿，这样就不会影响到建筑使用者的舒适感。例如，一个热水阀门将水泄入加热线圈，这就会增加制冷负荷而几乎不会让使用者感到不舒适。一般情况下，如果泄漏不超过 50%，目前的建筑能源使用和管理控制系统都无法探测发现。为了监测同时供暖和制冷情况的发生，必须依靠自行开发或由第三方提供的软件。

15）跟踪记录建筑能源使用量 Tracking Energy-use

跟踪记录建筑物主要设备的能源用量和最终能源用途（End uses）的功能一般不由建筑能源使用和管理控制系统来承担。但是，近年来业界逐渐认识到，利用建筑能源使用和管理控制系统对建筑主要设备的能源用量和最终能源用途进行跟踪记录比单独的系统更经济。而对于大型工业园区来讲，对于终端能源用途的记录有助于收集建筑实际能源用量资料并与参考标准（Benchmarks）相比较，有助于进行能源用量和成本预算（Energy budget）以及制定未来的采购计划（Energy purchasing plans）、了解能源节约情况（Track energy savings）和监测发现设备的非计划运行、系统故障和被人为手动取代（Manually overridden）的一些自动控制操作等。

从 2001 年开始，《保证未来美国安全法》（SAFE-Securing America’s Future Act 2001）[56] 实施，要求所有的联邦建筑物都安装电表等计量器来掌握建筑物实际能源消耗量，以此促进美国联邦政府的节能工作。

5. 建筑能源设计和分析工具 Energy Design and Analysis Tools

计算机在绿色建筑的发展中起着举足轻重的作用。从计算机模拟程序（Simulation programs）应用中得到的信息和资料是设计高效节能建筑物的关键。计算机建筑能源利用和设计分析模型能够帮助建筑师和设计者很快识别最经济、最节省能源的设计手段。美国能源部能源效率和可再生能源办公室收集整理了世界各地 392 种建筑能源设计和分析软件，这些软件可以用来分析、评价建筑物能源利用的有效性，可再生能源和建筑物的可持续性等。这些计算机软件中，有 233 种（附录 4-3-3）为在美国研究开发的，其中有 12 种软件由美国能源部直接资助或研究开发。上述软件可应用于建筑物能源设计和分析的各个方面，而最核心的部分是对整个建筑物能源利用进行模拟。这种对整个建筑物能源使用进行模拟的软件（Whole-building energy simulation programs）可以为建筑使用者提供重要的建筑物各个系统运行指标，例如，能源利用和需求量、温度、湿度和能源成本等的相关资料。这些资料对于建筑物长期的使用和维修至关重要。在美国建筑施工行业广泛使用的对整个建筑物能源使用进行模拟的软件有：BLAST、DOE-2、Energy-10、EnergyPlus、Ener-Win、eQUEST、HAP、HEED、TRACE 700 和 TRNSYS。

1）建筑物能源荷载分析和系统热动力学软件 The Building Loads Analysis and System Thermodynamics[57]–BLAST

BLAST 软件由美国陆军建筑工程研究实验室（The U.S. Army Construction Engineering Research Laboratory）和伊利诺伊大学于 1999 年联合推出。这是一个综合性软件，主要用来预测建筑能源消耗和能源系统的运行表现和成本。BLAST 软件有三个主要的部分：空间负荷预测（Space Loads Prediction）、空气系统模拟（Air System Simulation）和中央供热厂（Central Plant）。

空间负荷预测子程序用来根据天气情况和用户输入的有关建筑工程和运营的详细资料，计算建筑物每小时的能源。空间负荷预测子程序的核心在于房间之间的热平衡（Room heat balance）。对于以每小时为单位的建筑物能源使用模拟，BLAST 为每个指定的空调区和房间的空气作热均衡。

空气系统模拟子程序采用计算过的空间负荷、天气资料和用户输入的有关建筑物空气处理系统的资料来计算建筑物和空气处理系统的热水、蒸汽、煤气、冷冻水和电量需求。一旦各区的负荷计算完毕，荷载将被换算成一个中央供热厂或供电系统中（A central plant or utility system）的热水、蒸汽、煤气、冷冻水和电量需求，这主要依据 BLAST 系统模拟子程序中基本的热量和体量平衡原则（Heat and mass balance principles）。

一旦建筑物系统的热水、蒸汽、煤气、冷冻水和用电需求量确定，就可以对中央供热厂进行模拟来确定建筑物最终购买的电量或燃料消耗量。

中央供热厂模拟子程序利用天气、气象资料、空气输送系统模拟结果和用户输入的有关中央供热厂的资料来模拟锅炉、冷却塔、现场发电设备和太阳能系统。该程序计算出每月和年度燃料和电能消耗量。

BLAST 也能够用来确定几乎任何类型和规模的新建筑改建设计方案的能源利用情况。除了能够进行机械设备设计所必需的高峰荷载设计外，BLAST 也能够估算建筑设施的年度能源使用情况（Annual energy performance），这也是判断建筑物太阳能或总的能源系统设计是否符合能源预测所必需的资料。BLAST 软件自 1998 年以来就不再进行开发。

2）美国能源部软件 DOE-2[58]

DOE-2 是一个广泛使用的免费建筑能源分析软件，主要用来预测各类建筑物的能源使用量和成本。DOE-2 利用用户输入的有关建筑布局（Building layout）、施工、照明、空调系统和费率资料以及同气象资料，模拟分析每小时建筑物的能源用量和水电费账单，从而了解建筑物的生命周期成本。建筑设计人员能够根据模拟资料来确定高效节能的建筑设计方案，保证室内空间的热舒适度（Thermal comfort）和能源成本效益（Cost-effectiveness）。DOE-2 有 1 个用来解读有关建筑物描述资料（Building description processor）的子程序和 4 个模拟负荷（LOADS）、系统（SYSTEMS）、集中供热（PLANT）和经济（ECON）的子程序。负荷、系统和集中供热模拟程序按顺序运行，即负荷程序运行结果成为系统程序的输入资料，而系统程序的结果又成为集中供热程序的输入资料。每个模拟程序还提供其计算结果的书面报告。建筑描述语言处理器（The Building Prescription Language Processor）读入有关建筑物的信息，并计算墙体对瞬态热流回应值（Response factor）以及建筑物空间热反应的加权值（Weighting factors）。

LOADS 模拟子程序计算每一个恒温空间每小时供热或制冷负荷的敏感和潜在的部分（Sensible and latent components），同时考虑到天气和建筑物使用方式（Pattern of use）的影响。SYSTEMS 模拟子程序计算进气侧设备的表现（包括电扇、线圈和进气管道），并对 LOADS 程序所计算出的恒温荷载在考虑室外空气要求、设备运行时段、设备控制策略和温度设计置点（Thermostat set points）等因素后进行修正。SYSTEMS 的计算结果是空气流和线圈的荷载（Air flow and coil loads）。PLANT 计算加热锅炉、冷水机、冷却塔、储存罐等的运行表现，主要是为了满足备用系统（Secondary system）加热和制冷线圈负荷，同时考虑到主要系统在部分荷载条件下（Part-load characteritics）的运行状况来计算出建筑物的燃料和电力需求量。ECONOMICS 子程序则用来计算能源使用成本。该软件可用来比较不同建筑设计方案的能源成本效益，或用来计算对一栋现有建筑进行改建后的能源节省情况。

DOE-2 到目前已经在美国和全世界广泛应用长达 25 年之久。它不仅被用来进行建筑物节能设计研究（Building design studies），分析现有建筑物节能改造的潜力（Retrofit opportunities），同时可用来研发和测试各种建筑物的节能标准。

3）Energy-10[59]

Energy-10 由美国能源部于 1992 年开发，是一个非常易于操作（User-friendly）、主要用于建筑物设计初步阶段的建筑能源使用模拟软件。该软件将建筑物的自然采光、被动式太阳能供热和低能耗的制冷策略与高效节能的建筑围护结构设计和机械设备相结合，专为建筑面积小于 10000ft^2 的小型商业和居住建筑而设计，这也是该软件名称中 10 的来历。Energy-10 模拟每小时热网（Thermal network）的能耗，同时可以让用户迅速探索各种高效节能的建筑设计手段，并将评估结果以多种方式打印出来。

Energy-10 首先采用基线模拟（Baseline simulation），然后采用预先选定的建筑节能设计方法，例如，改进建筑围护结构（包括建筑密封绝缘、高效玻璃、遮阳、热质量等）和增加各种系统（如暖通空调、照明、自然采光、太阳能热水服务和综合光伏发电等）能源有效性的方法。完整的生命周期成本计算（Full life-cycle costing）是该软件的组成部分之一。根据建筑物所处的位置、在场地中的布局、使用类型和暖通空调系统的类型，Energy-10 可以在几秒钟内对建筑物全年每小时的能源用量进行模拟。根据各种设计手法能源用量的排序图可以用来指导建筑设计初期的设计分析和各种设计策略的选择。该软件的内置图像显示器使得用户可以非常灵活地审阅每小时能源统计汇总。

Energy-10也可以为较大的建筑物进行节能设计方法的评估和选择。在假定一栋大型建筑物保持合理、统一温度的前提下，该建筑物的绝缘水平、自然采光、玻璃类型、遮阳和被动太阳能等设计手法都能够定量化。然而，由于不能够准确反映暖通空调系统在多个空调区相互之间的影响，建筑物总的能源使用量可能被低估。Energy-10 因为采用了美国供暖、制冷及空调工程师学会（ASHRAE）认证的热模拟处理器（Validated thermal simulation engine），因此能够在设计初期迅速评估一系列影响建筑物能源有效性的问题。

4）EnergyPlus[60]

EnergyPlus 是一种在 BLAST 和 DOE-2 软件最受欢迎的特点和功能基础之上开发的模块化和结构化的软件（Modular and structured software）。该软件主要是一种模拟器（Simulation engine），输入和输出均采用简单的文字文件。EnergyPlus 的研发主要是为了同时对荷载和系统进行模拟以便更准确地预测室内温度和舒适度。荷载的计算（主要通过一个热平衡处理器）根据用户选定的时间间隔（缺省值为 15min）来进行，并将计算结果以同样的时间间隔输入建筑物模拟子程序。EnergyPlus 的建筑系统模拟模块采用变化的时间间隔（可以根据需要降低到 1min）来计算供热、制冷系统和热电厂与电气系统的反应。这种一体的解决办法可提供更精确的温度预测，而准确的温度预测则对确定系统的热电厂规模大小、建筑物使用者的舒适和健康至关重要。综合一体的模拟也使得建筑用户更贴近实际地评估建筑物的系统控制、建筑构件对水分的吸收和释放、散热和制冷系统和不同空调区之间的空气流动。

EnergyPlus 由两部分组成：即热量和体量均衡模拟模块（Heat and mass balance simulation module）、建筑系统模拟模块（Building systems simulation module）。建筑系统模拟管理器处理热量平衡器与暖通空调系统各个部分和各种循环，例如线圈、锅炉、制冷器、泵、电扇和其他各个系统元素之间的通信联系。用户可配置的供暖和制冷设备元件为用户将模拟结果与实际系统构成进行匹配提供了很大的灵活性。暖通空调系统的空气和水循环是建筑系统模拟管理器的核心——模仿实际建筑物中管线和通风管道网络。空气循环（The air loop）模拟空气的传输、空调处理和混合（Air transport，conditioning and mixing）的全过程，包括供气和回风扇、中央供暖和制冷盘管（Central heating and cooling coils）、热量回收、供气温度和室外空气节能器的控制器。空气循环通过各个空调区的设备与各区相联系。用户可以为每一个空调选定一种以上的设备类型。

热量和体量平衡计算主要是以 IBLAST 为基础。IBLAST 是 BLAST 软件的科研版。它集暖通空调系统和建筑负荷模拟为一体。热量平衡模块主要管理建筑室内各种表面和空气热量平衡模块，并成为连接热平衡与建筑系统模拟管理器（Heat balance and the building systems simulation manager）的界面。表面热平衡模块（The heat balance module）模拟内部和外部表面热平衡、热平衡与边界条件之间的相互影响，以及热传导、对流、辐射和热传质（水蒸发）效果。空气质平衡模块处理各种质量流（Mass streams），包括通风、排除空气量和渗透气量（Ventilation and exhaust air and infiltration），并直接导致各个空调区热空气量和直接对流的热量增加（Direct convective heat gains）。

EnergyPlus 继承了 DOE-2 三个窗户和自然采光模型——开窗的性能表现根据 Window 5 模型来计算，自然采光则采用分流互反射模型（Split-flux interreflection model）和各向异性天空模型（Anisotropic sky models）。EnergyPlus 详细的自然采光模块可以计算室内自然采光照明度、窗户的眩光、眩光控制和人工照明控制（开 / 关设定、连续调光等），并为热平衡模块（Heat balance module）计算电力照明量的衰减（Electric lighting reduction）。

此外，EnergyPlus 还增加了一个名为 Delight 的自然采光分析模块。这一新的软件采用了辐射度互反射方法（Radiosity interreflection method），同时还有最新研发用来分析具有双向透光率数据（Bi-directional transmittance data）的复杂开窗系统方法。

5）Ener-Win[61]

Ener-Win 由得克萨斯州农业和机械大学（Texas A&M University）最早研发，是一种以每小时为单位来对建筑物每年的能源消耗进行计算的程序。具体而言，该软件可用来进行建筑物每月、每年的能源消耗、高峰用量收费、高峰供热和制冷负荷、透过玻璃太阳能加热比例、自然采光的作用和生命周期成本分析。设计资料根据空调分区以表格的形式组织，同时也显示管道的尺寸和电力要求。Ener-Win 软件由以下几个模块组成：界面模块（Interface module）、气象资料检索模块（Weather data retrieval module）、绘图模块（Sketch module）和能源模拟模块（Energy simulation module）。

Ener-Win 只需要三种基本的资料输入：（1）建筑类型；（2）建筑物的位置；（3）建筑物的几何尺寸资料。根据最初输入的资料而生成的缺省资料（Default data）包括一些经济参数（Economics parameters）、建筑物使用天数和公共假日数、建筑使用情况、热水使用量、照明电源强度、暖通空调系统的类型和每小时温度设置情况、照明和通风等。

气象资料以每小时为单位生成，以世界气象组织和国家太阳辐射资料库（The World Meteorological Organization and the National Solar Radiation Data Base）30 天记录的月统计中间值和标准差值（Standard Deviations）为基础。该数据库目前包括 1280 个城市的气象资料。另外，用户还可以选择从诸如 TMY2 或 WYEC2 等文件输入的标准气象资料。

绘图模块允许用户绘制建筑物的平面布局和暖通空调区、每层楼的平面图，并注明标准层数目（Number of repetitive floors）、楼层高度（Floor-to-floor heights）和建筑物的朝向等。用户可以在每层平面内最多划分出 25 个空调分区，或在整栋建筑物中最多划分 98 个分区。各个空调分区可以用不同颜色标出。在建筑平面绘制完毕后，一个绘图处理器对平面尺寸进行分析，其内容包括各区的楼层（Zone floor）、屋顶和墙体面积，以及各个墙体如何被相邻和室外构筑物遮挡等。

入住峰值（Peak value for occupancy）、热水使用、通风、照明和设备都明确标注并与其相关的资料表格数目相连。每个区的性能调整可以通过直接编辑各个区的描述性表格来完成。通常，由于建筑物使用人数变化、照明标注差异，以及是否采用自然采光和自然通风等原因必须对每个区进行调整。缺省的暖通空调能效值（Default HVAC efficiencies）也可以进行编辑。负荷计算、系统模拟和能源用量汇总都以小时为单位来完成全年的统计。而最后的空调区空调负荷则以热平衡模型（Thermal balance model）模拟结果为准。对流热增益（Convective gains）立即被换算成荷载量，而辐射热增益（Radiative gains）则根据热源的不同采用加权平均后才计入系统。

自然采光算法（Daylighting algorithms）则基于一种改良后的日光因素法（Modified Daylight Factor Method）并支持调光控制（Dimmer control）。该软件同时还可模拟悬浮表面温度（Floating space temperature）以进行非空调空间（Unheated or uncooled spaces）内舒适度的研究。

Ener-Win 软件运行结果以表格和图形的形式输出。表格的内容包括分项的月度能源使用量和电费、利用自然采光而节省的能源数量、高峰期的荷载量、超出用电额度的额外收费（Electric demand charge）、24 小时的能源用量、温度、能源和舒适度状况。

生命周期成本预测是该软件的最后一步。建筑物的最初成本（First costs）是根据建筑产品目录上窗户、墙体和屋顶的单位成本（Unit costs of walls，windows and roofs）计算的——其他的初步成本还包括照明系统和机械系统的成本，然后根据建筑物将来经常性的燃料、电力和维修成本来进行建筑物的现值分析（Present worth analysis）。这些计算都是以燃料价格递增率（Fuel price escalation rates）和机会利率（Opportunity interest rates）为基础的。

6）eQuest[62]

eQuest 是一个易于操作但又能提供专业化评估结果的分析软件工具。它由一个建筑物生成向导（Building creation wizard）、一个能源效率衡量向导（Energy efficiency measure EEM wizard）和一个图形结果展示模块（Graphical results display module）组成。该展示模块还有一个在 DOE-2.2 版本基础之上改进的建筑物能源使用模拟程序（Building energy use simulation program）。

eQuest 的建筑物生成向导能够按部就班地建立一个高效的建筑能源模型，包括采用一系列的步骤来帮助描述可能影响到未来建筑能源利用特点的要素，例如，建筑物本身的设计、暖通空调设备、建筑物的类型和尺寸、平面布局图、建筑材料、空间面积的使用和照明系统。在建筑物描述完成之后，eQuest 生成一个非常详细的建筑模拟以及一个建筑物能源使用的估算。由于 eQuest 采用了 DOE-2.2 版本所有的功能（Full capabilities of DOE-2.2），因此它能够迅速完成上述资料的分析。

在 eQuest 软件中，DOE-2.2 为建筑设计进行一年内的每小时能源利用模拟。该软件计算每小时的供热和制冷负荷，主要以诸如墙体、窗户、玻璃、使用人员多少、插座荷载等条件为基础。DOE-2.2 软件还模拟电扇、泵、冷冻机、锅炉和其他能耗设备的能源使用。在模拟过程中，DOE-2.2 还以表格的形式为建筑物的各种终端用户的能源使用作出预测。

eQuest 提供几种绘图形式来展示模拟的结果。例如，用图展示建筑物总的年度或每月的能源使用情况或用来比较不同设计方案的能源利用情况。此外，eQuest 还能够进行多种模拟，并能够将不同的模拟结果并排地展示出来（Side-by-side graphics）。同时，该软件还提供能源成本估算、自然采光和照明系统控制，自动实施一些常用的提供能源利用有效性的措施（通过从一个清单中选取最好的节能手段）。在该软件的最新版本中，还有展示建筑物形状的 3D 效果图以及供暖制冷系统的图形（HVAC system diagrams）。

7）HAP [63]

HAP 是空调制造商 Carrier 的每小时分析软件（Hourly Analysis Program）的缩写。该软件提供两个强大的分析工具，既能够为商业建筑确定暖通空调系统的容量（Size HVAC system for commercial building），同时也可为建筑物提供 8760h 的能源性能模拟，计算出建筑物每年度能源用量和能源成本。

HAP 软件是为从业工程师而研发，主要用来帮助工程师完成估算能源负荷、设计不同能源系统和评估建筑利用能源性能等日常工作。在软件设计上，重点放在图形用户界面和展示分析结果等方面。表格和图形式输出结果报告（Tabular and graphical output reports）不仅提供建筑系统和设备性能的汇总，同时还列出详细的资料。

HAP 采用 6 个计算处理器来完成日常工作。负荷处理器（The loads engine）采用美国供暖、制冷及空调工程师学会传输功能法（ASHRAE transfer function method）来分析建筑物中动态热能传递（Dynamic heat transfer），确定空间制冷和加热能源负荷量。系统处理器（The system engine）用来模拟空气侧系统的热机械操作功能（Thermomechanical operation of air side system）。装机容量处理器（the sizing engine）与负荷处理器和系统处理器共同确定扩散器、空气终端、电扇、盘管和加湿器等的正确装机容量。供热厂处理器（The plant engine）模拟冷冻机组和热水厂的运行。建筑处理器（The building engine）则搜集从系统和供热厂处理器计算出的有关建筑物能源和燃料消耗资料，并与水电费相联系来计算出建筑能源电表计量总数和总的能源成本。最后，生命周期处理器（Life-cycle engine）采用一个独立但与 HAP 所有能源成本相联系的软件，同时考虑到购买、安装和维护的成本（purchase，installation，and maintenance costs），最终计算出整个系统的生命周期成本。

HAP 软件适用于大多数新建和改建工程。该软件提供了很多配置和控制空气侧暖通空调系统和终端设备的手段，同时还为分体冷热分离系统（Split DX units）、整装冷热分离系统（Packaged DX units）、热泵、制冷机组和冷却塔提供部分负荷特征模型（Part-load performance models）。能源成本可以采用简单或复杂的电费率来计算，后者包括能源费和超出用量额度的附加费，以及根据每天和每年不同时段而定出的电费等。

HAP 软件在过去 20 多年中，为暖通空调业提供了设计和模拟解决问题的办法。该软件满足美国供暖、制冷及空调工程师学会 90.1–2001（ASHRAE Standard 90.1–2001）有关模拟工具的标准。由 HAP 模拟得出的资料还可以用于满足 LEED 的认证要求。

8）HEED [64]

HEED 软件的目的是将一个单一区模拟器（Single–zone simulation）与一个易于使用的界面（A user–friendly interface）相结合，主要用于建筑初步设计阶段。该阶段大多数的设计决定将最终关系到以围护结构为主导的建筑物（Envelope–dominated buildings）的能源使用。

HEED 采用一个专家系统(an expert system)将有限的用户输入资料转换成两个基准建筑设计方案(base case buildings)。方案 1 满足加利福尼亚州第 24 法典——能源法（California' s Title 24 Energy Code）的要求。方案 2 一般比方案 1 节省 30% 的能源使用。方案 2 包括适应当地气候特点的最佳被动供暖（Passive heating）和制冷设计手段。这些设计手法包括改进建筑物的几何外形、朝向、施工、窗户遮阳、玻璃、内部体量（Internal mass）、智能式自然或电扇通风、自然采光等。用户还可以根据自己的需要很容易地修改最初的设计方案。对于高级用户来说，所有的设计资料都可以以数字的形式输入。HEED 软件可以管理多达 25 个工程项目的 9 种不同设计方案。

建筑设计方案的性能资料（Performance output data）除了传统的表格形式以外，还可以以各种各样的图表形式展出。最基本的输出格式是一套条形图，可以比较多达 9 种不同的设计方案的煤气和用电成本，并详细列出加热、制冷、电扇、照明和插座等的能源消耗量。高级的输出结果还包括每小时的三维曲面图（3D surface plots），显示建筑物能源消耗 16 种组成成分以及每年每月每小时的热增益和热损耗的性能。将不同设计方案 3D 图形并排（side–by–side）分析和比较可以揭示建筑物利用能源性能（Building performance）的最细微差异，还可以利用 3D 条形图对多达 9 种设计方案的 40 多个变量进行分析，包括以磅为单位的空气污染情况（In pounds of air pollution）、温室气体的立方英尺数（Cubic feet of greenhouse gases），以及煤气和电的美元成本（Dollar cost）。

HEED 采用 Solar–5 这种以小时为单位对整体建筑热量平衡进行模拟的软件（A whole–building hourly heat balance simulation program）。该软件已经被研发 30 多年，可用来计算一年中 8760h 的热平衡（或任何 12 天的热平衡）。该软件采用美国供暖、制冷及空调工程师学会标准公式，外加 Mackey and Wright 的时间滞后（Time lag）和递减系数法（Decrement factor method）来计算热量流经不同非透明表面时的损耗，以及利用准入系数法（Admittance factor）来计算热量在室内物体中的储藏。该软件还包括很多其他特点，例如，智能式整栋建筑物电扇温度计（An intelligent whole–house fan thermostat），可开启的遮阳控制，依靠窗户的自然采光，可操作式的夜间窗户绝缘（Operable night window insulation），还可以计算每个方案的空气污染情况。HEED 软件经过 BESTEST 围护结构程序即美国供暖、制冷及空调工程师学会 140–2001 标准（ASHRAE Standard 140–2001）验证。

HEED 的强项在于易于使用，简单的资料输入，多种多样的图形输出结果，计算速度和很快对多种设计方案进行比较的能力。与上下文相关的帮助、建议和对常见问题的回答（Context Specific Help, Advice and a FAQ File）都包括在软件之内。除了英文版外，HEED 还有西班牙语版本。此外，HEED 软件是完全免费的，可以直接从其网页上下载。HEED 的网址是 www.aud.ucla.edu/heed。

9）TRACE 700[65]

TRACE 700 软件由 Trane 公司在 1992 年研发。该软件分成 4 个不同计算阶段，即设计、系统、设备和经济学（Design，System，Equipment and Economics），用户可以选择不同的负荷计算方法，包括总体等量温度差异法（Total Equivelant Temperature Difference），制冷负荷温度差异法或制冷负荷系数法（Cooling Load Temperature Difference/ Cooling Load Factor），美国供暖、制冷及空调工程师学会辐射时间序列法（ASHRAE the radiant time series method）和其他的方法。

在设计阶段（Design phase），该软件首先根据建筑物的几何形状、使用时间、换气和通风情况计算出每个月的热增益，然后将热增益资料（Heat gain profile）转换成建筑物制冷荷载。接下来，软件将进行焓湿分析（Psychrometric analysis）以确定补充空气的温度值所需的制冷和供暖。负荷和焓湿分析将重复进行多次以便更精确地了解以小时为单位的所有温度对空间和盘管负荷的影响。最后，该软件根据上述最大的荷载和焓湿分析来确定供气干球温度值（Values of supply air dry bulb），并确定所有盘管和空气处理器容量的大小。

在系统阶段（System phase），该软件模拟每年 8760h（或更少）建筑物的动态反应。整个模拟过程通过将房间荷载资料（Room load profiles）与预先选定的空气侧系统的特点结合来预测各种设备的荷载情况。该软件还将追踪空气穿过建筑时干湿球（Wet and dry bulb condition）温度值来了解空气在整个运动中是否增加或释放热量。除了热回收（Heat recovery）外，该软件还可以模拟直接或间接的除湿做法（Dehumidification strategies）来预测每个房间的湿度。

在设备阶段（Equipment phase），该软件采用在系统阶段获得的每小时的盘管荷载（Coil loads）来决定制冷、供暖和运送空气的设备如何消耗能量。此外，制冷设备还考虑到周围环境的干湿球温度（Ambient dry and wet bulb temperatures）对设备性能的影响。

经济阶段（Economic phase）采用用户输入的建筑能源经济资料和上述设备阶段能源用量来计算出每种设计方案（Each alternative’s）的水电费、安装费、维护费和生命周期费用。根据输入的能源经济参数，可以为每一种设计方案进行很详细的生命周期分析，并能够对不同设计方案的生命周期分析进行横向比较。

10）TRNSYS[66]

TRNSYS 是一种临态系统模拟软件（Transient system simulation program），采用模块结构，主要通过将复杂的能源系统分解成一系列小的成分而解决复杂的能源系统问题。TRNSYS 的各种组成成分（又称为类型）可以简单到一个泵或一根管道，也可以复杂到一个多空调区的建筑模型（A multiple-zone building model）。该软件于 1975 年由美、德、法三国联合开发，目前最新版本为 TRNSYS 17。

TRNSYS 软件各组成部分采用一个整合的视觉界面，又称 TRNSYS 模拟工作室（Simulation Studio），来进行配置和安装。建筑信息则通过一个专用的视觉界面（A dedicated visual interface）TRNBuild 来输入。模拟器解决代表整个系统的代数和微积分方程式（System of algebraic and differential equations）。在建筑模拟中，每一时间段（Each time step）的所有供暖、制冷和通风系统组成部分都与建筑围护结构热平衡和空气网络同时计算。该软件一般采用 1h 或 15min 的时间间隔，但也可以调到 0.1s 的时段。可供用户选择的（每小时或每月的）相关资料的汇总（User-selectable summaries）也可以计算和打印出。

除了详细的多个空调区建筑模型外，TRNSYS 软件数据库（TRNSYS library）还包括很多在热能和电能系统中常见的要素，例如，太阳能热能和光伏系统（Solar thermal and photovoltaic system），低能耗建筑物和暖通空调系统，可再生能源系统，热电联产和氢系统。该软件也提供日常用来处理气象资料输入或其他依赖时间强迫函数（Time dependent forcing functions）和模拟结果输出的工具。

TRNSYS 的模块结构使其很容易增加新的数学模型。各个组成部分由于采用下拉式 DLL 技术（Drop-in DLL technology），也能够很容易实现用户之间的共享而不需要重新编程。简单的组成部分、控制策略和处理前或处理后的一些操作（Pre-and post-processing operations）也能够直接在输入文件中实施。除了以任何程序语言开发新的组成部分的能力外，TRNSYS 也容许直接将其他软件成分如 Matlab/Simulink、Excel/VBA 和 EES 嵌入其中。

TRNSYS 还可将类似 HTML 的语法语句（HTML-like syntax）进入任何输入文件之中，其翻译程序 TRNSED 可以让非 TRNSYS 用户浏览和修改一个像网页一样的简单输入文件（Webpage like representation of the input file），并进行参数分析（Parametric studies）。

美国国家能源法规一览表 A Summary of U.S Energy Acts 附录 4-3-1

年份	法规标题	法规概要
1920 年	联邦水力法 -WPA	设立联邦能源委员会来协调联邦水电项目
1935 年	联邦电力法 -PA	将电力销售、传输回归联邦能源委员员管理
1935 年	公共电力公司法 -PUHCA	管理电力公司的规模，每一地区规定只能有一个公司
1936 年	农村电力法 -REA	资助电力公司为农村电力不足的地区提供电力服务
1938 年	天然气法 -NGA	由联邦能源委员来监管天然气运输管道
1946 年	原子能法 -AEA	将开发核武器、核能源的权利回归为文职人员管理（而不是由军方控制）
1954 年	原子能法 -AEA	开启民用核能源项目
1975 年	能源政策和保护法 -EPCA	建立战略石油储备机制，并确立第一个机动车耗油标准
1977 年	能源部组织法 -DEOA	建立联邦能源部
1978 年	国家能源法 -NEA 国家能源保护政策法 电厂和工业燃料使用法 公共电力公司管理法 能源税收法 天然气政策法	鼓励在家、学校和其他公共建筑中节约能源 限制新的电厂使用石油和天然气发电，1987 年废除 将电力市场对其他能源产商开发 对用油大户（Gas-guzzlers）征税，为使用其他能源的用户提供所得税优惠 逐步取消管理天然气井使用费
1980 年	能源安全法 -ESA 美国合成燃料公司法 生物质能和酒精燃料法 可再生能源资源法 太阳能和能源保护法 地热能源法 海洋热能保护法	鼓励使用所有除石油以外的其他能源，减少对进口石油的依赖 创立合成燃料公司来推广化石燃料的替代燃料 为生物质能和酒精燃料项目通过贷款担保 鼓励使用太阳能、地热能等非传统能源
1982 年	核废料政策法 -NWPA	第一个综合核废料立法
1992 年	能源政策法 EPAct 1992	要求政府、私人机构车队配备使用其他燃料的机动车
2005 年	能源政策法 EPAct 2005	为使用和节约其他能源通过税收奖励
2007 年	能源独立和安全法 -EISA 美国竞争（COMPETES）法	提高机动车耗油标准，逐步淘汰白炽灯，鼓励生物质能源的开发
2008 年	2008 能源和延税法 -ETEA 2008 食品、保护和能源法 战略石油储备实施和暂停及消费者保护法 美国竞争（COMPETES）法 2008 能源改善和延续法	继续为各种形式的可再生能源的使用提供税收减免，延长免税期限 为美国的农业补贴法，是 2002 年农业补贴法的延续。为农业地区提供能源开发、资源保护、营养、和农村发展等提供补助；增加对植物纤维甲醇（Cellulosic ethanol）的生产和有关控制虫害和其他农业问题的科研活动的资助 2008 能源改善和延续法是作为 2008 年紧急经济稳定法案的一部分颁布的，为可再生能源的使用提供税收减免，取消以前的一些数量限制，如根据新法案，购买和安装居住建筑太阳能光伏发电设备没有税收减免上限等
2009 年	2009 美国经济复苏及再投资法 -ARRA	为智能电网提供资助 消减可再生能源税率 为中低收入家庭住宅保温隔热改造 (Weatherizing) 提供资助

资料来源：U.S. Department of Energy (DOE) http://www.U.S. Energy Information Adminstration (EIA)
http://eia.gov/oiaf/aeo/otheranalysis/aeo_2009analysispapers/eiea.html

选择适当的照明控制方式 Selecting the Appropriate Lighting Controls 附录 4-3-2

空间类型 Space Type	使用方式	如果具备以下条件	应该采用的照明控制方式
自助餐厅或午餐室	每天特定时间段使用	采用自然采光	自动日光驱动调光（Daylight-driven dimming）或直接开关控制
		特定时间段使用	天花板吊装占用传感器（Ceiling-mounted occupancy sensors）。确保微小的运动（Minor motion）在所有监测位置都能够探测到
教室	经常使用	多种功能（Multi-tasks），如投影仪、黑板、学生做笔记和阅读、课堂示范	人工手动调光（Manual dimming）
	偶尔使用	每天由不同班级的学生和老师使用	天花板吊装或固定在墙上的占用传感器（Wall-mounted sensors）和人工手动调光。确保微小的运动在所有监测位置都能够探测到
		灯使用后不关	中央控制或 / 和安装占用传感器
计算机房	经常使用	灯从来不关闭掉	使用占用传感器并带手动调光功能。确定微小的运动也能被探测到并保证设备震动（equipment vibration）不会错误地引发传感器
会议室	偶尔使用	多种功能包括电视会议（Video-conferencing）和报告等	人工手动调光，可能情况下预设场景控制（Preset scene control）
		小型会议室	固定在墙上的占用传感器
		大型会议室	天花板吊装或固定在墙上的占用传感器。确保微小的运动在所有监测位置都能够探测到
体育场馆或健身房	经常使用	不同活动需要不同标准的照明	人工手动调光和安装占用传感器。确定暖通空调系统（HVAC）不会错误地引发传感器
	偶尔使用	不同活动需要不同标准的照明	天花板吊装或固定在墙上的被动红外线占用传感器。确定传感器的探测范围相互重叠以保证当空间被使用时灯被打开
走廊	任何形式	偶尔或经常使用	具有拉长探测范围（Elongated throw）的占用传感器
		采用自然采光	日光开关控制（Daylight on/off control）
医疗保健 - 检查室	偶尔使用	不同的照明需要	人工手动调光
		小的区域	固定在墙上的盒式（Wall box）占用传感器
医疗保健 - 走廊	经常使用	采用自然采光	自动日光驱动调光控制
		夜间只需要很低的照明亮度（Lower lighting level）	采用中央集中控制在夜间调低照明亮度
医疗保健 - 病人房间	经常使用	看电视、阅读、睡眠和检查需要不同的照明亮度	人工手动调光。占用传感器不一定适应
旅馆房间	偶尔使用	主要在傍晚和夜间使用，供睡眠和放松	人工手动调光
实验室	经常使用	采用自然采光	自动日光驱动调光控制与占用传感器配合使用
洗衣房	偶尔使用	需要较高的照明亮度，灯经常打开	占用传感器
图书馆 - 阅读区	经常使用	采用自然采光	自动日光驱动调光控制。占用传感器也可使用
		闭馆后灯仍不熄灭	采用集中控制

续表

空间类型 Space Type	使用方式	如果具备以下条件	应该采用的照明控制方式
图书馆－储藏区	偶尔使用	储藏区一般不使用	天花板吊装传感器
大厅或中厅	经常使用，但不归属于任何人	采用自然采光，并且灯应该感觉总是开着的	自动日光驱动调光控制
		日光充足时，灯具完全熄灭应不会有问题	自动日光驱动调光控制或开关控制
		即使长时间无任何人，灯具都必须整个通宵开启	占用传感器。确保微小的运动在所有监测位置都能够探测到
开敞办公室	经常使用	采用自然采光	自动日光驱动调光控制
		从计算机使用到阅读等各种工作	人工手动调光
		下班后灯仍然开着	集中控制和／或占用传感器
单间办公室	主要由一个人使用	采用自然采光	人工手动调光，自动日光驱动调光控制，或自动开关
		使用者可能不熄灭灯，在安装在墙上盒式传感器的探测视域内	固定在墙上的盒式（Wall box）占用传感器。根据使用情况增加调光功能
		使用者可能不熄灭灯，隔断或物体可以阻挡传感器的探测视域	天花板吊装或安装在墙上的传感器。根据使用情况增加调光功能
复印、整理和组装	偶尔使用	灯具在不需要时也开启	安装占用传感器。确保机器震动不会错误地引发传感器
餐馆	经常使用	采用自然采光	自动日光驱动调光控制
		一天内需要不同照明亮度	人工手动调光（可能情况下采用预设场景调光）
		清扫时需要不同的照明亮度	中央控制
卫生间	任何形式	有多个马桶间	天花板吊装超声占用传感器覆盖整个空间
		单个马桶（无隔断）	墙置开关占用传感器
零售商店	经常使用	采用自然采光	自动日光驱动调光控制
		零售、储藏、清洁不同的照明要求	中央控制或预设场景调光
仓库	走道往往不用	采用自然采光	自动日光驱动调光控制或日光开关控制（Daylight on/off control）
		走道中灯光在不使用时熄灭	天花板吊装具有拉长探测范围的占用传感器。选用即使货架不满也不会探测到隔壁走道中运动物体的传感器

资料来源：Nelson, D. *Energy Efficient Lighting. Whole Building Design Guide*
http://www.wbdg.org/resources/efficientlighting.php

建筑能源设计和分析软件工具一览表 Building Energy Design and Analysis Tools　附录 4-3-3

软件名称	应用范围
3E Plus	绝缘，绝缘层厚度
AAMASKY	天窗，自然采光，商业建筑物
Acoustics Program	暖通空调声学、声音水平预测、噪声水平
Acuity Energy Platform	用电量上报和节约潜力

续表

软件名称	应用范围
AEPS System Planning	电器系统、可再生能源系统、规划和设计软件、建模、模拟、能源用量、系统运行表现、财务分析、太阳能、风、水电、行为特征、使用状况、发电负荷存储计算、并入电网(On-grid)、脱离电网(Off-grid)、居住、商业、系统规模确定、水电费率计划、费率比较、水电费、能源节约
AFT Fathom	设计、泵的选择、管线分析、管道设计、管道尺寸确定、冷冻水系统、热水系统
AFT Mercury	优化，管线优化，泵筛选，管道设计，确定管道尺寸，冷冻水系统、热水系统
AG132	照明，自然采光，渲染，道路
AIRPAK	气流模型，污染物传播，房间空气传播，温度和湿度分布，热舒适，计算流体动力学(CFD-computational fluid dynamics)
AkWarm	住宅能源评价体系，住宅能源，居住建筑能源建模，住宅防寒保暖(Weatherization)
Analysis Platform	供热，制冷，太阳能热水器设备(SWH-Solar Water Heater)，商业建筑
Animate	数据可视化动画，XY 图，能源使用资料
AUDIT	运行成本，数据传输(Bin data)数据校对，居住，商业
Autodesk Green Building Studio	建筑信息建模，互操作性，能源性能，DOE-2,EnergyPlus, CAD
Awnshade	遮阳，雨篷，挑檐，竖向侧遮阳(Side fins)，窗户
BE$T	电动发动机，能源效率
BEES	环境性能，绿色建筑，生命周期评估，生命周期成本，可持续发展
Benchmata	自动比较系统(Automated benchmarking system)，自动化耗能组成管理功能
BESTEST	建筑外部围护结构模拟软件功能测试
BinMaker Pro	气象资料，(Binned)校核的气象资料，设计气象资料
BLCC	经济分析，能源节约表现合同(ESPCs-Energy Savings Performance Contracts)，联邦建筑物，生命周期成本
BTU Analysis Plus	供暖、通风和空调，供热，空调，热负荷研究
BTU Analysis REG	供暖、通风和空调，供热，空调，热负荷研究
Building Design Advisor	设计，自然采光，能源性能，原型，案例分析，商业建筑
Building Energy Analyzer	空调，供暖，建筑场地现场发电(On-site power generation)，热量回收，联合取暖和供电(CHP-Combined Heating and Power)，生物质联合取暖和供电(BCHP-Biomass Combined Heating and Power)
Building performance Compass	商业建筑，多户住宅建筑，Benchmarking，能源使用记录，能效改进记录，气候正常化
BuildingAdvice	建筑物整体分析，能源模拟，可再生能源，改造分析，可持续发展性 / 绿色建筑
C-MAX	泵，电扇，制冷器，压缩机，节约能源，设施设计(Facility Design)
CHP Capacity Optimizer	总的供暖和电力能源(Combined heating and power)，共同发电，容量优化，输送的 generation
CHVAC	商用暖通空调系统，荷载计算，制冷负荷温度差异(CLTD-Cooling Load Temperature Difference)
CL4M Commercial Cooling and Heating Loads	制冷负荷，供暖负荷，商业建筑物
Climate Consultant	气候分析，温湿图，生物气候图及风玫瑰(Wind wheel)
COMcheck	能源法规达标(Energy code compliance)，商业建筑物，法规培训，节约能源
COMIS	多个空调区空气流，污染传播
Commodity Server	能源资料库服务器，历时能源使用，能源组成(Energy portfolio)管理
CompuLyte	照明，自然采光，绘图

续表

软件名称	应用范围
COMSOL	Multiphysics，模拟，建模，热量传送， finite element
CONTAM	空气流分析，建筑物控制，污染物消除，室内空气质量，多个空调区分析，控制吸烟，吸烟管理，通风
Cool Roof Calculator	反射屋顶，屋面防水层，低坡屋顶
CPF Tools	太阳能销售，估算工具，方案工具，太阳能融资，自动填充，Rebate form，顾客关系管理软件（CRM-Customer Relationship Management），客户和融资显示板（Dashboard）
CtrlSpecBuilder	暖通空调控制，规范，施工规范研究所第 15900 节暖通空调仪器仪表和控制
D-Gen PRO	分布式发电，现场发电，联合取暖和供电（CHP-Combined Heating and Power），生物质联合取暖和供电（BCHP-Biomass Combined Heating and Power）
Data Center Efficiency Savings Calculator	资料中心能源效率计算器
Daylight	自然采光，采光系数（Daylight factor）
DD4M Air Duct Design	风管设计，空调，供暖
Degree Day Forecasts	日温度（Degree days），气象资料，日平均气温
Degree Day Reports	日温度（Degree days），气象资料，日平均气温
Demand Response Quick Assessment Tool	需求响应，负荷估算，EnergyPlus
DesiCalc	除湿系统，空调，系统设计，能源分析，除湿，以干燥剂为基础的空气处理 (Desiccant-based air treatment)
Design Advisor	整个建筑物，能源，舒适，自然通风，双层幕墙（Double-skin façade）
Discount	现值，折价因素（Discount factor），未来价值（Future value），生命周期成本
DOE-2	能源性能，设计，改建，研究，居住和商业建筑物
Duct Calculator	确定管道尺寸，设计，工程，计算
DUCTSIZE	确定管道尺寸，平等摩擦，静态恢复
E-Z Heatloss	热损耗，热增益，居住计算
E.A.S.Y. -Energy Accounting System for Your Buildings	能源会计，连续的监理和核查系统（OMV-Ongoing monitoring and verification system），确定建筑能源利用基本情况，节约能源和减少排放
EA-QUIP	建筑模型，节能分析，改造优化（包括制定工作范围），投资分析，在线能源分析工具，多住户住宅建筑物分析（Multifamily building analysis）
EASY: Whole House Energy Audit	能源审计，居住建筑物，改造，经济分析，需求方管理（DSM-Demand side management）
EBS	水电费计费（Utility billing），能源管理
ecasys	能源项目管理
EcoAdvisor	网上互动培训，网上多媒体培训，可持续的商业建筑物，照明，供暖空调系统
EcoDesigner	为建筑师设计，包括在建筑信息管理软件之内，鼠标一点击评价
eDNA	能源资料管理，在线资料档案（On-line data archive）
EEM Suite	能源管理，能源会计，设立比较标准，能源使用分析，能源预测
EffTrack	冷水机组效率，冷水机组性能
EMISS	大气污染，能源相关的污染排放
EMODEL	资料处理，能源使用资料的绘图和回归模型分析（Graphing and regression modeling of energy-use data）
EN4M Energy in Commercial Building	能源计算，商业建筑物，传播方法（Bin method），经济分析

续表

软件名称	应用范围
ENER-WIN	能源性能，负荷计算，能源模拟，商业建筑物，自然采光，生命周期成本
EnerCop Energy Benchmarking and Accounting Software	能源比较标准设定（Energy benchmarking），碳比较标准设定，能源会计
Energy Estimation Software with Carbon Footprint Calculation	变频驱动器，节能，电扇，泵，碳足迹（Carbon footprint）
Energy Expert	能源追踪，能源报警，无线监控
Energy Profiler	负荷组成（Load profiles），电费比较，资料收集
Energy Profiler Online	在线，能源使用，负荷组成（Load profiles），水电费估算
Energy Scheming	设计，居住建筑物，商业建筑物，能源效率，负荷计算
Energy Trainer for Energy Managers HVAC Module	培训，暖通空调，操作和维修，现有建筑
Energy Usage Forecasts	日温度（Degree days），气象资料，平均日温度，负荷计算，能源模拟
Energy WorkSite	能源比较标准设定，设施清单，水电费账单管理器（Utility bill manager）
Energy-10	概念设计，居住建筑物，小型商业建筑物
EnergyAide	能源审计，住宅能源分析，改建
EnergyCAP Enterprise	能源信息，能源会计，能源使用追踪，能源效率，水电费账单管理，能源管理，水电费账单会计，比较标准设定，日温度，监测与验证（M&V-Measurement and verification），能源使用监测，FASER 能源会计软件
EnergyCAP Professional	能源信息，能源会计，能源使用追踪
EnergyGauge Summit Premier	建筑物模拟，能源模拟，建筑能源建模，满足 ASHRAE 90.1 标准的商业建筑物标准，LEED NC 2.2 EA 标准，联邦商业建筑税收减免要求，EPACT 2005 达标软件，满足佛罗里达州法规，及 ASHRAE 90.1 标准 附录 G，DOE 2.1 E 等
EnergyGauge USA	居住建筑物，能源计算，满足法规要求（Code compliance）
EnergyPeriscope	可再生能源性能分析，财务分析，销售方案
Energy Plus	能源模拟，荷载计算，建筑性能，模拟，能源性能，热平衡，体量平衡
EnergyPro	符合加利福尼亚州法规 24 款要求软件，能源模拟，商业，居住建筑
EnergySavvy	效率计算，能源优惠（Energy rebates），住宅建筑商搜寻
EnergyShape	能源荷载，最终用途，能源概况（Energy profile）
ENFORMA	资料获取，能源性能，建筑物诊断，暖通空调系统，照明系统
Engineering Toolbox	制冷剂供应管道尺寸确定，空气性质，液体性质，功率因数校正，管道尺寸确定
ENVSTD and LTGSTD	联邦商业建筑标准，达标，节能
eQUEST	能源性能，模拟，能源使用分析，概念设计性能分析，LEED，能源和大气得分分析，加利福尼亚州法规 24 款达标分析，生命周期成本，DOE 2，PowerDOE，建筑设计向导（Building design wizard），能源效率检查向导等
ERATES	电力成本，水电费率表
REMES	极端天气情况，气候顺序，模拟，能源计算
EZ Sim	能源会计，水电费账单，测试，改建，模拟
EZDOE	能源性能，设计，改建，研究，居住和商业建筑物
FASER	能源信息，资源核算
FEDS	单一建筑物，多栋建筑物设施，中央供热厂（Central energy plant），热循环，能源模拟，改建机遇，生命周期成本，排放影响，其他融资方式
FENSIZE	开窗，太阳能热量增益指数，热传导（Thermal transmittance），视觉通透率（Visual transmittance），窗户，天窗，达标（Code compliance）

续表

软件名称	应用范围
FENSTRUCT	结构性能，开窗，偏转，应力状态，惯性矩，重心， AAMA
foAudits	能源用量审计
FRESA	可再生能源，改建机遇（Retrofit opportunities）
FSEC 3.0	能源性能，研究，高级制冷和除湿
Gas Cooling Guide PRO	煤气制冷，混合暖通空调系统（Hybrid HVAC systems）
GenOpt	系统优化，参数确定，非线性编程序，优化方法，暖通空调系统
GIHMS	工业化住宅生产
GLASTRUCT	结构性能，开窗，偏转，应力状态，ASTM
GLHEPRO	地热交换设计，地源热泵系统（Ground source heat pump system），地热泵系统（Geothermal heat pump system）
Green Energy Compass	独立式住宅，确定比较标准，能源追踪，能源效率改进追踪（Improvement tracking），天气正常化（Weather normalization）
HAP	能源性能，荷载计算，能源模拟，暖通空调设备装机容量确定（HVAC equipment sizing）
HAP System Design Load	制冷供暖负荷计算，暖通空调设备装机容量确定（HVAC equipment sizing），空调区划分和空气分布
HBLC	制冷供暖负荷，热平衡，能源性能，设计，改建，居住和商业建筑物
Heat Pump Design Model	热泵，空调器，空气质热泵，设备模拟
HEED	全建筑物模拟，能源效率设计，适应气候的设计（Climate responsive design），能源成本，室内空气温度
Home Energy Saver	网络为基础的能源模拟（Internet-based energy simulation），居住建筑物
Home Energy Tune-uP	住宅能源审计，能源效率，管理，节能，咨询，住宅性能，质检，低收入，可再生能源，居住建筑改建，培训，住宅防寒保暖，全建筑物
HomeEnergySuite	能源使用和节能分析
HOMER	远程电源，分布式发电，优化，离网，联电网（Grid-connected），单机
HPSIM	热泵，研究
HVAC1 Toolkit	能源计算，空调组件算法（HVAC component algorithms），能源模拟，性能预测
HVAC Solution	锅炉，制冷器，热交换器，冷却塔，泵，电扇，膨胀水箱，热泵，风机线圈，接线盒（Terminal boxes），百叶窗，抽油烟机，辐射板，阻尼器，过滤器，管线，阀门，管道系统，附表
HVACSIM+	暖通空调设备，系统，控制器，能源使用管理和控制系统（EMCS-Energy management and control system），复杂系统
Hydronics Design Studio	液体循环加热（Hydronic heating），辐射加热，模拟，设计，管道
I-BEAM	室内空气质量，室内空气质量教育，室内空气质量管理，能源与室内空气质量
IAQ-Tools	室内空气质量，“病态”建筑物 (sick building)，通风设计，污染源控制设计，示踪气体计算（Tracer gas calculations）
IDEAL	电力公司分析，电力成本，电费账单分析
Indoor Humidity Tools	室内空气湿度，干燥，冷凝
InterLane Power Manager	电能计量（Energy metering），监测，电力管理
IPSE	太阳能建筑，被动式太阳能，居住建筑物，介绍，教育，参考
IWEC	国际气象，天气资料，气象资料，能源计算
IWR-MAIN	需水量分析（Water demand analysis），市政和工业用水需求，节水，水资源规划

续表

软件名称	应用范围
IWRAPS	水规划，用水管理，用水量预测，节水，水权，军事设施
J-Works	负荷计算，商业建筑，居住建筑
Load Express	设计，商业建筑物照明，供暖和制冷负荷，暖通空调
Look3D	根据柱状资料绘制的三维全彩表面图（Three-dimensional, full-color surface plots from columnar data），能源使用资料
LoopDA	气流分析，室内空气质量，多个空调区分析，自然通风
Louver Shading	窗户，挑檐，百叶窗，窗帘，凉亭（Trellis），遮阳，太阳能
Macromodel for Assessing Residential Concentrations of Combustion Generated Pollutants	室内空气质量，研究
Maintenance Edge	计算机化维修管理系统（CMMS -Computerized maintenance and management system），维修，Work order，能源之星，LEED，确定比较标准，紧急警报（Critical alarm）
MarketManager	建筑能源模型，设计，改建
MC4Suite2009	暖通空调项目设计，装机容量确定，计算，能源模拟，商业，居住，太阳能
METRIX4	监测和核查，水电费账单分析，水电费会计
MHEA	改建机遇，审计，可移动房屋
Micropas6	能源模拟，加热和制冷负荷，居住建筑，达标（Code compliance），每小时
MOIST	联合热湿传递，建筑围护结构
MotorMaster+	马达，高效节能电机，马达数据库，电机管理，工业效率
Myupgrades.com	暖通空调更新，暖通空调设备选择，节能，提升销售（up-sell）
National Energy Audit (NEAT)	改建，能源，审计，效率措施（Efficiency measures）
OHVAP	通风设计，燃油设备
OnGrid Tool	太阳能，金融，分析，销售，工具，软件，经济学，方案
Opaque	墙体热传导，热传导值（U-value）
OptoMizer	照明审计，照明改建，照明效率
Overhang Annual Analysis	窗户，挑檐，遮阳，太阳能
Overhang Design	太阳能，窗户，挑檐，遮阳
Panel Shading	太阳能板，光伏，太阳能收集器，太阳能热，遮阳，太阳能
PEAR	设计，改建，居住建筑物
Photovoltaics Economics Calculator	太阳能，光伏，经济学
Pipe Designer	液体系统，管线设计，现有系统
Pipe-Flo	管线分析，泵选择，管线设计，液压分析，泵选择，压力下降计算器，压力模拟，蒸汽分配，冷水（Chilled water），喷淋系统（Sprinkler system）
PocketControls	个人数字助手（PDA-Personal digital assistant），控制器，前端，手持装置
Polysun	太阳能系统设计模拟软件，热泵
PRISM	水电费账单资料，需求方管理（Demand-side management），节能统计
Prophet Load Profiler	能源分析，负荷构成，成本比较，能源预算，电费分析，资料搜集，实时监测，荷载消减（Load shedding）
PsyCalc	温湿，温度，水分含量，大气压力
Psychrometric Analysis	温湿分析，暖通空调
PV-DesignPro	光伏设计，追踪系统（Tracking systems），太阳能，电器设计
Quick Calc	照明设计，三维绘图，室内照明

续表

软件名称	应用范围
Quick Est	照明，三维绘图，室内照明
Radiance	照明，自然采光，渲染
RedOnCol	太阳辐射热，太阳能收集器
RadTherm	对流，传导，辐射，天气，太阳能，瞬态
REEP	能源和水效率战略，经济分析，污染治理，国防部设施（DOD–Department of Defence installations）
Rehab Advisor	高性能住宅，独立式住宅，多户住宅，房屋更新，能源效率
REM/Design	能源模拟，居住建筑物，达标，设计，防寒保暖，设备选择，美国环保署能源之星住宅分析（EPA Energy Star Home analysis）
REM/Rate	住宅能源评级系统（Home energy rating system），居住建筑物，能源模拟，达标，设计，防寒保暖，美国环保署能源之星住宅分析（EPA Energy Star Home analysis），设备选择
ReScheck	能源法规达标，居住建筑物，法规培训，能源节约
RESEM	改建，研究机构建筑
RESFEN	开窗，能源性能
RHVAC	居住建筑暖通空调，居住荷载计算，美国空调承建商学会（ACCA–Air Conditioning Contractors of America），手册J
Right–Suite Residential for Windows	居住建筑负荷计算，管道尺寸确定，能源分析，暖通空调设备选择，系统设计
Roanakh	光伏系统设计，联网（Grid–tie），电网互动（Grid–interactive），太阳能发电系统设计
Room Air Conditioner Cost Estimator	空调器，生命周期成本，能源性能，居住建筑，节能
SIP Scheming	受力外墙绝缘核心板（Stressed skin insulating core panel）
SMOC–ERS	能源效率计划，审计，报告
Sol Path	太阳能，太阳，太阳轨迹（Sun path）
SOLAR–2	窗户，竖向遮阳（Shading fins），挑檐，日光
SOLAR–5	设计，居住建筑和小型商业建筑物
SolArch	热性能计算（Thermal performance calculation），太阳能建筑，居住建筑，设计清单
SolarDesignTool	光伏，光伏系统设计，并网光伏系统，光伏板列阵设计（Array layout design）
SolarPro 2.0	太阳能热水，热处理过程，替代能源，模拟
SolarShoeBox	直接增益，被动太阳能
SPACER	开窗，间隔，THERM，，热模拟，绝缘玻璃构件（IGU–Insulated glass units），密封胶
SPARK	研究，复杂系统，能源性能，短的时间间隔动态（Short time–step dynamics）
SPOT	自然采光，电力照明，光感器，节约能源
SunAngle	太阳能，太阳，角度
SunAngle Professional Suite	太阳角度，太阳能计算器
SUNDAY	能源性能，居住建筑和小型商业建筑
SunPath	太阳能几何学，太阳的位置
SunPosition	太阳能角度设计（Solar angle design），太阳高度角，太阳能设计
SUNREL	设计，改建，研究，居住建筑，小型办公建筑，被动太阳能
Sunspec	太阳辐射，照度，辐照，发光效率，太阳的位置
SUN CHART Solar Design Software	太阳图（Sunchart），太阳的位置，太阳轨迹，遮阳
SuperLite	自然采光，照明，居住建筑和商业建筑
System Analyzer	能源分析，负荷计算，系统和设备类型方案比较

续表

软件名称	应用范围
Tariff Analysis Project	账单计算，水电费账单，附加费，附表，费率，费率表，水电费，水电附加费，节约成本，节约能源分析，投资分析
Therm	两维热传播（Two-D heat transfer），建筑产品，开窗
Therm Comfort	热舒适度计算，舒适度预测，室内环境
Toolkit for Building Load Calculations	建筑荷载，能源计算，热平衡模型（Heat balance model），热传播
TRACE 700	能源性能，负荷计算，暖通空调设备选择（HVAC equipment sizing），能源模拟，商业建筑
TRACE Load 700	供暖和制冷负荷计算，空气分布模拟，暖通空调设备选择，商业建筑
TREAT	防寒保暖审计软件，BESTEST，采用能源之星审计工具检验住宅性能，改建，独立式住宅，多户居住，活动房屋，住宅能源效率评级（Home Energy Rating System），负荷选择（Load sizing）
TRANSYS	能源模拟，负荷计算，建筑性能，模拟，研究，能源性能，可再生能源，新兴技术
UM Profiler	水电计量，水电会计
United Resources Group Lighting Conservation	计量，照明节约，成本节约
UrbaWind	计算流体动力学（Computational fluid dynamics），风模拟，风能，自然通风，行人舒适度
Utility Manager	中央控制系统捕捉水电资料用于形成能源使用和成本报告，减少能源使用和成本
UtilityTrac	能源追踪，LEED，能源之星，水电费账单管理
Varitrane Duct Designer	通风管道尺寸确定，静态恢复，等量摩擦，配件损失
VentAir 62	通风设计，美国供热、制冷和空调工程师学会 62 系列标准（ASHRAE Standard 62）
Visual	照明，照明设计，道路照明，视觉，流明法
VisualDOE	能源，能源效率，能源性能，能源模拟，设计，改建，研究，居住和商业建筑，模拟，暖通空调系统，DOE-2
Visualize-IT Energy Information and Analysis Tool	能源用量分析，电费比较，负荷组成（Load profiles），间隔数据
WaterAids	用水审计，用水分析，终端用水分配，旧改，生活热水
WATERGY	节水潜力，节能
Weather Data Viewer	天气，气候，恶劣天气，设计资料，设计温度，湿度，结露点，干球，湿球，温度，热焓，风速
Weather Year for Energy Calculations 2	气象资料，能源计算，模拟资料
Window	开窗，热性能，太阳光学特点，窗户，玻璃
Window Heat Gains	太阳，窗户，能源
WUFI-ORNL/IBP	湿度模拟，湿热模型，热湿联合传送，建筑物围护结构性能
ZIP	经济的绝缘标准，居住建筑
iGet Phsyched!	湿度表（Psychrometric chart），湿度，湿气，干球温度，湿球温度

主要资料来源：美国能源部能源利用有效性和可再生能源办公室建筑物能源软件工具目录

http：//appsl.eere.energy.gov/buildings/tools_directory/countries.cfm/pagename=countries/.

第四节
绿色建筑材料和产品
Green Building Materials and Products

建筑使用的材料和产品涉及巨大的产业链。生产建筑材料和产品的活动可能直接污染空气、水体，破坏野生动物栖息地（Wildlife habitats），耗尽某种自然资源；建筑施工和拆迁产生大量的废料，需要耗费大量的能源来处理，并加重垃圾填埋厂（Landfill）的负荷。因此，如何在建筑设计、施工、使用、维修甚至拆迁中减少建筑材料和产品对环境的影响是绿色建筑、可持续设计所关心的主要课题之一。绿色建筑通过使用绿色建筑材料和产品的方式来减少对环境的影响，并达到节约建筑物生命周期成本（Life–cycle cost）的目的。

1. 选择绿色建筑材料和产品的重要性 The Importance of Selecting Green Building Materials and Products

建筑的建造和使用消耗大量的能量。就建筑材料本身来说，从挖掘和开发原材料、将原材料运输到材料加工厂、将原材料加工成建筑产品、将建筑产品运送到工地、建筑材料的安装、产品使用过程的维修以及产品的拆除和回收的整个过程，大致消耗一个 50 年寿命的建筑物整个生命周期能量要求的 15%~20%（AIA–SUSTAIANABILITY 2030）[1]。这种以生命周期来计算能源消耗的方式称之为材料的损耗能量（Embodied energy）。损耗能量在建筑材料中由两种能源形式构成，即初始损耗能量（Initial embodied energy）和经常性耗能量（Recurring embodied energy）。

初始损耗能量代表建筑材料在生材料加工的整个过程中所消耗的不可再生的能源，包括生材料的矿产挖掘和开发、加工、制造、运输和施工过程中所消耗的能源。初始损耗能量可再细分为两部分：直接能源（Direct energy）和间接能源（Indirect energy）。直接能源用于将建筑产品运输到建筑施工工地，然后将其安装在建筑物中；间接能源则是用于获取、处理和制造建筑材料，包括与运输有关的任何活动所消耗的能量。

经常性耗能量代表建筑材料的元件或系统在它们生命周期中，所需要的维护、修理、恢复、翻新或更换所消耗的不可再生的能源。损耗能量被定义为一种建筑材料在它的整个生命过程中所消耗的不可再生能源的总和。损耗能量是以每单元材料和其系统所消耗的不可再生的能源的数量来计算的。例如，它表现为每重量单位（kg，t）或面积单位（m^2）所消耗的兆焦耳（MJ）或吉焦耳（GJ）能量[2]。消耗能量的计算过程很复杂，涉及大量的数据源。

一个建筑物通常有多少损耗能量？

不同的建筑所消耗能量的数量差别很大。首先建筑物的性质与能源消耗的多少有很大的关系。例如，医院建筑的损耗能量比学校建筑的损耗能量大得多。其次，损耗能量和建筑所使用的材料与这些材料的来源也关系密切，因为材料的选用和来源关系建筑材料、构配件、系统安装和使用的质量和耐久性，而这种质量和耐久性是与维护这些材料和系统所需的经常性耗能量的多少有着直接关系的。这种经常性耗能量又是建筑物损耗能量的重要组成部分。

加拿大研究者科尔和克南（Cole and Kernan）对一个 4620m^2 的加拿大建筑进行了研究。他们对这座带地下停车场的三层办公楼，就木结构、钢结构和混凝土结构三种不同的建筑构造系统进行了分析。以下是他们对这三种不同的建筑结构系统的平均初始损耗能量的分析结果[3]：

在这三种不同的建筑结构系统中，建筑的外围护体系、结构和系统服务大致占了建筑初始损耗能量的 3/4（图 4–29）。建筑装修 13% 的损耗能量在经常性耗能量中增长最多。如果不考虑经常性损耗能量，这三种不同的建筑结构的损耗能量并没有太多的不同，但是，材料

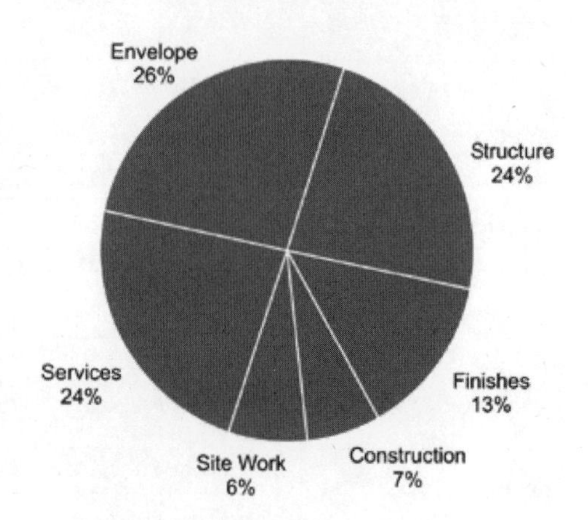

Breakdown of Initial Embodied Energy by Typical Office Building Components Averaged Over Wood, Steel and Concrete Structures [Cole and Kernan，1996].

图 4–29 平均总的初始损耗能量 Average Total Initial Embodied Energy

对环境的影响程度却有着显著的不同[4]。[9]

当考虑到经常性损耗能量时，科尔和克南的研究显示，建筑物的结构是建筑生命周期中持续时间最长久且不消耗经常性损耗能量的元素。然而，这个典型的办公建筑，到了第 25 年，由于建筑的外围护体系、装修材料和服务设备的原因，经常性损耗能量占到了初始损耗能量的 57%。到了第 50 年，经常性耗能量将占其初始损耗能量的 144%。到第 100 年，这一比例将上升至近 325%。这是一种什么样的关系？他们的研究表明，这种关系与建筑材料的耐久性和维护这些材料和其他建筑物各种系统的服务有着直接的联系。从建筑物生命周期的角度来看，较低廉的建筑物的成本花费并非与可持续性的经常性耗能量相一致。低廉的、不耐久的建筑材料往往需要更多的经常性耗能量。

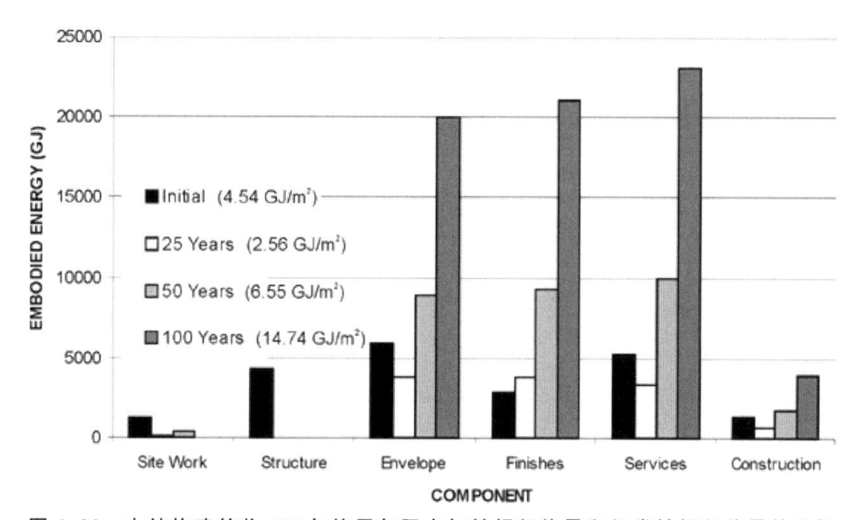

图 4-30 木结构建筑物 100 年使用年限中初始损耗能量和经常性损耗能量的比较
Comparison of Initial to Recurring Embodied Energy for Wood Structure Building Over a 100-Year Lifespan

材料的损耗能量是测试建筑材料的能源有效性和其对环境影响的关键。具有越少损耗能量的材料，其能源的有效性越高，对环境的影响程度越少。其实建筑材料的损耗能量直接影响着地球资源过度开发、温室气体排放、环境退化和生物多样性减少等诸多环境问题。损耗能量是一个体现建筑材料系统整体能源消耗对环境的影响指标，所以建筑师在选择建筑材料的时候，往往参照其损耗能量指标，所谓选择绿色建筑材料指的就是选择那些具有较低的损耗能量的建筑材料（见表 4-25）[5]。

建筑材料的损耗能量值 Embodied Energy in Building Materials 表 4-25

建筑材料 Building Materials		损耗能量值 Embodied Energy 英热单位 / 每英镑（BTU/LB）
低能量损耗的建筑材料 Low Embodied Energy Materials	沙 / 碎石 Sand/Gravel	18
	木材 Wood	185
	灰砂砖 Sand-lime Brickwork	730
	轻型混凝土 Lightweight Concrete	940
中等能量损耗的建筑材料 Medium Embodied Energy Materials	石膏板 Gypsum Board	1830
	砖 Brickwork	2200
	石灰 Lime	2800
	水泥 Cement	4100
	矿物纤维隔热材料 Mineral Fiber Insulation	7200
	玻璃 Glass	11100
	瓷 Porcelain	11300

续表

建筑材料 Building Materials		损耗能量值 Embodied Energy 英热单位 / 每英镑（BTU/LB）
高能量损耗的建筑材料 High Embodied Energy Materials	塑料 Plastic	18500
	钢 Steel	19200
	铅 Lead	25900
	锌 Zinc	27800
	铜 Copper	29600
	铝 Aluminum	103500

从表 4-25 可以看出，在最常用的建筑材料中，木材的损耗能量最少，其他依次是轻型混凝土、石膏板、砖、玻璃、塑料、钢和铝。因此，如果一个建筑选择了较多的铝制或铝合金材料，无论在其他方面如何努力做到了能源有效，但从它的整个生命周期来计算，能源消耗都是巨大的。

一个可持续性发展的建筑意味着建筑本身的材料和各种建筑系统在其整个生命周期的运行过程中，维持最少的能源消耗，而一个先进的绿色建筑材料则是维持这种标准的重要因素。这些可持续的、对环境有益的绿色建筑材料不仅能够被回收和再利用（Recycled and reused），从开发到利用都消耗最少的能源，而且可有效提高室内环境质量，有益于人类的身体健康，减少建筑物二氧化碳排放量（CO_2 emission），整体上对环境作出巨大的贡献。

2. 绿色建筑材料 Green Building Materials[6]

很多因素决定了一种建筑材料是不是绿色建筑材料。以再生木材为例，它由回收废料制成，不仅具有高度的耐用性，而且可以省去有毒的化学处理的工艺过程。秸秆刨花板产品来自农业废弃物，它们不释放任何有毒气体（如甲醛），而且还能够自我降解（Biodegradable）。一个具有多重效益的绿色建筑产品是以其整体环境性能表现为衡量标准的。一个特殊材质的窗户可能不是绿色的，但在其使用的过程中，可以最大限度地吸收冬天的温暖阳光和有效地遮盖夏季酷暑的余热，因此，即使一个相对传统的窗户也可以建立起一个绿色建筑的表现性能。所谓绿色建筑的配套产品和材料指的是能达到对环境的影响程度最低的整体性能标准，即使它根本不符合某一单项的绿色评价准则。相反，一个看似为绿色材料的产品，可能由于对环境的负面影响而不符合其绿色属性指标。例如，经过防腐处理的木材，由于其耐用性方面的优势而被大量使用，但由于它在防腐处理的过程中介入了有毒化学元素，对健康及环境产生了危害，因此被列在绿色建筑材料之外。

评估绿色建筑材料的标准包括材料的来源（Resources）、表现性能（Performance）和对环境的污染（Pollution）程度。材料的来源归结于对自然资源类型的选择以及开采方式。表现性能指的是材料在生产和使用过程中能源使用的有效性和自身材料的耐用性，例如，隔热材料的表现性能必须以其热阻效应的有效性作出判断，而地砖则以它的耐用性以及使用时间的长短作为评判标准。对环境的污染程度指的是材料的开采、生产和使用过程中，能源消耗对环境所产生的污染程度。

评判“绿色”材料的标准是相对的，以现阶段的技术水平和对环境的影响程度作为标准，所作出的“绿色”评判标准的分析，也许在将来会得到彻底的否定。即使是当前最好的绿色建筑材料，也有可能被新一代的、更高性能的材料所代替。现阶段对绿色建筑材料客观的评价标准应该是一组综合考虑的因素[7]，这些要素包括：

①产品及其构件在开发、生产和运输过程中消耗了多少能量，也就是它的损耗能量值的大小。

②生产该材料时所用的能源类别，即可再生或其他方式的能源。

③这是一个本地产的建筑材料吗?

④这是可以重复使用，或回收再用的材料吗？

⑤这是一种耐久性的建筑材料吗？

⑥这种材料在其整个使用寿命中需要多少维护和维修？

⑦这是一种影响室内空气质量的材料吗？

⑧在生产和运输这种产品的过程中，产生什么样的污染和废料？以及使用完后，需要花费多少能量来处理这种废料？

⑨这种产品的原材料是否在当地盛产？

根据以上的评判标准，绿色建筑材料和产品包括以下一个或多个特性：

（1）绿色建筑材料和产品在整个生命周期的过程中，无任何或仅有较低的可导致室内空气质量变差的不健康的化学物质释放（Low or no unhealthy chemical emissions），不会对建筑使用者和管理者带来任何健康危害，同时不含有任何有毒的化学合成物，坚固耐用，具有很低的维护和保修要求。

（2）绿色建筑材料和产品最大限度地利用资源。绿色建筑材料和产品包括：

①可再生的资源（Recycled contents），以及后消费和预消费（Post-consumer and pre-consumer）材料；

②很容易全部或部分被重新使用（Easily reused）；

③易于回收（Easily recycled）。

（3）绿色建筑材料和产品不造成全球的气候变暖，不对环境造成负面影响。通常，绿色建筑材料和产品：

①不含有氟氯化碳（Chlorofluorocarbon refrigerants，CFCs）、氟氯烃（Hydrochlorofluorocarbons，HCFCs）、或其他消耗臭氧层的有害物质（Ozone depleting substances）；

②均来自可持续的采伐过程（Sustainable harvesting process），例如，木材产品必须达到绿色产品的认证；

③原材料和生产商都是来自于本地区（Local resource and manufacturer）；

④具有低损耗能量（Low embodied energy）；

⑤均来自可再生资源（Derived from renewable resources）；

⑥在废弃时，都可生物降解（Biodegradable when disposed）等。

3. 绿色建筑材料的特征[6] Characteristics of Green Building Material

绿色建筑材料往往由回收物、废弃物或农业废料制成，对自然资源具有保护作用，对环境具有较低的负面影响。同时绿色建筑材料在加工和使用中节约水和能源，有助于人类安全和健康。绿色建筑材料的特征如下：

1）绿色建筑材料由回收物、废弃物或农业废料制成 Made with Recycled，Salvaged，or Agricultural Waste Content

建筑材料的来源和成分是决定其绿色与否的关键所在。具体来讲，绿色建筑材料和产品包括以下成分：

（1）回收的成分 Recycled Content

材料中是否含有回收物、含有多少回收物是判断绿色产品的重要条件。从环保的角度来看，使用回收材料可以在很大程度上减少对新产品的资源开发和减少生产新产品所需的能源消耗，也可以减少更多的废物被送至垃圾填埋场，从而根本上减少对环境的影响。当然，在收集或回收的过程中，也需要消耗能源或对环境产生污染，但是这种消耗和污染远远少于生产新产品给环境所带来的负面影响。

含有回收物的材料对其使用的地点，在某种程度上有一些特殊的要求。由回收汽车轮胎所制成的橡胶地板就是一个很好的例子。这种产品不能在较封闭的室内空间使用，其主要原因是橡胶地板本身会释放出一些对人体不健康的气体。当然最好是在一些较通透的半室外或全室外空间使用。

使用具有回收成分的建筑材料和产品是绿色建筑重要的概念之一。例如，在 LEED 2009 有关新建筑和主要建筑物改造更新评价指标体系（LEED 2009 for New Construction and Major Renovation Rating System）[8] 中，要求使用的建筑材料必须含有回收性材料，并且必须达到一定的含量要求。具体而言，要求新建筑使用带有回收性的材料，包括消费后的回收物和 1/2 消费前的回收物，占到总产品含量的 10% 或 20%，以材料成本计算。达到上述回收性成分的建筑材料价格占到总材料成本的 10%，可获打 1 分。如果占到 20%，则可获打 2 分。

消费后的回收物（Post−consumer）指的是将住户，商业、工业和机构设施使用后的产品废料作为回收物。例如，废纸、塑料瓶和易拉罐等。而消费前的回收物（Pre−consumer）指的是在生产过程中产生、尚未进入消费阶段的废料。例如，在工厂制作木地板和切割玻璃时产生的边角废料。从环境意识的角度出发，使用消费后的回收物比使用消费前的回收物更具有环境意义。因为消费后的废料越多，垃圾填埋场的规模就越大，对环境的影响程度就大。所以，多使用消费后的回收物，就为垃圾填埋场的废料清理减轻了负担。

消费前的回收物也指的是后工业产品。铁矿石渣用来制造矿棉保温，煤灰粉用于制造水泥，制造 PVC 管时所产生的废料用来制造油毡瓦等，都是再利用后工业副产品的例子。虽然消费后的回收物含量比消费前的回收物含量更好，但两者都被列入绿色产品之中。

（2）重复利用、废弃物成分 Reused and Salvaged Content

重复使用一种产品，而不是从原材料中开发新的产品，即使这些原料都是回收的，那么也节省了有限的资源和生产新产品所需的能源。许多在建筑物中可以使用的废弃物，如砖和装饰品、木柱子和梁、门和木材框架、木板、地板材料、橱柜和家具等，都可以在当地或区域的废弃物市场上买到。

（3）农业废料成分 Agricultural Waste Content

许多建筑产品是利用农业废弃物制成的，如秸秆（Straw Bale）和柑橘油（Citrus Oil）等。由秸秆构建的稻草墙体是一种很好的外围护墙体结构。秸秆的保温隔热、可再生和耐久特性，使其成为一种有机的绿色建筑材料。秸秆是由稻子、小麦、黑麦、亚麻、大麦和燕麦等农产品的收割废料加工而成。农民往往把焚烧秸秆作为消除它们的唯一手段，这种方式带来了相当大的空气污染。例如，加利福尼亚州萨克拉门托（Sacramento，California）每年烧毁上百万吨的秸秆，释放了大量的一氧化碳和造成呼吸困难引起癌症的污染颗粒。这种污染相当于全州每年发电厂所造成的空气污染的总和。据估计，在美国每年被焚烧的秸秆总量可以兴建 5002000ft^2 的住宅。如果将这样的农业废料转化为可用的建筑材料，不仅降低了焚烧稻草时产生的空气污染，而且可以减少其他建筑材料的生产量。柑橘油是压榨柑橘和柠檬而成，这类产品也是绝好的可再生产品、自然有机的生物降解材料。

2）绿色建筑材料是对自然资源具有保护意义的材料 Benefits Natural Resources

除了由回收物、废弃物或农业废料制成的材料具有绿色材料的特征之外，还有一些其他的有助于保护自然资源的材料，这些材料和产品本身的构成不仅使用自然资源较少，而且经济耐用，同时使用功能也能与其他同类产品媲美。例如，由林业指导委员会（Forest Stewardship Council，FSC）认证的木材，其产品耐用而不需要经常更换，最重要的是它是由迅速再生的森林资源制造而成。

（1）节省原材料使用的产品 Products That Use Less Raw Materials

例如，某产品制造商最近发展了一条新的洗碗机生产线，生产出来的产品以其每次洗碗节约 18L 的用水为节水标准，并且新的洗碗机要求较少的原材料，它的每单位的重量比以前的旧产品减少 7kg 的用料，其塑料部分的含量和组成以便于回收和容易拆卸为革新原则。其他方面的特点还包括容许洗碗机低温洗涤（节省能源）、采用一种新型的酶为洗涤剂。其他好的例子还有，一种新型的带有挂钩的隔墙板允许不安装转角螺栓，这在很大程度上节省了大量的转角螺栓；在工程方面，改进的楼梯减少了木材的浪费；桥墩基础系统的革新大量减少了混凝土的使用；新型混凝土颜料可以使混凝土地板既是结构构件又是装饰构件，省去了过去在混凝土地板之上再做装修的过程等。

（2）具有耐久性和低维护需求的产品 Products That Are Extremely Durable or Have Low Maintenance Requirements

具有这些特征的产品之所以对环境有利，是因为它们需要更换、维修的频率较低，或者说它们的维护对环境影响很小。耐久性是分辨绿色环保产品的重要特征，耐久性的标准随着产品类型的不同而不同。竹子近来已成为非常流行的绿色材料，这主要由于竹子是生长迅速的高大禾草类植物，茎为木质。竹子通常具有4~5年的生长期，之后就可以开采和利用。竹子枝杆挺拔，修长，而且在生长过程中不需要农药和生长剂，是一种绝好的、耐久和低维护的绿色可再生材料。竹地板是竹子较流行的用途之一，它是一种高密度和高耐用性的材料。某些特殊加工的竹地板抗磨损，其性能与橡木或枫木等硬木相比也不逊色。因为质地密，不需要任何特殊的安装技术，所以竹地板通常像硬木地板一样不需要经常性的维修。另外具有耐久性和低维护性的产品还有纤维水泥墙挂板（Fiber-cement Siding）、玻璃纤维窗（Fiberglass Windows）、石板瓦（Slate Shingles）等。

（3）被认证的木材产品 Certified Wood

为了确保木材的质量和其绿色环保的性能，最好的方式是通过第三方林业指导委员会（Forest Stewardship Council）的认证。如果某种木材经过了这种产销监管链（Chain-of-Custody）的认证过程，也就是说得到了FSC的认证标签，那么这种木材的产品就满足了FSC的可持续森林发展的要求。除了少数特殊情况外，任何希望列入绿色材料的原木（不含废料及回收成分）木材产品和其他大多数木产品都必须得到FSC认证。一些加工合成的木制品（Manufactured wood products），包括工程木材（Engineered lumber）、刨花板（Particleboard）或中密度板（MDF），如果它们不包含对环境无益、对人类有害的元素，例如不包含任何甲醛粘合剂，也同样能得到FSC认证。

（4）快速可再生产品 Rapidly Renewable Products

快速可再生的材料是天然的、非基于石油的材料（以石油为基础的材料是一种不可再生的材料）。它们一般以10年或少于10年为收获周期。它们是生物降解型材料，挥发性有机化合物的排放量（VOC Emissions）较低，而且通常是来自于农作物。这些产品一般来源于光合作用，除了输入阳光的初级能源储备，该类产品在生产过程不需要消耗太多的能源。通过利用快速生长的植物，可以减少对森林木材的砍伐，而减少对环境的负面影响。这些材料一般包括竹、草、软木、天然油毡产品（如Marmoleum）、羊毛、麦秸板（Wheatboard）、纸板、植物油、天然颜料、来自于椰壳和黄麻的手工纤维织物、软木、有机棉、羊毛和麻等纺织品等。并非所有的快速再生材料都是绿色材料，例如非有机棉，因为其生长需要大量农药作为催化剂，所以并没有被列入绿色产品的系列之中。

3）对环境具有较低负面影响的产品 Products That Have Lower Negative Environmental Impacts

一些建筑产品之所以被认为是绿色的，或是因为它们对环境影响较小，或是因为它们替代了传统化学产品，或是它们的生产和性能表现降低了引起大气污染的碳排量等。一些材料由于其制造或维修过程减少了对大气臭氧层的破坏，并对人类健康或生态环境有益，也可能被列入绿色产品的行列。

由于现代工业和材料技术水平的限制，一些对环境有害的化学产品的替代品，其本身可能也是石油化工为基础的产品或含有相对较高的挥发性有机化合物的产品，但相对于被替换的产品，它们可以被认为是绿色的，这都是相对于目前的工业和材料技术水平而言的。这样的产品很有可能被更加环保和科学的产品所取代。这一类的产品在泡沫型保温绝缘（Foam Insulation）材料类别中尤为突出，因为它们大多数产品含有氢氯氟碳化合物等（HCFCs）。氢氯氟碳化合物是一种能消耗臭氧层的人造化学产品，被广泛用作空调、冰箱的制冷剂和塑料行业中的发泡剂。

（1）使用自然或最少加工的产品 To Use Products That Are Natural or Minimally Processed

自然的或最少加工过的产品被认为是绿色的，是因为它们在生产过程中需要低的能量和产生低风险的化学品排放物。这些产品包括木制品（Wood Products）、竹制品（Bamboo Products）、农业（Agricultural

Products）或农业的废料（Agricultural Waste）、非农植物产品（Agricultural or Non-Agricultural Plant Products）。

建筑物通常需要绝缘材料进行保温和隔热。传统的和大部分市场上使用的保温材料一般都是人造产品，它们不仅有毒、不可再生，而且不可回收和不能自然生物降解。然而，农业的废料秸秆却是一种绝好的自然保温隔热材料。秸秆不像含氮量高的干草，它的衰减速度非常缓慢，是最好的多年生作物，而且在低质量的土壤上可持续生长。它的可持续、可再生和全天然的可生物降解的特性，使秸秆成为最理想的绿色建筑材料。

秸秆的特性包括耐用（Durable）、透气（Breathable）、具有绝好的热质量（Thermal mass）和声音衰减度（Sound attenuation），其保温隔热系数为（R-value：R 值越高表示隔热效果越好）3/ inch，木材的保温隔热系数为 1/ihch，砖的保温隔热系数为 0.2/inch，玻璃纤维隔热材料的保温隔热系数为 3/inch），是绝好的保温隔热材料。另外它的损耗能量只有混凝土的 1/50。而且一个秸秆结构墙体损耗能量只有木结构墙体的 1/30[9]。

另外最好的、最少加工的非农植物产品包括天然石材、板岩瓦和矿产品等。

（2）使用能替代消耗臭氧层的产品 To Use Products That Are Alternatives to Ozone Depleting Substances

消耗臭氧层的产品大多数包含或使用氢氯氟碳化合物（HCFCs）和氟氯化碳（CFCs）。在建筑材料中，它们大多数是用在硬质泡沫保温隔热材料，制冷、空调、冷水机组以及其他制冷设备和压缩周期暖通设备中，另外还用在建筑有关的灭火材料中。绿色建筑不使用或尽量少使用这类产品。

（3）使用有害产品的替代品 To Use Products That Are Alternatives to Other Components Considered Hazardous

有些新型的建筑材料产品，其有毒成分的含量远远小于现在市场上相似的产品类别。这些产品都是一个很好的有害产品的替代品。如含汞较低的荧光灯，含有有毒物质、但不会污染水或土壤的释放剂，含毒量较低的聚氯乙烯（PVC）和溴化阻燃剂等。

（4）使用能减少或消除杀虫剂的产品 To Use Products That Reduce or Eliminate the Use of Pesticides

有些地区的建筑，特别是木结构建筑，定期要在建筑周围的土壤中喷洒杀虫剂，以保护建筑避免遭受虫害。这种用杀虫剂处理建筑物四周的做法，不仅将严重危害居住者和公众的健康，同时由于杀虫剂随土壤进入周围的自然水体，也可能破坏河道的生态环境。使用某些建筑产品和材料，可以避免建筑物对杀虫剂的依赖和需求。因此，这类产品被认为是绿色产品。这类绿色产品包括在建筑周围使用一些白蚁屏障物、硼酸盐处理的建筑产品和白蚁诱饵系统等，可以避免大量使用杀虫剂。

（5）使用能减少雨水污染的产品 To Use Products That Reduce Stormwater Pollution

城市雨水径流和污水排放是河流和湖泊污染的主要原因之一。雨水流过道路、人行道、停车场等表面，将污染物带入附近的小溪和河流，造成这些水体的水质污染。使用多孔的路面铺地（Pervious pavers）产品和大量的绿色（植被）屋面可以过滤雨水径流，减少地表水和河流的污染。使用雨水处理系统也是有效减少水污染的直接有效的方式。

（6）使用能够在建造或拆卸过程中降低对环境影响的产品 To Use Products That Have Low Environmental Impacts During Construction or Demolition

有些产品的损耗能量很大，有些产品含有较高的挥发性有机化合物（VOC），有些产品原材料必须进口，而且要通过远距离的运输等。这些产品的运用和更新都对环境有着巨大的影响，所以应该使用不容易受侵蚀的产品、具有较低排放量的挥发性有机化合物的产品以及低化学成分含量的产品（如低汞荧光灯）和具有高回收率的产品。

（7）使用在运营过程中能减少污染或废物的产品 To Use Products That Can Reduce/Eliminate Pollution or Waste During Operation

使用一些新型有效的产品可以大幅度降低建筑在使用过程中的废物输出量。例如，一种新型的废水处理系统可以通过有效地分解有机废物或消除养分来减少对地下水的污染，砖砌体壁炉比常规的壁炉燃烧木材更完全，而排放的二氧化碳更少。又如使用回收桶和堆肥系统（Composting system）可以使住户减少固体废物的输出。

4）节水和节能的产品 Products that Save Water or Energy

建筑所使用的水和能源不仅影响着建筑的能源表现性能，而且对环境的影响远远超过它对建筑的影响。许多新的建筑材料和产品对人类和环境有较少的危害，它们之所以被列为绿色产品是因为它们对建筑和环境作出了贡献。通常对环境有益的建筑系统和材料能使居住者健康、安全、舒适，其有效的能源利用减少了建筑的使用和维护费用，从根本上保护了环境并减少了对环境的负面影响。这一类的产品一般有以下特征：

（1）建筑构件（元素）本身降低了对供暖和制冷负荷的需求 Energy-Saving Products That Reduce Heating and Cooling Loads

建筑构件本身就是节能产品。最好的例子如能源有效的玻璃窗系统（Energy-efficient window glazing systems），这种系统能提供最大限度的日照，减少冬季室内的热负荷需求，降低照明费用和最大限度地限制夏天的热辐射进入建筑物。它们有较高的可见光透射率和低遮阳系数（太阳能辐射热的热增益指数）。对于那些处于热带地区、较多关注制冷负荷的建筑来说，玻璃的色彩（Tints）、反光涂层（Reflective coatings）、特殊的光谱选择涂层（Specifically selective coatings）都是至关重要的。一定色彩的玻璃能降低遮阳系数。反光涂料是一层金属氧化薄膜，它们在玻璃表面产生较好的遮阳功效。当建筑需要自然采光而不需要太阳热能时，特殊的光谱选择涂层就能起到让可见日光通过玻璃却阻挡住具有辐射热的红外线的作用。对于那些处于寒带、较多关注采暖负荷的建筑来说，具有最低热损失、好的隔热性能和良好的透光性的低辐射玻璃（Low-e）能保持室内的温暖。

除了对玻璃窗的上述节能性能的考察以外，另外一个对玻璃窗系统能源有效性进行考察的指标为由美国国家建筑门窗评定委员会（NFRC-National Fenestration Rating Council）推荐的玻璃传热系数（U-factor），即在标准状况下，单位时间内从一个单位面积的玻璃组件一侧空气到另一侧空气的传输热量。一般美国绿色材料标准推荐U值低于或等于0.25。如果窗户由一些对环境有益的材料造成（如高回收性或绝对的耐久性），美国绿色材料标准推荐其U值低于或等于0.30。如果是框架是非绿色材料，如PVC（聚氯乙烯），对其能源标准便较严格：U值低于或等于0.20[6]。

其他的例子包括结构绝缘板（Structural Insulated Panel）、绝缘混凝土模板（Insulated Concrete Forms）、蒸压加气混凝土板块（Autoclaved Aerated Concrete）等。虽然这些节能产品都获得了市场的认可，但从严格意义上的“绿色”来讲，还有其他一些认证标准，如稳定的保温隔热系数（R-value）。对于回收的泡沫绝缘材料，除了其绝缘的特性以外，还要考虑其环境效益。据美国环境保护署的报告，虽然没有足够的数据来准确评估回收的泡沫绝缘材料所含异氰酸酯（Isocyanates）的毒性，但是这种对环境有害的元素至少使50%的回收泡沫材料不利于在绿色建筑物中使用。

（2）节能设备 Energy Efficient Equipment

在考虑节省能源的时候，必须关注日常的工作和生活中是否使用了节能设备，如办公室的节能设备或家庭日常使用的节能设备——电脑、显示屏、热水器、电冰箱、洗衣机和洗碗机等。美国环境保护署和美国能源部的联合项目 “能源之星”是所有高效节能与保护环境的产品认证标准。所有带有“能源之星”标志的产品，其能源消耗数据一般比美国联邦要求的标准低20%~30%[10]，而相关的一些机构和组织的绿色建筑产品的标准却又超过能源之星标准的10%或20%。这些绿色产品类型除了产品本身节省能源以外，在系统管理方面又以更科学的方法进一步降低了能源的消耗。例如，照明产品和照明控制设备中有一种紧凑型的节能荧光灯（CFL），它配合人体感应传感器（Sensor）和自然采光控制器，来达到科学管理以进一步节能。在某些情况下，产品符合能源效率要求标准，但因为其使用表现业绩不佳或耐用性不好，而被排除在绿色产品之外。一种微型燃气轮机（发电机）（Microturbine）被绿色产品所推荐，其原因是因为它是热和电联产型的发电机，在提供电的同时生产大量的热能。一种冰或冷冻水热能储存设备也是绿色产品所推荐的，因为它有助于减少高峰负荷，又可以降低能源成本，从整体上降低能源消耗。

（3）使用可再生能源和燃料电池的产品和设备 Products That Use Renewable Energy and Fuel Cell

一些设备和产品使用可再生能源和燃料电池来代替传统的化石燃料，从环境的角度来看是非常有益的。可再生能源是来自于自然资源的能源，例如来自太阳、风、潮汐、风能、海洋、水能、生物质能、地热资源和生物燃料等，来自这些能源的产品有如太阳能热水器、太阳能光伏系统、风力涡轮机。燃料电池也是可再生能源之一，因为它通过电化学反应产生电，避免了像传统发电厂那样通过燃烧天然气或煤炭发电的过程。氢气经过燃料电池处理，创造直流电和热能。直流电转换为交流电后被直接用在各种设备上，热能通过液体循环系统或热交换器，转输到建筑当中，作为室内供暖和热水系统的来源。燃料电池之所以被认为是绿色能源，是因为其温室气体排放量远远低于燃烧传统化石燃料为基础的供电方式，燃料电池的使用将帮助我们最终摆脱对化石燃料的依赖。

（4）节约用水的装置和设备 Water Efficient Fixtures and Equipment

水是 21 世纪世界所面临的最大的环境问题。节约用水不仅意味着节约水资源，而且意味着降低用水和污水处理费用。所有节水的冲水马桶、小便器、淋浴喷头和洗衣机等都是采用高效率用水方式。按照美国联邦政府要求的绿色型厕所的标准，如冲水马桶每次冲水 1.6 加仑，小便器为 1.0 加仑[11]。随着节水设备的发展，出现了一些高效节水装置（HET），如冲水马桶每次冲水 1.28 加仑或者更少，双冲水马桶每次冲水 1.6 加仑和 1.1 加仑。高效节水小便器（HEU）每次冲水 0.5 加仑或更少，这远远比联邦标准每次冲水用水量少。现阶段美国绿色型厕所节水产品主要推广可循环水（Recycled water）结合雨水集水系统（Rainwater harvesting system）。

5）有助于人类安全和健康的产品 Products That Help to Build a Safe and Healthy Indoor Environment

由建筑材料和产品所建构的室内生活和工作环境首先应该是健康和安全的。在选择一个材料和产品的时候，除了考虑其节能功效之外，产品的安全和健康特性也是一个必备的绿色因素。绿色健康材料和产品包括影响几种：

（1）不释放污染物的产品 Products That Do Not Release Pollutants

由一些建筑材料和产品引起的室内空气污染一般来自于：可燃烧的产品，如木材和烟草制品等；含有不健康的释放物的建筑隔热与绝缘材料，如含石棉的隔热层；带有挥发性有机化合物的室内装修材料，如地毯、涂料和人工合成材料制成的橱柜或某些通过压制板层制作的家具摆设等；能产生有害的微型颗粒的中央供暖和制冷系统的加湿装置等。

选择安全健康的产品时，一个必须考虑的重要因素是它是否为低排放材料产品（Low-emitting Materials）。所谓低排放材料产品指的是该产品不向室内释放重大污染物，如具有低挥发性有机化合物的含量（VOC）的涂料和胶粘剂、无甲醛（Formaldehyde）含量的木制品、无尿素甲醛（Urea-formaldehyde）的复合木制品等。低挥发性有机化合物的特性是决定产品是否有资格列入绿色产品类别的首要因素。按照标准，测定产品挥发性有机化合物含量的方法，不是简单地测试该产品是否含有相应的挥发性有机化合物，而是在使用了该产品一段时期以后，测定它是否向空气中释放一定浓度的挥发性有机化合物。

（2）能够阻止室内污染物扩散的产品 Products That Prevent the Generation of Pollutants

某些材料和产品被列为绿色产品，因为它们能防止污染物产生或阻止污染物进入室内，尤其是阻止生物污染物进入空间。例如，一种在风道中使用的胶粘剂，可以阻止带有霉菌的空气或绝缘材料的纤维从管道系统中进入室内。在建筑门廊内使用一种能清除进入建筑物内的人们鞋上污染物的系统，也是阻止污染物直接进入室内的好方法。带有涂料的风道绝缘板（Insulated ductboard）与标准的风道绝缘板相比，既能防止纤维脱落，又能控制风道内霉菌的生长。一种现在市场上使用的油毡铺地被列入绿色产品系列，因为它持续的亚油酸氧化过程有助于控制微生物的增长。

（3）能去除室内污染物的产品 Products That Help to Remove Indoor Pollutants

列入这一类的合格产品有通风设备、空调系统中的过滤器、防止氡气（Radon）进入室内的各种装置以及其他清除污染物或导引新鲜空气进入室内的设备。以通风设备为例，由于现在市场上使用的通风设备极其标准化，它们不仅能安静有效地为室内提供足够的新鲜空气，而且还能够调节室内湿度，防止霉菌的产生，有益于人类健康和环境。

（4）能够在建筑中警告居民健康受到危害的产品 Products That are Able to Tell Occupants of Health Hazards in the Building）

在建筑中能够提醒居民健康受到危害的产品一般包括一氧化碳探测器（Carbon monoxide sensor）、含铅油漆检测试剂盒、室内空气质量检测试剂盒、室内湿度监测器等。由于一氧化碳探测器已是非常普遍，如果要其功能符合绿色型标准，还必须有其他超常的表现功能。

（5）能够提高光质量的产品 Products That can Improve Lighting Quality

越来越多的证据告诉我们，自然采光不仅有利于居住者的身心健康，并且能够提高他们的工作效率、劳动生产力和学习效率。人类在其一生中，绝大部分时间都待在室内，所以不应该剥夺人们在室内享受阳光的权利。现在的绿色建筑设计提倡大量地接受自然光线，而一些绿色产品能够帮助人们将自然光线引进室内。这些绿色型产品包括光管式天窗（Tubular Skylights）、特殊的商业天窗和光纤采光系统等。光管式天窗是一种远远优于传统屋顶天窗的创新自然光管式天窗，其光管内表面涂有一层银镜光洁涂料，能使全光谱的阳光直接而均匀地通过光管输送到室内。由光管式天窗提供的自然光线柔和而自然。其他绿色型的类似产品，如日光反光板、全光谱照明系统和高反射率的天花板等都包括在这一系列之内。

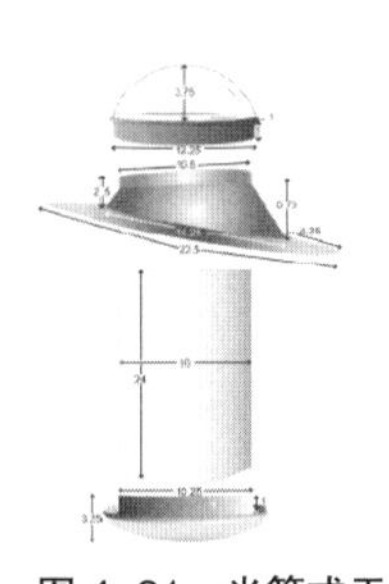

图 4-31 光管式天窗 Tubular Skylights

资料来源：ProFixes Home Repair and Maintenance.（2011）How to save energy by installing tubular skylights. Retrieved from http：//profixes.com/blog/2009/06/05/save-energy-installing-tubular-skylights/

（6）能帮助控制噪声的产品 Products That Help to Reduce Noise

来自室内和室外的噪声会给居住者带来不适，增加额外的压力。在建筑室内外通过使用一些减震、消声和隔声产品帮助建筑物吸收和减少噪声。这些产品包括各种绿色隔声材料、减震设备等。还可以通过某种人工手法消除一些令人厌恶和不快的噪声，如通过在室内或室外修建喷水池，用悦耳的流水声代替附近高速公路传来的汽车轰鸣声等。

4. 选择绿色建筑材料 Selecting Green Building Materials[12]

在对绿色建筑材料和产品的特征有了上述的了解以后，对它们的选择标准也应该有了一个大概的认识。在选择高性能建筑材料和产品的时候，首先应该考虑它们对环境和人类健康的影响程度问题，再加上传统上所考虑的耐久性能、成本和美观性等标准。虽然这些评价标准基本不变，但对它们改善环境和健康这一特性的要求却不断在发展和更新。因为产品对环境因素影响的评价标准，可以降低产品生产和运输过程中对本地区、周围地区乃至全球环境污染的影响程度。市场上除了政府对绿色材料和产品提出要求以外，商家和消费者也越来越多地意识到健康和环境问题，例如对产品能源消耗和产品使用生命周期，对材料的耐用性能等都是选择材料和产品所必须考虑的。

1）选择绿色高性能建筑材料和产品必须考虑以下因素[13]：

①低毒 Low Toxicity：产品的制造商必须证明产品的无毒或低毒特性，并证明产品不包含致癌物。

②最少的释放物 Minimal Emissions：产品的制造商要证明产品有最少的化学释放物，或证明产品有较低的挥发性有机化合物释放物（VOCs），并且产品中不含有任何氟氯化碳（CFCs）。

③低的挥发性有机化合物释放物（VOCs）：产品的制造商要证明产品有较低的挥发性有机化合物释放物，或无任何挥发性有机化合物释放物，或产品无任何危险释放物。

④回收成分的含量 Recycled Content：要证明产品包含一定量的消费后的回收物和消费前的回收物。

⑤可回收成分的含量 Recyclable Content：产品在结束了它的使用功效以后是否具有可回收特性。

⑥重新使用 Reusable：产品中含有能够被重新使用的成分。

⑦资源的有效性 Resource Efficiency：必须证明产品的整个生产过程降低了能源消耗，降低了温室气体排放量和降低了浪费。

⑧低的损耗能量 Low Embodied Energy：产品在它的整个生命过程中消耗低的或较低的不可再生能源。

⑨可持续性 Sustainable：从可持续的自然资源中开发生产出来的可再生的材料，并可在较短的期限内（一般少于 10 年）可以再生。

⑩耐用性 Durable：产品能够使用较长的时间，或与其他同类普通产品相比，使用周期较长。

⑪低湿度 Moisture：产品的湿度越高越容易为生物污染物提供生长空间。

⑫能源有效性 Energy Efficiency：材料及其系统在使用过程中可以降低对能源的消耗。

⑬节水 Water Conserving：产品及其系统在使用过程中可以降低对水的消耗。

⑭改善室内的空气质量 Improves IAQ：产品及其系统能够帮助提高室内的空气质量。

⑮当地的产品 Local Product：材料及其系统的开发和生产都来自本地区（500 英里之内），其目的是节约产品运输过程中的能源消耗。

⑯可支付 Affordable：从其整个生命周期的角度来分析，相较于一般传统同类产品，这种产品及其系统的花费是比较低的。

2）选择绿色高性能建筑材料和产品的三个基本步骤[14]

选择绿色高性能建筑材料和产品的时候，必须首先进行广泛研究，然后对锁定的材料和产品进行评价，最后进行选择。

（1）研究 Research

这一步涉及收集有关材料和产品所有技术性的评估资料，包括来自制造商的材料安全数据表（MSDS）、室内空气质量（IAQ）测试数据、产品质量保证书、原材料特性、回收成分的含量数据、环保性能表现和耐用性能数据等。此外，这一步还可能涉及环境问题研究、建筑法规、政府章程、建筑工业方面的内容、绿色建筑产品规格型号、产品数据和其他资料的研究。所有的这些研究有助于全面了解该材料及产品的技术性能。

（2）评价 Evaluation

这个步骤包括确认所有的技术信息，以及填补一些信息的空白，如评估要求制造商出示产品的认证书。评价过程还包括比较同类型的产品对环境的影响性能。

生命周期评估（LCA）是针对“绿色”建筑材料和产品的评价标准。生命周期评估强调的是产品的整个生命阶段对环境、能源和投资等的影响，虽然原则上看起来简单，但这种评价方法在实际操作中却是相当困难的。一种测试这种生命周期评估的方法和软件，即环境和经济的可持续发展建筑（BEES-Building for Economic and Environmental Sustainability）[15]，允许用户在产品的环境性能和经济表现之间进行平衡性分析。

（3）选择 Selection

这一步骤往往涉及一个产品的环境性能评价的具体得分。一个产品的评价得分越高就代表它的环境表现性能越好。具体的做法包括对评级系统进行加权，以达到项目的具体目标和目的。选择绿色高性能建筑材料和产品的时候，我们必须遵循以下四项基本原则：

原则一：资源的有效性 Resource Efficiency

①产品的资源的自然和可再生性

②产品生产过程的资源有效性

③产品含有较高的回收性和可回收性含量

④利用当地的资源

⑤产品具有可重新使用的特性

⑥产品来源于农业和工业的副产品和废料

⑦产品具有耐用性

原则二：改善室内空气质量 Improvement in Air Quality

①无毒或低毒产品

②最少的化学释放物

③低的挥发性有机化合物释放物

④产品能够抵御湿气的渗入

⑤产品不需要太多维修和保养

原则三：能量的有效性 Energy Efficiency

产品及系统的使用能够降低建筑对能源的消耗

原则四：节水 Water Conservation

产品及系统的使用能够降低建筑对水资源的消耗

第五节
室内环境质量
Indoor Environmental Quality

建筑物的室内环境质量是建筑物所在场地、气候、建筑结构、机械系统、施工技术、污染物来源、建筑物使用者和室外机动交通以及地面维护设备等多种因素相互作用的结果。一个建筑物的室内环境质量的好坏直接关系到建筑物使用者的健康和舒适度。如何最大限度地提高室内环境质量，是绿色建筑中最重要的任务之一。

1. 室内环境质量对人的影响 Effects of Indoor Environmental Quality

室内环境质量指的是室内空气和环境的特征，其好坏影响着在此工作和居住者的健康和工作效率。建筑物的室内空间包括所有的居家环境、学校、办公空间和室内娱乐场所等。对室内空气和环境造成影响的因素包括化学和生物因素，以及居住者的活动、建筑物室内的装修材料和周围环境等一系列物理因素。

一个室内空间的空气质量指的是相对的空气中所含的污染物和危害物的多少，由一定的室内空气污染指数决定。一些其他的空气环境特征还包括热舒适度、空气温度、相对湿度和空气速度等[1]。

1）室内空气污染 Indoor Air Pollution

室内污染源释放到空气中的气体或颗粒是室内空气质量问题的主要原因。不能从室外输入足够的新鲜空气或室内严重通风不畅就无法将室内遭到污染的空气排放到室外。建筑内部温度和湿度的不协调，也可能直接增加室内污染物浓度。

在美国，平均每个人一生中的90%的时间都在室内度过，室内的空气与环境质量对人们的身心健康（Well-being）、生产力（Productivity）和生活质量（Quality of life）有着直接的显著影响。美国环境保护署（EPA）的报告显示，室内环境的污染指数在一般情况下是室外污染指数的2~3倍，在特殊情况下是室外的100倍还多[2]。世界卫生组织（The World Health Organization）在《欧洲空气质量准则》中也明确指出，人们所吸收的污染物绝大多数是来自于室内空气。美国环境保护署在1987年和1990年的报告中指出，对公众健康最高的环境威胁是室内空气污染。室内污染物的评估和管理已经成为政府和私人机构的工作重点。最近，与建筑有关的疾病和所谓的病态建筑综合症（Sick Building Syndrome）病例正在不断上升，人们不得不对室内的环境质量进行进一步的探讨和研究。大量实践显示，室内环境质量的改善，不仅在很大程度上提高了居住者的健康水平，而且大大降低了业主的责任承担风险（Liability）[3]。

由室内环境污染所引起的各种疾病包括眼部、鼻、喉等的不舒服，头痛，头晕和疲劳。这种直接的和即刻的影响通常是短期的和可治疗的。有时如果污染源可以识别，在清除之后，这些症状也就随之消失。一些疾病，如哮喘（Asthma）、过敏性肺炎（Hypersensitivity Pneumonitis）、由加湿器的细菌传播所引起的发烧症状（Humidifer Fever）等，也有可能是患者接触到了某种污染物而引起的。对室内空气污染物所引起的急性疾病反应可能取决于不同的因素，其中年龄和原有身体所带有的病症是两个重要的因素。在其他情况下，一个人是否对污染物作出即刻的反应也取决于个人的敏感程度，其中人与人之间有相当大的差异。有些人可能对生物污染物非常敏感，而又有些人可能对化学污染物非常敏感。

某些即刻的影响是类似于感冒或其他病毒疾病，所以往往难以确定症状是否来自于室内空气污染。出于这个原因，重要的是要注意症状发生的时间和地点。如果一个人走出室内，症状随之消失，那么造成此症状的原因很可能是室内空气污染造成的。造成这些症状的另一些原因有可能是室内空气严重供应不足或家中湿度条件很差。

其他一些对健康的影响可能出现在某些污染物发生或暴露多年以后。这些污染对健康的影响往往是长期的和致命的，其中包括一些呼吸系统疾病、心脏病和癌症等。这些疾病可能导致严重的健康衰弱或死亡。

而通常室内空气污染物对人类的损害是多方面的。污染物的类别、浓度或暴露时间等对健康的影响程度有着相当大的不确定性。不同的人对室内空气污染的反应也是非常不同的。例如，由于某种原因，室内产生了一定数量的霉菌，可能会直接引起居民的易感性呼吸道感染。通过调查研究，在美国，由于四种常见的呼吸系统疾病导致人们不能正常上班，而直接损失1.76亿个工作日，另外1.21亿个正常的工作日受到相应的影响。假设100%的经济损失来自前一部分工作日而25%的经济损失来自后一部分工作日，以39200美元的平均年薪计算，那么每年度失去的工作日价值为340亿美元。每年呼吸道感染的健康护理费约360亿美元。因此，就呼吸道感染的总成本每年约为700亿美元[4]。

2）病态建筑综合症 Sick Building Syndrome

病态建筑综合症是一些与建筑有关的疾病症状。它们一般与建筑的通风系统（Building Ventilation System）、外部空气流通率（Rate of Outside Air Ventilation）、化学和微生物的污染水平（Level of Chemical and Microbiological Pollution）以及室内温度指数（Indoor Temperature）有着直接的关系。其中，病态建筑综合症与较差的通风系统维护和清洁有着较大的关系。例如，进风口中的尘粒和制冷设备的排水不畅是加重呼吸道症状的因素。在另一项研究中发现，每日吸尘可降低呼吸道症状50%。同时增加通风、降低温度和提高地板和椅子的清洁度可以实质上减少病态建筑综合症的发生。

室内环境条件，如温度、湿度、自然光照等都可能会直接影响体力和脑力劳动的性能，而不是直接影响人的健康的状况。例如，许多研究探讨了工作与热环境方面的关系，结果表明在18~30℃之间的温度变化，都可以明显地影响打字速度、工厂的工作、信号的识别性能、回应信号的时间、学习表现、阅读速度和理解、乘法速度和单词记忆的能力。一家美国保险公司研究认为，个人在自己的工作环境中能够控制所需温度的，其生产力可以增加约 2%，±3℃的个人控制范围，可以让工人的逻辑思维和手工工作增加 3%，打字输入能力提升 7%[4]。

3）照明 Lighting

照明也直接影响人们的工作表现。因为人们工作效率直接和间接地取决于视觉，而灯光设计的好坏可以直接影响人们的注意力和兴奋点。灯光照明度（Lighting illuminance）、眩光的多少（Amount of glare）以及光谱（Spectrum of light）等都有可能影响人们的工作表现。高效率的工作性能在很大程度上取决于良好的视觉质量。例如，随着一个邮政局照明水平和质量的改善，邮政工人的分拣速度增长了 6%。一些研究也证实了照明质量直接影响阅读理解、阅读速度或阅读质量。综合生产能力的提升与温度和照明质量的提高密不可分。例如，一些文献回顾比较后总结，舒适的温度和高质量的照明环境，整体上提高了人们的阅读速度，减少了完成作业的时间，改善了劳动生产率 0.5%~5%[2, 4]。

室内环境质量的好坏直接影响着人们的劳动生产力。保持一个健康的室内工作环境是保障工作在此的人们有一个健康的身体和较高的劳动生产率的关键。在美国，通过改善室内环境质量减少了呼吸道疾病，而直接节省了 60~140 亿美元；减少过敏和哮喘，直接节省了 10~40 亿美元；降低了病态建筑综合症，而直接节省了 100~300 亿美元；而 200~1600 亿美元的收益直接来自于工作人员的效绩和生产率的提高，与健康无关[2, 4]。据美国落基山研究所（Rocky Mountain Institute）在 1994 年出版的调查报告指出，由于室内环境质量的改善，工人的劳动生产率提高了 16%[3, 5]。

建筑的室内环境质量显著地影响着人类呼吸道系统疾病、过敏和哮喘症状，以及病态建筑症状，影响着生活在其内的人们的生活质量和劳动生产率。理论和经验证据表明，现有的技术和管理水平可以改善室内环境的质量，提高健康和劳动生产力。在美国，1996 年由于建筑的室内环境质量的改善，劳动生产率提高，直接节省了 400~2000 亿美元。改善室内环境的同时，提高了生产效率，同时也提高了建筑的高效节能，这是一个对人类健康和环境极其有益的方式。

研究也表明，通过建筑技术提高室内环境的空气质量，如增加通风（Increased ventilation）、减少空气的再循环（Reduced air recirculation）、提高空气的过滤设备质量（Improved filtration）、对空气进行紫外线消毒（Ultraviolet disinfection of air）、减少空间共享的密度（Reduced space sharing，如共享办公室）并减少室内人均占有密度（Reduced occupant density）等方法，可以实质上减少 15%~76% 的呼吸道感染性疾病[4]。

2. 提高室内环境质量的策略 Strategies for Improving Indoor Environmental Quality

美国环境保护署（The Environmental Protection Agency）对减少室内空气污染提出了三个关键性的建议：控制污染源头（Source control）、改善通风（Improved ventilation）和采用空气净化器（Air cleaners）[6]。

1）控制污染源头 Source Control

通常改善室内空气质量最有效的方法是消除污染的直接来源，或减少其污染量排放。像那些含有石棉（Asbestos）的室内建筑材料，可以将其密封或封闭起来，消除它的污染释放量。而其他的对人体有害释放物如煤气，可以进行技术性的调整，以减少其二氧化碳的排放量。在许多情况下，比起改善室内通风系统而言，控制污染源头是一个更具成本效益的保护方法，因为提高室内通风将导致能源成本增加。

（1）室内空气污染来源 Sources of Indoor Air Pollution

室内空气污染来源主要包括：

① 燃烧源（Combustion sources）、如石油（Oil）、天然气（Gas）、煤油（Kerosene）、煤炭（Coal）、木材（Wood）和烟草制品（Tobacco）等；

② 建筑材料（Building materials）和家具摆设（Furnishings），如变质的（Deteriorated）石棉隔热材料（Asbestos-containing Insulation），受潮的地毯（Wet carpet）、橱柜（Cabinetry）或某些压制而成的木制品等；

③ 家用清洁和护理产品、个人护理产品（Household cleaning and maintenance and personal care）；

④ 中央供暖和制冷系统以及加湿装置（Central heating and cooling system and humidification devices）；

⑤ 一些室外的空气污染源如氡（Radon）、农药（Pesticides）等。

任何污染来源的相对重要性取决于某一污染物的排放，以及这种排放量的有害程度，在某些情况下，也取决于释放物物体本身的使用长短和它的正常保养等因素。例如，一个使用不当的煤气灶，其排放的一氧化碳含量比一个正常使用和维护的燃气灶所排放的一氧化碳含量高得多。

一些污染物的来源，如建材、家具、家用电气产品等，它们所释放的污染物多多少少都是连续不断的。而另一些间歇性污染物的释放则与人们的家庭活动有关，如抽烟、使用无排气的或有故障排风设备的炉灶和空气加热器，使用溶剂清洗、油漆、为重新装修而使用的脱漆剂以及房务清洁产品和农药等。在这些活动之后，一些高浓度的污染物可能长期滞留在室内。

（2）室内空气污染源及控制方法 Specific Contaminant Sources and Controls of Indoor Air Pollution

室内常见的空气污染源有氡气，环境烟草烟雾，生物污染物，火炉、取暖器、壁炉及烟囱，家庭用品，甲醛，杀虫剂，石棉和铅等。

① 氡气 Radon：氡气是一种无味无嗅的放射性气体，来自于地下矿物质铀（Uranium）的自然分解、放射性衰变（Radioactive Decay）。一般氡气主要来源于土壤和岩石，通过建筑底部暴露的土壤、楼板的裂缝、楼板排水孔、水井和某些建筑材料进入建筑。根据美国居住建筑在1991年对氡气的调查，美国建筑室内的平均氡气含量为1.3pCi/L（微微居里每公升），而室外的平均氡气含量为0.4pC_i/L。氡气对人类的危害并非立竿见影。但如果一定含量的氡气（≥ 4pCi/L）在室内长期释放，据美国国家癌症研究院调查的结果，这种污染是导致每年两万人死于肺癌的主要原因。如果一个室内的氡气含量为4pCi/L，这种含量已经达到美国核管理委员会（Nuclear Regulatory Commission）规定的核辐射量的35倍，因为氡的 α 辐射含量和具有高辐射的放射性元素钚（Plutonium）的 α 辐射含量相当[7]。测试是唯一知道室内氡气含量的办法。如果室内的氡气含量超过4pCi/L，必须咨询专业氡气治理人员，采取一定的整治行动。

② 环境烟草烟雾 Environmental Tobacco Smoke，ETS：环境烟草烟雾也称为被动吸烟，即二手烟（Secondhand smoke），是一种在吸烟或烟草制品的燃烧过程中所产生的化学物质的混合物。研究人员已经确定，长期在烟草烟雾的化合物污染中工作或生活的人，其中许多已经确诊是已知或可疑致癌物质和呼吸有毒物质的受害者。烟草污染对人类的危害包括引起肺癌、心血管疾病、头疼、呼吸道疾病等。特别对于小孩，增加了呼吸道感染的机率，如支气管炎、肺炎、耳朵感染和引起中耳集结液体等病症，同时增加哮喘发作的严重程度和频率，以及降低肺功能等。现在，环境烟草烟雾已经被确定为一种有毒的空气污染物（A toxic air contaminant，TAC），美国各部门已采取行动以减少烟草烟雾的暴露。根据美国环境保护署（EPA）的报告，如果室内有一个或更多的吸烟者，其烟尘粒子浓度将比室外浓度高得多。美国环境保护署建议室内应无吸烟者，其烟尘粒子浓度应低于或等同于户外水平。

③ 生物污染物 Biological Contaminants：生物污染物是或曾经是成活的生物体，它们能够造成恶劣的室内空气环境质量，甚至可能会对建筑内部和外部造成直接的破坏。这些污染物能够穿越空气，而且往往是不可见的。普通室内生物污染物包括细菌、霉菌、病毒、动物皮屑（Animal dander）和猫的唾液（Cat saliva）、室内的灰尘、尘螨、蟑螂和花粉等。这些污染物有多种来源，例如湿的或潮的墙壁、顶棚、地毯以及家具，失修的加湿器、除湿机和空调，不卫生的床上用品和家庭宠物等。一些生物污染物喜欢生长在受污染中央空气系统（Central air-conditioning system）之中，污染物可以通过这些系统将霉菌传送到建筑的各个空间。生物污染物可能会引发过敏反应，包括过敏性肺炎、过敏性鼻炎、哮喘，以

及通过空气传播的传染病，如流行性感冒、麻疹、肺结核和水痘。某些霉菌可以释放致病毒素，这些毒素可以损害身体中的多种器官和组织，包括肝脏、中央神经系统、消化系统和免疫系统等。受生物污染物侵蚀的症状包括打喷嚏、流眼泪、咳嗽、气短、头晕、嗜睡、发烧和消化系统问题等。减少生物污染物的方法包括：

a. 在厨房及浴室内安装和使用排气扇，将湿气或废气排到室外；

b. 将室内相对湿度保持在 30%~50% 之间；

c. 将被水侵蚀的地毯或建筑材料及时清洁或风干；

d. 将过敏原，如尘螨、花粉、动物皮屑等定期清洗；

e. 设计具有良好通风的阁楼和夹层空间，防止形成滋生霉菌的潮湿空间；

f. 维护和清洁所有与水接触的家电设备，定期进行专业的检查和清理。

④ 火炉、取暖器、壁炉及烟囱 Stoves，Heaters，Fireplaces，and Chimneys：燃烧所产生的污染物除了烟草烟雾以外，还有通过燃烧煤油和无排气设备的加热器、燃烧木材为主的火炉和壁炉以及燃烧天然气为主的燃气灶所释放的一氧化碳、二氧化氮。无排气管的煤油炉也可能会产生一种叫酸性气体的溶胶。一些燃烧颗粒也可能会来自密封不好或安装、维护不当的烟囱、烟道换热器。

一氧化碳（Carbon Monoxide，CO）是一种无色、无味、无嗅的有毒气体。它使身体内的氧气不能正常运送到全身，在高浓度下可以导致人体昏迷和死亡，低浓度可以引起头痛、头晕、体力疲乏、恶心等一系列症状。一氧化碳能使健康人昏迷和疲劳，也能增加慢性心脏病症患者心脏病发作与胸部疼痛的机率。

二氧化氮（Nitrogen Dioxide）是一种有刺激性气味的红褐色气体。在高浓度下，能刺激眼睛、鼻黏膜、喉咙，并能使呼吸急促。动物实验的证据证明，高浓度二氧化氮将增加呼吸道感染（Respiratory infection）机率，并有可能导致肺部疾病的发展，如肺气肿。其他的烟尘粒子是燃烧物不完全燃烧时所释放的微型颗粒，可以进入肺部，并且刺激或损伤肺部组织。这种烟尘粒子污染物包括氡和苯并数芘（Benzoapyrene），两者都可以导致癌症。减少这类烟尘污染物的方法包括：

a. 如果使用无排气设备的煤油或气体加热器，应在加热器使用时，适当打开窗户或房门。按照制造商的燃油指示，保持适当的调整，例如，黄尖火焰（Yellow-tipped flame）通常是污染物排放失常的指标，这里应咨询煤气公司，或将火焰调整为蓝色。

b. 切勿在室内使用煤气炉加热器。当壁炉使用时，打开壁炉烟道的气门。

c. 切勿在室内燃烧经过化学药品处理过的木材。因为燃烧这类木材会释放大量的有毒气体。

d. 尽量安装使用中央空调处理系统，按期更换排风系统过滤器。

e. 每年对损坏的炉、烟道、烟囱系统及时进行检查或维修。堵塞、漏水或损坏的烟囱或烟道释放出有害气体和微粒，应严格遵守所有的服务和维修程序。

⑤ 家庭用品 Household Products：有机化工产品（Organic chemicals）作为家用产品被广泛地使用。例如，油漆、清漆（Varnishes）、地板蜡、清洗剂、消毒剂等产品都含有机溶剂，所有这些产品都可能释放有机化合物。EPA 的研究表明，当人们在使用含有有机化工原料产品的时候，使用者自己和周围的人都处于污染物水平较高的环境中，而且这种高浓度的污染物能在空气中持续很长时间。有机化工产品对人体健康造成很大的影响，包括对眼睛和呼吸道的刺激、头痛、头晕、视觉障碍、记忆减退等直接症状。许多有机化合物已证明会导致动物和人类的癌症。减少在室内释放有机化工产品的方法有：

a. 严格按照制造商产品标签说明行事。一般有潜在危害的产品，制造商往往会警告用户如何减少使用时的风险。例如，在标签上写着产品必须在一个通风良好的地方使用，或者产品使用地区必须具备良好的通风和换气条件。

b. 不要在室内保留旧的、已开封的或不需要的化学产品。由于化学有害气体可以从已开封的、旧的容器中泄漏，造成对住户的伤害，所以尽量在室内不要存放这类剩余产品。如果必须存储，一定将这类产品存放在通风良好的地方。如果不再需要，也不能将这些不需要的产品简单地扔在垃圾桶，必须通过有毒废物收集处理过程进行回收。

c. 需要多少购买多少。如果你购买的只是季节性的或偶然使用的产品，如割草机汽油或煤油、油漆、清洁剂等，尽量使用多少购买多少，并不宜存放于室内。

d. 将室内含有二氯甲烷（Methylene Chloride）产品的排放量降到最低。很多产品如脱漆剂、胶粘剂、喷雾涂料等都含有二氯甲烷。二氯甲烷是已知的会导致动物患上癌症的有毒化学产品之一。人体吸收了二氯甲烷之后，它将在体内转化为一氧化碳，极有可能导致与一氧化碳相关的病症。当使用含有二氯甲烷的产品时，一定要仔细阅读产品使用说明，并在通风良好的地方使用。

e. 限制使用含有苯（Benzene）的产品。苯是一种已知的人类致癌物质。该化合物的主要来源是室内环境烟草烟雾、油漆和车库的汽车尾气等。为减少苯的污染，禁止在室内吸烟；使用油漆时，将室内的通风提供到最大。

f. 将室内全氯乙烯（Perchloroethylene）的排放量降至最低。四氯乙烯是最广泛使用的化学干洗剂。在实验室研究中，它已被证明是引起动物癌症的有毒化学产品。如果干洗的衣物有强烈的化学气味，应拒绝接受并直到全部烘干为止。

⑥ 甲醛 Formaldehyde：甲醛是一种无色、易燃、具有强烈气味的化学物质，常常用于建材和日常家用产品中。建材产品如压制的木材产品、刨花板、胶合板、纤维板等，另外家用产品如胶水、胶粘剂、某些纺织品和绝缘材料等都含有甲醛。一般含有甲醛的产品会释放甲醛气体。20 世纪 70 年代，尿素甲醛（Urea-formaldehyde）泡沫绝缘材料（Urea-Formaldehyde Foam Insulation，UFFI）被大量用在许多新建筑中，这些建筑在刚安装了 UFFI 以后，室内空气含有较高的甲醛含量，随着安装时间的增长，甲醛的含量将减少。当今，压制的木材产品含有的甲醛树脂，通常是室内甲醛的重要来源。其他潜在的室内甲醛的来源包括香烟烟雾和无排烟设备的燃料燃烧器具，如燃气灶、烧木头的炉子和煤油炉等。自 1985 年以来，住房和城市发展部（Department of Housing and Urban Development，HUD）限定一定含量的甲醛在胶合板和刨花板的使用。

当甲醛在空气中超过 0.1ppm 时，有些人可能会受到一定的影响，如眼睛易流泪，鼻子、喉咙有烧灼觉，某些人会咳嗽、气喘、恶心，皮肤有刺激感等。在室内安装新的压制木产品（Pressed wood products），其甲醛的含量可能超过 0.3ppm。1980 年，实验室研究表明，接触甲醛可以导致大鼠鼻腔癌，这一发现提出了甲醛污染是否也极有可能导致人类癌症的问题。1987 年，美国环境保护署（EPA）将异常高含量或长时间甲醛污染列为有可能致癌的物质。自那时起，人类的一些研究表明，甲醛的污染与某些类型的癌症有关。减少室内甲醛污染的方法[2]有：

a. 在室内使用含有苯酚树脂（Phenol resins）而不是尿素树脂的压制木材产品；

b. 使用空调和除湿机，保持室内适度的温度，尽量降低湿度水平；

c. 在室内使用具有甲醛来源的新产品以后，尤其要加强通风。

⑦ 杀虫剂 Pesticides：杀虫剂是预防、杀灭、驱赶或减轻病虫害的一种物质或几种物质的混合物。杀虫剂可能是化学、生物制剂，如抗菌、消毒的物质，用来杀死害虫的家庭产品如杀虫剂、灭蚊剂和消毒剂以及在草坪和花园中使用的野草根除剂等都属于这类物质。杀虫剂对健康的影响包括：刺激眼、鼻、喉、损害中枢神经系统和肾脏，增加罹患癌症的风险。根据自然新闻网站（Natural News.com）的报道，与在室内使用杀虫剂的父母生活在一起的小孩，更容易患儿童脑癌[8]。同样，一项新的研究发现，帕金森氏病（Parkinson's disease）与接触杀虫剂也有密切的关系。事实上，常常接触农药的人患帕金森氏病的人数几乎是正常人的两倍。减少杀虫剂污染的最好办法：

a. 在使用之后，增加室内的通风和空气流通；

b. 严格遵守制造商的产品说明；尽量使用非化学成分的杀虫剂，如使用生物农药（Biological

Pesticides）等。

c. 不要将杀虫剂存放在家里，尽可能放在室外。如果必须放入室内，最好选择干燥和通风良好的地方。

⑧ 石棉 Asbestos：石棉是一种细而薄的矿物纤维，它不仅防火而且不导电，耐热性能极强。因此，石棉已被普遍使用在各种保温、隔热、阻燃等建筑材料中。由于纤维的高强度，石棉已被用于各种各样的建材产品，主要集中于屋面瓦、顶棚、地板和石棉水泥制品，以及耐热的建筑围护材料和建筑涂料等。石棉属于矿物硅酸盐化合物（Silicate Compounds），这意味着它们的分子结构中含有硅、氧原子在。自 19 世纪后期，石棉在北美被开采和利用，特别是在"二战"期间得到了大量的使用，例如，建筑行业用于加强水泥、塑料以及绝缘材料、屋面、防火、吸声和热水管道中等。石棉也被用在顶棚、地板瓷砖、油漆、涂料、塑料和胶粘剂中。在 20 世纪 70 年代末，美国消费者产品安全委员会（Consumer Product Safety Commission）禁止石棉在建筑室内墙体和燃气壁炉中使用，原因是在使用过程中，微小的石棉纤维可能释放到空气中。当石棉纤维被人体吸入后，会被困在肺部并保持很长一段时间。随着时间的推移，这些纤维可能累积造成疤痕和炎症，还有可能影响人体呼吸，导致胸膜疾病、胸腔积水、肺部的永久性损伤和其他严重的健康问题。据美国癌症病研究所的调查显示，吸入石棉可能会增加患肺癌和间皮瘤（Mesothelioma）的风险（间皮瘤是一种比较罕见的癌症，是由于一些细微的纤维滞留在人体胸部和腹部所至）。美国卫生和人类服务部（U.S. Department of Health and Human Services）、美国环保署（EPA）和世界卫生组织的国际癌症研究机构（International Agency for Research on Cancer，World Health Organization）已将石棉列为人类致癌质。

最典型的石棉污染案例是美国纽约世贸中心大楼（The World Trade Center）的倒塌。美国环境保护署在 1989 年禁止石棉在所有新建筑中使用，但是在 1989 年之前，所有石棉在建筑开发中的使用还是允许的。纽约世贸中心大楼南北两塔楼都是在 20 世纪 70 年代初期建成的，因而北塔在施工时使用了大量的石棉，2001 年 9 月 11 日遭到袭击并倒塌时，其中数百吨的石棉被释放到大气中。受到最大石棉污染攻击的人是在废墟中抢救和清理现场的人员，包括消防队员、警察、医护人员、建筑工人和一些志愿者。一项研究表明，在此之后大约有 28% 的人员测试有肺部功能异常，70% 的救援人员患上新的或严重的呼吸道症状疾病，而 61% 的人在此之前并没有呼吸症状的健康问题。他们的这些呼机道症状可能与接触石棉纤维有关[9]。

如果居住在 20 世纪 80 年代之前的旧建筑中，这些建筑物中极有可能存在石棉材料。如果石棉材料没有暴露于空气中，也就是说，被一定的材料所包裹，最好不要去动它。只要不暴露于空气，石棉材料是不会对人体造成损害的。如果发现建筑中的石棉材料泄漏于室内，必须及时聘请专业人员采用专用设备来清除。

⑨ 铅 Lead：铅一直被认为是有害的环境污染物，也是一种具有很大毒性的物质。当一个人铅中毒或误吸了铅尘后，铅可能留在体内对人体健康造成严重的伤害。铅污染是看不见、闻不到的，但人类有许多方式接触到铅，如通过空气、饮水、食品、受污染的土壤、油漆和灰尘等。当人类发现铅对人体有害之前，它曾经被广泛用于油漆、汽油、水管管道和许多其他产品之中。美国 1978 年以前的老房子中所使用的油漆涂料往往是含铅油漆，即使油漆没有剥落，它仍然具有潜在的健康威胁。含铅油漆是非常危险的，当它剥落或打毛时，油漆中的铅粉会释放到空气当中。生活在 20 世纪 60 年代建造的房屋中的婴儿和儿童，铅中毒的机率最高，因为小孩子常常会吞下含铅油漆涂料的碎片或粉尘。含铅的涂料一般在窗框、墙壁、建筑外墙或其他表面。

20 世纪 70 年代以前所建的建筑的管道，水龙头都有可能含铅。那些年代含有铅的焊接料很普遍地使用在饮用水的管道焊接中。虽然 80 年代以后的新建筑法规要求无铅焊料，铅仍然被发现存在于一些现代的水龙头中。铅会影响身体内的几乎所有的系统。当人体血液中的铅浓度含量高于 80μg/L，人就会出现抽搐、昏迷等症状，甚至死亡。较低浓度的铅可能导致对中枢神经系统、肾脏和血液细胞的破坏。当血液中铅浓度达到 10μg/L 时，人的智力和身体发育会受到损害。尽量不要携带含铅的物品进入室内。由于铅也会来自于土壤和灰尘，所以尽量保持室内干净。在饮用自来水之前，让停留在自来水管中的水流走再用。当发现室内有铅污染时，必须及时聘请专业人员进行处理。

2）改进室内通风系统 Indoor Ventilation Improvements

在对污染源进行有效控制之后，另一个降低室内空气污染指数的方法是增加室外空气的流入，提高室外与室内的空气交换数量。为了提高建筑的节能效率，避免由于较差的建筑物密封导致无谓的能源损失，20 世纪 80 年代以后，美国的建筑非常强调维护结构的密封性设计。随着建筑维护结构的密封性的提高，建筑物室内的空气质量也发生了变化。由于建筑高度封闭，有些室内的通风系统没有得到相应的改善，室内的污染物和有毒物质不能有效排散，增加了对人们健康状态的影响。美国肺协会（American Lung Association）公布的数据表明，自 30 年前建筑的密封性能得到改善以来，人们的呼吸道、哮喘和一些与肺部有关的疾病增加了 80%[5, 10]。

设计和安装高效率的通风系统是改善室内空气质量不可缺少的一环。所有的房屋都需要与室外进行空气交流，以减少室内潮气（Indoor moisture）、异味（Odors）、甲醛、挥发性有机化合物（VOCs）、氡等其他导致健康问题的污染物，特别是在厨房、卫生间、实验室和其他一些有污染的工作室从事一些诸如绘画、脱漆、煤油炉烧烤、烹饪加热或从事维修如焊接或打磨等活动时，必须及时将污染气体排出室内。室内空气通风不足会导致异味和污染物长期停留在室内。室内的湿度过高，会导致霉菌滋生，并对建筑物产生直接的破坏。所以增加通风和换气是提高室内环境质量重要的一部分。

室内到底需要多少通风与换气？通风换气，从定义上讲，是室外空气对室内空气的供应以及相互交换。具体建筑物所要求的通风率差别很大，这主要是由于建筑物的使用类别不同和在室内逗留时间长短的不同。通常随着室内通风率的增加，由于健康问题而影响工作和学习的机率会减少。目前，也有一些有限的证据表明，在通风较好的建筑中工作和学习的人具有较低的旷工和旷课率。相关的科学研究的结果如下[10]：

a. 通风率和办公室的工作表现：一般而言，随着通风的改善，人们的办公性能在速度和准确性方面得到明显增加。以一个人均 14~30ft^3 的通风率为基础，每人每提高 10ft^3 的通风量，其工作表现平均增加 0.8%。

b. 通风率和学生在学校的表现：以每位学生 15ft^3 的通风率为考察标准，当通风率增加一倍，学生的学习表现性能有 5%~10% 的增加。

c. 通风率与办公室及学校的旷工和缺课的关系：在办公室，一个人均 25~50ft^3 双倍的通风率，可以在短期内减少 35% 的旷工率。小学生的教室，由于通风而降低了二氧化碳浓度，每降低 100 ppm 二氧化碳浓度，缺勤率就会有 1%~2% 的相对减少。每人增加 1ft^3 的通风率，相对减少缺勤率约为 0.5%~2%。

d. 通风率和病态建筑综合症症状：许多研究已经发现，每人具有 40ft^3 通风率的办公楼，其病态建筑综合症症状减少 10%~80%。研究也发现，当办公室的人均通风率下降 10~17ft^3 时，病态建筑综合症症状增加 15%，并在每人的通风率增加 17~50ft^3 时，症状患病率下降 33%。

e. 通风量和呼吸疾病 大幅度的呼吸系统疾病率集中在人口高密度的建筑物如军营、监狱、养老院中，因为这些建筑物内人口比例高，人均通风率非常低。低通风率很可能导致空气中较高浓度的病毒和细菌的存留。

f. 通风量与健康的室内环境：少数研究结果表明，在低通气率家庭生活的孩子比在高通风率家庭生活的孩子更容易患过敏性或呼吸道疾病。[5]

对于居住建筑，为了保证居民的健康，室内暖通和制冷的空气交换通常需要 10% 的新鲜空气。根据美国供暖、制冷及空调工程师学会（The American Society of Heating，Refrigerating and Air-Conditioning

Engineers-ASHRAE）制定的标准（ASHRAE 标准 62-02），一个住宅的客厅需要每小时 0.35 的新鲜空气的交换（Air Changes）或每人每分钟 15ft³（Cubic feet per minute-cfm）的新鲜空气，以二者中较高者为参考标准。又如，一个卧室至少每分钟需要 7.5ft³ 的新鲜空气，另外对每平方英尺的楼面面积，有能力增加 0.01ft³ 或更多的新鲜空气。此外，像医院的手术室等特殊用途的房间，必须进行 100% 室内外空气交换，才能将诸如麻醉之类的危险气体排出室内。ASHRAE 标准 62-02 还要求，容许抽烟的房间的排气量应该是一般房间要求的 5 倍。

（1）自然通风 Natural Ventilation

几乎所有的古建筑都是以自然通风为主要通风形式。随着对能源使用成本和环境影响的认识的提高，自然通风已成为降低能源消耗成本、提供可接受的室内环境质量和维护一个健康、舒适、高效的室内环境气候的重要因素。对于特定的气候和建筑类型，自然通风可以作为空调系统以外的又一选择。使用自然通风这一选择，可以节省 10%~30% 的能源消耗成本 [11]。

自然通风系统依靠压力差，推动室外新鲜空气进入室内。压力差是由于气候的温差或湿度的差异而引起的风力效应。通风量的多少完全取决于建筑物的朝向、房间的布局、开窗的大小和窗户的位置。自然通风不像机械通风那样利用风扇强制通风，而是通过自然力量，利用自然风力给建筑提供新鲜空气，提高室内的热舒适度。当室内空气流速达到 160ft/min 时，室内温度可降低 5 ℉。与机械空调不同，自然通风不会降低进入的空气的湿度。因此，在潮湿的气候条件下，自然通风的作用受到很大的限制。

自然通风系统的设计必须根据建筑物的类型和当地的气候条件而定。通风量关键取决于建筑物内部空间设计、开窗的大小和位置。要取得好的自然通风效果，一般必须做到以下几点：

a. 将建筑物的选址设计在与夏季风向垂直的地段上，以取得到最大的通风效果。通常利用常绿乔木（Evergreen tree）防风林来阻挡冬季来自北风的寒冷。

b. 利用自然通风的建筑应该是进深较浅。因为自然风很难进入到大进深的建筑空间。合理的最大进深尺度为 45ft（大约 14m）。

c. 每个房间应该有两个分开的进风口和排气口。排气口应设计得比进风口高。窗户应在房间两边相对而设，尽量有穿堂风的效果，同时尽量减少房间内的气流阻力。

d. 窗户应是可开启和由住户自行操作的。

e. 在房屋的屋顶最高处提供排风口。此通风口应让空气自由流通，无障碍物遮挡。

f. 允许足够的内部空气流动，最重要的是建筑物室内与室外的空气交换，建筑内部房间与房间之间的空气流通。如果可能的话，室内房间的门应该是开启的，以鼓励整个建筑内部的空气流通。如果房间的隐私需求而必须使房门保持关闭，可以在各个门上设计通风百叶，使室内空气保持流通。

g. 考虑使用高侧窗或通风天窗。高侧窗或通风天窗是室内热空气最好的排风出口。要想使室内通风流畅并增加空气流量，在保持高侧窗或通风天窗开启的同时，必须保持建筑底层窗户的开启，其目的是提供一个完整的室内与室外空气流通的通道。

h. 提供阁楼通风。通风的阁楼将大量的热空气排出屋外，大幅度减少了热空气传递到下面的房间的可能。有通风口的阁楼比无通风口的阁楼的温度低大约 30 ℉左右。

i. 考虑使用风扇作为辅助散热的工具。在顶棚或整个建筑中安装风扇，能使室内温度降低 9 ℉，并有效降低机械空调系统电能消耗的 1/10 左右。

j. 根据地理、气候条件确定建筑采用开放式的自然通风还是封闭式的自然通风方式。封闭式的通风方式一般适合于气候炎热、干燥的地区，白天和夜晚的温度差别很大。一个好的通风方式是在夜间打开建筑的自然通风系统，然后，在早上关闭所有的窗户以阻挡白天炎热的空气。一个开放式的通风方式往往适合于温暖、潮湿的地区，那里白天和夜晚的温差不大。在这种情况下，尽量满足室内有足够的穿堂风是保持室内凉爽的前提。

k. 在炎热、潮湿的气候条件下，自然通风将给住户带来极为不舒适的室内环境质量，所以，在这种气候条件下，最好使用机械制冷设备[11]。

在大多数气候条件下，自然通风不会给住户带来 100% 的舒适度。这使得自然通风只有在空调不被接受的情况下才变得较为适合。设计良好的自然通风系统的先决条件是了解当地的地形、风速和周围植被。设计师必须知道，要将自然通风和人工制冷很好地结合在一起，在某种程度上是很难做到的，因为一个自然通风的设计通常包括开敞的建筑空间布局和大面积的窗户与门，而一个高效节能的人工空调环境讲究的则是紧凑的布局和密封式的门窗系统。

（2）机械通风（Mechanical Ventilation）

20 世纪 80 年代以后，由于建筑的集中供热和制冷技术的发展，窗户往往很少作为建筑的通风元素。然而，建筑通过其他的缝隙将外部空气渗透到室内的过程和速度是不可预知和不可控制的，因为它取决于建筑的气密性（Air tightness）、室外温度（Outdoor temperatures）、风力和风速等因素。气密度较高的房屋可能存在自然通风不足的现象，而渗透率较高的建筑又有消耗较高的能源成本、浪费自然资源以及容许有污染的空气渗透到室内的缺陷。由于季节、气候的限制和对能源成本的考虑，使用窗户进行自然通风的方法已经不能够满足室内空气交换的要求，特别是在气候潮湿的地区。所以，机械通风便成了一些大型建筑和气密度较好的小型建筑不可缺少的空气交换方式。

当自然通风不能满足室内的空气交换时，机械通风便成为满足这一需求的必然手段。机械通风一般分为局部机械通风（Spot ventilation）和整体建筑通风系统（Whole-building ventilation system）两大类。

局部机械通风是通过在局部安装通风排气设备，例如，在厨房和浴室安装排气扇，直接将污染物排出室内的最好方法。ASHRAE 建议在浴室和厨房间要有可开启的窗户，或有间歇性的或连续性的机械通风装置，并规定浴室的换气率为 20~50ft^3/min，厨房的换气率为 25~100ft^3/min。在进行厨房和卫生间的通风设计的时候，一定要将这里的空气压力设计得比其他房间的压力稍微低一些，以防止污浊的空气从这里扩散到其他房间。

整体建筑的通风系统是安装一个或多个风扇和排风系统来排出混浊的空气，并且同时供应新鲜空气。能源专家经常引用一句话“好的气密度，好的通风设备”（Seal tight，ventilation right）来形容健康的室内空气质量和能源损耗的关系。建筑具有较好的外围护封闭性能，既能减少热能或制冷空气的渗透和损失，又能较好利用通风系统与户外空气进行交换，既不对室内空气质量形成负面影响，又节省了加热和冷却设备所消耗的能源费用。

热回收通风系统（Heat-Recovery Ventilation Systems）就是采用一定的方式将通风过程中损失的能量弥补回来(图 4-32)。通风系统在排风换气的时候，由于必须与室外空气进行交换，所以在冬天损失了一部分室内的热能，而在夏天则损失了一部分室内的制冷空气。热回收通风系统的工作特性是在冬天将室外又干又冷的空气换

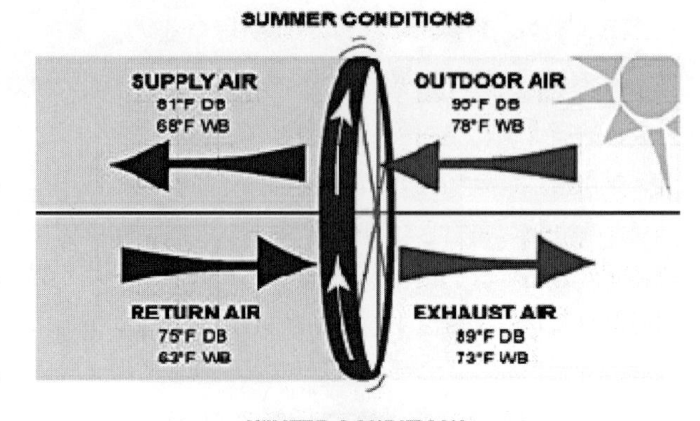

图 4-32 热回收通风系统的工作原理 Heat-Recovery Ventilation Systems
图片来源：EERE，DOE

到室内的过程中，将空气加热和加湿；在夏天，则会将室外的热空气冷却和除湿之后，再换入室内。这种通风系统通常适合于在四季较明显的地区使用。虽然安装和购买这种系统较贵，但由于在使用过程中节省了大量的能源，从其生命周期的角度来看，还是极为经济和节能的。

如果建筑室外空气较差，必须在暖通空调系统中使用效率最高的过滤器（The highest efficiency filter），并在必要时考虑增加过滤设备，以增加其过滤能力。可以考虑使用需求控制通风设备（Demand Controlled Ventilation）。这种设备利用传感器来确定通风量的多少，当室内人数增加时，传感器通过人的活动所产生的电磁场激活通风系统的控制器。另外，还有根据室内二氧化碳的浓度来自动控制通风的系统，它的通风量是随着室内所需空气的多少而自动控制的。

当室外有大型停车场或毗邻繁忙的高速公路、附近有直升机停机坪时，还包括在交通高峰时段，要有意减少建筑与室外的空气交换，必须增加室内空气的再循环和再循环空气过滤系统。

严格确保所有暖通设备的正常工作和维护，保持它们最佳的运转效率，从而减少室内空气污染的机率。使用一段时间后，空调管道系统内的颗粒物、灰尘和碎片需要清除。清除时最好采用非化学的方法，避免使用强化学清洁剂而使用物理清除方法，如使用吸尘器等。这样做的目的主要是防止有毒的化学物品在空调供暖系统中到处扩散。

以适当开窗来维系一定的压力和空气对流。给使用建筑的员工提供一定的维系室内空气质量的健康教育。建立科学有效的政策，容许对化学物敏感或健康欠佳的个人在一定时期内开启周围的窗户，以调节室内空气。容许在晚间或周末，当暖风、空调系统停止工作或关闭时，打开窗户。如果室外空气质量极其恶劣，必须限制开窗的时间和长短。

对于一个新建建筑和新装修的建筑，在使用之前必须与室外进行至少三次的空气对换和交流。尽量将室内新材料、家具和涂料的异味清除干净。如果室内更换了新的装修材料和使用了新的家具，其中包含油漆、密封剂、胶粘剂等化学产品，室内空气必须最大限度地与室外空气进行对流和交换。在刚装修完工或入住之前这一段时期禁止室内空气再循环，必须 100% 地与室外进行空气交换。

确保室外空气供风和回风口过滤器、供风和回风口设备工作良好，防止有异物阻止空气对流。禁止在暖通系统的室外空气交换口附近储存和堆放有毒或挥发性化学物质。保持室内空气相对湿度在 30%~50% 之间。避免或尽量减少在建筑物空调系统中使用加湿器。如果使用加湿器，必须维护所有加湿器设备的清洁。清洗系统时，防止使用化学清洗剂。

如果暖通空调系统被化学溶剂、杀虫剂、有毒气体污染，系统必须马上停止使用，或及时将建筑使用者撤离建筑物。在清除了系统内的污染物之后，确定暖通空调系统不会在室内传播有害化学气体后方能恢复使用。

ASHRAE 62–1999 推荐的不同用途室内空间通风标准 Ventilation Recommendations　　表 4–26

房间用途 Applications		人员密度（每 1000ft^2 人数）	每分钟立方英尺 / 每人 (Cfm/person)	每分钟立方英尺 / 每平方英尺 (Cfm/ft^2)
食品和饮料服务 Food and Beverage Service	餐厅	70	20	—
	快餐厅	100	20	
	酒吧，鸡尾酒厅	100	30	
	烹饪厨房	20	15	
办公室 Office	办公空间	7	20	—
	接待空间	60	15	
	会议室	50	20	
公共空间 Public Space	吸烟室	70	60	—
	电梯间	—	—	1.0

续表

房间用途 Applications		人员密度（每 $1000ft^2$ 人数）	每分钟立方英尺 / 每人 (Cfm/person)	每分钟立方英尺 / 每平方英尺 (Cfm/ft^2)
零售商店、零售楼层、展示厅 Retail Stores, Sale Floors, Showroom Floors	地下室和沿街	30	—	0.3
	楼上部分	20	—	0.2
	购物中心	20	—	0.2
	吸烟室	70	60	—
运动和游乐场 Sports and Amusement	观众区域	150	15	—
	游戏室	70	25	—
	表演 / 赛场部分	30	20	—
	舞厅和迪斯科厅	100	25	—
影、剧院 Theaters	门厅	150	20	—
	观众厅	150	15	—
教育用房 Education	教室	50	15	—
	音乐室	50	15	—
	图书馆	20	15	—
	报告厅	150	15	—
旅馆、汽车旅馆、度假旅馆、学生宿舍 Hotels, Motels, Resorts, Dormitories	卧室	—	—	每间房间 30 立方英尺每分钟（30 ft^3/room）
	会客厅	—	—	每间房间 30 立方英尺每分钟（30 ft^3/room）
	门厅	30	15	—
	会议室	50	20	—
	集会厅	120	15	—

资料来源：EPA. *Text Modules–Heating，Ventilations，and Air–conditioning*（*HVAC*）.
Retrieved from http：//www.epa.gov/iaq/largebldgs/i–beam/text/havc.html

3）空气净化器和过滤器 Air Cleaners and Filters

改善室内空气质量最有效的方法，除了消除污染的直接来源、提高室外与室内的空气交换之外，净化室内空气、正确使用和维修暖通空调系统中的过滤系统，也是不错的选择。空气净化器多种多样，包括相当简单的台式模型和较为复杂的整体式净化系统，它们都是非常有效的清除室内尘渣的方法。但必须注意，空气净化器的净化对象是空气中的灰尘，它对气体污染物的清除毫无效果。

一个空气净化器的有效性取决于它是如何妥善收集室内空气（以百分比有效率表示），以及它能使多少空气通过清洗或过滤元件系统的（以立方英尺每分钟计算）。一个具有非常高效率的空气收集能力却同时具有较低的空气流通率的净化器并不是有效的净化器，同样，一个具有非常高效率的空气流通率但具有较低的空气收集能力的净化器也不是最有效的设备。对任何一个空气净化器进行长期而正确的维护保养是保持其净化性能最好的手段和方法。

另一个决定空气净化器有效性的因素是污染物源的强度。台式净化器可能无法清除超过一定数量的污染物。整体性空气净化系统安装在建筑的暖通和制冷系统当中，一般是安装在回风管管口，也就是说，每当建筑的暖通和制冷系统运转时，室内的空气是通过净化系统中的过滤装置来清除有害的污染物的，因此通常这种系统能帮助清除空气中的灰尘、尘螨、宠物皮屑、霉菌孢子、花粉、烟雾和更多物质性污染物。这种方法在很大程度上降低了相关的呼吸道疾病、过敏和哮喘症状的发生。

此外，在室内养殖合理数量的盆栽植物能消除室内一定数量的污染物。很多植物能改善室内空气质量，因为它们吸收二氧化碳，释放氧气和水分。特别有一些植物具有净化室内空气的功效，因为它们有能力吸收污染物。在 20 世纪 70 年代，美国国家航空和航天局（NASA）的研究发现，某些植物，如吊兰和金橘，具有消除一氧化碳和甲醛的作用，平百合能消除苯和三氯乙烯。生长在热带地区的植物，因为长期生长在缺少阳光的茂密丛林中，存活完全通过高效率地吸收各种气体而进行光合作用，因此，它们能大量吸收各种不同的气体，所以作为室内盆栽植物能改善室内空气质量。但值得注意的是，在室内养殖盆栽植物不应过分浇水，因为过分潮湿的土壤可供微生物的成长。对室内环境有益的盆栽植物一般包括吊兰（Spider Plant）、矮椰枣（Dwarf Date Palm）、竹棕榈（Bamboo Palm）、剑蕨（Sword Fern）、槟榔树（Areca Palm）、菊花（Daisy）、橡皮树（Rubber Plant）等。空气净化器不能减少氡（Radon）以及其衰变产物的含量，所以美国环境保护署不建议使用该设备来降低室内氡气及其衰减物的含量。

在建筑的暖通空调系统中使用高效率的过滤器，是净化室内空气的另一重要方式。过滤器的主要作用是拦截空气中的尘埃，根据功能上可分为媒体空气过滤器（Media Air Filter）、电介质过滤器（Electrostatic Media Filter）和电子过滤器（Electronic Filter）。媒体空气过滤器是基本的模型，这种设备具有捕捉 1.0μm 大小的颗粒的能力。电介质过滤器的功效比媒体空气过滤器更高，它们利用静电的纤维捕捉 0.3μm 的粒子。电子过滤器也是利用静电，但它们使用了细导线网以产生稳定的静电场，具有最小的粒子捕捉能力，一般可以捕捉空气中 98% 的 0.3μm 的粒子，但是必须连接到电源。商业上是根据空气通过过滤器时，其去除悬浮颗粒物能力的大小来分类过滤器的（范围从 1~40μm 直径的玻璃或塑料纤维组成），一般分为：

玻璃纤维过滤器：通常采用中到重型的纸板边框做框架，并有由金属丝网加固的玻璃纤维层，用于大多数空调过滤系统。

聚酯滤料垫：与大多数玻璃纤维过滤器相比，聚酯提供更高的滤尘性能。经常被用来代替玻璃纤维过滤器。用于大多数空调过滤系统。

电介质过滤器：这种过滤器通常是用镀锌框架或纸板框架建构的，并通过静电多层类似聚丙烯的媒体组成来捕捉灰尘。

玻璃纤维过滤器

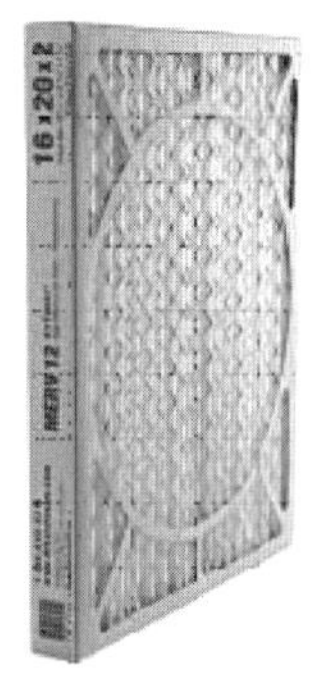

电介质过滤器

聚酯过滤器 HEPA Honeywell Filter

图 4–33 不同类型的空气过滤器 Different Types of Air Filters

另外一种符合美国能源部（DOE）设置的高效率标准的微粒空气过滤器 HEPA（High Efficiency Particulate Air Filter）又称高效过滤网，通常由化学纤维或玻璃纤维制成，微观结构为无序的絮状，主要用来拦截经过过滤网的空气中所含有的微小尘埃，能去除 0.3~2.0μm 之间的微粒，对粒径在 0.3μm 的粒子的过滤效果可达到 99.97% 以上。使用高效滤网，其综合拦截效率可达到 99.99%。按其过滤效率的高低，空气净化高效过滤网可分为粗效滤网、中效滤网、亚高效滤网及高效滤网 [12]。

3. 影响室内环境质量的其他因素 Other Factors That Impact on IAQ

除了良好的室内空气质量（Indoor Air Quality）外，室内环境质量还受到其他因素的影响，如热舒适度、室内声环境、室内视觉环境和舒适、高效的室内家具等。

（1）提供热舒适 Provide Thermal Comfort

人们工作和生活的环境舒适度不但直接影响着工作成效和生活质量，而且还直接影响着身心健康。如果一个工作和生活环境太热、太冷或者太吵、光线太暗或过于明亮、太刺眼、湿度太大等，都会导致人们的工作效率降低，并直接导致身体不适。

一个健康的室内环境质量除了注重空气质量之外，还必须保持最佳的热舒适度。最基本的要求必须达到美国供暖、制冷与空调工程师学会（ASHRAE）所规定的人类居住条件热环境标准 ASHRAE 55-2004。该标准所建议的室内热舒适度范围内已被广泛认可。

热舒适度指的是一个人穿正常数量的衣服既不感觉冷也不感觉热。它可以通过空气温度、湿度和空气在一定范围内的交换而实现。当空气流动几乎不存在时，相对湿度必须保持在 50% 左右。环境温度是维持室内热舒适度的关键因素。温度的高低与个体差异关系很大。没有一个特定的温度能满足每个人。然而，对于一个办公室而言，过热的环境使得员工易疲劳，过冷则导致员工不安，注意力不集中，因为他们将会去思考着如何才能得到温暖。在办公室内保持恒定的温度至关重要，即使在舒适度上的微小偏差也有可能对人们的注意力和工作效率产生很大的影响。一个舒适的办公室温度应在 21~23℃（69~73℉）之间。夏季，当室外温度较高时，建议应用空调来保持室内温度恒定，而且保持室内温度略略偏高，尽量减少室内和室外的温度差异。对冬季的室内温度调控遵循同样的原理。

办公室理想的相对湿度应保持在 50% 左右。在这个湿度之下，特别是在冬季，员工很少有呼吸道疾病的问题，而且大家感觉都很舒适。高湿度的环境使人感到闷、黏、头脑不清醒。更重要的是，在密封的建筑物中，潮湿的环境将促进细菌和真菌的生长及繁殖发育。当湿度低于 50% 时，环境将变得干燥而不适，在这种环境中长期工作和生活的人皮肤容易出现红疹，而且干燥的环境易造成办公设备和使用者的过多静电干扰。合适的室内气流速度应低于 0.25m/s，这种气流速度不会对人们产生任何干扰，而且让人感觉室内空气清新。

（2）提供优越的声环境 Provide a Good Acoustic Environment：通过使用吸声材料降低工作场所内空间的混响时间是高质量室内环境的另一要求。如有必要，可以通过提供良好的背景声（如喷泉的流水声）来覆盖不悦耳的噪声，通过设计良好的隔声墙来限制室外或室内空间之间的噪声的传播，尽量减少建筑物的空调系统以及其他设备的背景噪声。在开放式的空间提供私密交谈需要的空间，用较好的隔声材料来阻止公共活动空间与工作领域之间的声音传播。

（3）建立高品质的视觉环境 Provide a Comfortable Visual Environment：一个高品质的视觉环境，包括室内照明、采光和独特的视觉效果（Special visual effect）。要创建一个高品位的室内视觉环境，必须尽可能多地提供自然光线，同时避免由于自然采光过多而造成的热量损失、热量增加和过多的眩光等。给建筑物提供尽可能多的室外视觉景观，有助于视觉疲劳的调整和恢复。将自然采光和人工照明有机地结合在一起，并对优化的自然采光和人工照明提供科学的控制。增加室内垂直表面墙体的亮度以增强空间感知力度。在满足视觉要求的前提下，尽可能做到灵活性与整体性的统一，并同时考虑个体对照明强度的不同需求。控制或消除来自屋顶天窗的眩光。通过提供适当尺度，不同色彩、质地（Texture）、图案的艺术品来调节视觉环境。整体的室内视觉效果要同时避免由于视觉过于均匀而产生的疲劳和过于混乱而产生的视觉混乱。

（4）采用提高员工舒适度和工作效率的家具和设备 Provide Furniture and Equipments That Improve Workers' Performance and Comfort：尽量采用一些根据人体工程学设计的椅子和电脑键盘；提供可以调节台面高度的工作台及座椅；提供可根据个人需求而调节位置的电脑设备和照明设备；提供根据个人对通风量需求而可在工作空间内自行调节的通风设备控制装置等；在工作空间内安装玻璃隔板，尽可能提供更多的日照等[13]。

4. 室内环境质量的设计原则和标准 Indoor Environmental Quality Standards

鉴于建筑物室内环境的重要性，很多专业协会和政府机构都对如何设计高质量的室内环境推出设计原则并制定了相关污染物的浓度标准。各级地方政府一般根据各地区的实际情况，在分析、研究各种设计原则和标准的前提下，推出适用于本地区的环境质量标准。例如，美国伊利诺伊州公共健康部（Illinois Department of Public Health）在参考美国供暖、制冷及调工程师学会的建筑物室内空气质量通风标准（ASHRAE 62-2001）和热舒适环境条件标准（ASHRAE 55-2004）、美国职业安全和健康管理局（OSHA-Occupational Safety and Health Administration）允许暴露极限值和美国政府工业卫生联合会（ACGIH-American Conference of Governmental Industrial Hygienists）的相关标准的基础上，制定出了供伊利诺伊州使用的室内空气质量标准。（见附录 5-1）

1）室内环境质量的设计原则 IAQ Design Guidelines

除了前面讨论过美国环保署有关的室内环境质量的一些设计原则和要求以外，美国建筑科学研究院（National Institute of Building Sciences）和美国绿色建筑学会（USGBC）的 LEED 有关室内环境质量的设计原则和要求也被绿色建筑行业广泛使用和遵循。

（1）美国建筑科学研究院室内环境质量设计原则

美国建筑科学研究院对如何取得一个优异的室内环境质量提出了以下一些设计原则[14]：

a. 通过良好的设计、施工、运营和维修（Through good design，construction，and operating and maintenance practices）获取好的室内环境质量；

b. 注重美观、景观，通过自然和人为要素的整合（The integration of natural and man-made elements）提高室内空气质量；

c. 通过最大限度地允许个人对不同温度和空气流通的控制（Maximum degree of personal control over temperature and airflow）来达到最佳的室内热舒适度（Thermal comfort）；

d. 通过提供足够的室外新鲜空气和通风（Outside air exchange and ventilation）来提高室内空气质量；

e. 通过提供有效的供热、通风、空调（HVAC）系统的设计，以及高效的围护结构的设计，达到对室内温度和湿度的有效控制，防止空气中的细菌、霉菌、其他真菌（Airborne bacteria，mold and other fungi）以及水分的侵入（Intrusion of moisture）；

f. 避免使用含有污染物的材料（Materials high in pollutants），如高挥发性有机化合物（VOCs）或其他的一些有毒物质；

g. 通过声学设计，使用合理有效的吸声材料（Sound absorbing material）和绝缘设备，确保隐私和舒适性（Acoustic privacy and comfort）；

h. 通过谨慎选择和使用清洁产品与涂料，以及对污染物进行严格的隔离和控制来减少室内异味（disturbing odors）的产生；

i. 通过自然采光和人工照明的结合创建一个高性能的照明环境（High performance luminous environment）；

j. 提供优质和健康的水源（Provide quality water）。

（2）美国绿色建筑学会 LEED 的室内环境质量设计原则

LEED 对建筑物室内空气环境质量表现（Minimum Indoor Air Quality Performance）的基本要求是通过建立一个最基本的室内环境质量（IAQ）标准来提高室内空气质量，给居住者提供一个舒适和健康的生活环境。具体而言，以 LEED 新建筑和主要建筑物改造更新 2009 年版（LEED-NC Version 3，LEED-NC New Construction and Major Renovations 2009 Edition）为例，对室内空气质量的要求如下[15]：

首先必须满足以下两个基本前提：

① ASHRAE 62.1-2007 中第 4-7 条款中“可接受的室内空气质量的通风”的标准要求。并且对一个空间的机械通风和自然通风标准提出了具体的要求。

②环境烟草烟雾控制的要求（Environmental Tobacco Smoke Control Required）：通过禁止在室内、在建筑入口 25ft 之内吸烟，或只有在建筑内的吸烟室吸烟等要求，达到对环境烟草烟雾的控制。

在首先满足上述两个基本前提条件下，LEED-NC 对室内环境质量（Indoor Environmental Quality-IEQ）的要求和积分如下：

IEQ 要求 1（1 分）：室外空气传输的监测（Outdoor Air Delivery Monitoring）：通过提供对建筑通风系统的监测来帮助提高住户的居住舒适和健康程度。

IEQ 要求 2（1 分）：增加通风（Increased Ventilation）：包括对机械通风和自然通风的空间提出了不同的要求。

IEQ 要求 3.1（1 分）：建筑物室内空气质量管理计划——施工期间（Construction Indoor Air Quality Management Plan–During Construction）：通过降低施工和改建过程中的室内空气质量问题来提高建筑工人和其他居住者（改建建筑）的舒适和健康程度。

IEQ 要求 3.2（1 分）：建筑物室内空气质量管理计划 ——入住之前（Construction Indoor Air Quality Management Plan-Before Occupancy）：通过降低施工和改建过程中的室内空气质量问题来提高建筑工人和其他居住者（改建建筑）的舒适和健康程度。包括对建筑在入住之前的机械系统的全方位换气（flush-out），以及对空气质量的测试（air testing）的要求。

IEQ 要求 4.1（1 分）：低释放材料——胶粘剂和密封剂（Low-emitting Materials-Adhesives and Sealants）：对所有在室内使用的胶粘剂和密封剂的高挥发性有机化合物含量提出了详细的要求。

IEQ 要求 4.2（1 分）：低释放材料——油漆和涂料（Low-emitting Materials-Paints and Coatings）：对所有在室内使用的油漆和涂料的高挥发性有机化合物含量提出了详细的要求。

IEQ 要求 4.3（1 分）：低释放材料——地板系统（Low-emitting Materials-Flooring systems）：对所有在室内使用的地毯、木地板和其他类别的地板系统的材料，以及相关的胶粘剂的高挥发性有机化合物含量等提出了详细的要求。

IEQ 要求 4.4（1 分）：低释放材料——综合木产品和农用纤维产品（Low-emitting Materials-Composite Wood and Agrifiber Products）：要求所有在室内使用的综合木产品和农用纤维产品不包含任何尿素甲（Urea- formaldehyde）树脂。

IEQ 要求 5（1 分）：室内化学和污染源的控制（Indoor Chemical and Pollutant Source Control）：最大限度地降低有害化学物质和其他污染物对居住者的危害。

IEQ 要求 6.1（1 分）：系统的控制度——照明（Controllability of System-Lighting）：给居住者提供一个高水准的个人照明控制系统。

IEQ 要求 6.2（1 分）：系统的控制度——热舒适度（Controllability of System-Thermal Comfrot）：给居住者提供一个高水准的个人热舒适度控制系统。

IEQ 要求 7.1（1 分）：热舒适——设计（Thermal Comfort-Design）：给居住者提供一个舒适的热舒适环境。

IEQ 要求 7.2（1 分）：热舒适——检验（Thermal Comfort-Verification）：给居住者提供一个热舒适度的评估体系。

IEQ 要求 8.1（1 分）：日照和视域——日照（Daylight and Views-Daylight）：给居住者提供一个健康的日照环境。

IEQ 要求 8.2（1 分）：日照和视域——视域（Daylight and Views-Daylight）：给居住者提供一个健康的视觉空间。

2）室内环境质量标准 IAQ Standards

室内环境质量标准规定影响室内环境质量要素的具体的量化指标和各种污染物的浓度标准。各种专业组织通常提出自己的质量标准供公众选用，然而，室内环境质量标准领域与其他领域不同，主要是由联邦政府设置的专门的机构制定并实施室内环境质量标准。目前最具影响的室内环境质量标准分别由美国供暖、制冷及空调工程师学会（ASHRAE），美国职业安全和健康管理局（OSHA）和美国政府工业卫生联合会（ACGIH）制定并在全国范围内使用。

（1）美国供暖、制冷及空调工程师学会 ASHRAE[16]

成立于 1894 年的美国供暖、制冷及空调工程师学会是一个国际性专业组织，致力于推动供暖、通风、空调和制冷技术的发展来更好地服务人类，并通过科研、标准、出版和职业教育来实现世界的可持续发展。美国供暖、制冷及空调工程师学会的两个规范为室内环境质量提供相关标准。这两个规范是可接受的室内空气质量的通风标准（ASHRAE Standard 62）和室内热环境条件标准（ASHRAE Standard 55）。本书参阅 ASHRAE 62-2001 年版和 ASHRAE 55-2004 年版。另外一个标准间接影响室内环境质量，即 ASHRAE 52 有关空气过滤器的标准。

① 室内空气质量的通风标准 ASHRAE Standard 62-2001 Ventilation for Acceptable Indoor Air Quality[17]：该标准规定基本的系统和设备要求，以及最低的通风率（Minimum ventilation rates），来取得供人们使用空间内可以接受的室内空气质量（Indoor air quality "accepatble" for human occupants）。ASHRAE Standard 62-2001 共分 8 个章节，第 4 节为一般要求（General Requirments），第 5 节主要是关于供暖、通风和空调设备和系统的微生物污染控制（Microbial contamination control），第 6 节规定两种确定能够充分稀释室内污染物的设计通风率（Design ventilation rates）的程序，第 7 节包括对系统施工启动的要求，第 8 节则是有关暖通空调系统的运营与维修的要求。正确为室内空间提供室外的新鲜空气是保证可以接受的室内空气质量的主要步骤。为此，ASHRAE Standard 62-2001 通风标准根据不同房间用途提出每 1000ft^2 的最大的使用人数和每人需要的室外空气数量等（见表 4-27）。

室内空间用途、人员密度和室外空气通风要求

Excerpt from Table 2 of ASHRAE Standard 62-2001 **表 4-27**

房间用途 Applications	估计最大人员数（每 1000 平方英尺人数 people/1000ft^2）	室外空气要求 Outdoor Air Requirements	
		每立方英尺每分钟 / 每人 cfm/person	每立方英尺每分钟 / 每平方英尺面积 cfm/ft^2
办公室 Office			
办公室空间	7	20	
接待空间	60	15	
通信中心和数据输入空间	60	20	
会议室	20	20	
公共空间 Public Spaces			
走廊和设施空间			0.05
公共卫生间		50	
更衣和化妆室			0.5
吸烟室	70	60	
电梯			1

② 室内热环境条件标准 ASHRAE Standard 55-2004 Thermal Environmental Conditions for Human Occupancy[18]：其目的是通过特定室内热环境和个体因素的组合来确定某一个空间内为绝大多数使用者所接受的热环境条件。ASHRAE 55-2004 共分 8 个章节，主要内容从第 4 节一般要求（General Requirments）开始，第5节为提供热舒适的条件（Conditions that Provide Thermal Comfort），第6节为达到标准的办法（Compliance），第 7 节为关于热环境的评价（Evaluation of the Thermal Environment），第 8 节为参考书目。另外还有 6 个附录。具体而言，该标准为确定具体的室内热环境，包括温度和湿度提供相关计算方法。ASHRAE 55-2004 标准规定室内相对湿度为 30%~60%，室内温度冬天为 68~75 ℉，夏天温度为 73~79 ℉。

（2）美国职业安全和健康管理局 OSHA [19]

美国职业安全和健康管理局隶属于美国劳工部（United States Department of Labor）。正如其名称所显示，该部门主要负责管理职业安全和健康。具体通过为各种有毒物质设定制定强制性的允许暴露极限值（Permissible Exposure Limits-PELs）的方法来保护工人的健康不受到有害物质（Hazardous substance）的影响。允许暴露极限值是指空气中某一种有害物质数量和浓度的监管限制（Regulatory limits）。允许暴露极限值是 8 小时时段内的平均加权值，以综合工业标准、造船业和建筑工业标准的形式加以执行。

截至 2011 年，美国职业安全和健康管理局制订了大约 500 种物质的允许暴露极限值（PELs）。这些标准全部收集于联邦法规第 29 法典有关空气污染物标准（Title 29 CFR-Code of Federal Regulations 1910.1000）。根据 1970 年美国美国职业安全和健康法（The Occupational Safety and Health Act of 1970），各个州必须在州法律允许的范围内，制定管理所有职业的安全和健康法，或仅只适用于公务员的安全和健康法。该法授权美国劳工部的职业安全和健康管理局批准并监督实施相关法规，同时提供高达项目所需经费一半的资助。总共有 27 个州和领地（Territories），如阿拉斯加州、波多黎各（Puerto Rico）等具有职业安全和健康管理局批准的州职业安全和健康计划（State Occupational Safety and Health Plans）。其中，康涅狄格州、伊利诺斯州、新泽西州、纽约州和威尔金群岛（Virgin Islands）的计划仅覆盖州及以下地方政府公务员。

例如，该法典第 1910.1048（c）（1）有关甲醛（Formaldehyde）的允许暴露极限值适用于所有职业性接触甲醛的情况，包括甲醛气体、液体和释放甲醛的物质。其 8 小时加权平均暴露值不能超过每百万空气单位中 0.75 单位的甲醛（0.75 parts of formaldyhyde per million parts of air）。第 1910.1001（c）（1）有关石棉瓦（Asbestos）的允许暴露极限值不适用于造船、修船和船舶回收业。其 8 小时加权平均暴露值不能超过每立方厘米空气中石棉瓦浓度 0.1 纤维（0.1 fiber per cubic centimeter of air）。

（3）美国政府工业卫生联合会 ACGIH [20]

美国政府工业卫生联合会是一个专业化工业卫生、职业、环境健康和安全（Industrial hygiene and occupational and environmental health and safety）的非政府组织。其前身为成立于 1938 年的全国政府工业卫生人员联合会（National Conference of Governmental Industrial Hygienists），其成员仅限于美国政府工业卫生机构，而且每个机构只能有两位成员。1946 年该组织改名为美国政府工业卫生联合会（American Conference of Governmental Industrial Hyienists），其成员扩大到政府工业卫生机构的所有人员，并对其他国家的政府工业卫生专业人员开放。2000 年 9 月，该组织开始接纳非政府工业卫生机构成员。

美国政府工业卫生联合会最有影响的工作是其化学物质和物理介质最高临界值委员会（Threshold Limit Values for Chemical Substances Committee TLV®-CS）的化学物质和物理介质的最高临界值标准表。化学物质和物理介质最高临界值委员会成立于 1941 年，主要研究、推荐和审查每年的化学物质暴露极限值（Exposure limit for chemical substances）。该委员会于 1944 年成为常务委员会（Standing committee）。两年后，该委员会颁布第一份包括 148 种化学物质的最大暴露极限值表，当时采用的俗语为最大的允许浓度（Maximum Allowable Concentrations）。暴露极限值一词首先用于 1962 年，截至目前，化学物质和物理介质的最高临界值标准表已经发行 7 个版本。最新的版本包括 642 种化学物质和物理介质，同时包括特定化学物的 47 种生物暴露指数（Biological Exposure Indicates，BEIs®）。

化学物质和物理介质的最高临界值和化学物品生物暴露指数（TLVs® and BEIs®）供工业卫生人员决定特定工作场地暴露于各种化学物质和物理介质是否安全时使用。在使用这两个指标时，工业卫生人员必须明白，除了上述指标以外，还有很多影响特定工作地点和场所条件的因素。化学物质和物理介质的最高临界值和化学物品生物暴露指数是纯粹基于健康因素提出的，不考虑经济或技术的可行性（Economic or technical feasibility）。生物暴露指数（BEI）是用来指导评估生物监测结果的数值[21]。化学物质和物理介质的最高临界值（TLV）为一个 40 小时标准工作周内正常 8~10 小时工作日推荐的时间加权平均上限值。例如，氡气 Radon 的最高临界值为每年每个工作水平月（Working level months/year）4 微微居里 / 升（见附录 4-5-1）。

美国伊利诺斯州公共健康部室内空气质量标准

Illinois Department of Public Health（IDPH）Guidelines for Indoor Air Quality　　附录 4-5-1

指标 Parameter	伊利诺伊州公共健康部 IDPH	美国供暖、制冷和空调工程师学会 ASHRAE	美国职业安全和健康管理局允许的暴露极限值 OSHA PEL[1]	美国政府工业卫生联合会规定的临界值 ACGIH TLV[2]
湿度 Humidity	20%~60%	30%~60%	N/A	N/A
温度 Temperature	68~75 ℉冬天	68° ~75° 冬天	N/A	N/A
	73~79 ℉夏天	73° ~79° 夏天		
二氧化碳 Carbon Dioxide	每百万 1000 单位（1000 ppm）	每百万 1000 单位（1000 ppm）	每百万 5000 单位	每百万 5000 单位
	每百万＜800 单位			
一氧化碳 Carbon Monoxide	每百万 9 单位（9 ppm）	每百万 9 单位	每百万 50 单位	每百万 25 单位
硫化氢 Hydrogen Sulfide	每百万 0.01 单位（0.01 ppm）	N/A	每百万 20 单位	每百万 10 单位
臭氧 Ozone	每百万 0.08 单位（0.08 ppm）	N/A	每百万 0.1 单位	每百万 0.05 单位
粉尘 Particulates	每立方米 0.15 毫克（PM 10）（每立方米 150 维克）24 小时	N/A	每立方米 15 毫克（$15mg/m^3$）总计	每立方米 10 毫克（$10mg/m^3$）总计
	每立方米 0.065 毫克（PM 2.5）（每立方米 65 维克）24 小时		每立方米 5 毫克（$5 mg/m^3$）	每立方米 3 毫克（$3 mg/m^3$）
甲醛 Formaldehyde	办公室 每百万 0.1 单位（0.1 ppm）	N/A	每百万 0.75 单位	每百万 0.3 单位
	住宅每百万 0.03 单位（0.03 ppm）			
二氧化氮 Nitrogen Dioxide	每百万 0.05 单位	N/A	每百万 5 单位	每百万 3 单位
氡气 Radon	每公升 4.0 微微居里	N/A	100 微微居里 / 升	4.0 微微居里 / 升 每个工作月每年

资料来源：Illinois Department of Public Health.（2011）*Guidelines for Indoor Air Quality*

Retrieved from http：//www.idph.state.il.us/envhealth/factsheets/indoorairqualityguide_fs.htm

注释：1- 是美国职业安全和健康管理局允许的暴露极限值（Occupational Safety and Health Administration Permissible Exposure Limit）。该数值为时间加权平均值，是强制性标准。在每个 40 小时标准工作周内的任何 8 小时的工作时段内不能超过此值。

2- 是美国政府工业卫生联合会规定的临界值（American Conference of Governmental Industrial Hygienists Threshold Limit Value）。数值为一个 40 小时标准工作周内正常 8-10 个小时工作日的推荐的时间加权平均上限值。

N/A- 代表不适用或尚无相关标准。

参考资料 Reference

1. The A to Z of Building.（2009）. *Environmental Impact of Building Construction is Now Able to Be Predicted.* Retrieved on April 05，2010 from http：//www.azobuild.com/news.asp?newsID=6259

2. EPA.（2010）. *Emission Facts: Greenhouse Gas Emissions from a Typical Passenger Vehicle.*
Retrieved on April 05，2010 from http：//www.epa.gov/oms/climate/420f05004.htm

3. U.S. Green Building Council.（2010）. *LEED 2009 New Constuction and Major Renovations Rating System.*
Retrieved on April 05，2010.from http：//www.usgbc.org/ShowFile.aspx?DocumentID=8868

4. New Jersey' s Keep It Green Campaign.（2008）. *Community Benefits of Open Space.*
Retrieved on April 05，2010.from
http：//www.njkeepitgreen.org/documents/CommunityBenefitsOpenSpace.pdf

5. AIA.（2007）. SUSTAIANABILITY 2030：50 To 50.
Retrieved on April 05，2010 from http：//info.aia.org/toolkit2030/design/what-building-green.html

6. Smart Communities Network：Creating Energy Smart Communities. *Sustainable Transportation Introduction.*
Retrieved on April 05，2010 from http：//www.smartcommunities.ncat.org/transprt/trintro.shtml

7. EPA.（2010）. *Mobile Source Air Toxics.*
Retrieved on April 10，2010 from http：//www.epa.gov/otaq/toxics.htm
http：//www.epa.gov/air/airtrends/2007/report/carbonmonoxide.pdf

8. Massachusetts Department of Environmental Protection and Massachusetts Office of Coastal Zone Management and U.S Environmental Protection Agency.（1997）. *Stormwater Management Volume Two：Stormwater Technical Handbook.*
Retrieved on June 09，2010 http：//www.mass.gov/dep/water/laws/swmpolv2.pdf page 1-3

9. The Construction Industriy Compliance Assistance Center.（2010）*Erosion Prevention and Sediment Control Plan Checklist. What is an Erosion Prevention and Sediment Control Plan?*
Retrieved on June 10，2010 from http：//www.cicacenter.org/pdf/vtepsc.pdf

10. EPA.（2010）. *Heat Island Effect.*
Retrieved on June 10，2010 from http：//www.epa.gov/heatisland/
Scott，Michon.（2006）. *Beating the Heat in the World' s Big Cities.* Published on NASA（2006）. Earth Observatory. Retrieved on June 10，2010 from
http：//earthobservatory.nasa.gov/Features/GreenRoof/

11. Center for Clearn Air Policy（2010）. *Reducing Urban Heat Islands：Compendium of Strategies- Green Roofs*
Retrieved on June 10，2010 from
http：//www.ccap.org/docs/resources/548/EPA%20Green%20Roofs.pdf

12. EPA.（2010）. *Green Landscaping：Greenacres.*
Retrieved on June 20，2010 from
http：//www.epa.gov/greenacres/smithsonian.pdf

13. Salsedo，Carl.（2004）. Sustainable Landscaping for Water Quality. Published on University of Connecticut Cooperative Extension System. *Water Quality and the Home Landscape.*
Retrieved on June 20，2010 from
http：//www.sustainability.uconn.edu/sustain/sustainfact.html

14. International Dark-Sky Association.（2011）*Introduction to IDA.*
Retrieved on July 06，2011
http：//www.darksky.org/index.php?option=com_content&view=article&id=417

15. Buildings Technologies Program， Energy Efficiency and Renewable Energy U.S. Department of Energy.（2009）. *2009 Buildings Energy Data Book.* Retrieved Feburary16，2011，from

http: //buildingsdatabook.eere.energy.gov/docs/xls_pdf/3.1.4.pdf.

16. McGraw-Hill Construction for the U.S. Department of Energy, Office of Energy Efficiency and Renewable Energy. (2010) *Energy Efficiency Trends in Residential and Commercial Buildings.* Washington, August 2010.

17. L. Pijnenburg, M. Camps and G. Jongmans-Liedekerken, *Looking closer at assimilation lighting*, Venlo, GGD, Noord-Limburg (1991)

18. International Dark-Sky Association. (2008). *Light Pollution and Wildlife.*
Retrieved on July 6, 2011, from
http: //docs.darksky.org/Docs/ida_wildlife_borchure.pdf

19. U.S. Green Building Council. (2011). *LEED 2009 for Retail: New Constuction and Major Renovations Rating System.* February 2011.

20. International Dark-Sky Association (IDA). (2010). *Information Sheet#1: The Problem with Light Pollution.*
Retrieved on March 10, 2010 from http: //www.darksky.org/assets/documents/is001.pdf

21. Energy efficiency and Renewable Energy, Department of Energy. *Energy Savers: Lighting and Delighting.*
Retrieved March 12, 2011, from
http: //www.energysavers.gov/your_home/lighting_daylighting/index.cfm/mytopic=11970

22. CERES. *The Ten Biggest American Cities That Are Running out of Water* The National Resources Defense Council
Retrieved on April 10, 2011 from
http: //247wallst.com/2010/10/29/the-ten-great-american-cities-that-are-dying-of-thirst/

23. Fishman, Charles. (2011) *Big Thirst: The Secret Life and Turbulent Future of Water.* Free Press. New York, NY.

24. U.S. Green Building Council. (2011). *Rating Systems.*
Retrieved on April 10, 2011 from
http: //www.usgbc.org/DisplayPage.aspx?CMSPageID=222.

25. US EPA, Office of Water:
Retrieved on April 10, 2011 from
www.epa.gov/water/water_efficiency.html.

26. EPA ENERGY STAR for Wastewater Plants and Drinking Water Systems.
http: //www.energystar.gov/index.cfm?c=water.wastewater_drinking_water
May 12, 2011 accessed.

27. U.S. Geological Survey and Department of Interior (2009). *Circular 1344. Estimated Use of Water in the United States in 2005.* Washington D.C.
Retrieved on May 15, 2011 from
http: //pubs.usgs.gov/circ/1344/pdf/c1344.pdf

28. American Water Works Association. (2010). *Water Use Statistics.*
http: //www.drinktap.org/consumerdnn/Home/WaterInformation/Conservation/WaterUseStatistics

29. US EPA. (2009) .US Buildings and their Impact on the Environment: A Statistical Summary
Retrieved on May 15 from http: //www.epa.gov/greenbuilding/pubs/gbstats.pdf

30. Water Resources Center, U.S Environmental Protection Agency.
Retrieved on May 15, 2011 from
http: //www.epa.gov/WaterSense/docs/water-efficient_landscaping_508.pdf

31. Yudelson，Jerry.（2010）*Dry Run：Preventing the Next Urban Water Crisis.* New Society Publishers.

32. Vickers，Amy.（2008）. *Water Conservation or Water Efficiency：What's the Difference?* A presentation given at WaterSmart Innovations Conference Las Vegas，NV. October 2008.

33. U.S. Green Building Council.（2008）. LEED for Homes Rating System. January 2008.
Retrieved on May 22，2011 from http：//www.usgbc.org/DisplayPage.aspx?CMSPageID=147

34. U.S. Green Building Council.（2011）. LEED 2009 for Neighborhood Development Rating System. February 2011.
Retrieved on May 22，2011 from http：//www.usgbc.org/DisplayPage.aspx?CMSPageID=148

35. U.S. Green Building Council.（2011）. . LEED 2009 for Existing Buildings：Operations and Maintenance. February 2011.
Retrieved on May 22，2011 from http：//www.usgbc.org/DisplayPage.aspx?CMSPageID=221

36. Benazzi，Robert.（2009）. *Water Conservation Protocols：Low–consumption fixtures，submetering，and water harvesting drive water efficiency.*
Retrieved on May 22，2011 from
http：//www.buildings.com/tabid/3413/ArticleID/8962/Default.aspx

37. Energy Policy Act of 1992
Retrieved on May 22，2011 from
http：//thomas.loc.gov/cgi–bin/query/z?c102：H.R.776.ENR：

38. Energy Policy Act of 2005
Retrieved on May 22，2011 from
http：//www1.eere.energy.gov/buildings/appliance_standards/pdfs/epact2005_appliance_stds.pdf
Full text
http：//doi.net/iepa/EnergyPolicyActof2005.pdf

39. US EPA，WaterSense program.
Retrieved on May 22，2011 from
http：//www.epa.gov/WaterSense/

40. Energy Star
Retrieved on May 25，2011 from
http：//www.energystar.gov/index.cfm?c=about.ab_history

41. Energy Star
Retrieved on May 25，2011 from
http：//www.energystar.gov/index.cfm?c=new_homes.hm_index
http：//www.energystar.gov/index.cfm?c=new_homes.hm_index

42. Consortium for Energy Efficiency.
Retrieved on May 26，2011 from
http：//www.cee1.org/cee/about.php3

43. US EPA，Water Resources Center. *Water–Efficient Landscaping：Preventing Pollution and Use Resources Wisely.*
Retrieved on May 28，2011 from
http：//www.epa.gov/WaterSense/docs/water–efficient_landscaping_508.pdf

44. Texas Water Development Board. *The Texas Manual on Rainwater Harvesting.* Third Edition. 2005 Austin，Texas.

Retrieved on May 28, 2011 from
http://www.twdb.state.tx.us/publications/reports/RainwaterHarvestingManual_3rdedition.pdf

45. U.S. Department of Energy, Energy Efficiency & Renewable Energy Program. (2010) *Building Energy Codes 101: An Introduction.* Washington, D.C.: Building Energy Codes, U.S. Department of Energy.
46. Peterson, K., & Crowther, H. (2010) Building EUIs. *High Performance Builings.* Summer 2010, 41-50.
47. Hunn, B., Conover, D., Jarnagin, R., McBride, M., & Schwedler, M. (2010) 35 Years of Standard 90.1. *ASHREA Journal.* March 2010, 36-46.
48. Peterson, K, & MacCracken, M. (2010) *ASHRAE Journal' s Guide to Standard 189.1.* June 2010, S3-S50.
49. U.S. Department of Energy, Federal Energy Management Program. (2010). *Low-Energey Building Design Guidelines: Energy-efficient design for new Federal facilities.* Washington D.C.: U.S. Department of Energy.
http://www.eren.doe.gov/femp/
50. ASHREA/AIA/IESNA/USGBC/DOE. (2008). *Advanced Energy Design Guideline for Small Retail Buildings-Achiving 30% Energy Savings toward a Net Zero Energy Building.* Atlanta, GA.: ASHREA.
51. 10 CFR Part 435 Energy Conservation Voluntary Performance Standards for New Buildings; Mandatory for Federal Buildings. Accessed 01/2011.
http://www.wbdg.org/references/code_regulations.php?i=115
52. Virginia Department of Housing and Community Development. (2011). *State Building Codes and Regulations.* Accessed January 2011.
http://www.dhcd.virginia.gov/StateBuildingCodesandRegulations/default.htm
53. Graham, Carl Ian. (2009).High-Performance HVAC. *Whole Building Design Guide.*
http://www.wbdg.org/resources/hvac.php?
54. Pew Center on Global Climate Change. (2009). *Climate TechBook: Building Envelope.*
http://pewclimate.org/technology/overview/
55. National Fenestration Rating Council. (2005).*Fenestration Facts.* Retrieved January 25, 2011 from
http://www.nfrc.org/fenestrationfacts.aspx
56. The Cool Roof Rating Council. (2011). *Resources.* Retrieved January 26, 2011 from
http://www.coolroofs.org/
http://www.coolroofs.org/HomeandBuildingOwnersInfo.html#Benefitsofacoolroof
57. APS. (2011). *Energy Answers for Business: Energy Efficient HVAC Equipment.* Retrieved January 26, 2011 from
http://www.aps.com/main/_files/services/BusWaysToSave/HVAC.pdf
58. Energy Star Program. US. Department of Energy. (2011). *Products.* Retrieved January 28, 2011 from
http://www.engergystar.org
59. Office of Building Technology, State and Community Programs (BTS).Department of Energy. (2002). *Technology Fact Sheet: Right-Size Heating and Cooling Equipment.*
http://www.nrel.gov/docs/fy02osti/31318.pdf
60. Air Conditioning Contractors of America. (2011). *ACCA System Design Process.*Retrieved February 1, 2011 from https://www.acca.org/industry/system-design/process
61. Telemecanique, a brand of Schneider Electric. (2006). *Data Bulletin: Boosting the Energy Efficiency of HVAC Systems with Variable Speed Drives.* Retrieved January 10, 2011, from http://static.schneider-electric.us/docs/Motor%20Control/AC%20Drives/Class%208839%20E-Flex/8800DB0601.pdf

62. Platts，A Division of McGraw Hill Companies，Inc.（2004）. *HVAC: Economizer.* Retrieved January 10，2011from http：//www.reliant.com/en_US/Platts/PDF/P_PA_8.pdf

Also see

http：//www.energy.ca.gov/title24/2005standards/archive/documents/measures/17/17_200 2-03_AIR_SIDE.PDF

http：//www.esource.com/BEA/demo/PDF/P_PA_8.pdf

63. Madison，Wisconsin Gas and Electrics.（2011）. *Thermostat Settings.* Retrieved January 10，2011，from http：//www.mge.com/home/saving/thermostat.htm?

华氏度与摄氏度换算公式为 C=（F-32）*5/9，F=C*9/5 +32

64. Buildings Technologies Program， Energy Efficiency and Renewable Energy U.S. Department of Energy.（2009）. *2009 Buildings Energy Data Book.* Retrieved Feburary16，2011，from

http：//buildingsdatabook.eere.energy.gov/docs/xls_pdf/3.1.4.pdf.

65. McGraw-Hill Construction for the U.S. Department of Energy，Office of Energy Efficiency and Renewable Energy.（2010）*Energy Efficiency Trends in Residential and Commercial Buildings.* Washington，August 2010.

66. Lechner，Norbert.（2001）*Heating，Cooling，Lighting-Design Methods for Architects.* 2nd Edition. John Wiley and Sons，Inc.

67. Heschong，Lisa，Wright，Roger L. and Okura，Stacia.（2002）. Daylighting Impacts on Human Performance in School. *Journal of the Illuminating Engineering Society.* Summer 2002. Page 101-114.

68. Reference-Illuminating Engineering Society of North America（IESNA）.（1993）*Lighting Handbook*，Eighth Edition，New York，NY.

69. Los Alamos National Laboratory.（2002）.*LANL Sustainable Design Guide.* Retrieved March 6，2011 from

http：//www.doeal.gov/SWEIS/LANLDocuments/184%20LA-UR-02-6914.pdf

70. Buildings Technologies Program， Energy Efficiency and Renewable Energy U.S. Department of Energy.（2009）. *2009 Buildings Energy Data Book.* Table 5.6.7 p.5-21

71. Sullivan，C.（2010）.The Future Looks Bright：Energy-Efficient Lighting Technologies：New advances in controls，fixtures，lamps and more help reduce energy costs and environmental impact. *McGraw-Hill Construction Continuing Education.* p.1

http：//ce.construction.com/article_print.php

72. LEDs Magazine.（2009）. *Vu1 demonstrates ESL lighting technology.* Retrieved April 20，2011 from

http：//www.ledsmagazine.com/news/6/9/26

73. Washington State University Cooperative Extension Energy Program.（2003）Energy Efficiency Fact Sheet-*Daylight Dimming Controls.* Retrieved April 2，2011 from

http：//www.energy.wsu.edu/ftp-ep/pubs/building/light/dimmers_light.pdf

74. Office of Energy Efficiency and Renewable Energy，U.S Department of Energy.（2010）*2009 Renewable Energy Data Book.* Washington D.C. August 2010.

75. Alternative Energy.（2011）. *Hydroelectric Power.* Retrieved April6，2011 from

http：//www.altenergy.org/renewables/hydroeletric.html.

76. U.S. Energy Information Administration，Office of Integrated Analysis and Forecasting，U.S. Department of Energy. *Annual Energy Outlook 2010 with projections to 2035.* Washington D.C. April，2010. Washington，DC 20585. www.eia.doe.gov/oiaf/aeo/

77. U.S Energy Information Administration. *Average Retail Price of Electricity to Ultimate Customers by End-Use*

Sector, *by State*. Retrieved April, 2011, from

http://www.eia.doe.gov/cneaf/electricity/epm/table5_6_a.html

78. National Renewable Energy Laboratory. http://nrel.gov/. April 2011 accessed.
79. Renewable Energy Research Laboratory, University of Massachusettes at Amhest. *Wind Power: Capacity Factor, Intermittency, and what happens when the wind doesn't blow?* http://ceere.org/rerl/. April 2011 accessed.
80. Envrionmental and Energy Study Institute. *Offshore Wind Energy*. October 2010.www.eesi.org. April, 2011 accessed.
81. Renewable Energy Research Laboratory, University of Massachusettes at Amhest. *Wind Power: Wind Technology Today*.
    http://ceere.org/rerl/. April 2011 accessed.
82. Energy Efficiency and Renewable Energy, US Department of Energy. (2008) .*20% Wind Energy by 2030—Increase Wind Energy Contribution to US Electricity Supply*. Washington D.C. July 2008.
    http://www.osti.gov/bridge
    http://www.nrel.gov/docs/fy08osti/41869.pdf
83. Erickson, W., G. Johnson, and D. Young. *Summary of Anthropogenic Causes of Bird Mortality. Presented at Third International Partners in Flight Conference*, March 20–24, 2002. Asilomar Conference Grounds, CA.
    http://www.dialight.com/FAQs/pdf/Bird%20Strike%20Study.pdf.
84. National Research Council. *Environmental Impacts of Wind—Energy Projects*. Washington, DC: NAP 2007..
    http://dels.nas.edu/dels/reportDetail.php?link_id=4185
85. Energy Efficiency and Renewable Energy, U.S Department of Energy. *2009 Wind Technologies Market Report*. Washington D.C. August, 2010.
    http://www1.eere.energy.gov/windandhydro/pdfs/
    http://www1.eere.energy.gov/windandhydro/renewable_systems.html
86. Geothermal Technologies Program, Energy Efficiency and Renewable Energy, U.S Department of Energy. Direct Use of Geothermal Energy.
    http://www1.eere.energy.gov/geothermal/directuse.html .April 2011 accessed.
87. Geothermal Technologies Program, Energy Efficiency and Renewable Energy, U.S Department of Energy. Enhanced Geothermal System Technologies.
    http://www1.eere.energy.gov/geothermal/enhanced_systems.html.April 2011 accessed.
88. Geothermal Program, Energy Efficiency and Renewable Energy, U.S Department of Energy. Enhanced Geothermal System Technologies.
    http://www1.eere.energy.gov/biomass.html.April 2011 accessed.
    http://www.nrel.gov/biomass.html.April 2011 accessed.
89. Energy Efficiency and Renewable Energy, U.S Department of Energy. *Vehicle Technologies Program*.
    http://cleancities.energy.gov. March 2011 accessed.
90. Biomass Program, Energy Efficiency and Renewable Energy, U.S Department of Energy. *Biofuels, Biopower, and Bioproducts: Intergrated Biorefineries*. Washington D.C. Novermber 2010.
91. Fuel Cell Technologies Program, Energy Efficiency and Renewable Energy, U.S Department of Energy. *Fuel Cells*. Retrieved April 15, 2011 from
    http://www1.eere.energy.gov/hydrogenandfuelcells/fuelcells/basics.html. May 2011

92. U.S Environmental Protection Agency. Green Power Partnership. *Renewable Energy Certificates*. Washington D.C. July 2008. http://www.epa.gov/greenpower

93. Ed Holt and Lori Bird.（2005）*Emerging Markets for Renewable Energy Certificates: Opportunities and Challenges*. Office of Energy Efficiency and Renewable Energy, the U.S. Department of Energy. Midwest Research Institute · Battelle. Retrieved April 12, 2011 from
http://apps3.eere.energy.gov/greenpower/resources/pdfs/37388.pdf

94. Hatley, D., Meador, R., Katipamula, S., Brambley, M., & Wouden, C.（2005）. *Energy Management and Control System: Desired Capabilities and Functionality*. Washington D.C.: HQ Air Mobility Command（AMC/CEO）under a related services agreement with the US Department of Energy.

95. American Society of Heating Refrigerating and Air-Conditioning Engineers, Inc.（2003）*2003 ASHRAE Handbook of HVAC Application*. Atlanta, Georgia, Chapter 41 p. 41.1-41.39

96. MSDN.（2010）. *About Dynamic Data Exchange*. Retrieved April10, 2011, from
http://msdn.microsoft.com/en-us/library/ms648774（v=vs.85）.aspx

97. Ruth Consulting.（1999）.*OLE and ODBC: Taming the Technologies*. Retrieved April10, 2011, from www.roth.net/conference/perl/1999/ole.ppt

98. American Society of Heating, Refrigerating and Air-Conditioning Engineers（ASHRAE）.（2011）. *BACnet*. Retrieved April10, 2011from http://www.bacnet.org/

99. Control Solution, Inc.（2011）. *LonWorks 101-Introduction to-LonWorks*. Retrieved April10, 2011from http://www.csimn.com/CSI_pages/LonWorks101.html
Echelon.（2011）. *Network Interfaces*. Retrieved April10, 2011from
http://www.echelon.com/

100. Office of Management and Budget, the White House.（2001）.*SAFE-Securing America's Future Act 2001*. Retrieved April 12, 2011 from
http://www.whitehouse.gov/omb/legislative_sap_107-1_hr4-h

101. Engineering Research and Development Center. US. Army Corp of Engineers.（2005）. *Building Loads Analysis and System Thermodynamics（BLAST）*.Retrieved April 16, 2011, from
http://www.erdc.usace.army.mil/pls/erdcpub/docs/erdc/images/ERDCFactSheet_Product_BLAST.pdf
Also http://www.bso.uiuc.edu/Blast.

102. Department of Energy. DOE-2 Building Energy Use and Cost Analysis Tool. Retrieved May 12, 2011 from http://www.doe2.com/DOE2/.

103. U.S. Department of Energy, Energy Systems Research Unit, University of Strathclyde, University of Wisconsin-Madison, Solar Energy Laboratory, and National Renewable Energy Laboratory（2005）. *Contrasting the Capabilities of Building Energy Performance Simulation Programs*.

104. Carrier Co.（2011）. *Software for HVAC Design Professionals*. Retrieved April 16, 2011, from http://www.commercial.carrier.com energy plus

105. Texas A&M University & Degelman Engineering Group, Inc.（2011）. Ener-Win Energy Simulation Software for Buildings with Life-Cycle Costs and Greenhouse Gas Calculations. Retrieved April 18, 2011 from http://pages.suddenlink.net/enerwin/

106. Department of Energy.（2009）*e-Quest: the Quick Energy Simulation Tool*. Retrieved April 20, 2011 from http://doe2.com/equest/

107. Carrier.（2011）. *Hourly Analysis Program（HAP）8760 Hour Load & Energy Analysis*. Retrieved April 30,

2011 from

http: //www.commercial.carrier.com/commercial/hvac/general/0,, CLI1_DIV12_ETI496_MID4355, 00.html

108. University of California at Los Angeles-UCLA. (2011). *HEED: Home Energy Efficient Design.* Retrieved April 28, 2011 from

http: //www.energy-design-tools.aud.ucla.edu/heed/

http: //www.energy-design-tools.aud.ucla.edu/

109. TRANE. (2011). *TRACE™ 700.* Retrieved April 28, 2011 from

http: //www.trane.com/Commercial/Dna/View.aspx?i=1136

110. University of Wisconsin. (2011). *TRANSYS 17.* Retrieved April 29, 2011 from

http: //sel.me.wisc.edu/trnsys/features/features.html

http: //sel.me.wisc.edu/trnsys/features/t17updates.pdf

111. AIA. (2011). SUSTAIANABILITY 2030

Retrieved from http: //info.aia.org/toolkit2030/design/what-building-green.html

112. Canadian Architect. (2011) *Measures of Sustainability: Embodied Energy.*

Retrieved from

http: //www.canadianarchitect.com/asf/perspectives_sustainibility/measures_of_sustainablity/measures_of_sustainablity_embodied.htm

113. Cole, R.J. and Kernan, P.C. (1996), Life-Cycle Energy Use in Office Buildings. *Building and Environment.* Vol. 31, No. 4, pp. 307-317.

114. Canadian Wood Council. *Comparing the Environmental Effects of Building Systems, Wood the Renewable Resource* Case Study No.4,, Ottawa, 1997.

Retrieved from http: //www.ccap.org/docs/resources/548/EPA%20Green%20Roofs.pdf

115. Hoke, J.R Jr. Editor in chief. (2000). Environmental Impact Analysis of Building Materials. *Ramsey/Sleeper Architectural Graphic Standards.* 10th Edition. John Willey & Sons, Inc.

116. Wilson, Alex. (2011) .*BuildingGreen.com. Environmental Building News.* Building Materials: What Makes a Product Green?

Retrieved from

http: //www.buildinggreen.com/auth/article.cfm/2000/1/1/Building-Materials-What-Makes-a-Product-Green/

117. Milani, Brian. (2001). *Building Materials in a Green Economy: Community-based Strategies for Dematerialization.* A paper delivered to the Biennial Conference of the Canadian Society for Ecological Economics (CANSEE), McGill University, Montreal, August 25, 2001.

Retrieved from http: //www.greeneconomics.net/BuildMatEssay.html

118. U.S. Green Building Council. (2011). *LEED 2009 New Construction and Major Renovations Rating System.* February 2011.

Retrieved from http: //www.usgbc.org/ShowFile.aspx?DocumentID=8868

119. Geiger, Owen. (2011). *Embodied Energy in Strawbale Houses.* Geiger Research Institute of Sustainable Building.

Retrieved from http: //www.grisb.org/publications/pub33.htm

120. *Combs, S. M.* (2011). *Clean Technica..* Energy Star Homes Consume 20%~30% Less Energy Than a Standard Home. Retrieved from

http: //cleantechnica.com/2011/05/18/energy-star-homes-consume-20-30-less-energy-than-astandard-home/

121. Energy Policy Act of 1992

Retrieved from http: //thomas.loc.gov/cgi-bin/query/z?c102: H.R.776.ENR:

122. The State of Queensland Department of Public Works. (2003) . *Materials Guidelines Toward a More Sustainable Subdivision*

Retrieved from http: //www.works.qld.gov.au/downloads/tdd/materials.pdf

123. Froeschle, L.M (1999) . Environmental Assessment and Specifications of Green Building Materials. *The Construction Specifier.*

Retrieved from http: //www.calrecycle.ca.gov/greenbuilding/materials/CSIArticle.pdf

124. CalRecycle. (2010) .*Sustainable (Green) Building: Green Building Materials*

Retrieved from http: //www.calrecycle.ca.gov/greenbuilding/materials/#Three

125. National Institute of Standards and Technology. (2011) . *BEES.*

Retrieved from http: //www.nist.gov/el/economics/BEESSoftware.cfm

126. Mendell, M.J. Gomez, Q. L., Brightman, M. C. et al. *Indoor Environmental Risk Factors for Occupant Symptoms in 100 U.S. Office Buildings: Summary of Three Analyses from the EPA BASE Study.* Retrieved from http: //eetd.lbl.gov/ied/pdf/LBNL-59659.pdf

127. U.S Environmental Protection Agency. Indoor Air Program. (2011) . *An Introduction to Indoor Air Quality (IAQ)* . Retrieved from http: //www.epa.gov/iaq/ia-intro.html

128. US Green Building Council. (2010) *2009 LEED Reference Guide For Green Interior Design and Construction.*

Retrieved from http: //www.usgbc.org/DisplayPage.aspx?CMSPageID=145

129. Fisk, William J. (2000) . Review Of Health And Productivity Gains From Better IEQ. *Proceedings of Healthy Buildings 2000 Vol. 4.*

Indoor Environment Department, Lawrence Berkeley National Laboratory, Berkeley, CA.

Retrieved from http: //www.senseair.se/Articles/P4_695.pdf

130. Romm, Joseph J. and Browning, William D. (1998) . *Greening the Building and the Bottom Line-Increasing Productivity Through Energy-Efficient Design*

U.S. Department Of Energy *and* Rocky Mountain Institute

http: //old.rmi.org/images/other/GDS/D94-27_GBBL.pdf

131. US Environmental Protection Agency. Office of Air and Radiation. (2011) . *The Inside Story: A Guide to Indoor Air Quality.*

Retrieved from http: //www.epa.gov/iaq/pubs/insidest.html

132. US Environmental Protection Agency. Office of Air and Radiation. (2010) .*Basic Information: Why is radon the public health risk.?*

Retrieved from http: //www.epa.gov/radon/aboutus.html.

133. Huff, E.A. (2011) . Pesticides inhibit proper childhood development. *NaturalNews.com*

Retrieved from http: //www.naturalnews.com/031282_pesticides_children.html

134. National Cancer Institute at the National Institute of Health. (2009) . Asbestos Exposure and Caner Risk. *National Cancer Institute Factsheet.*

Retrieved from http: //www.cancer.gov/cancertopics/factsheet/Risk/asbestos

135. Lawrence Berkeley National Laboratory. (2011) . Impacts of Buidling Ventilation on Health and Performance. *Indoor Air Quality Scientific Findings Resource Bank.*

Retrieved from http: //eetd.lbl.gov/ied/sfrb/vent-summary.html

136. Walker, A. (2010) . Natural Ventilation. WBDG-*Whole Building Design Guide.*
Retrieved from http: //www.wbdg.org/resources/naturalventilation.php?r=ieq

137. HEPA Corporation. High Efficiency Particulate Air Filter-HEPAF.*Products.*
Retrieved from http: //hepa.com/products/family_standard.asp

138. The WBDG Productive Committee, National Institute of Building Science, . (2009) . Provide Comfortable Environments. WBDG- *Whole Building Design Guide.*
Retrieved from http: //www.wbdg.org/design/provide_comfort.php

139. The WBDG Sustainable Committee, National Institute of Building Science. (2010) . Enhance Indoor Environmental Quality (IEQ) . *WBDG-Whole Building Design Guide.*
Retrieved from http: //www.wbdg.org/design/ieq.php

140. U.S. Green Building Council. (2011) . *LEED 2009 New Constuction and Major Renovations Rating System.* February 2011.
Retrieved from http: //www.usgbc.org/ShowFile.aspx?DocumentID=8868

141. American Society of Heating、Refrigeration、Air Conditioning Engineers-ASHRAE
http: //www.ashrae.org/aboutus/

142. Trane. Co. (2002) *Indoor Air Quality: A Guide to Understanding ASHRAE Standards 62-2001*
http: //www.trane.com/commercial/Uploads/PDF/520/ISS-APG001-EN.pdf

143. American Society of Heating、Refrigeration、Air Conditioning Engineers-ASHRAE. (2004)
ASHRAE/ANSI Standard 55-2004 (*Supersedes ANSI/ASHRAE Standard 55-1992*)
Retrieved from
http: //c0131231.cdn.cloudfiles.rackspacecloud.com/ASHRAE_Thermal_Comfort_Standard.pdf

144. Occupational Safety and Health Administration, United States Department of Labor. (2006) *Permissible Exposure Limts* (*PELS*)
Retrieved from http: //www.osha.gov/SLTC/pel/

145. The American Conference of Governmental Industrial Hyienists-ACGIH.
http: //www.acgih.org/about/history.htm

146. Morgan, M. S. (1997) . The Biological Exposure Indices: A Key Component in Protecting Workers from Toxic Chemicals *Environmental Health Perspectives* * Vol 105, Supplement I.
http: //www.ncbi.nlm.nih.gov/pmc/articles/PMC1470287/pdf/envhper00326-0109.pdf

第五章
绿色建筑实践——优秀绿色建筑实例分析

美国建筑师学会（AIA）作为领导美国建筑业的专业型组织，每年都要从全国优秀的建筑工程之中筛选出在绿色建筑设计和施工方面最优秀的十大建筑项目进行褒奖，并作为学习和推广的样板在建筑行业进行宣传。这一奖励项目由美国建筑师学会的环境委员会（COTE）具体实施。本章从美国建筑师学会（AIA）环境委员会2007~2010年每年度评选的最优秀绿色建筑设项目（COTE Top Ten Green Projects）中选择了9个优秀绿色建筑进行实例分析，另外一个为华盛顿大都市地区第一个被授予LEED绿色发展社区评级体系（LEED 2009 for Neighborhood Development）金质级认证的项目。这10个优秀绿色建筑项目分别代表5大建筑类型，即校园建筑2例，包括耶鲁大学的克朗馆和位于美国首都华盛顿特区的西德维尔初中；高层居住建筑2例，包括建于俄勒冈州波特兰市的十二西和波士顿市的麦考林高层商住楼；研究机构和商用办公建筑4例，包括位于美国首都华盛顿特区美国绿色建筑委员会（USGBC）总部办公大楼，建于科罗拉多州的美国能源部研究辅助中心大楼，位于堪萨斯市的国税局堪萨斯办公区大楼和位于西雅图市的特里托马斯商务办公楼；市镇中心建筑1例，即位于加利福尼亚州的波托拉谷镇镇中心；以及获得最新推出的LEED绿色社区评级体系试点项目金质级认证的、正在建设之中的绿色社区马里兰州的双溪站项目。

Part V
Green Building Practices: Case Study

The American Institute of Architects (AIA) as a leading professional organization in American building industry promotes green building and sustainable practices by recognizing 10 development projects for sustainable design excellence each year. This program known as AIA's COTE (Committee on the Environment) Top Ten Green Projects selects the top ten examples of sustainable architecture and green design solutions that protect and enhance the environment and is the profession's best known recognition program for green building practices. This chapter contains 9 case studies selected from the top ten green projects from years 2007 to 2010 and one case which is the first green neighborhood development in Washington D.C area that has been certified under the most recent LEED 2009 for Neighborhood Development rating system. The cases represent five building categories, i.e. campus building, high-rise residential building, research facility and office building, town center building and green neighborhood development. There are two cases under Campus Building, including Kroon Hall at Yale University and Sidwell Friends Middle School in the Nation's Capital in Washington D.C. There are two cases under high-rise residential building category, including Twelve West in Portland, Oregon, and Macallen Building Condominiums in Boston. There are 4 cases under research facility and office building category, including USGBC Headquarter Office in Washington D.C., DOE Research Support Facility in Colorado, IRS Kansas City Campus and commercial office building, and The Terry Thomas in Seattle. There is one case under town center category, Portola Valley Town Center in California and one green neighborhood development -Twinbrook Station project in Rockville, Maryland, which is one of the pilot projects that achieved Gold certification under the most recent LEED 2009 for Neighborhood Development rating system.

第一节
校园建筑
Campus Buildings

1. 克朗馆 Kroon Hall[1]

地点：新海文，康涅狄格（New Haven，Connecticut）

建筑类型：高等教育，图书馆

建筑面积：68800ft^2（6390m^2）

项目总投资（土地除外）：33500000 美元

土地占地面积：130433ft^2

建成时间：2009 年 1 月

绿色建筑评分：美国绿色建筑委员会的 LEED–NC，V.2.2 白金（59 分）

图 5–1 耶鲁校园内的标志性建筑——克朗馆 Kroon Hall–A Landmark Building on Yale University Campus

摄影：Morley Von Sternberg

被美国建筑师学会（AIA）评为 2010 年十大绿色建筑之一的克朗馆，是耶鲁大学森林与环境研究学院（Forestry and Environmental Studies）的新建图书馆，2009 年完工。克朗馆的建设目标不仅是要与周围新哥特式的建筑环境相协调，成为耶鲁校园中永恒的地标性建筑，而且建筑本身的能源消耗目标也是校园中最为高效的。完工后的建筑为院系学生提供了一个完整的可持续性的建筑空间，更重要的是，这个建筑寿命目标为 100 年的建筑却只消耗同等建筑所消耗资源的 60%。

整个克朗馆包括教师及研究人员的办公室、学生教室、图书馆、研究中心、礼堂和学生休息室等空间。

在设计阶段，霍普金斯建筑师事务所和耶鲁大学力求使克朗馆成为全美可持续的绿色校园建筑的新型典范性建筑。其设计理念不仅仅是使其成为一个可持续的绿色建筑物，而是通过主动和被动的设计手段，以及有形和无形的互动，启发和鼓励人们在日常生活和学习中保持一种可持续的习惯性行为和做法，所有这些特点构成了该建筑的所有绿色特色。

1）建筑场地的选择和土地利用 Site Selection & Land Use

建筑场地的选址是利用一块废弃的、已开发过的棕地，并没有使用从未开发过的绿地。在场地设计时，设计团队重点针对气候和建筑朝向进行了最大的优化设计，以减少建筑对资源的持续消耗。

2）社区 Community

建筑物的位置选择是在城市的大学校园，所以与周围社区的连接成为场地设计的关键。建筑物的主要入口面临城市社区，而且建筑的部分空间，如礼堂和休息室，可以供社区公众使用。建筑周围设计有大量停放自行车的自行车停车架，建筑中设有为骑自行车者配备的储物柜和淋浴室。一个校园巴士站也设计在建筑附近。建筑本身没有设计停车场。如果使用汽车，汽车必须停放在附近其他的停车场。这样做的目的是鼓励使用公共交通、自行车和步行。在一定意义上，使用公共交通能进一步促进校园和城市之间的互动（图 5–2）。

3）建筑场地的雨水处理 Stormwater Design

受建筑地下结构土壤深度的限制，利用土壤来净化雨水的办法显然是不实际的。该建筑的设计团队发展了一种创新式的、由浮床组成并孕育着特有的本土水生植物的水体体系来清除雨水污染物，通过回收和灌溉建筑的园林景观将雨水再利用（图 5–3）。

图 5-2 建筑主入口立面 Main Entrance Elevation

图 5-3 由本土水生植物构成的净化水体系 Water Purification System By the Native Aquatic Plants

摄影：George Guo

4）水的保护和利用 Water Conservation and Use

克朗馆有一套创新的雨水处理、存储和再利用系统。该系统包括一个景观水体，通过植物修复（Phytoremediation）的功能来净化雨水。（图 5-4）雨水径流通过建筑的屋顶和场地收集，流经景观水体，经过植物净化后收集到一个 20000 加仑的地下蓄水池。雨水从这里通过水泵与水体进行再循环。雨水收集池进行了优化设计以永久保存和再利用雨水。水池中水的蓄水量能够提供并满足建筑的冲厕及景观灌溉的需要。由于建筑使用了雨水处理、存储和再利用系统，加之建筑使用了无水小便器（Waterless Urinals）、双冲水马桶（Dual-flush Toilets）等其他节水措施，预计每年为耶鲁大学节省 63.4 万加仑的可饮用水，并有助于改善水质，减少雨水排入城市下水道系统，从而减少城市废水处理的负荷。

图 5-4 景观水体 Waterscape

摄影：Morley Von Sternberg

5）能源 Energy

该建筑的外围护体系可以说是一个敏感的、随着季节的变化而产生相应变化的系统。南北立面有着凹进窗口和高度绝缘的石材贴面墙壁，通过有效的热质量（Thermal mass）提供全年有效的气候控制。中间开放式的楼梯产生一个抽风的通风效果。间接绝热冷却（Indirect Adiabatic Cooling）和热交换器（Heat Exchangers）从废气和 4 个地下热泵中回收 75% 的能源。一个屋顶 105kW 的综合太阳能板阵列提供了建筑所需能源的 25%。灯光系统由感应器控制（Sensor control），大多数是荧光灯或 LED 灯具。所有建筑需要的其他能源来自于异地可再生能源。建筑的能源利用监测通过大厅中的两个触摸屏进行，建筑内的使用者可以随时看到建筑的能源消耗数据。

当地气候条件属冬寒夏热，建筑在夏季和冬季可以完全对外封闭，而在过渡季节可以通过自然通风减少能源的使用。该建筑布局以东西轴线一字拉开，南立面有一个大型太阳能收集板。借助自然地理条件将建筑底层嵌入山坡中，充分利用土壤的热存储。将建筑美学设计与外部可再生能源收集板（光电板、太阳能热水器）巧妙结合在一起，包括大型拱形的屋顶，其屋顶倾斜角度为太阳光伏板提供了一个最佳的太阳能接受角度（图 5-5、图 5-6）。

图 5-5 建筑南立面的大型太阳能收集板 Solar Panels on South Elevation

图片来源：*Hopkins Architects*

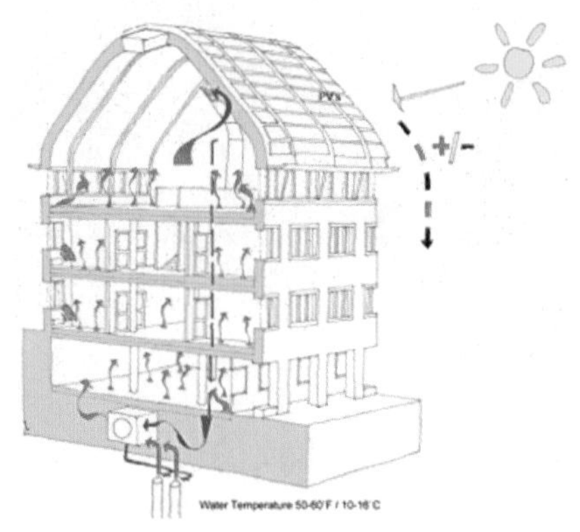

图 5-6 建筑能源有效利用设计示意图 Illustration of Building Energy Efficiency Design

图片来源：*Hopkins Architects*

(*a*)

(*b*)

图 5-7 建筑室内的胶层压拱屋顶结构 Interior Wood Laminated Arched Roof Structure

图 5-8 南立面的凹进窗口和高度绝缘的石材贴面墙壁 Recessed Windows and Highly Insulated Stone Veneer Wall on South Elevation

6）材料与资源 Materials & Resources

建筑材料大多数来源于当地，包括室内红橡木镶板，它们直接来源于耶鲁大学校园的树林之中。建筑师希望真实暴露结构元素，如钢和混凝土，以减少不必要的装饰材料。混凝土含有 50% 的低能量粒化高炉矿渣，这不仅是低能耗的混凝土材料，而且成倍提高了混凝土的寿命。大部分家具有 GreenGuard 认证（GreenGuard 是对低排放材料和产品的认证），地毯具有绿色标签的认证（Green Label Plus-Certified）。70% 的胶层压拱屋顶结构具有 FSC 认证（FSC—美国林业指导委员会认证）。屋顶平台具有 100%FSC 认证。该建筑的外围护墙体热电阻 R 值达到了 29，屋顶的热电阻 R 值为 43。通过现场的垃圾填埋和焚烧处理建筑施工垃圾，以减轻城市垃圾场的负担。通过重复使用的材料和综合回收废物，以及现场的垃圾填埋和焚烧，减少 94.2% 的建筑垃圾（图 5-7、图 5-8）。

7）室内环境质量 Indoor Environmental Quality

该建筑窄长的平面布局有利于建筑纳入自然光线，建筑的空间与射入的自然光线形成了极好的比例。窄长的平面布局允许通过可开启的窗户和门进行自然通风。显示器在适当和必要的时候会

图 5-9*a* 建筑室内的红橡木镶板和天窗 Interior Red Oak Panels and Skylights

图 5-9*b* 建筑室内的红橡木镶板和充足的室内自然光线 Interior Red Oak Panels and Enough Daylighting

图 5-10 建筑与雨水花园 Building and Stormwater Management Pond

告诉建筑使用者打开窗户进行自然通风。通过保持室内间接蒸发冷却（Indirect Evaporative Cooling）和置换通风（Displacement Ventilation），来降低能源的消耗和提高用户的能源使用意识。建筑的使用者可以自行调节和控制单独办公室和教室的室内环境气候，达到季节性最优化的能源设计目标。

一个带天窗的中央楼梯将各层在视觉和建筑空间上连接在一起。顶层高起的顶棚有利于空气流通和日光渗透。东部和西部的立面有木制的百叶幕墙和大型的悬挑墙遮板，在夏天保持室内阴凉。大型、高效的窗户系统给建筑使用者极好的自然采光和良好的视觉环境。底楼回廊为恶劣的天气环境提供了户外活动的场所（图 5-9）。

2. 西德维尔初中 Sidwell Friends Middle School[2]

地点：华盛顿特区（Washington D.C.）

建筑类型：中学，教育

建筑面积：72200ft^2（6710m^2）

项目总投资（土地除外）：28000000 美元

项目范围：3 层楼，54% 的新建筑，46% 的现存建筑（一个 1950 年建造，1971 年重新装修）

建成时间：2006 年 9 月

绿色建筑评分：美国绿色建筑委员会的 LEED－NC 的，v.2/v.2.1：白金（57 分）

被美国建筑师学会（AIA）评为 2007 年十大绿色建筑之一的西德维尔初中是一个更新改建项目。原有建筑已有 55 年之久，加建的部分是原有建筑规模的一倍以上，面积为 39000ft^2。建成后的建筑为学生提供了聚音乐、艺术、科学、计算机实验室以及图书馆等功能为一体的现代化学习空间。

建筑强调自然与建成环境之间的关系。学校在给教工提供地下停车场的同时，也给学生提供存放自行车的处所和淋浴更衣室。学校位于市内的一个地铁站附近，几条城市公共汽车线路停靠站也在步行范围以内。建筑所特有的绿色屋顶和人工湿地在很大程度上为城市减少了雨水径流的排放，同时提高了径流的渗透与排放质量。人工湿地净化废水，使之重新用于厕所的冲洗和冷却塔的冷却用水，很大程度上减少了对城市饮用水的依赖。

该建筑利用特有的场地上的优势而选择了被动式太阳能光伏阵列设计，同时结合高效率的电力照明、感光感应器加上大量的自然采光，大大减少了对照明能源的需求。另外，太阳能通风烟囱、可开启的窗户和吊扇减少了对机械冷却负荷的需要。光伏阵列满足了 5% 的建筑用电需求。

建筑使用大量的再生材料，包括外墙挂板、室内地板、室外平台和美化环境所用的石头等。室内装修选用高回收、低化学排放和迅速可再生的绿色材料。

1）土地利用和社区 Land Use & Community

设计团队通过对区域范围内地质、水资源流域、生态环境以及生物栖息地的分析，建立了建筑与自然环境之间的有机联系。该校园坐落在哥伦比亚特区地势最高的脊点附近，并位于两条流向波托马克河的水域之间，因此，水资源管理和景观发展成为建立校园和社区之间关系的重要手段。

校园与周围社区的连接方式，成为校园尊重邻里发展的重要目标。主入口设计在与主社区连接最为方便的37街，入口处设计有供残疾人使用的通道和方便接送学生的汽车临时停靠站。作为景观的发展，在周边使用的本地区特有的植物类型超过80种，如橡树、山毛榉木等。新开发的湿地不仅是校园资源的一部分，也成为周围社区邻里活动的一个重要场所。

2）水资源的保护和利用 Water Conservation & Use

绿色屋顶和人工湿地减少了雨水径流，提高了渗透径流的质量，并减少了对城市用水的需求。绿色屋顶系统通过泄水孔减缓了雨水的流速。雨水通过落水管流入庭院的生物池塘和雨水花园中。为了改善径流水质，径流从铺地流经草坪，通过一个过滤系统去除悬浮固体，然后流入植物的沼泽地，并在流经雨水花园时得到进一步净化。同时，项目组通过将室外停车场转移到地下而进一步减少雨水径流量。经过这个自然的过滤系统处理后的水质，可以重新用于冲洗厕所和冷却塔，大大降低了学校对饮用水的需求。（图 5-11~ 图 5-15）建筑同时在卫生间中使用了传感器式节水型水龙头（Sensor-operated Water-conserving Lavatory Faucets）。

3）能源 Energy

设计团队在进行能源设计时，通过计算机模型进行模拟比较建筑的实际能源消耗。模型设计结果为60% 的建筑能源总消耗低于美国供暖、制冷及空调工程师学会的 ASHRAE 90.1-1999 标准。

由于季节的变化，建筑在一段时间内可以不使用机械空调设备。项目组通过使用外墙遮阳系统（Sun Screening and Shading Devices），把太阳光和直射、自然通风与机械辅助系统相结合，尽量减少由于使用机械空调设备而产生室内温度和湿度变化而引起室内环境不舒服的天数。

图 5-11 庭院内净化雨水的生物池塘
Bioretention Stormwater Pond in the Courtyard

图 5-12 庭院的生物池塘和雨水花园将美化环境和保护环境融于一体
Bioretention Pond and Rain Gardens

图 5-13 绿色屋顶 Green Roof

图 5-14 生物池塘贯穿于整个内庭院 Bioretention Pond and Rain garden Occupy Most of the Courtyard

图 5-15 来自屋顶的雨水经艺术处理后通过水廊流入池塘 Treated Rainwater from Roof Flows Into Bioretention Pond Via A Stone Aqueduct

图 5-16 建筑的横向和竖向外遮阳系统 Horizontal and Vertical Shading Systems

图 5-17 垂直排列的遮阳屏蔽 Vertically Aligned Shading Blades

建筑外墙遮阳系统是用来平衡建筑的最佳采光与热性能之间的关系。(图 5-16)建筑物的北侧没有设计遮阳系统，相反这里的高窗容许大量的户外漫射光进入室内。在建筑的东、西两侧，垂直排列的遮阳屏蔽以西北方向 51 ° 角遮挡下午炎热的西阳(图 5-17，图 5-18)。建筑的南向，横向的遮阳系统设计于窗户的上方，遮挡夏天强烈的日照并容许冬天的阳光进入室内(图 5-19，图 5-20)。

木制的遮阳屏风的背后是特殊设计的开放式外墙体雨屏系统(Rainscreen System)，其系统容许少量雨水通过，但保持极好的空气流动。太阳反射板极好地与外立面结合，使阳光进入建筑的更深处。另外，屋顶、外墙壁和窗户的性能超过美国供暖、制冷及空调工程师学会制定标准的 200%。

建筑使用高效照明系统，大大减少了建筑的电能损耗。当室内无人学习和工作时，空间使用感应器(Occupancy Sensors)会确保电力照明系统关闭。调光镇流器根据室外日光的强弱自动控制室内照明强度，确保室内照明质量的连续性。

另外的能源设计包括最大限度地发挥项目的能源效率，如太阳能通风烟囱(一个专门与户外空气流通的系统)，以及一个能满足 5% 的建筑能源需求的太阳能光伏阵列系统。

4)材料与资源 Materials & Resources

项目的材料使用和选择都是以生命周期进行评估的，如对窗户更换，对现有建筑天窗的更新，以及对软木地板与油毡的再利用也都进行了生命周期可行性评估和对比。

图 5-18 东西两立面垂直排列（西北方向 51°）的遮阳屏蔽 Vertically aligned（51° northwest）Shading Blades on East and West Elevations

图 5-19 南立面横向的遮阳系统 Horizontal Shading Devices on South Elevation

图 5-20 南立面横向的遮阳系统 Close-up View-Horizontal Shading System on South Elevation

图 5-21 由百年之久的葡萄酒老木桶改装的外墙遮阳板 Exterior Shading Blades Made of Century-old Wine Barrels

再生材料的使用和材料的再利用，包括使用一些百年老木。例如将西部红雪松制成的、有 100 年之久的葡萄酒老木桶改装为建筑的外墙覆盖物，室内地板和室外平台的木材来源于巴尔的摩港口废弃的老桩柱。（图 5-21）室内装修材料可回收性很高，同时具有低化学排放和迅速再生的性能，这些材料包括油毡地板、农用纤维制成的书桌和案桌，以及竹板门等。

5）室内环境质量 Indoor Environmental Quality

建筑尽可能用自然光代替人工照明。人工照明系统以高效节能的荧光灯为主。自动感光调节器在日光充足时，减少光源或关闭灯源，空间感应器也确保房间无人时关闭电源。

高性能可开启的窗户、天窗和吊扇减少了对机械空调的需要。朝南的太阳能烟囱给室内提供了良好的通风，其原因是当太阳加热烟囱顶端的玻璃时开启北边的窗户，室内形成一个极好的空气对流的通道。当室外空气温度达到室内可以接受的条件时，打开窗户让室外空气进入室内，空调节能器会自动减少对建筑机械制冷的需求。

第二节 高层住宅

High-rise Residential Buildings

1. 十二西 Twelve West[3]

地点：波特兰市，俄勒冈州（Portland，OR）

建筑类型：餐厅，商务办公，零售，多单元住宅

建筑面积：55.2 万 ft^2（$51300m^2$）

项目范围：高层

项目总投资（土地除外）：138000000 美元

建成时间：2009 年 7 月

绿色建筑特色：十二西在设计阶段已达到美国绿色建筑委员会的 LEED- 新建 NC（New Construction）和商业室内 CI（Commercial Interiors）的最高设计标准。

现阶段正在申请 LEED 白金认证。

被美国建筑师学会（AIA）评为 2009 年十大绿色建筑之一的十二西（Twelve West）是一栋商住混合高层建筑。该建筑包括临街的商业零售空间、4 层的办公空间、17 层的公寓、5 层的地下停车场，以及 3 层室外露台和屋顶花园。

十二西位于波特兰市的西部。这里是一个最充满活力的混合使用区，它的东部是市中心的商务中心区，南部与城市的艺术和大学区相连接。选址于此是因为该地段地理位置居中，公共交通方便，能够将城市不同的地区方便地连接在一起。

图 5–22 建筑是该地段标志性的建筑 The Landmark Building at the West End, Portland

摄影：Tim Hursley

建筑选址来源于高密度的城市中心的一处室外停车场。设计目标是提倡更多步行的生活方式，减少使用汽车，最大限度地减少停车空间，提高建筑密度，减少雨水径流，同时提高雨水的排放量和质量。

建筑材料选用对环境影响小、回收含量高，同时使用后具备高回收性的材料。木材选用 FSC 认证的产品。建筑为钢筋混凝土结构，所以大部分室内无装修，直接暴露混凝土，其目的是尽量减少材料的使用，并且利用混凝土给建筑提供良好的热质量。

尽量减少使用能源是该项目最大的目标之一。建筑通过自然采光、通风和晚间热质量的交换达到了建筑节能目标的 45%（以 LEED 的基本能源设计标准为基准参照）。另外，建筑的热水系统来源于大型太阳能阵列板，建筑一体化的风力涡轮机进一步增加了建筑的节能效率。

通过高效率的节水器和雨水再利用使建筑饮用水减少了 47%。

1）土地利用及社区 Land Use & Community

十二西位于波特兰市南部著名的珍珠地区，享有生活、工作及娱乐为一体的盛名。选择该场地的一个战略企图就是在四车道的伯恩赛德街上建立一个标志性建筑，并利用建筑的临街零售和行人通道与东南方向的市中心商务区连接贯通。

建筑的基本设计目标旨在鼓励一种城市的生活方式，一种促进繁荣街道生活水平的方式。临街的商业零售空间设计手法丰富、大气，看似精致的木窗与街道紧密地连接在一起。精心设计的路面铺地、行道树、室外座椅、玻璃檐篷等积极而有序，室外用餐的方式使街道生活充满了活力。

场地的选址充分考虑步行距离和与周围各种服务设施的关系，充分利用现有的公共交通，如公共汽车、轻轨、有轨电车等，给骑自行车的员工和住户设计有安全的自行车存放空间，以及淋浴、更衣室等相关设施，鼓励在此工作和居住的人们使用自行车。建筑只为 250 名员工设计了 30 个停车位，所以办公用户利用奖励政策鼓励员工使用自行车。

建筑利用屋顶平台，以高反射率屋顶材料和种植有本地植物物种的 6000ft^2 的屋顶花园来达到净化雨水径流、降低城市热岛效应和为居住者提供宜人的户外活动空间的目的。此外，建筑还具有储存雨水以用之于灌溉和冲厕的节水功效。

该项目的发展有助于加强和建立波特兰市开拓可持续发展的密集型核心城市，并同时发展周边开放空间的模式。这种模式力求保留自然栖息地和对建筑周边的生态系统产生最小的影响，同时提高居民的居住和工作环境质量。

2）水资源的保护和利用 Water Conservation & Use

建筑通过节水和雨水再利用的手段提高用水效率。低流量和双冲水马桶装置用于整个建筑之中，从而实现了建筑 40% 的节水目标。室外建筑景观的植物全部选用需要最少灌溉用水的本地植物物种，相对于传统的环境美化需求，其灌溉用水节约了 84%。

雨水的收集、净化和使用，满足了所有植物灌溉和办公空间厕所冲洗的 90% 用水需求。雨水通过屋顶收集，然后用做过滤冷却塔的冷凝水。这部分的水储存在一个超大的消防容器内，以供在干旱期间使用。雨水和冷凝水的再利用为建筑节省了 286225 加仑的饮用水，同时减少了场地的每年雨水径流量。

3）能源 Energy

十二西能源设计模型预测其能源消耗将超过目前制定的 2030 年能源节约标准，其全面节能功效超过 LEED 基本要求标准的 46%。

自然采光、节能灯具、空间使用感应器减少了人工照明的需求。使用能源之星电器及照明设备进一步降低了能源的消耗。

低流量装置减少了家庭热水需求。高效率的机械设备、热回收、风扇辅助夜间办公楼空间热质量的驱散和交换、办公室地板冷梁（Chilled Beams：一种利用冷水管形成的热交换设备）和液体循环加热板（Hydronic Base boardheat）、自然通风以及控制通风所需的 CO_2 传感器，所有这些节能措施都控制并减少了热能量的使用。

建筑具有两种可再生能源生产的方式：一是 1360ft^2 的平板型太阳能热水集热器，该热水器能够为整个建筑提供热水淋浴，并满足洗手和洗碗机 24% 的能源需求；一是四个与建筑一体化的风能涡轮机，涡轮机预计每年将产生大约 1.0 万 kWh 的电能，足以满足建筑电梯的电能消耗。（图 5-23，图 5-24）

十二西被认为是一个高度透明的建筑，以最大限度的视域与城市景观结合在一起。最先进的低辐射玻璃（Low-e）帮助控制过度的热量。（图 5-25）带有辊色涂层的滚筒式遮阳设施让居民在工作和生活

图 5-23 建筑的太阳能板以及风能涡轮机 Solar Panels and Wind Turbaines on the Building

摄影：solar.calfinder

图 5-24 与建筑一体化的风能涡轮机 Wind Turbines Integrated into Building Design

摄影：Tim Hursley

空间能够控制对阳光的需求。所有的窗户都是可开启式的，加强了居民对室内温度和通风的控制。高顶棚增加了室内自然采光的能力和热舒适性。

图 5-25 建筑外墙采用低辐射玻璃系统 Building Exterior Low-E Glass Wall System

摄影：Dane Brian

4）材料与资源 Materials & Resources

在尽可能的情况下，减少材料的使用和减少对资源的采伐，利用再生材料、再利用材料是十二西的目标。暴露的混凝土结构和混凝土顶棚是减少使用内装修材料的最突出手段。在办公空间的地板和墙板使用 FSC 认证的木材，以及在居住公寓的空间使用竹地板和竹制的吊柜等都是利用再生材料的手法。（图 5-26）

建筑给在此工作和居住的人们提供了一个综合的废物回收中心，可方便回收 15 种不同类型的包括有机废物材料的收集，如何使用回收站设施有详细的说明，以鼓励材料的循环利用。办公空间不提供废物回收桶，以鼓励建筑集中使用中央回收收集工作站。

5）室内环境质量 Indoor Environmental Quality

十二西的室内环境设计目的是创造一个健康、充满活力的生活和工作环境，避免使用含有污染物的材料，如高挥发性有机化合物（VOCs）或其他一些有毒物质，以保持一个健康的室内环境。为确保室内空气质量，室内安装有二氧化碳监测器。（图 5-27）

可开启的窗户，一个高度透明的外围护结构以及众多的露天阳台，使整个建筑具有非常好的视野和方便的户外活动空间。内部各空间四通八达，相互之间连接方便。所有主要的空间都至少有一个可开启的窗户，并保证 90% 的空间能直接看到室外。

办公室室内气候条件的控制是通过地板送风（UFAD）系统。该系统提供的空气直接到达工作站的附近，并且可以直接被使用该空间的个人所控制。

图 5-26 暴露的混凝土结构和 FSC 认证的木材 Exposed Concrete Structure and FSC Certified Wood Floor

摄影：Brian Libby

图 5-27 建筑室内具有好的视野 Inddor with Good View

摄影：Tim Hursley

2. 麦考林高层商住 Macallen Building Condominiums[4]

地点：波士顿，马萨诸塞州（Boston，MA）

气候特点：冷，潮湿

建筑类型：多单元住宅，零售

建筑面积：35 万 ft^2（32500m^2）

项目范围：高层

建筑占地：65000m^2

建成时间：2007 年 4 月

项目总投资（土地除外）：70000000 美元

绿色建筑评分：美国绿色建筑委员会 LEED-NC v.2/v.2.1--Level：金（41 分）

图 5-28 建筑位于波士顿南部的一个工业区内 1 A Landmark Building in an Industrial District in the Southern Boston

摄影：www.BostonCondoGuy.com

拥有 140 个住宅单位的麦考林高层住宅被美国建筑师学会（AIA）评为 2008 年十大绿色建筑之一。建筑位于波士顿南部的一个工业区内，四周被高速公路、铁路和巴士路线所环绕，一个国际机场就在附近（图 5-29）。该项目主要面临的挑战是解决空气和噪声污染，缓解城市热岛效应，并同时以创建绿色建筑空间为设计宗旨。

该住宅每年节省 60 万加仑的居民饮用水，比传统的建筑每年少消耗 30% 的电能。建筑有一个倾斜的、带有绿化的屋顶，有益于屋顶排水，较好地控制雨水的收集，益于污染物的过滤和降低空气中的二氧化碳，同时

图 5-29 建筑位于波士顿南部的一个工业区内 2 Roof View

摄影：www.BostonCondoGuy.com

减少暖通和制冷的负荷，降低了城市的热岛效应，并为野生动物提供了一个完整的生态环境。此外，被纳入建筑物的地下停车库也降低了建筑的占地总面积，并为减轻城市热岛效应和减少雨水径流作出了直接贡献。

该建筑有较好的外围护绝缘系统，以及一些其他的节能技术特性，如具有热回收的通风和水源热泵，不用饮用水作为灌溉用水而收集和使用雨水及空调冷凝水作为建筑室外的灌溉用水。此外，该项目还获 LEED 创新设计条款中使用没有化学污染的冷却塔排污水作为灌溉用水这一绿色建筑特色的积分。

1）土地利用及社区 Land Use & Community

该大厦是在一块不渗透的、黑色沥青的室外停车场的原址上兴建而成，是南波士顿城市振兴发展的关键。建筑位于一个老居民区、一个工业区和一个高速公路的交汇点。该地区建筑规模和形式极为不同：带有玻璃幕墙的西立面作为对波士顿市中心高层建筑轮廓的一个呼应，其形态成为南波士顿地区的一道天际线；向东倾斜的东立面很好地与本地区的低层建筑群相符合，其立面较好地反映了本地区的传统建筑特色；北部和南部古铜色的铝合金外墙体很自然地反映了该工业区的特色（图 5-30）。

图 5-30　古铜色的铝合金外墙体反映了该工业区的特色 Brown Aluminum Alloy Exterior Wall Fits into The Surrounding Area

摄影：www.BostonCondoGuy.com

底层零售不仅活跃了街道气氛，而且鼓励了行人交通。该建筑地处一个地铁站和两座通向波士顿市中心的高架桥之间，不仅与市中心联系方便，而且也非常接近海底漫步（Harbor Walk）、城堡岛（Castle Island）、炮台的通道（Fort Point Channel）和南波士顿海滩（South Boston Beaches）等景点。

建筑包括一个大而深的绿色屋顶，与原停车场相比，在很大程度上减少了雨水径流量。此外，室外的内庭院（图 5-31）和公共行人的铺地采用透水砖面，减少了雨水径流。绿色屋顶吸收和慢慢蒸发雨水，任何剩余的雨水都被输送并存于水箱之中，用于滴灌屋顶绿化的灌溉用水。另外，屋顶上种植抗旱性极强的本地物种，基本上不需要灌溉用水（图 5-32）。

图 5-31　建筑的内庭院 The Courtyard

摄影：www.BostonCondoGuy.com

图 5-32　建筑有一个倾斜的，带有绿化的屋顶 Tilted Green Roof

摄影：www.BostonCondoGuy.com

利用原生植物，促进和发展了天然野生动物栖息地，使该地区成为区域鸟类和昆虫的活动天堂。

2）水的保护和利用 Water Conservation & Use

设计双冲水马桶（Dual-flush Toilets）和创新的灌溉系统。与传统建筑相比，采用双冲水马桶减少了60%的建筑饮用水的需求。以大型蓄水池收集的雨水、机械系统的冷凝水，以及经过处理的来自冷却塔的排污水，满足建筑所需灌溉用水，每年节省用水达到60多万加仑。该项目还赢得使用处理过的、非化学冷却塔排污水作为安全灌溉用水的创新式绿色建筑积分。

当地7月份平均降雨总量为72079加仑，而建筑所需的平均灌溉用水为29990加仑。

3）能源 Energy

建筑南部外围护结构的设计超过美国供暖、制冷及空调工程师学会标准ASHRAE（90.1-1999）的50%；玻璃U值也超过此标准的50%。玻璃的太阳能热增益系数（Glass Solar-Heat-Gain Coefficient）也超过此标准的22%。

高效率的水源热泵（Water-Source Heat Pumps）为建筑提供采暖和制冷。当热泵循环水温度达到65 ℉和85 ℉之间，该系统便处于热平衡的运作和热传输模式。

冷却塔在夏天有较好的隔热，并且在冬季通过一个蒸汽换热器增加热量。变频驱动器用于冷却塔风机、循环水泵、热水泵、车库排风扇，以节省能源的消耗。利用废气排风系统得到热能（两个干燥热轮，Two desiccant Heat Wheels）来加热建筑。通过蒸汽冷凝水的能量回收（Energy Recovered），来预热室内的热水系统，并且在通风系统中利用来自废气排风系统的回收能源。运动感应器控制车库和住宅单元走廊的照明系统，大量节约了能源消耗。另外，建筑较好的外围护绝缘系统也为建筑的热舒适度提供了保障。

4）材料与资源 Materials & Resources

该建筑使用了交错桁架结构体系（Staggered Truss Structural System），这虽然是住宅建筑不常用的一种结构形式，但由于这种结构体系用钢量很少，而且空间可以使用，其高效率的材料利用使之成为绿色建筑的特色之一。（图5-33）此外，该建筑选用了迅速生长的可再生材料如竹、软木墙纸、木纤维天花板块（Wood-fiber Ceiling Tile）、油毡地板（Linoleum Flooring）、小麦板（Wheatboard）和棉保温材料。（图5-34）项目中使用的75%的木材达到了美国林业指导委员会的木材标准认证。建筑大量使用含有回收成分的材料如混凝土、钢、铝制外墙挂板、硬质绝缘材料、地毯、地板垫层、自行车托架等，而且大部分材料都来源于距建筑施工场地500英里内的地区。在施工阶段，建造商回收了90%的施工和拆卸废料，并将石膏板碎片与其他废物隔离开，将其送还给生产厂家以待回收。该建筑还为居民建立了废物回收管理体系，并在每个楼层建立了回收中心。

图5-33 建筑使用了交错桁架结构体系和较好的外围护绝缘系统 The Staggered Truss Structure System and Highly Efficient Building Envelope Insulation System

摄影：www.BostonCondoGuy.com

图5-34 建筑选用了迅速生长的可再生材料作为内装修材料 Interior Decoration with Rapidly Growed and Renewable Materials

摄影：www.BostonCondoGuy.com

5）室内环境质量 Indoor Environmental Quality

通过使用炭过滤器（Charcoal Filters）将进入室内的室外空气净化，并用机械通风系统将净化了的空气引入每个房间。在进风口和排气管口监测二氧化碳含量，如果其含量超出一定的标准，系统将告知建筑管理人员。每个居住单位都有可开启的窗户。进入建筑的室外空气总量为 3.4 万 ft^3/min，超过美国供暖、制冷及空调工程师学会（The American Society of Heating, Refrigerating and Air-Conditioning Engineers-ASHRAE）制定通风标准 ASHRAE 62.1-2004 的 400%。每个厨房都有 100ft^3/min 的连续排气速度，浴室有 25ft^3/min 排气间歇率。

图 5-35 开阔的室外视野和可开启的窗户 Wide Views into Outdoor and Openable Windows
摄影：www.BostonCondoGuy.com

玻璃幕墙设计在大部分住宅单位中，因此几乎每个单元都有开阔的室外视野，而且日光充足。可开启的窗户与交错的外墙体增加了建筑的节奏和立体感（图 5-35）。

第三节
研究机构和办公楼
Research Facility and Office Buildings

1. 美国能源部研究辅助中心大楼 DOE Research Support Facility[5]

地点：戈尔登，科罗拉多州（Golden, Colorado）

建筑类型：办公楼

建筑面积：222000ft^2（20600m^2）

项目范围：单栋，多层

项目总投资（土地除外）：64000000 美元

建成时间：2010 年 6 月

绿色建筑特色：被美国建筑师学会（AIA）评为 2011 年十大绿色建筑之一

图 5-36 “H”形的建筑全景 Panoramic View of the “H” Shaped Building
摄影：Schroeder, Dennis 美国国家再生能源实验室

美国能源部研究辅助中心是美国能源部可再生能源国家实验室（NREL）大楼。其设计的宗旨是将该建筑建成一个彻底的、具有改变世界的意义的绿色建筑标本。设计目标是创造一个最大的商业零能源的国家级的蓝本式建筑，也就意味着建筑以追求净零能源（A Net-zero Energy）消耗为表现，同时成为其他建筑追求低能量和净零能源标范性建筑。这个建筑已成为能源部未来办公机构建设发展的蓝本。

该研究中心拥有 800 多名员工，是一个大型实验室办公楼，履行国家重要的可再生能源的研究工作。建筑内设有一个大型数据中心，服务整个国家再生能源实验中心的所有研究数据。美国能源部和国家再生能源实验室的目标是把可再生能源的创新技术转换为可行性的市场实践。这座建筑成为这种想法的一个实践性实例，成为世界上最节能的、具有给员工提供高性能工作环境的零能耗的建筑之一。

该建筑对当地的气候、场地和生态环境作出了最直接的和最科学的反映。被动设计的综合性战略原则，如采光和自然通风，强有力地支持着建筑的节能特性。该建筑的形式窄长，为“H”形，有利于能源的节省和利用。开放式办公导致了高密度的工作环境，减少了人均办公面积。“H”形空间还形成了两个外部庭院，为建筑内的员工提供了宜人的室外活动空间。

1）土地利用及社区 Land Use & Community

建筑的建成使得该研究机构地处不同地区的所有分支机构集中在同一座办公建筑中，实现了共同分享设备、缩小开发资源差距的目标。建筑创建了吸引员工的室外庭院和行人空间。为鼓励员工减少驾车，场地选址充分利用城市公共交通系统，以尽量减少现场停车的可能，并为员工设立自行车停车场。事实上，建筑建成后自行车停车位一直在充分利用。

这一新设施以保护周围邻里社区的原有生活方式和保护现有野生动物栖息地为首要原则。设计团队将这种关注充分地表达在聆听和回应当地社区代表对维护本地环境的愿望的整体设计过程之中。例如，为了反映社区居民对视觉景观的愿望，将建筑高度降低到低于当地区划法要求的高度之内。项目设计团队和甲方齐心协力，一同与当地政府协调，保证铁路系统进入建筑中心所在区域之中。

建筑和场地努力成为当地生态系统的一部分。建筑设计的特点不仅与当地的风向和日晒相吻合，而且也较好地利用了当地的自然地形和现有环境。景观设计特别重视自然雨水的收集和管理、开放空间的保护、透水路面系统的选择、原生景观的保护和利用、高反射率路面材料的使用，以及把现场发掘的岩石作为防护墙的创新式实践等（图 5-37~ 图 5-39）。

图 5-37 可渗透的铺地和冷却塔 Permeable Paving and Cooling Tower
摄影：Schroeder，Dennis 美国国家再生能源实验室

图 5-38 西院落中种植的本地耐旱植物 Drought-resistant Native Plants in the West Courtyard

图 5-39 用场地的石头做成挡土墙 Retaining Wall Constructed with Stones on The Site

整体性的景观设计不仅被证明成功地保护了自然栖息地，为当地麋鹿和其他野生动物群创造了一个相互频繁访问的机会，还为人们创造了一个自然、优美、舒适的外部空间环境。该项目已经被列为 150 个国际可持续景观设计试点项目之一。

2）水的保护和利用 Water Conservation & Use

虽然科罗拉多州限制水的再利用，该项目仍然实现了高效用水的节水目标。每年多于 797000 加仑的雨水通过建筑物的屋顶上收集，而建筑用水和场地的灌溉，每年则需要超过 791000 加仑的水。建筑结合高效率的节水设备，选用原生和适应本地的植物配备，采用以卫星为基础的智能灌溉控制系统进行滴灌（Drip Irrigation），相对于 LEED 的标准，使建筑用水减少了 55%，灌溉用水减少了 84%。

项目通过屋顶的雨水花园（Rain Garden）、庭院内的多孔路面铺地、自然生物洼地（Bioswales）来连接场地雨水收集系统和现有自然水源。雨水收集系统容许雨水渗入土壤，其排水模式与原有自然水文相一致（图 5-40）。

图 5-40　雨水、雪水通过屋顶流入蓄水池。存储后的水用来灌溉场地上的植物 Rainwater/Snowwater from Roof to Cistern which Stores the Water for on-site Landscape Irrigation Purposes
摄影：Schroeder，Dennis 美国国家再生能源实验室

3）能源 Energy

实现净零能源消耗及零二氧化碳排放。净零能源建筑所使用的能源来自建筑使用的节能技术，如太阳能和风能技术，同时配合高效的暖通空调和照明技术以达到净零能源消耗的目标。要达到此目标，需要一个可靠的、多种手段并用的被动式的能源（Passive Energy）节能战略，需要整体优化的能量流设计方案。例如，照明是一个自然采光、自然光线控制系统，空间使用感应器，以及高效率照明的综合系统。而热舒适性强调的是用热质量（Thermal Mass）、辐射板（Radiant Slabs）、晚间热量释放（Night Purging）和自然通风来共同取得。采暖系统强调的是整体系统节能的方法。建筑在两翼的主要办公空间设有大型热储存系统（Thermal Labyrinth）。该储存系统存储的热来自南向外墙的太阳能集热器。这种热能在供暖季节用来加热建筑内的通风系统，同时热储存系统也作为数据中心热量的储备地，大大降低了数据中心对制冷负荷的需求（图 5-41~ 图 5-43）。

该建筑设计有非常详细的能源模型预测，预测建筑每两年消耗 3.3 万英热单位的能源，而建成后的建筑太阳能光伏系统每两年能产生 3.5 万英热单位能源（On-site energy），自然使建筑达到净零能源消耗的目标。现场太阳能光伏系统配合被动式的节能策略，如热质量、自然通风和采光等，也为停电期间建筑供电提供了保障。

4）材料与资源 Materials & Resources

为了成就被动设计的绿色特性，建筑的平面布局以进深窄、面宽长为主要特征。外围护墙体结构采

图 5-41　带遮阳的南向窗户和能够散热的太阳能收集器 Windows with Shades on South Elevation and Solar Collector with Heat Exhausting System
摄影：Schroeder，Dennis 美国国家再生能源实验室

图 5-42　屋顶上的大型太阳能收集板 1 Rooftop Solar Panels
摄影：Schroeder，Dennis 美国国家再生能源实验室

图 5-43 屋顶上的大型太阳能收集板 2 Large-scale Solar Panels on all Roofs

摄影：Schroeder，Dennis 美国国家再生能源实验室

用高质量的保温隔热材料，并以模块化结构设计达到最少地使用材料和最好地控制预算的目的。外墙是由绝缘预制板（Insulated Precast Wall Panels）外加内外装修材料构成。结合特殊的气候条件，外墙的窗体与实墙的比例经过最优化设计，使玻璃的面积达到最适合本地区气候的状态。两翼办公空间没有过分的大玻璃窗，既防止了大量的太阳辐射热进入室内，很好地控制了成本，同时又保证办公场所具备充分的自然采光。

建筑材料的选择以高灵活性、持久性、低资源消耗、注重居住者的健康和室内环境质量为宗旨。材料的低挥发性能、回收成分含量（34%）、区域特性（13%）和木材原料的认证（59%）均以 LEED 为标准。创新式的材料，如利用回收的天然气管道作为承重构件，利用由于虫害导致死亡的松树做成的木块作为门厅装饰材料等，都成为该建筑合理利用资源的手段。

（图 5-44，图 5-45）

5）室内环境质量 Indoor Environmental Quality

建筑物充分利用阳光和空气来提高节能效率，改善员工的室内环境质量。因为日照的多少直接影响

图 5-44 利用回收的天然气管道作为承重构件，办公室的窗户都可以开启 Recycled Natural Gas Pipes as Sturcture Elements. Openable Office Windows

摄影：Schroeder，Dennis 美国国家再生能源实验室

图 5-45 利用由于虫害导致死亡的松树做成的门厅装饰 Foyer Decoration Made of Dead Pine Tree Caused by Pine Pests

摄影：Lammers，Heather 美国国家再生能源实验室

照明、供暖和制冷系统的用电量，也直接影响人们的劳动生产力。所以设计者在两翼主要的工作区，几乎为每一个办公室（约占建筑 92% 的空间）都设计了明亮的玻璃窗，用日照作为白天室内的照明主要手段。另外所有的办公空间都设计有地板送风口，该系统将室外 100% 的新鲜空气送入室内，同时与制冷空调系统相脱节，减少了能源的消耗。除此之外，办公室的窗户都可以开启，为只有 60ft（18.29m）进深的空间提供了绝好的穿堂风通道。所有的大型空间、会议室都设计在中部，这里有良好的自然通风；由于使用频率低于办公空间，其白天室内照明的用电量也得到了相应的控制。值得一提的是，随着室外气温和湿度的变化，中央电脑智能系统会随时向每个办公室的电脑终端发出提示，告诫人们是否该打开窗户。

图 5-46 西立面设计有特殊的玻璃遮阳系统 Special Glass Shading System on West Elevation

摄影：Lara Swimmer，Weber Tompson Architect 提供

2. 特里 · 托马斯 The Terry Thomas [6]

地点：西雅图，华盛顿州（Seattle，WA）

建筑类型：商务办公，零售

建筑面积：40500ft^2（3760m^2）

项目范围：4 层建筑

项目总投资（土地除外）：9700000 美元

建成时间：2008 年 4 月

绿色建筑评分：美国绿色建筑委员会的 LEED-CI 2.0（商业建筑 - 室内）：白金（43 分）

美国绿色建筑委员会的 LEED-CS 2.0（建筑核心和外围护结构：金（39 分）

被美国建筑师学会（AIA）评为 2009 年十大绿色建筑之一的特里 · 托马斯项目位于西雅图市南联合湖区（South Lake Union），毗邻市中心。该地区以前是轻工业区，现在为公园、多户公寓住宅、写字楼和轻工业建筑等多种用途混合地段。建筑位于一条新建的有轨电车沿线，而且在社区内还有其他多种公共交通工具。区内的各种公共服务设施都在步行范围以内。

项目有 37434ft^2 的办公空间，配有淋浴设施，以鼓励大家使用自行车。临街设有 3000 多 ft^2 的零售及餐饮空间，以及一个中央庭院（图 5-47），为大家的户外活动提供了一个健康的空间。共有 24596ft^2 的两层地下车库为汽车和自行车停放提供了方便。

图 5-47 一个提供户外活动的中央庭院 Central Courtyard for Outdoor Activities

照片：Weber Tompson Architect 提供

办公室的室内环境质量可以对人的工作行为产生巨大影响。提高居住者的健康和生产力、降低建筑物对能源的依赖是该项目优先考虑的问题。项目组在设计开始之前对未来的主要租户进行了

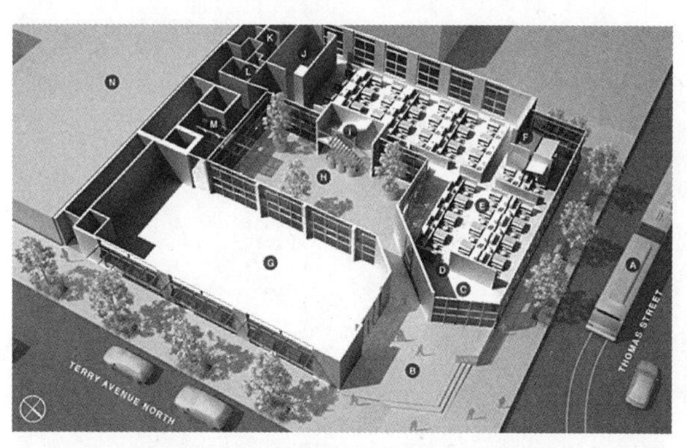

图 5-48 建筑场地的选择以方便连接多种公共交通为考虑因素 Site Selection Taken into Consideration of Convinent Connection to Public Transits

照片：Weber Tompson Architect 提供

图 5-49 该建筑位于一条新建的有轨电车沿线 A Newly Constructed Streetcar Line Serves the Vicinity Area of the Site

摄影：Gabe Hanson，Weber Tompson Architect 提供

调查和访问。在调查中，租户最经常提到的要求是日照采光、自然通风和改善与社区之间的交往。为了全面回应租户的要求，设计团队针对建筑特定的地理位置，将日照、通风和加强与社区的联系放在设计的首位。

韦伯 · 汤普森（Weber Thompson），项目的主要租户，也是该建筑的主要设计师，曾经在西雅图联合湖区附近居住 17 年，并已在维持社区关系中获益。他在建筑选址过程中，主要考虑将场地通过多种公共交通方式与周围社区和市中心等方便连接。为此，场地与附近一个有轨电车站相连，方便人们前往西雅图市中心。（图 5-48，图 5-49）自行车存放处和淋浴设施的设计鼓励员工大量使用自行车，为低排放和高效燃料的汽车设优先停车位。社区的特里大街（Terry Avenue）以西被设计为“绿街”，成为社区行人的通道和户外公共活动的空间。社区承诺在不远的未来，将通过可持续发展绿色社区（LEED-ND）的认证。

临街设有零售空间和一个开放式公共天井，促进社区开发及与社区人行空间的紧密连接（图 5-50，图 5-51）。转角的院落入口为行人提供了庇护和集聚的空间。设有大型玻璃幕墙的建筑北立面，以其通透性格与城市融为一体，并为街道行人、有轨电车乘客和过街汽车的乘客提供了一个观赏建筑的绝好机会。

原建筑是一座两层楼的砖式建筑，已经不能满足现行规范或项目的可持续发展目标。设计团队决定

图 5-50 开放式的公共天井增加了与社区的紧密联系 An Open Public Courtyard Increases the Link Between the Building and the Surrounding Neighborhoods

照片：Weber Tompson Architect 提供

图 5-51 临街设有零售空间 Retail Storefronts Along the Site's Streetfrontage

照片：Weber Tompson Architect 提供

拆除原有建筑物，利用可以利用的任何旧建筑材料和部件，尤其是老建筑使用的砖、承重木料等。建成的新建筑有效使用和回收旧建筑材料的比例超过 93%。

设计团队尽量采取积极措施，以减少建筑对生态环境的影响，并尽量减少建筑外墙太阳热能的增加和城市的热岛效应。降低建筑周围的环境温度并利用季节主导风的优势，运用被动冷却系统（Passive Cooling System），有效地避免向空气中释放过多的热量，减少了机械空调系统（Mechanical Air-conditioning System）的使用。被动冷却系统鼓励整个建筑内部气流流通，减少被困热空气在建筑局部的滞留。被动夜间冷却系统与热质量（Thermal Mass）的结合大大降低了白天制冷高峰负荷的需求。浅色屋面材料和外部遮阳系统增加了外部反射率，减少了建筑物对太阳热量的吸收。

1）水的保护和利用 Water Conservation & Use

特里 · 托马斯项目的用水设计以尽可能减少使用饮用水为目标。所有卫生间设有双抽水马桶、无水小便器（Waterless Urinals），并且使用太阳能供电的低流量水龙头（Solar-powered Low-flow Faucets），利用红外传感器进行控制。淋浴间配用低流量喷头；办公场所的小型厨房都配有低流量水龙头和节水型洗碗机。

总用水量计算使用 LEED 的节水标准，相对 LEED 的 337326 加仑 / 年的基本用水标准，每年用水减少 156960 加仑。在总饮用水量的使用上，超过美国环保署同类节水要求的 53.5%。

2）能源 Energy

用被动冷却系统代替了传统的机械空调制冷系统，大大节省了建筑物施工和运作成本。中央庭院的设计允许自然光线和风进入室内，减少了建筑对机械能源的依赖；庭院作为连通室内的通风口，还与开启的窗口共同形成一个自然空气的对流系统。（图 5-52）恒温器和 CO_2 传感器控制外部百叶窗的开启，向室内提供新鲜空气，保持最佳的室内空气质量。可开启的窗户给居民充分的自由度，可根据个人对室外空气量的不同需要而自行控制。

窄浅的楼面进深围绕着充满阳光的院落，减少了人工照明的负荷。自动化控制的遮阳板被一个屋顶传感器所控制，以减少太阳热能的吸收，同时降低建筑南向、东北和西北角的太阳眩光。建筑的东、西立面设计有特殊的玻璃遮阳系统，以减少太阳热量的辐射，但允许自然光线照射到室内。（图 5-53、图 5-54）

图 5-52　中央庭院允许自然光线和自然通风进入室内 An Open Atrium Invites Daylighitng and Natural Ventilation
摄影：Lara Swimmer，Weber Tompson Architect 提供

图 5-53　建筑立面不同的遮阳系统 Different Shading Systems on Elevations
照片：Weber Tompson Architect 提供

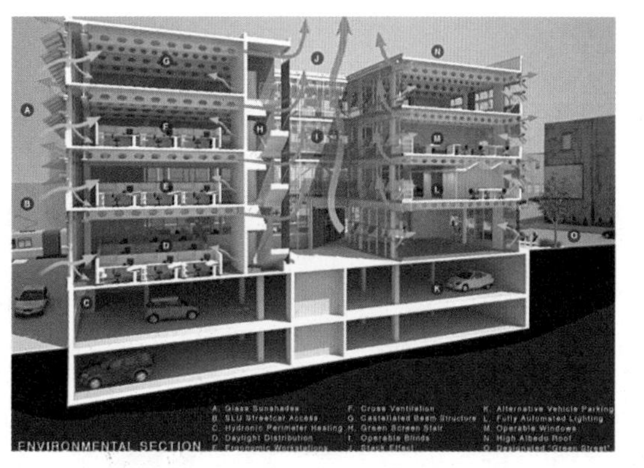

图 5-54　建筑有良好的自然通风系统 An Improved Natural Ventilation System
摄影：Gabe Hanson，Weber Tompson Architect 提供

建筑内使用的所有电器都通过了能源之星的认证，以此减少电器对建筑总用电负荷额外的需求。

3）材料与资源 Materials & Resources

有限地使用材料，同时降低成本，创造一个真实、简单的建筑结构和形式是设计团队的主要设计宗旨。设计团队在选择材料的时候尽量以材料的多功能特性为选择标准。例如，将暴露的混凝土板抛光，使之成为室内的装修地面；蜂窝式的结构钢梁，强度大，成本低，用料少，将其暴露并漆成白色，容许光线和空气在其间流通；金属电缆托盘系统既支持室内照明电线和数据电缆，又作为屋顶灯具的支撑系统；安装在顶棚上的声学隔声板，同时也兼作室内光线的反射板；吸声墙板除了具有降低噪声的功效外，又可成为建筑事务所钉贴方案草图的绝好空间。

设计小组在选择材料的时候，以保持室内空气质量为首要条件，优先考虑材料的回收和可再生成分含量，以及挥发性有机物化合物（VOCs）的含量。所有的涂料、胶粘剂和木制品都较少或无任何挥发性有机化合物的排放，无任何添加尿素与甲醛。

4）室内环境质量 Indoor Environmental Quality

建筑采用的所有设计手段都是企图将建筑与外界连接在一起，使室内充满新鲜的空气和阳光。较浅的平面进深结合大面积的窗户，外加较低的室内空间分隔墙，使自然光线从中央庭院进入室内。另外，庭院与可开启的窗户构成了空气对流的通道。

被动式的冷却系统，在改善室内空气质量的同时也降低了能源成本。根据室内的空气质量条件，二氧化碳传感器和恒温器直接控制着外部新鲜空气的输入。建筑可开启的窗户系统给用户最方便的自由度，直接控制室内环境质量，同时加强了室内与外界的联系。

室内人工照明系统被智能照明控制系统直接管理和控制。光电眼（Photoelectric Eyes）根据自然光线进入室内的多少，直接控制室内人工照明需求的高低。当室内无人时，空间使用感应器和运动传感器将自动关闭电源，以避免不必要的能源浪费。

3. 国税局堪萨斯办公区 IRS Kansas City Campus[7]

地点：堪萨斯城，密苏里州（Kansas City，MO）

建筑类型：商务办公，社区

80% 的新建筑，20% 的历史建筑改造

建筑面积：1140000ft^2（106000m^2）

项目范围：单栋建筑

项目总投资（土地除外）：254000000 美元

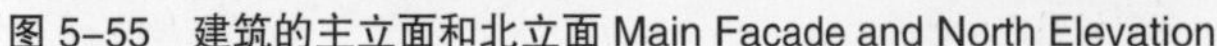

图 5-55 建筑的主立面和北立面 Main Facade and North Elevation

建成时间：2006 年 10 月

被美国建筑师学会（AIA）评为 2008 年十大绿色建筑之一的国税局堪萨斯办公区，其重建和改造的目的是如何更好地服务纳税人，以及如何在全国范围内更好地提高现有服务体系的劳动生产率。项目的结果使得堪萨斯城中 8 个不同地区的服务部门合并成为一个中心办公区。由于国税局要求超过 100 万 ft^2 建筑面积，该项目团队最大的挑战是创造一个高效环保和健康的建筑。（图 5–56）

图 5–56　建筑全景 Panoramic View of the Building
摄影：Kevin Collison

国税局对建筑的使用需求是独一无二的，因为该组织在一年不同的时间段内有着决然不同的工作运作体系。为每年报税返回的报税表创建一个最有效的、可持续的建筑，同时将 114 万 ft^2 的大楼分为 3 个 20 万 ft^2 的工作单元，以避免高峰能源使用期的能源附加费用。两个 70000 ft^2 的仓库用来存储文件，为了与本地区的历史文化相联系，一个历史文物保护性质的邮政局大楼经过改建又提供了另外 47.5 万 ft^2 的办公空间。最终的设计打破了室内与室外空间分隔，为国税局员工创造了一个强烈的、不同寻常的绿色建筑环境。

具有多个空气处理器的地板送风系统允许部分建筑关闭，同时保持其他的空间开放。将大型建筑分解成小空间，可以更有效地利用自然采光，并给建筑提供额外的中庭空间。地下停车场和绿化屋顶直接减少了场地的雨水径流，而高效节水的低流量用水装置减少了建筑物对饮用水的使用。

1）土地利用及社区 Land Use & Community

国税局办公区毗邻堪萨斯市中心的历史建筑群，是市中心历史建筑复兴和改建的一部分（图 5–57）。场地东北角的一个不再使用的老邮局作为一个历史性的保护建筑成为该办公区建筑性格的主宰。邮局经过精心修复，其古典建筑的特征与特色得到很好保留，并与新设施融合成为国税局办公区中一个重要组成部分。该建筑的体型和历史地位，以及恢复后的庭院和屋顶花园成为该街区建筑的基本格局。

图 5–57　该项目是历史建筑复兴和改建的一部分
The Project Is Part of a Historic Building Rehabilitation and Reconstruction

虽然历史建筑物被国税局复修后得到重新使用，但它的结构、外形以及一些重要的室内装修特色都得到了完整的保留。完工后的项目将 8000 名员工带到了本地区，由于有专门的公交线路服务本地区，其中许多人都可以通过公共交通上下班。该办公区作为从佩恩 · 瓦利公园（Penn Valley Park）到市中心高层建筑天际线的过渡，其建筑本身并没有追求市区垂直高层的特色，而是选择保持水平方向发展的特征，并通过预制混凝土外墙岩石般的特点来体现建筑与场地周围公园的关系。

通过收集雨水进行绿化灌溉，减轻了城市地下水雨水径流的重负。一个 1.5 英亩的大型绿色屋顶，不仅减少和净化了雨水流量，同时还降低了建筑物给城市带来的热岛效应。

2）水的保护和利用 Water Conservation and Use

原生草类、树木和灌木只需要很少的灌溉用水。由于该建筑群使用大量的原生植物作为建筑周围的绿化，与传统灌溉系统相比减少了 93% 的可饮用水的消耗。另外，低流量的厕所用水器，以及配有传感器的水龙头和无水小便器，使得该建筑物的用水比传统建筑又减少了 35%。该建筑群的用水数据如下：室内饮用水的消费每年为 580 万加仑，户外饮用水的使用为每年 1.84 万加仑，总饮用水的用量为每年 598 万加仑，可饮用水的使用效率为每平方尺 5. 25 加仑。

3）能源 Energy

国税局办公区总体建筑比 ASHRAE 90.1–1999 标准节约 53% 的能源。

该项目采用被动式太阳能节能战略，以减少加热和冷却负载的需求。浅色的屋面材料、绿色植被屋面系统增加了屋面保温隔热功效，高效的外围护结构的保温性能，也增加了建筑的节能效率。

建筑的朝向以冬季获取多的太阳能和夏季减少太阳能进入建筑为目的。南立面通过外遮阳系统使得 95% 的玻璃在夏季不受阳光的直射（图 5–57）。高效率的玻璃减少太阳能的吸收和具有最好的可见光透过率（图 5–58）。自然日光和空间使用感应器限制了人工照明的负载，而 T–5 荧光灯照明系统外加局部照明设备又增加了建筑的节能功效。

机械系统采用变速驱动器控制变速风扇来达到机械系统的节能目标。通过采用二氧化碳传感器控制室内自然通风系统提高空气质量，同时在不需要更多通风的情况下，减少冷负荷的能耗。外界温度适宜时，进入的外部空气通过空气处理机可以直接冷却室内空气，进一步减少建筑对冷却负荷的需求。

图 5–58 外遮阳系统使 95% 的玻璃在夏季不受阳光的直射 Exterior Shading System Protects 95% of Windows from Direct Sunlight in Summer

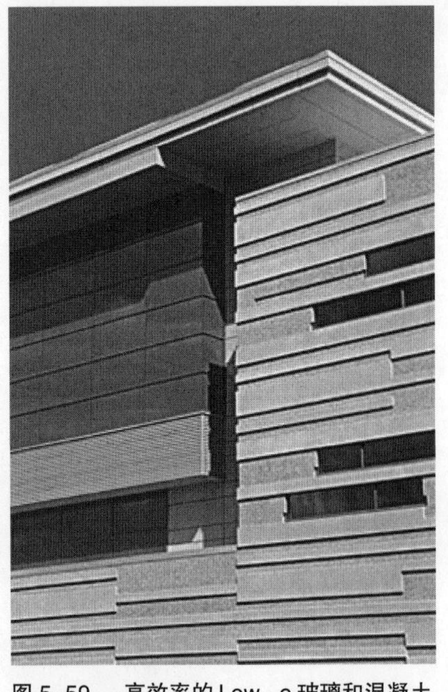

图 5–59 高效率的 Low –e 玻璃和混凝土模板外墙 High Efficiecy Low–e Glass and Concrete Formwork Wall

4）材料与资源 Materials & Resources

该项目采用地方性的、回收的和无毒的材料，创造了一个健康的室内环境质量。项目采用原有场地旧建筑材料，这些材料包括 1500 多个旧玻璃窗。外墙的预制混凝土板块来源于本地的制造商，同时其不拘一格的外形减少了混凝土模板的使用，减少了投入资金。

5）室内环境 Indoor Environment

尽量利用自然采光，不但节约了能源，提高了劳动效率，而且还保持了一个健康的室内环境。南立面多孔玻璃和遮阳系统减少了眩光和太阳能的辐射，同时保持了最高的视线通过率。天窗和光线反射板减少眩光，同时提供了柔和的日光（图 5–59）。西立面窗户内的遮阳屏蔽被日光感应器直接控制，以减少下午的西晒。

建筑设计有地板送风系统，可以让使用者根据自己的要求自行控制所在空间范围内的温度。除了通风和温度的考虑，建筑指定使用无毒材料，如天然材料、家具、含有极低挥发性有机化合物的油漆和对环境无不良影响的地毯等（图 5-60、图 5-61）。

图 5-60 室外小庭院为员工提供了一个舒适的休息空间 Courtyard Provides Employees with a Comfortable Resting Area

图 5-61 中庭空间的光线反射板减少了室内眩光 Indoor Lightshelves Reduce Glare

4. 美国绿色建筑委员会总部 USGBC Headquarter[8]

自 LEED v3 标准推出以来，以该标准认证的第一个商业室内（Commercial Interiors）白金项目便是美国绿色建筑委员会（USGBC）的华盛顿总部办公楼。为了实现新标准中能源和水的节约目标，该项目成为新标准严密性和灵活性最好的代表作，同时也成为绿色建筑倡导者自身角色最好的体现。近年来，由于绿色建筑产业在美国国内的迅猛发展，美国绿色建筑委员会的规模也在迅速扩大。为了配合已经壮大和正在壮大的机构规模，委员会决定新建更大的办公空间。为了体现绿色建筑倡导者追求绿色建筑的理念，委员会决定通过新的办公空间来展示成熟和先进的绿色建筑设计手段和技术，同时也作为一个实验样板，对自己的员工和前来的参观者进行绿色建筑教育，告诉大众怎样才能成为绿色建筑，为什么绿色建筑有益于居住者、有益于生意、有益于社区和有益于环境。

1）可持续发展的场地 Sustainable Sites

新装修的二层办公空间位于华盛顿特区西北部的一座 9 层楼的大厦内。该地段交通方便，不超过半英里便有 4 个地铁站和多个巴士站。由于建筑位于高

图 5-62 建筑南立面 通透的外墙立面设计使建筑内部有充足的自然光线 South Elevation Elevation Design Maximizes Interior Daylighting

密度的华盛顿特区市中心，不仅与其他社区联系紧密，而且各种交通方式均很方便到达。建筑提供自行车停放站，总部办公空间设有淋浴室。所有这些特点使建筑获得了商业室内 LEED v3“可持续发展的场地”设计中的 21 项积分的 19 项积分（图 5-63）。

图 5-63 建筑主入口（东）Main Entrance to Building （East）

2）水的有效性 Water Efficiency

洗手间采用的无水小便器，每分钟 1.6 加仑的双冲水马桶和每分钟 0.5 加仑低流量的水龙头装置降低了 40% 饮用水的使用。其中每个无水小便器每年就节约 40000 加仑用水（图 5-64，图 5-65）。

图 5-64 使用每分钟小于 1.5 加仑流量的水龙头 Low-flow Faucets（Less Than 1.5 Gallons Per Minute）

图 5-65 无水小便器 Waterless Urinals

3）能源和大气 Energy & Atmosphere

科学的空间设计是降低能源消耗的关键。落地玻璃窗给室内每个办公空间提供了充足的自然采光，大幅度地降低了人工照明的能源消耗，同时一个电子遮阳系统最大限度地减少了太阳热能和眩光。办公空间与四周玻璃窗之间有 6 英尺宽的走廊，被称为生态走廊（Eco-corridor），目的是创建一个热传导的隔热带，让暖通空调系统服务于中部的办公空间，降低能源消费。另外，一个整体的能源管理系统（Integrate Energy Management）能够让公司职员自行控制自己的空间温度和环境条件。例如，一个空间使用感应器在探测到该空间无人使用时，能够自动关闭电灯电源和插座电源，并且调整暖通空调的温度设置。当工作空间无人时，系统关闭桌前台灯。关闭一盏台灯每年节省 9 美元的用电消耗；关闭个人空间加热器，可以每年节省 22 美元；关闭已充好电池的电源，可以节省总能源消耗的 5%。另外，浅色地板和室内家具装饰有助于反射自然光线，以上所有的节能策略减少了办公空间 35% 的能源使用消耗，并帮助项目取得了商业室内 LEED v3"能源与大气"总积分 37 分中的 36 分（图 5-66~图 5-69）。

图 5-66 空间使用感应器 Space Occupancy Sensor

图 5-67 自然采光感应器 Natural Lighting Sensor

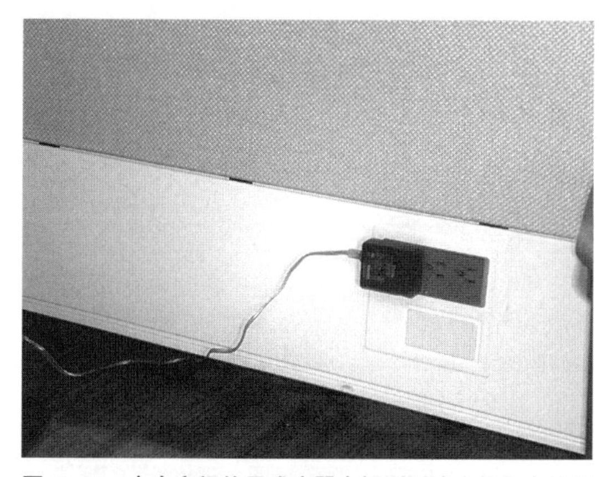

图 5-68 个人空间使用感应器在探测到该空间无人使用时，能够自动关闭电灯灯源和插座电源 Individual Space Occupancy Sensor Can Automatically Turn Off Lights and Shut Down Socket Power

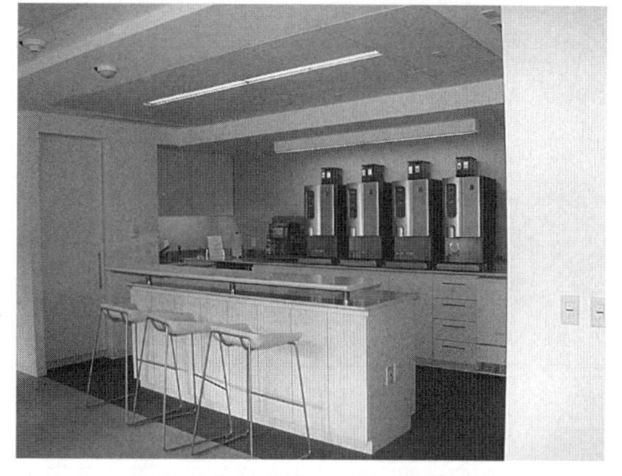

图 5-69 使用的电器都具有能源之星的认证 Energy Star Appliances

4）材料与资源 Materials & Resources

为实现 LEED 白金战略目标，项目通过使用回收材料及废物再利用，如利用来自田纳西河域一带具有五百年历史的废弃木材作为电梯大堂的装饰木，地板采用回收的水磨石玻璃地板（Terrazzo Glass Flooring）和台面。办公空间的地毯包含 46% 的前消费回收含量（Pre-Consumer Recycled），16% 的后消费回收含量（Post-Consumer Recycled），3% 的可再生物质。办公桌椅都是来自以前的老办公室。全部材料都产自本地和制造于本地。另外，施工期间 95% 的施工废料都得到了再利用。以上所有的特点使建筑

成就了商业室内 LEED v3 材料与资源总积分 14 分中的 8 分。（图 5-70~图 5-79）

图 5-70 电梯大堂装饰木来自田纳西河域具有五百年历史的废弃木料 Elevator Lobby Decorted with Recycled Waste Wood of 500 Years Old from Tennessee River Valley

图 5-71 中庭采用用料少，结构简单的楼梯做上下层连接构件 Stairs in Atrium Designed with Simple Structure and Less Building Materials

图 5-72 不含尿素甲醛，100% 废物利用的旧木材做成的装饰板 Interior Decorative Panels Made from 100% Recycled Waste Wood without Urea Formaldehyde

图 5-73 建筑大量使用当地的废物再利用的材料 Building Uses A Large Amount of Native and Recycled Building Materials

图 5-74 地板采用 100% 回收的水磨石玻璃地板 100% Recycled Terrazzo Glass Floor

图 5-75 家具大量使用当地的可再生可回收的材料 Furniture Made of Locally Produced, Renewable and Recyclable Materials

图 5-76 含有 90% 的回收含量且具有隔声品质的吊顶 Soundproof Ceiling with 90% Recycled Content

图 5-77 地板装修采用具有 60% 回收含量，100% 的可回收的地毯材料 Floor Carpet is 100% Recyclable Material with 60% Recycled Content

图 5–78 为减少材料的使用室内采用局部暴露结构的手法 Portion of Interior Sturcture without Screening to Minimize Material Usage

图 5–79 屋顶休息平台的桌椅采用 FSC 认证的木材 FSC Certified Wood Furniture on the Roof Terrace

5）室内环境质量 Indoor Environmental Quality

为了保持室内高质量的空气环境，建筑选定健康无毒的材料，如天然材质的木材，含有极低挥发性有机化合物的家具、地板、油漆和对环境良性的地毯和顶棚等。大玻璃窗的遮阳系统减少了眩光和太阳能的传递，同时保持了最高的视线通过率。暖通空调系统与空间使用感应器，以及与自然采光感应器相连接，既保证了室内的温度、湿度和足够的通风量，同时也节省了能源消耗。所有这些特点使建筑物取得了商业室内 LEED 2009 室内环境质量总积分 17 分中的 11 分。

第四节
市镇中心
Town Center

波托拉谷镇镇中心 Portola Valley Town Center[9]

地点：波托拉谷，加利福尼亚州（Portola Valley，CA）

建筑类型：公园，公共服务，图书馆

建筑面积：19900ft^2（1850m^2）

项目范围：建筑群

图 5–80 波托拉谷镇镇中心建筑全景 Panoromic View of Portola Valley Town Center Buildings

摄影：© Cesar Rubio

项目总投资（土地除外）：15000000 美元

建成时间：2008 年 10 月

被美国建筑师学会（AIA）评为 2009 年十大绿色建筑之一的波托拉谷镇中心（Portola Valley Town Center）是在一个公立学校剩余的场地上发展起来的，包括一个图书馆（Library）、社区中心（Community Hall）和市政厅（Town Hall）。图书馆包含阅览室（Reading Rooms）、一个儿童游戏区（Children's Area）、办公空间和一个市历史文化遗产中心，市政厅则包括行政办公、建设、规划和工程部，以及镇紧急行动中心等。社区中心提供了一个大型多功能厅、两个活动室以及存储和餐饮厨房等辅助用房（图 5-81）。

图 5-81 图书馆、社区中心和市政厅建筑群充分利用场地开放空间和自然橡树林地的自然优势 Library, Community Center and Townhall Buildings Are Sitted With the Site's Topography and Have Views of A Forest of Oaks

摄影：© Cesar Rubio

公众参与成为该项目设计过程中一个非常重要的环节。在设计阶段，镇议会、市民与设计团队为本项目建立了六个基本目标：

（1）充分利用场地开放空间和自然橡树林地之美的优势；

（2）为所有年龄段的公民创建不同休闲空间；

（3）满足公民一般的市政和维护需求，同时提供紧急事务性的服务；

（4）建立友好的服务休闲场所，促进市民的公共交往；

（5）充分体现郊外村野的自然式景观特色；

（6）使该项目成为本市镇居民的活动中心。

由于该市镇地处地震带，老城区的镇中心建筑被拆除，于是遗留下一些使用过的建筑材料。新建筑群相对于老城区的建筑尺度相对较小，因此新建筑的结构框架可以利用老建筑拆迁遗留下来的梁、板和结构填充物，以及一些室内台面、外部挂板和百叶窗等。木地板来自本地区产的桉树，混凝土的配料有 70% 来自旧建筑的残渣。所有这些措施降低了新建筑碳排放量的 32%。

通过正确分析和使用建筑的朝向、采光、自然通风、遮阳、热质量，建筑采用小型机械装备系统，因此整体上降低了对能源的消耗。小型、高效的空调机组具有预冷、补充空气和消除全空调运转的功效。另外，76kW 的太阳能光伏系统满足了建筑物 40% 的电力需求，不可再生能源的成本降低了 51%，每年对碳的需求量下降了 76.2t。建筑还利用以前被遗弃的暗渠，使之成为具有存储 40000 加仑雨水的蓄水池。

1. 土地利用及社区 Land Use & Community

1964 年，波托拉谷被发现。为了保护自然资源，防止山林被开发，建立一个新的镇中心、保护开阔空间的用地和一个与自然景观地相连接地段的规划成为本地区优先考虑的问题。

这个 11 英亩场地的规划包括娱乐场地、网球场，以及新建筑群。乡土景观和未掩埋的河流连接着建筑和周围的环境。新建筑群包括市政厅、社区中心和图书馆等。

新的镇中心有效重组了市政公用建筑的功能。建筑组合方式的改变，使得建筑占地面积和不透水铺地的面积降低了 20%。该场地位于一个主要自行车路线上，并且与镇上其他的步道系统相连接。镇中心有一个公共巴士站，以及为低排放汽车和轻型客货车预留的停车空间。另外，在停车量超负荷的情况下，镇中心与邻近的教堂一起共用停车位。

现有红木林、草地、橡树园和本地灌木都被保留了下来，为大型集会准备的大面积草坪与本地灌木一起围绕在镇中心大厦周围。建筑周围的加州橡树起到为建筑遮荫的效果，而本土多年生的灌木和草地则作为开阔空间的植物配备。

2. 水的保护和利用 Water Conservation and Use

通过使用每次冲洗耗水 1.6 加仑的双抽水马桶、无水小便器、每分钟 0.5 加仑用水的厕所水龙头、每分钟 1.5 加仑的淋浴喷头，以及每分钟 1.5 加仑的厨房水龙头，减少了 53% 的饮用水用量。废水处理是通过一个过滤型的化粪池，而不是将废水直接排入市政的下水道系统。

紧急行动中心需要 2000 加仑的蓄水存储，如果安装一个单独的蓄水池，每隔几个月就需对蓄水池进行冲洗，于是该市镇安装了一个直径为 24inch 的管道，建筑物的蓄水存储直接来自于该管道系统。

由于对水需求的不同，该项目将耐旱的原生植物景观物种与其他的植物分开，并且对需要浇灌的物种使用喷头和滴灌结合的灌溉方式，使场地的景观用水减少了 85%。

屋面的雨水径流被收集在废弃的河渠内，以便用于景观灌溉。另外来自场地周围的雨水径流通过自然植被覆盖的洼地流经周围的小溪，减少了河流的污染。

3. 能源 Energy

设计团队致力于充分利用当地自然气候和场地特殊环境以减少建筑采暖、制冷和通风的能源消耗。

图书馆和市政厅的布局以东西轴为走向；市政厅位于红木树林的阴影当中，屋顶悬挑和外遮阳百叶使建筑免于夏季直射的阳光照射（图 5-82）。高侧窗和上下开启的窗户允许建筑有足够的自然通风和穿堂风（图 5-83），容许建筑在晚上进行自然的冷却循环，以减少机械制冷的能源消耗（图 5-84）。

图 5-82 屋顶悬挑和外遮阳百叶使建筑避免夏季阳光的直射
Projected Roof and Exterior Shading Louvers Protect Building from Direct Sunlight in Summer
摄影：© Cesar Rubio

图 5-83 高侧窗和上下开启的窗户允许建筑有足够的自然通风和穿堂风 Clerestories and Openable Windows Provide the Interior with Sufficient Natural Ventilation and Drafts
摄影：© Cesar Rubio

图 5-84 建筑的自然通风和日照示意图 Natural Ventilation and Sunlight

木结构的建筑加上密集的纤维素绝缘材料，使建筑的外围护结构具有较好的保温隔热性能（图 5-85）。底层楼板和内部的部分混凝土干墙，为建筑提供了热质量保护，对室内温度的调节提供了帮助。所有的窗户都配有高性能的玻璃，金属屋顶的太阳能反射指数为 0.29，意味着该屋顶具有较高的反射性能，从而将绝大多数太阳的辐射热直接反射到大气层中。

在冬季，热回收换气机（Heat-recovery Ventilators）将预热的新鲜空气带入室内；在夏季，室外的热空气则经过一个小型的高效冷却机制冷以后送入室内。在空气入口和出口处安装间接的能量回收装置，直接降低了能量高峰使用期建筑的加热和制冷负荷。在室内顶棚安装吊扇不但有利于通风，而且使建筑处于被动模式状态（Passive Mode）。

在图书馆和市政厅的楼板中埋设金属管网，通过低温热水加热进行建筑供暖。另外建筑使用高效率的冷凝式燃气锅炉（Condensing Gas Boilers），使锅炉的能源利用有效率达到 97%。值得一提的是一个 57kW 的屋顶光伏发电系统每年减少了 33t 的二氧化碳排放。

以上所有的这些节能战略，使该建筑与美国国家环保署所制定的基本节能目标相比，建筑能源总用量减少约 34% 以上，节省 47.8% 的能源成本，同时，建筑的暖通空调系统的效率也比参照建筑的系统效率增加 57% 以上。

4. 材料与资源 Materials & Resources

图 5-85 木结构的建筑加上密集的纤维素绝缘材料，使建筑的外围护结构具有较好的保温隔热性能 Wood Structure with Dense Cellulose Insulation Materials Achieves A Building Envelope with Better Thermal Insulation Properties

摄影：© Cesar Rubio

该建筑使用的 25% 的木材来源于旧建筑拆除的材料，例如室内隔板、顶棚板条、卫生间和厨房的台面等都来自以前被拆迁的旧建筑。旧的外墙红木挂板安装在遮阳板背后，容许空气在挂板后流通。遮阳板也是回收物，其原材料来自阿拉斯加的黄柏（Alaskan Yellow Cedar）（图 5-86）。除了建筑木框架以外，所有的建筑木料都经过了林业指导委员会认证。社区中心的地板来源于当地的桉树，四个施工现场清除的桤树成为了新建筑的结构柱。

来自于旧建筑的混凝土、沥青、砖石材料成为新建筑基础回填和地面楼板的垫材。大约 90% 的旧建筑和 95% 的新建筑的废料得到了重新利用，而没有送往垃圾填埋场。

根据美国环境保护署的数据计算，由于重新利用旧木材，建筑的建造过程减少了大约 32t 的二氧化碳排放，其中 7t 是由于避免了木材的干燥过程，25t 是由于避免将建筑废料送往垃圾堆填区。另外，由于使用当地的材料和施工现场的废物，又减少了有关运输过程的碳排量约 16t 之

图 5-86 遮阳板也是回收物，其原材料来自阿拉斯加的黄柏 Recycled Shading Blades-Raw Materials from Alaska Yellow Cedar
摄影：© Cesar Rubio

图 5-87 图书馆阅览室 - 高的窗户和北向侧窗将自然光线带入到室内 Library Reading Room-High Windows Along with Side Windows on North Elevation Provide Natural Daylighting
摄影：© Cesar Rubio

高。高炉渣混凝土（替代 50% 的硅酸盐水泥）减少了约为 55t 的碳排放量。

5. 室内环境 Indoor Environment

高的窗户、高的北向侧窗，以及屋顶天窗将自然光线带入室内（图 5-87），浅色的顶棚将日光带到了建筑的深处。窗外的百叶窗既限制了夏日灼热的阳光，同时又降低了眩光。多层的光电池（Multi-level Photocell）控制系统可以根据进入室内的光线多少而自动调节室内灯光的亮度。

所有的窗户都具备高性能特征，其透视率为 0.66，太阳能热增益系数（Solar Heat-gain Coefficient）为 0.25，而遮阳系数为 0.24。98% 的使用空间达到了 2% 的玻璃防晒系数。

建筑室内不再使用机械循环空气，系统设计有 100% 的室外空气通风系统。室内空气质量被系统监视，确保室内通风率超出 ASHRAE 所规定标准的 30% 以上。办公空间都有可开启的窗户让居住者自己控制其室内环境，享受一个与外界联系的空间。在施工期间，项目组制定并实施室内空气质量管理计划，承包商确保装修程序的先后，以避免如保温材料、地毯、顶棚和墙板等遭受污染。

室内使用的所有材料，如胶粘剂、密封剂、油漆、涂料、复合木制品等中挥发性有机化合物（VOCs）和尿素甲醛（Urea-formaldehyde）含量较低，安装地毯时，使用非常良性和无毒的胶粘剂。

第五节
绿色社区——双溪站
LEED Neighborhood Development——Twinbrook Station[10]

双溪站位于马里兰州洛克维尔市（Rockville，Maryland），属于依赖公共交通的城市发展项目，是 JBG 公司和华盛顿大都市运输管理局（WMATA）共同营建的成果。该项目将一个在地铁站附近的 26 英亩的现有停车场改造成为了一个 220 万 ft^2 的混合功能社区。项目包括 1595 户住宅公寓，22 万 ft^2 的沿街零售空间，32.5 万 ft^2A 级商业办公空间，以及一个新建的公园。双溪站已被华盛顿精明增长联盟（The Washington Smart Growth Alliance）授予精明增长开发项目（Smart Growth Project）称号，获得了新都市

图 5-88 街景效果图 Streetscape Rendering
图片提供：JBG ROSENFELD RETAIL

主义（The New Urbanism）国际宪章优秀奖，并成为华盛顿大都市地区第一个被授予 LEED 绿色发展社区评级体系（LEED 2009 for Neighborhood Development）金质级认证的项目。目前，该项目除两栋混合使用的商住楼已建成使用外，其他项目仍然在建设之中（图 5-88）。

LEED 绿色发展社区集新都市主义和绿色建筑于一体，通过减少城市扩张、增加交通工具的选择性，鼓励健康的生活环境，保护受到威胁的物种群落和围护健康多元的自然生态环境，来强调对社会整体环境的贡献。鼓励发展绿色建筑的周边环境，减少车辆行驶里程，强调因近就业，选择步行或骑车上班、上学，其最终目的是降低运输成本，降低对能源的消耗。配套有经济适用住房项目（Affordable Housing）的绿色发展社区同时具备绿色家园和绿色基础设施。其经济利益是可以带来新的就业机会；健康效益如设计了便于行人行走的街道；社会效益如增加了新的公园，以及方便低收入家庭可以就近购买新鲜食品等。

绿色发展社区强调的是一个大家都喜爱的环境，这种环境鼓励人们聚会、交往和相互认知。社区内应该有一个或多个室外公共活动空间，该空间的服务半径都是以步行距离为基准。社区应该有明显的边界，边界可以是人为的或者是自然的，如农田、公园、绿地和学校等。社区内部应有强大的交通网络，方便与外界联系。人行道、自行车道和机动车道出入有效而安全。社区内提供短距离的街区和多个交叉口，不仅有利于行人行走，而且还增加了环境的有趣性。

双溪站是在原来的城市停车场的用地（棕色用地）上发展和建设起来的，所以其开发建设的整个过程，没有破坏任何以前未开发过的土地，保护了周围的农业用地不受建设的影响，同时还保持了周边的野生动物、物种、自然水体、湿地的自然原生态环境。由于没有破坏现有的地貌地形，最少地限制了雨水径流，保护了现有的表层土壤和植物的覆盖率。

本地区区划法规定的商业容积率（以毛面积计算）不超过 1.0，居住区的容积率每英亩不超过 66 个居住单元。双溪站项目最后完成的建设规划商业容积率为 0.48，居住区的容积率为每英亩 61 个居住单元。区划法规定该项目必须至少达到美国绿色建筑委员会规定的绿色社区标准的 21 点积分（40~49 点积分为基本认证标准）的要求，要求至少提供 20% 的发展面积作为公共开敞空间和绿地空间，而项目最后达到美国绿色建筑委员会规定的绿色社区标准的 66 点积分（金质认证），提供的绿地和开敞空间的面积比区划法要求的多出 10%。

位于马里兰州洛克维尔的双溪站位于地铁站附近（1200ft 的范围内），并因此而得名，在此站乘坐地铁可以直接到达首都华盛顿市中心。多程巴士线路将社区与周围地区方便地连接在一起，总体上大幅度降低了居民对私人轿车的依赖，同时降低了温室气体的排放量、空气污染以及其他一些环境污染和对公众健康的破坏。社区内的街区设计以方便行人步行为原则，每个交叉口相隔约为 500ft，最大街区之间的距离不超过 800ft。人行道遍布整个社区，其设计不仅安全、方便，而且舒适宜人，目的是减少开车，鼓励行走，促进居民的身体健康。

社区和公共交通站都配备有自行车停放空间，鼓励使用自行车，减少对能源的消耗和环境污染。

社区使用特性以混合使用为主，包括居住、商业、办公及服务设施。其中住宅以多户公寓式住宅为多，混合有连体式双单元住宅和连排式住宅，是一个典型的多元化的商业与住宅相结合的地区。这类社区不仅鼓励多元文化，社会平等，而且提供多种就业机会。这种混合式商住社区将各种不同经济收入的家庭融合为一体，并包括 15% 的可支付的住宅体系（Affordable Housing）。社区内设有不同尺寸大小的广场、绿地，这些开敞空间的规划和发展是为了提高社区居民的社会交往和相互认知，目的是提高居民的社区生活水平和公众的参与，提高社区的凝聚力、认同感和安全度。另外，社区内还建有规模大小不同的健康娱乐设施，其目的是为了满足人们的健康和业余时间的娱乐需求。为了鼓励行走、使用自行车，降低社区的热岛效应和提高空气的质量，社区的所有街道都配置有适宜于各季节生长的树种和绿化。

整个工程的新建筑鼓励采用节能、节水的设计策略，绿色建筑行动贯穿整个项目的发展环节中。整个发展项目有 80% 的建筑物获得 LEED 认证，并且这些获得认证的新建筑的能源消耗比 ANSI/ASHRAE/ IESNA 90.1-2007 所要求的标准平均高出 10%，而饮用水的消耗比同类传统建筑减少 30%。在整个设计和建设过程中，该项目达到最少的场地干扰（Minimized Site Disturbance in Design and Construction），通过采用雨水管理（Stormwater Management）、降低热岛效应（Heat Island Reduction）、废物管理（Waste Management）及回收计划（Recycling Programs）进一步降低了建筑对环境的影响。（图 5-89~图 5-101）

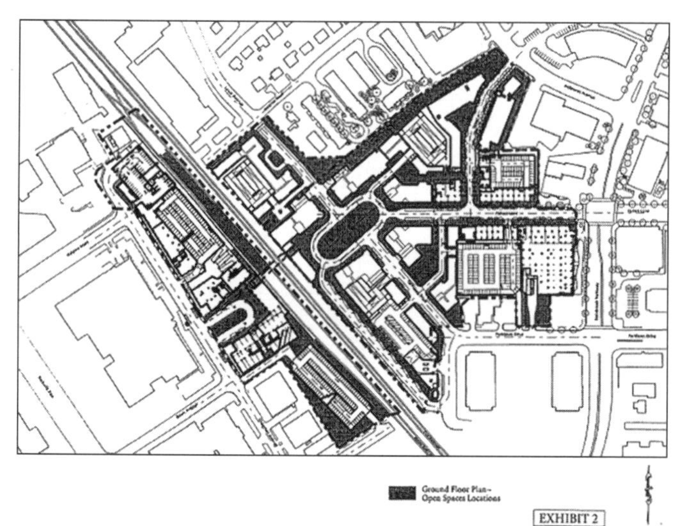

图 5-89 总体规划平面 Master Plan
图片提供：JBG ROSENFELD RETAIL

图 5-90 街景 1（方案图）Streetscape Design Option 1
图片提供：JBG ROSENFELD RETAIL

图 5-91 街景 2（方案图）Streetscape Design Option 2
图片提供：JBG ROSENFELD RETAIL

图 5-92 街景 3（方案图）Streetscape Design Option 3
图片提供：JBG ROSENFELD RETAIL

图 5-93 街景 4（方案图）Streetscape Design Option 4
图片提供：JBG ROSENFELD RETAIL

图 5-94 建成后的街景 1 Built Streetscape 1

图 5-95 建成后的街景 2 Built Streetscape 2

图 5-96 公寓 1 Apartment Building 1

图 5-97 公寓 2 Apartment Building 2

图 5-98 公寓 3 Apartment Building 3

图 5-99 公寓立面 Apartment Building Facade

图 5-100 小区绿地 Public Green

图 5-101 社区公园（方案图）Community Park Design

照片提供：JBG ROSENFELD RETAIL

参考资料 Reference

1. The American Institute of Architects. *AIA/COTE Top Ten Green Projects–Kroon Hall*

Retrieved on June 1, 2011 from http://www.aiatopten.org/hpb/#2010

Centerbrook Architects and Planners. *Kroon Hall, School of Forestry and Environmental Studies, Yale University*

Retrieved on June 1, 2011 from http://www.centerbrook.com

2. The American Institute of Architects. *Overview: AIA Top Ten Projects and Measures–Sidwell Friends Middle School*

Retrieved on June 1, 2011 from http://www.aiatopten.org/hpb/grid2007.cfm

Kierantimberlake. *Featured Project–Sidwell Friends Middle School, Washington, DC*

Retrieved on June 1, 2011 from http://www.kierantimberlake.com/featured_projects/sidwell_school_1.html

3. The American Institute of Architects. Overview: *AIA Top Ten Projects and Measures–Twelve West*

Retrieved on June 2, 2011 http://www.aiatopten.org/hpb/grid2009.cfm

4. The American Institute of Architects. *Overview: AIA Top Ten Projects and Measures– Macallen Building Condominiums*

Retrieved on June 2，2011 http：//www.aiatopten.org/hpb/grid2008.cfm

5. The American Institute of Architects. *Overview*：*AIA Top Ten Projects and Measures- DOE Research Support Facility*

Retrieved on June 3，2011 http：//www.aiatopten.org/hpb/grid2011.cfm

6. The American Institute of Architects. *Overview*：*AIA Top Ten Projects and Measures-The Terry Thomas*

Retrieved on June 6，2011 http：//www.aiatopten.org/hpb/grid2009.cfm

7. The American Institute of Architects. *Overview*：*AIA Top Ten Projects and Measures-IRS Kansas City Campus*

Retrieved on June 10，2011 http：//www.aiatopten.org/hpb/grid2008.cfm

http：//www.360architects.com

8. USGBC. *Project Profile*：*US. U.S. GREEN BUILDING COUNCIL HEADQUARTERS*，*WASHINGTON*，*DC*

Retrieved on June 12，2011 from https：//www.usgbc.org/ShowFile.aspx?DocumentID=3600

USGBC Materials Notes

Retrieved on June 12，2011 from

http：//www1.eere.energy.gov/femp/pdfs/usgbc_greenmaterials.pdf

9. The American Institute of Architects. *Overview*：*AIA Top Ten Projects and Measures-Portola Valley Town Center*

Retrieved on June 15，2011 from http：//www.aiatopten.org/hpb/grid2009.cfm

10. The City of Rockville. *City Council Resolution No. 9-05*

Retrieved on June 18，2011 from http：//www.twinbrookstation.com/USBGC_Project_Profile.pdf

USGBC *Project profile*：*Twinbrook station Rockville*，*Maryland*

Retrieved on June 18，2011 from www.usgbc.org/ShowFile.aspx?DocumentID=6421

英汉对照绿色建筑常用缩略语表
Green Building Abbreviations in English–Chinese

ACCA = Air–Conditioning Contractors of America 美国空调承建商协会

AFUE = Annual fuel utilization efficiency 年度的燃料利用效率

AHU = Air–handling unit 空气处理器

ASHRAE = American Society of Heating、Refrigeration、Air Conditioning Engineers 美国供暖制冷及空调工程师学会

ANSI = American National Standards Institute 美国国家标准研究院

ASTM = American Society for Testing and Materials 美国测试和材料学会

ATFS = American Tree Farm System 美国林场系统

BAC = Building Automation and Control Networks 建筑自动控制网络

BAS = Building Automation System 建筑自动控制系统

BCHP = Biomass Combined Heating and Power 生物质联合取暖和供电

BMS = Building Management System 建筑管理系统

BREEAM = Building Research Establishment's Environmental Assessment Method（加拿大）建筑研究机构的环境评估方法

BRI = Building–related Illness 与建筑物有关的疾病

Btu = British thermal unit 英制热量单位

C = Thermal conductance，Btu/h · ft^2 · ℉热导

CAV = Constant air volume 恒定空气量

CFC = Chlorofluorocarbon refrigerants– 氟氯化碳的制冷剂

CFCs = Chlorofluorocarbons 氟氯化碳

CEE = Consortium for Energy Efficiency 能源效率联合会

CFD = Computational fluid dynamics 计算流体动力学

c.i. = Continuous insulation 连续绝缘

CLTD = Cooling Load Temperature Difference 制冷负荷温度差异

Cx = Commissioning 调试

CxA = Commissioning authority 系统设备调试指挥

CERL = The U.S. Army Construction Engineering Research Laboratory 美国陆军建筑工程研究实验室

CFD = Computational fluid dynamics 计算流体动力学

CFM = Cubic Feet per minute 立方英尺每分钟

CFR= Code of Federal Regulations 美国联邦标准

CHP = Combined Heating and Power 联合取暖和供电

CITES =The Convention on International Trade in Endangered Species of Wild Fauna and Flora 国际濒危野生动植物贸易公约

CLTD = Cooling Load Temperature Difference 制冷负荷温度差异法

CLF = Cooling Load Factor 制冷负荷系数法

CMH = Ceramic metal halide 陶瓷金属卤化物

Co2E =CO_2 Equivalent 二氧化碳当量

COP = Coefficient of performance，dimensionless 性能指数

CRI = Color Rendering Index 颜色渲染指数

CRM = Customer Relationship Management 顾客关系管理软件

CRRC = Cool Roof Rating Council 凉爽屋顶评级委员会

CRZ = Critical Root Zone（of a protected tree）受保护树木的关键树根区域

CSA =Canadian Standards Association 加拿大标准学会

DDE = Dynamic Data Exchange 动态数据交换技术

DL = *Advanced Energy Design Guide* code for "daylighting" 自然采光高级能源设计指南规范

DOE = U.S. Department of Energy 美国能源部

DX = Direct Expansion

Ec = Efficiency（combustion），dimensionless 燃烧效率

EF = Efficiency 效率

EIA = Energy Information Administration 能源信息管理署

EISA = Energy Independence and Security Act 能源独立和安全法

EEM = Energy efficiency measure 能源效率措施

EER = Energy efficiency ratio，Btu/W · h 能效比

EF = Energy factor 能源要素

EGS = Enhanced Geothermal Systems 改建型地热能系统

EL = *Advanced Energy Design Guide* code for "electric lighting" 电气照明高级能源设计指南规范

EMCS = Energy management and control system 能源使用管理和控制系统

EMS = Energy Management System 能源管理系统

EN = *Advanced Energy Design Guide* code for "envelope" 建筑物围护结构高级能源设计指南规范

EPACT = Energy Policy Act 能源政策法

ERV = Energy Recovery Ventilator 能量回收通风机

ESC = Erosion and Sediment Control Plan 水土流失控制计划

ESPCs = Energy Savings Performance Contracts（联邦建筑）能源节约表现合同

Et = Efficiency（thermal），dimensionless 热效率

ETo = Evapotranspiration rate 蒸发率

ETS = Environmental Tobacco Smoke 环境烟草烟雾

EUIs = Energy Use intensity index 能源使用强度指数

EX = *Advanced Energy Design Guide* code for "exterior lighting" 室外照明高级能源设计指南规范

F = Slab edge heat loss coefficient（per foot of perimeter，Btu/h · ft · ℉）水泥板边缘热损失系数（每英尺周长）

FCU = Fan-coil unit 风机盘管单元

FMS = Facility Management System 设施管理系统

FSC = The Forest Stewardship Council 林业指导委员会

GAMA =Gas Appliance Manufacturing Association 煤气设备制造协会

GBCI = Green Building Certification Institute 绿色建筑认证研究院

GC = General contractor 总承包商

Guide = *Advanced Energy Design Guide for Small Retail Buildings* 小型商业零售建筑高级能源设计指南

GS = Green Seal Standards 绿色印章标准

GSA = The General Services Administration 美国联邦综合设施管理局

HC = Heat capacity，Btu/ft^2 · ℉ 供热量

HCFCs = Hydrochlorofluorocarbons 氢氯氟碳化合物，

HERS-Home Energy Rating System 住宅能源效率评级

HIDs = High Intensity discharge lamps 高强度放电灯管

HSPF = Heating season performance factor，Btu/W · h 供暖季节性能指数

HTML = HyperText Markup Language 超文本置标语言

HV = *Advanced Energy Design Guide* code for "HVAC systems and equipment" 供暖、通风及空调系统和设备高级能源设计指南规范

HVAC = Heating，ventilating，and air-conditioning 供暖、通风及空调

HVAC& R = Heating，ventilating，and air-conditioning & refrigerating 供暖、通风、空调及制冷

IAQ = Indoor Air Quality 室内空气质量

ICC-International Code Council 国际标准委员会

IECC = International Energy Conservation Code 国际建筑节能法

IGCC = International Green Construction Code 国际绿色建筑施工法规

IESNA = Illuminating Engineering Society of North America 北美照明工程学会

IGU = Insulated glass units 绝缘玻璃构件

IPLV = Integrated part-load value，dimensionless 综合部分负荷值

kBtuh = Thousands of British thermal units per hour 每小时数千英热单位

LAN = Local Area Network 局域网

LBNL = Lawrence Berkeley National Laboratory 劳伦斯伯克利国家实验室

LCA = A life-cycle assessment 生命周期评估

LCC=A life-cycle cost 生命周期成本

LCI = A life-cycle inventory

LED = Light-emitting diode 发光二极管

LEED = Leadership in Energy and Environmental Design 能源及环境设计先导

LPD = lighting power density，W/ft^2 照明负荷密度

MERV=Minimum Efficiency Reporting Value 过滤器最低能效值

M&V = Measurement and verification 检测和认证

NAECA = National Appliance Energy Consumption Act 国家电气节能法

NBI = New Buildings Institute 新建筑协会

NBS = National Bureau of Standards 美国国家标准局

NCSBCS = National Conference of States on Building Codes and Standards 美国建筑法规和标准州联合会

NEMA = National Electrical Manufacturers Association 全国电气制造商协会

NFRC = National Fenestration Rating Council 国家开窗评级委员会

NREL = National Renewable Energy Laboratory 美国国家再生能源实验室

NZEB = Net zero energy buildings 净零能耗建筑物

OITC = Outdoor–Indoor Transmission Class 室内外传输评级

OLE = Object linking and embedding 目标链接和镶嵌技术

O&M = Operation and maintenance 操作及维护

OMV = Ongoing monitoring and verification system 连续的监理和核查系统

OPR = Owner' s Project Requirement 业主的项目要求

PELs = Permissible Exposure Limits 允许暴露极限值

PL = *Advanced Energy Design Guide* code for "plug loads" 插座荷载 高级能源设计指南规范

ppm = Parts per million 每百万件

PV = Photovoltaic 光伏

QA = Quality assurance 质量保证

R = Thermal resistance，h · ft^2 · ℉ /Btu 热电阻

RECS = Renewable Energy Credits 可再生能源奖励

RPI = Rensselaer Polytechnic Institute 伦斯勒理工学院

RTS = The radiant time series method（美国供暖制冷及空调工程师学会）辐射时间序列法

SCAQMD = South Coast Air Quality Management District 南海岸空气质量管理区

SEER = Seasonal energy efficiency ratio，Btu/W · h 季节能效比

SHGC = Solar heat gain coefficient 太阳能热增益系数

SRI = Solar Reflectance Index，dimensionless 太阳能反射指数

SSPC = Standing standards project committee 常设标准项目委员会

STC = Sound Transmission Class 声音传输评级

SWH = Service water heating 服务用水加热

TAB = Test and balance 测试及平衡

TC = Technical committee 技术委员会

TETD = Total Equivalent Temperature Difference 总体等量温度差异法

ULF Toilets = Ultra–low flush toilets 超低水量冲水马桶

U = Thermal transmittance，Btu/h · ft^2 · ℉ 热传导

U–Value = Thermal transmittance value 热传导值

UPS = Uninterruptible power supply 不间断电源

USDA = U.S. Department of Agriculture 美国农业部

USGBC = U.S. Green Building Council 美国绿色建筑学会

VAV = Variable–air–volume systems 变风量系统

VLT = Visible light transmittance 可见光透过率

VOC = Volatile organic compounds 挥发性有机化合物

zEPI = Zero Energy Performance Index 零能源性能指标

图片索引

Pictures Index

表格索引

Tables Index

致谢
Acknowledgements

首先非常感谢中国建筑工业出版社第四图书中心副主任张振光先生和本书的责任编辑费海玲女士对本书顺利出版的大力帮助。同时，感谢清华大学建筑学院楼庆西教授和作者的父亲马德三先生和母亲姚虹女士，是他的长期以来的叮咛、鼓励和支持，让作者在学术探索和积累的路上持之以恒，并使得本书能够最终完稿。

感谢许许多多为这本书的最后成稿提供帮助的个人、设计事务所和机构，包括美国能源部（DOE）及其下属办公室如 Office of Energy Efficiency and Renewable Energy，美国国家可再生能源实验室（NREL，）拉莫斯国家实验室（LANL），美国航空航天局地球观测局 *NASA Earth Observatory*，美国农业部（USDA），美国国家海洋气象局（NOAA），美国国家环保署（EPA），USGBC，Architecture Research Office ARO of New York City，IwamotoScott，Urbanlab，Binh Giang，wikipedia.org，wikimedia.org，VisitingDC.com，The U.S. National Archives，BNIM，The Chesapeake Bay Foundation，Platts，a Division of The McGraw-Hill Companies，Environmental and Energy Study Institute.，BWEA（British Wind Energy Association），Nationalatlas.gov，Tech-faq.com. Minnesota Pollution Control Agency-MPCA，Darin Thompson，Brandi de Garmeaux，Qizhong Guo，Scott Michon，ProFixes Home Repair and Maintenance，Honeywell 等。感谢他们为我们提供本书使用的图片资料。

特别感谢以下一些个人、事务所和机构为我们提供第五章的部分图片资料，具体如下：

图 5-1

Hopkins Architects - Kroon Hall at Yale University，New Haven，Connecticut http：//www.archinnovations.com/featured-projects/academic/hopkins-architects-kroon-hall-at-yale-university/

图 5-3

Qizhong Guo

http：//waterresearch.blogspot.com/2009/07/greenest-building-at-yale.html

图 5-4

Hopkins Architects - Kroon Hall at Yale University，New Haven，Connecticut

http：//www.archinnovations.com/featured-projects/academic/hopkins-architects-kroon-hall-at-yale-university/

图 5-5

Hopkins Architects

http：//www.aiatopten.org/hpb/process.cfm?ProjectID=1653

图 5-6

Hopkins Architects

http：//www.hopkins.co.uk

图 5-22，图 5-24，图 5-26，图 5-27，

http：//www.archinnovations.com/featured-projects/mixed-use/zgf-architects-twelve-west-in-portland-or/

图 5-25

http：//commons.wikimedia.org/wiki/File：Indigo_twelve_west_building_wind_turbines.jpg

图 5-23

http：//solar.calfinder.com/blog/news/indigo-twelvewest/

图 5-28，图 5-29，图 5-30，图 5-31，图 5-32，图 5-33，图 5-34，图 5-35

www.BostonCondoGuy.com

图 5-36，图 5-37，图 5-38，图 5-39，图 5-40，图 5-41，图 5-42，图 5-43，图 5-44，图 5-45，

http：//www.nrel.gov/data/pix/collections_RSF2011.html

图 5-46，图 5-47，图 5-48，图 5-49，图 5-50，图 5-51，图 5-52，图 5-53，图 5-54

http：//www.weberthompson.com/terry-thomas-commercial.html

图 5-56

KEVIN COLLISON，

http：//www.ongo.com/v/300492/-1/CA11AA0C039462E3/irs-urged-to-keep-its-lease-downtown

图 5-80，图 5-81，图 5-82，图 5-83，图 5-85，图 5-86，图 5-87

Cesar Rubio，Brandi de Garmeaux

图 5-84

http：//www.siegelstrain.com/

图 5-88，图 5-89，图 5-90，图 5-91，图 5-92，图 5-93，图 5-101

JBG ROSENFELD RETAIL

http：//www.jbgr.com/images/inner/properties/TwinbrookStation.pdf

图书在版编目（CIP）数据

美国绿色建筑理论与实践／马薇，张宏伟编著．—北京：中国建筑工业出版社，2012.4
ISBN 978-7-112-14049-7

Ⅰ.①美…　Ⅱ.①马…②张…　Ⅲ.①生态建筑—研究—美国
Ⅳ.①TU18

中国版本图书馆CIP数据核字（2012）第024219号

责任编辑：费海玲
责任设计：董建平
责任校对：肖　剑　赵　颖

美国绿色建筑理论与实践

Green Building Strategies and Practices in the USA

马　薇
张宏伟　编著

*

中国建筑工业出版社出版、发行（北京西郊百万庄）
各地新华书店、建筑书店经销
北京嘉泰利德公司制版
北京云浩印刷有限责任公司印刷

*

开本：880×1230毫米　1/16　印张：21　字数：625千字
2012年10月第一版　2012年10月第一次印刷
定价：78.00元
ISBN 978-7-112-14049-7
（22065）